河南省“十二五”普通高等教育规划教材
普通高等教育“十二五”规划教材

机械制造技术基础

（第二版）

主　编　任小中
副主编　康红艳　许惠丽
主　审　王贵成

科学出版社
北京

内 容 简 介

本书是普通高等教育“十二五”规划教材和河南省 “十二五”普通高等教育规划教材。

本书是根据机械工程类专业的人才培养目标，结合近年来“高等学校本科教学质量与教学改革工程”建设的实践与成果编写的。本书依照“重基础、精内容、强实践”的原则，从科学思维、学科综合和技术集成的角度，重点介绍机械制造技术的基本理论与方法，并通过相关实践教学环节的训练，理论联系实际，启发学生科学思维，培养学生科学创新和工程实践的能力。

本书由机械工程类专业的多门技术基础课的核心内容综合而成。全书共8章，主要内容包括机械制造过程的基础知识、金属切削原理及其应用、金属切削机床及所用刀具、机械加工工艺规程设计、机床夹具设计原理、机械加工质量分析与控制、机器装配技术基础、制造模式与制造技术的发展等。各章后均附有案例研究和一定数量的习题与思考题。

本书内容综合性强、体系新颖，可作为高等院校机械工程类专业和近机械类专业本科、高职高专学生的教材或教学参考书，也可供制造业工程技术人员参考。

图书在版编目(CIP)数据

机械制造技术基础 / 任小中主编．—2版．—北京：科学出版社，2016.3
河南省“十二五”普通高等教育规划教材 普通高等教育“十二五”规划教材
ISBN 978-7-03-047928-0

Ⅰ．①机… Ⅱ．①任… Ⅲ．①机械制造工艺－高等学校－教材
Ⅳ．①TH16

中国版本图书馆CIP数据核字(2016)第059201号

责任编辑：毛 莹 张丽花 / 责任校对：郭瑞芝
责任印制：赵 博 / 封面设计：迷底书装

科学出版社 出版
北京东黄城根北街16号
邮政编码：100717
http://www.sciencep.com
北京富资园科技发展有限公司印刷
科学出版社发行 各地新华书店经销

*

2012年1月第 一 版 开本：787×1092 1/16
2016年3月第 二 版 印张：20
2024年8月第十次印刷 字数：474 000

定价：69.00元

(如有印装质量问题，我社负责调换)

第二版前言

本书是普通高等教育“十二五”规划教材。2013 年 10 月，被评为河南省“十二五”普通高等教育规划教材。

本书是一本体系完整、知识面宽泛，理论联系实际、实践性强的机械制造技术基础教材。自第一版出版以来，已被全国十几所院校选用，深受任课教师、学生以及其他读者的欢迎。许多教师和读者也通过各种途径给我们提出了一些宝贵的意见和建议，在此，向热心支持和帮助我们的兄弟院校的教师和读者表示衷心感谢。

根据大家所提宝贵意见，结合我们近几年的教学实践，我们对本书的第一版进行了修订。此次修订仍沿用第一版教材的体系架构，指导思想仍立足于“重基础、精内容、强实践”，融金属切削理论、机械制造装备技术、机械制造工艺设计于一体，使理论和生产实际有机结合，注重培养分析和解决实际问题的能力。

本次再版对书中内容主要进行了以下修订：改写了绪论；对第 1 章和第 5 章的部分内容进行了调整，增强了知识的连贯性；对第 2 章的部分小节进行了改写；在第 3 章中增加了无心外圆磨削的内容；在第 4 章中增加了一节关于典型零件加工工艺过程与分析的内容；在第 6 章中增加了一节“加工精度综合分析实例”。

参加修订工作的有：河南科技大学任小中、杨丙乾、许惠丽、于俊娣，洛阳理工学院康红艳，湖北文理学院熊伟，濮阳职业技术学院郑晓利。具体分工为：绪论、第 7 章、第 8 章由任小中修订；第 1 章由熊伟修订；第 2 章由郑晓利修订；第 3 章由康红艳修订；第 4 章由任小中、于俊娣修订；第 5 章由杨丙乾、于俊娣修订；第 6 章由许惠丽修订。全书由任小中担任主编，康红艳和许惠丽担任副主编。任小中负责全书的统稿工作。

在本书修订过程中参阅了同行专家、学者的著作和文献资料，在此表示诚挚的谢意。

全书由江苏大学王贵成教授主审。他认真、细致地审阅了书稿，并提出了很多珍贵的建议和意见，在此表示由衷的感谢。

由于编者所及资料和水平有限，书中难免有不当之处，恳请广大读者不吝赐教(联系方式：zhizaosuo@163.com)。

编　者

2015 年 10 月

第一版前言

为落实《国家中长期教育改革和发展规划纲要(2010—2020年)》关于加强教材建设、提高人才培养质量的精神，我们在总结近年来“高等学校本科教学质量与教学改革工程”建设成果与经验的基础上编写了这本教材。

本书是河南省“十二五”普通高等教育规划教材和科学出版社普通高等教育“十二五”规划教材，以“重基础、精内容、强实践”作为编写指导思想，对原金属切削原理与刀具、金属切削机床、机械制造工艺学与夹具设计等课程的主要内容进行了综合与优化。全书以机械制造技术的基础知识、基本理论和基本方法为主线，以培养学生分析和解决问题的能力为目标，在传承传统工艺与制造装备技术的同时，注意现代机械制造技术与制造模式的应用与发展，较系统地构建了机械制造技术的基础体系。本书具有以下特色：

(1) 知识体系完整。实现金属切削原理、机床与工艺装备、机械制造工艺以及加工质量控制等各方面的理论和知识的有机统一，形成完整的机械制造技术基础体系。

(2) 体系新颖，启迪性强。每章均设有“案例研究”栏目，引导读者去探究。每章后附有一定数量的习题与思考题，有助于读者抓住重点、深化学习。

(3) 重点突出，详略得当。依据机械工程类专业人才培养大纲，本着“够用为度”的原则，对要求掌握的内容进行详述，对一般了解的则从简。减少烦琐的理论推导，注重采用图、表描述。

(4) 理论联系实际，注重实用。在介绍金属切削理论、典型装备的机械结构以及机械制造方法的同时，注重讲述在实际生产中如何合理运用这些基本知识，强调培养分析和解决实际问题的能力。

本书由河南科技大学任小中担任主编，洛阳理工学院康红艳、河南科技大学杨丙乾担任副主编。任小中负责全书的统稿和定稿。具体编写分工如下：任小中编写绪论、第4章的4.1节～4.5节、第7章、第8章；熊伟编写第1章；郑晓利编写第2章；康红艳编写第3章；吴立编写第4章的4.6节、4.7节；杨丙乾编写第5章；许惠丽编写第6章。

本书承蒙江苏大学王贵成教授主审，在审阅过程中，王贵成教授提出了很多珍贵的建议和意见，在此表示由衷的感谢。

本书在编写和出版过程中得到了多所高等院校老师的鼎力协助，以及科学出版社的大力支持和帮助。本书还得到了河南科技大学教材出版基金的资助，得到了河南科技大学教务处、河南科技大学机电工程学院的领导和同事们的支持。谨在此表示诚挚的谢意。

由于编者所及资料和水平有限，书中难免有不当之处，恳请广大读者不吝赐教(联系方式：zhizaosuo@163.com)。

编　者

2011年10月

目　　录

绪　论

0.1　机械制造业及其在国民经济中的地位和作用

制造业是将制造资源通过制造过程转化为可供人和社会使用和利用的工业产品或生活消费品的行业。制造业是国民经济的主体，是立国之本、兴国之器、强国之基。18世纪中叶开启工业文明以来，世界强国的兴衰史和中华民族的奋斗史一再证明，没有强大的制造业，就没有国家和民族的强盛。许多国家的经济腾飞，制造业功不可没。制造业的作用具体表现在以下几个方面：

(1) 制造业是国民经济的支柱产业和经济增长的发动机。在发达国家中，制造业创造了约60%的社会财富、约45%的国民经济收入。改革开放30多年来，我国制造业增长高于国家整体经济发展水平，在规模发展的同时，产业结构也在快速升级。据统计，2005～2013年，我国制造业总产值年均增长20%。

(2) 制造业是高技术产业化的基本载体。纵观工业化历史，众多的科技成果都孕育在制造业的发展之中。制造业也是科技手段的提供者，科学技术与制造业相伴成长。例如，20世纪兴起的核技术、空间技术、信息技术、生物医学技术等高新技术无一不是通过制造业的发展而产生并转化为规模生产力的。其直接结果是诸如集成电路、计算机、移动通信设备、国际互联网、机器人、核电站、航天飞机等产品的相继问世，并由此形成了制造业中的高新技术产业。

(3) 制造业是吸纳劳动就业的重要途径。在工业国家中，约有1/4的人口从事各种形式的制造活动。在我国，制造业吸引了一半的城市就业人口，农村剩余劳动力转移也有近一半流入了制造业。

(4) 制造业是国际贸易的主力军。近年来，国际贸易增长速度高于世界经济增长近两倍。由于初级产品的技术含量低，在国际市场的竞争力越来越弱，各国都千方百计扩大制成品的出口，以提高国际竞争力和附加价值。美、英、法、德、日等国家的制成品出口占全部出口比重的90%以上。20世纪90年代以后，我国制造业的出口一直维持在80%以上，创造了接近3/4的外汇收入。

(5) 制造业是国家安全的重要保障。现代战争已进入“高技术战争”的时代，武器装备的较量在很大意义上就是制造技术水平的较量。没有精良的装备，没有强大的装备制造业，一个国家不仅不会有军事和政治上的安全，而且经济和文化上的安全也会受到威胁。

机械制造业是制造业的重要组成部分。它肩负着直接为用户提供消费品和为国民经济各部门提供各种技术装备的双重任务。机械制造业是国家工业体系的重要基础和国民经济的重要组成部分。国民经济各部门的生产水平和经济效益，在很大程度上取决于机械制造业所提供装备的技术性能、质量和可靠性。

0.2 制造技术的发展历程

制造技术是制造业为国民经济建设和人民生活生产各类必需物资所使用的一切生产技术的总称，是将原材料和其他生产要素经济合理地转化为可直接使用的具有较高附加值的成品/半成品和技术服务的技术群。这些技术包括运用一定的知识和技能，操纵可以利用的物质、工具，采取各种有效的策略、方法等。制造技术发展受多方面的因素所决定，但最主要的因素是技术的推动和市场的牵引。

人类最早的制造活动可以追溯到石器时代。当时，人类利用天然石料制作劳动工具，用其猎取自然资源为生。到了青铜器和铁器时代，为了满足以农业为主的自然经济的需要，出现了诸如纺织、冶炼、锻造等较为原始的制造活动，并采用作坊式手工业的生产方式，形成了以分工为基础的协作工厂手工制造业。

18 世纪 70 年代，蒸汽机和纺纱机的诞生引发第一次工业革命，从手工业作坊式生产到以机械加工和分工原则为中心的工厂生产，手工劳动逐渐被机器生产所代替。

到了 19 世纪中叶，电磁场理论的建立为发电机和电动机的产生奠定了基础，从而进入了电气化时代。由于电气技术与其他制造技术的融合，制造业得到了迅速发展，出现了以经验管理为主、生产过程简单、分工不专业、生产规模小的原始机械工厂。

20 世纪初，内燃机的发明引发了制造业的又一次革命，流水生产线和泰勒(Talor)式科学管理方法得到应用。福特(Ford)公司率先推行零件互换性技术，1931 年建立了具有划时代意义的汽车装配生产线，实现了以刚性自动化制造技术为特征的大量生产方式和“规模效益第一”的生产方式，使汽车的价格在几年内降低到原价格的 1/8，促进了汽车进入家庭。这种大批量生产方式一直延续到 20 世纪 60 年代。

1952 年世界上第一台数控(NC)机床的诞生，标志着数字化制造时代的到来。数控机床被公认为是解决单件小批量生产自动化的有效途径，因而发展速度很快。20 世纪 70 年代初期出现了计算机数控(CNC)，随之又出现了由一台中央计算机控制若干台 CNC 机床的计算机直接数控(DNC)，大规模生产方式开始逐步向多品种、中小批量的生产方式转变。进入 20 世纪 80 年代，基于先进的计算机技术和自动化技术发展了各种先进的单元制造技术，如柔性制造单元(FMC)、柔性制造系统(FMS)等，为制造业多品种、中小批量的生产提供了强有力的装备支持和技术保障。

进入 20 世纪 80 年代，制造理念、制造技术和制造装备也迎来了新的发展时期，出现了物料需求计划(MRP)、制造资源规划(MRPⅡ)、企业资源规划(ERP)；以计算机为中心的集成制造技术从根本上改变了制造技术的面貌和水平，体现新的制造模式的计算机集成制造系统(CIMS)、并行工程(CE)以及精益生产(LP)得到实践、应用和推广。20 世纪 90 年代以来，以 Internet 为代表的信息技术革命给世界带来了巨大的变化，经济全球化进程也打破了传统的地域经济发展模式，市场变得更加广阔。提高制造企业的快速响应能力以适应瞬息万变的市场需求，已成为企业赢得市场竞争的关键。于是相继出现了许多先进的制造模式，如敏捷制造(AM)、精益-敏捷-柔性(LAF)生产系统、虚拟制造(VM)、智能制造(IM)和绿色制造(GM)等。其中 LAF 生产系统是在全面吸收精益生产、敏捷制造和柔性制造的精髓后的一种全新的生产制造模式，是当今 21 世纪极有发展前景的先进制造模式。

0.3 我国机械制造业的现状

1) 我国制造业的成就

(1) 我国已成为世界制造大国，被称为“世界工厂”。2009年，我国进出口贸易总额达到2.2万亿美元，成为世界第一大货物出口国。国内生产总值达到4.9万亿美元，成为世界第二大经济体。2012年我国制造业增加值为2.08万亿美元，在全球制造业占比约20%，成为世界上名副其实的“制造大国”。2013年中国装备制造业产值规模突破20万亿元，占全球比重超过1/3，稳居世界首位。中国凭借巨大的制造业总量成为名副其实的“世界工厂”。

(2) 已建立了一个比较完整的工业体系，提供重大成套装备的能力不断提高。例如，年产1～2千万吨级不同开采工艺的露天矿采掘和年产500万吨级井下矿采掘成套设备；长江三峡水电站装机容量达18200MW，是20世纪世界最大的，其水电机组单机额定容量为700MW；300MW秦山核电站成套设备；500kV交流输变电成套设备；3.5万吨级浅吃水和1.2万吨级超浅吃水运煤船；年产50万吨腈纶大型化工成套设备；6000m电驱动沙漠钻机；新舟60新一代支线客机；核动力潜艇；两弹一星等。我国经过几代人的前仆后继，数亿人的发奋努力，“敢上九天揽月，敢下五洋捉鳖”的豪言壮语如今已经变成现实。近年来中国装备自主化迈上新台阶，载人航天与探月工程、“蛟龙”载人深潜器取得重大突破，大型运输机和大型客机已完成布局，研制工作取得重要进展。智能制造装备、海洋工程装备、先进轨道交通装备、新能源汽车等新兴产业发展取得明显成效。

(3) 各具特色的装备制造业聚集地逐渐形成。目前，工业和信息化部已授牌77个装备制造领域国家级新型工业化产业示范基地，占中国示范基地总量的29%。若干具有重要影响力的产业聚集区初步形成，高端装备形成以上海临港、沈阳铁西、辽宁大连湾、四川德阳等为代表的产业示范基地；船舶和海洋工程装备形成以环渤海地区、长江三角州(长三角)地区和珠江三角州(珠三角)地区为中心的产业集聚区；工程机械主要品牌企业集中在徐州、长沙、柳州、临沂等地区；沈阳、芜湖、上海、哈尔滨、广州等地建立了工业机器人产业园。

2) 我国制造业存在的差距

我国虽已成为制造业大国，但还不是制造业强国，与先进国家相比还有较大差距。主要表现如下。

(1) 自主研发能力薄弱。我国制造业整体自主研发设计能力薄弱，几乎所有工业行业的关键核心技术都掌握在国外厂商手中，依赖于发达国家的跨国公司提供的关键技术，受制于人。例如，2010年我国汽车产销双双超过1800万辆，稳居全球产销第一，但是，仍然需要用高价从国外购买发动机等关键部件的核心技术和专利；我国现在已经是全球最大的空调生产国，但是压缩机和制冷剂等核心技术掌握在国外发达国家手中；IT产业的产量虽然处在全球前列，可是芯片技术、操作系统等也依赖于国外。

(2) 自主营销品牌缺乏。树立良好的企业形象、创立驰名的品牌商标和掌控战略性的营销网络，是提高企业利润的关键。我国制造业知名品牌企业的数量及影响力与发达国家相比存在较大差距，市场营销和战略管理能力薄弱，缺乏全球营销经验，只会打“价格战”，主要依靠国外分销商或合作伙伴的营销网络开拓国际市场。相当一部分中国企业只是国际知名品牌的加工厂，为外资做零配件加工和代工生产，没有自主品牌和供销网络。《世界机械500强》是目前世界上第一个对世界机械企业进行综合比较的榜单。据悉，2015 年中国大陆共有 92 家企业入选，其中上汽、一汽和东风汽车分别排在 500 强的第 4 位、21 位和 22 位。大部分入选企业都排在 200 名以后。虽然中国已经进入全球三大制造强国阵容，但是与美国和日本相比，中国的知名品牌却屈指可数。

(3) 高水平人力资本匮乏。进入 21 世纪以来，中国研发人员总量的年均增长率高于世界多数国家，显示了中国在科技人力投入方面具有长期增长潜力。但是与发达国家相比，科技人力投入强度不高。中国每万名劳动力中研发人员数量在有统计数据的 37 个国家中，只位列第 35 位。2008 年，我国研发人员的人均研发经费只有 3.4 万美元，在有 36 个国家中位列倒数第四，日本、德国和澳大利亚等国的研发人员人均研发经费是我国的 5 倍以上。

应当看到，当前我国制造业主要集中在低附加值的非核心部件加工制造和劳动密集型装配环节，在全球产业链上处于中低端，制造业“大而不强”的问题十分突出。怎样推进中国从“世界加工厂”向真正的“世界工厂”转变，由“制造业大国”向“制造业强国转变”，增强我国制造业的竞争力与稳定性，是摆在我们面前的重要课题。

0.4 课程的性质与研究内容

“机械制造技术基础”课程是机械类本科相关专业一门主干技术基础课。它是以机械制造中的工艺问题为研究对象的一门应用型制造技术学科，主要研究各种机械产品的制造过程和方法。机械制造技术基础课程在内容编排和体系结构上进行了较大的调整，并遵循学生对机械制造技术的认知规律，首先介绍了机械制造过程的基础知识，通过深入讨论金属切削原理及其应用问题，使读者体会到了切削加工中会出现的现象、要遇到的问题以及应采取的措施等，接着介绍了机械制造中所用的机床与刀具方面的知识。然后对机械制造涉及的具体工艺问题，如机械加工和装配工艺规程的设计、机械制造质量分析与控制、机床夹具设计等作了详细的介绍，最后还介绍制造模式和制造技术的最新发展。

0.5 课程的学习要求和学习方法

开设本课程的目的是为学生在机械制造技术方面奠定最基本的知识和技能基础。通过课程的学习，要求学生能对整个机械制造活动有一个总体的了解与把握，初步掌握金属切削过程的基本规律和机械加工的基本知识。具体要求如下：

(1) 掌握金属切削过程的基本理论和规律，并能根据具体工艺要求选择合理加工方法。

(2) 了解常用机械加工装备（机床、刀具、机床夹具）的基本概念和结构，懂得机床、刀具的选用，并具有设计夹具的初步能力。

(3) 掌握影响机械加工质量（加工精度和表面质量）的因素，具有分析和解决具体工艺问题的初步能力。

(4) 了解和掌握制订机械加工工艺规程和机器装配工艺规程的基本原理和基本知识，具有制订工艺规程的初步能力。

(5) 对机械制造技术的新发展有一定的了解。机械制造技术涉及的内容繁多，知识面广，且与生产实际联系密切，是一门综合性、实践性很强的工程技术。由于机械制造技术总结的是机械制造活动的一般原理和规律，所以在生产实践中具有很大的灵活性。针对机械制造技术“综合性、实践性、灵活性”强的特点，在学习本课程时，要注意实践知识的学习和积累，结合生产实习、课程实验、课程设计等实践性教学环节，弄懂机械制造技术的基本概念，善于总结、分析、应用，培养分析和解决机械制造过程中实际问题的能力。

案例研究

美国经济咨询机构环球通视的一份数据显示：2009 年中国制造业的产值为 1.608 万亿美元，占全球制造业总产值的 18.6%，低于美国的 1.717 万亿元，位居世界第二。联合国工业发展组织的统计报告显示，2009 年中国在世界工业生产总值中份额达到 15.6%，日本为 15.4%，美国以 19%的份额位居全球首位。英国《金融时报》2011 年 3 月 13 日刊登文章披露：据经济咨询机构美国环球通视有限公司的一份研究报告估计，2010 年中国占世界制造业产出的 19.8%，略高于美国的 19.4%。按产出计算，中国已经成为世界头号生产国，使这个国家回到了 19 世纪初的地位，打破了美国连续 110 年占据世界头号商品生产国的历史。

我国确实已成为世界制造大国，但“中国制造”却面临“大而不强”的尴尬。您认为这种尴尬主要体现在哪些方面？

习题与思考题

1-1 什么是制造业？制造业在国民经济中有什么作用？

1-2 什么叫制造技术？简述制造技术的发展历程。

1-3 当前我国制造业与发达国家相比存在的主要差距是什么？

1-4 国际水平制造技术的评价指标有哪些?

1-5 为什么要学习“机械制造技术基础”课程？应该怎么学习才能更好地理解和掌握机械制造技术？

第 1 章　机械制造过程的基础知识

1.1　机械制造过程

1.1.1　机械产品的制造过程

任何一种机械产品的制造都要经历产品设计、生产准备、原材料的运输和保管、毛坯制造、机械加工、热处理、装配和调试、油漆、包装等一系列过程，如图 1-1 所示。

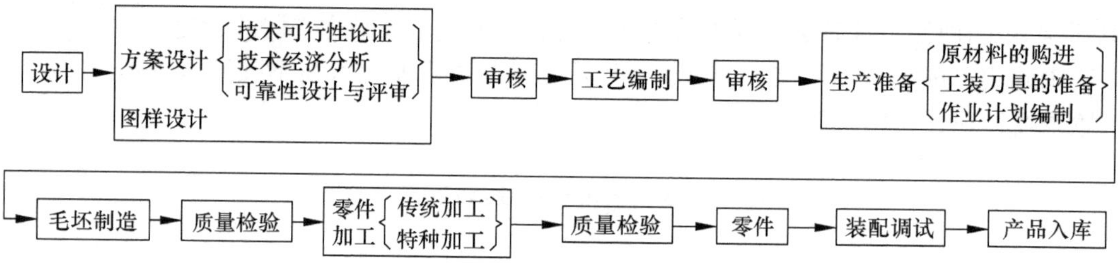

图 1-1　机械产品的制造过程

机械产品的制造过程实质上是由原材料转变为产品的各个相互关联的劳动过程总和。这个过程往往是由许多工厂或一个工厂的许多车间联合完成的，这样便于组织专业化生产，有利于保证产品质量，提高生产率，降低生产成本。

1.1.2　机械制造工艺过程

1. 工艺过程

在机械产品的制造过程中，用来直接改变生产对象的形状、尺寸、相对位置和性质等，使其成为成品或半成品的过程称为工艺过程。具体可分为铸造、锻造、焊接、冲压、机械加工、热处理和装配等。

2. 机械制造工艺过程

机械制造工艺是指制造机械产品的技巧、方法和程序。机械制造工艺过程一般是指机械加工工艺过程和机械装配工艺过程。采用机械加工的方法，按照一定的顺序逐步地改变毛坯的形状、尺寸、各表面间相互位置及表面质量，使其成为合格零件的过程称为机械加工工艺过程。将组成机器的零件、部件按照装配精度要求进行必要的连接和配合，使之成为合格机械产品的工艺过程称为机械装配工艺过程。

1.1.3　工艺过程的组成

机械加工工艺过程由一个或若干个按顺序排列的工序组成，而每一个工序又可细分为安装、工位、工步和走刀等。

1. 工序

一个(或一组)工人，在同一台机床(或同一个工作地)对一个(或同时几个)工件所连续完成的那一部分工艺过程称为工序。工序是组成工艺过程的基本单元，也是生产计划和成本核算的基本单元。工人、工作地、工件和连续作业(三定一连续)构成了划分工序的四个要素。只要有其中任一要素发生变化，即构成了另一道工序。因此，同一个零件、同样的加工内容可以有不同的工序安排。

对于图 1-2 所示的阶梯轴，因生产批量不同，其工艺过程的组成就不同，如表 1-1 与表 1-2 所示。

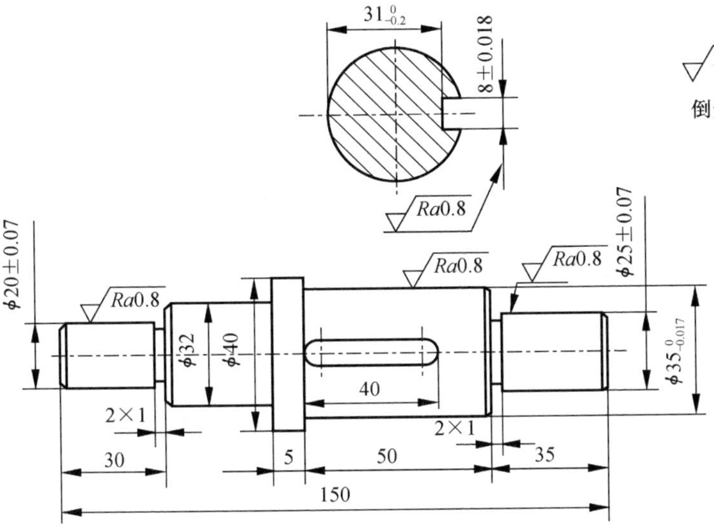

图 1-2　阶梯轴

表 1-1　阶梯轴单件生产工艺过程

工序号	工序名称和内容	设备
1	车端面，打中心孔，车外圆，切退刀槽，倒角	车床
2	铣键槽	铣床
3	磨外圆	磨床
4	去毛刺	钳工台

表 1-2　阶梯轴大批量生产工艺过程

工序号	工序名称和内容	设备
1	铣端面，打中心孔	铣钻联合机床
2	粗车外圆	车床
3	精车外圆，倒角，切退刀槽	
4	铣键槽	铣床
5	磨外圆	磨床
6	去毛刺	钳工台

2. 安装

在工件加工前，将工件在机床或夹具上定位并夹紧的过程称为安装。在同一加工工序中，工件至少要安装一次，也可能需要安装多次。在表 1-2 中，工序 2、3、5 都需要经过两次安装才能完成其全部工序内容。工件在加工中应尽量减少安装次数，因为多次安装不仅会增加安装误差，还会增加辅助时间。

3. 工位

为了减少安装次数，可采用回转工作台、回转夹具或移位夹具等，使工件在一次安装中先后处于不同的位置进行加工。工件在一次装夹后，工件与夹具或机床的可动部分一起相对于刀具或机床的固定部分所占据的每一个位置称为工位。图 1-3 所示为利用回转工作台在一次安装中依次完成装卸工件、钻、扩、铰孔的四工位加工实例。

4. 工步

在一个工序中，往往需要采用不同的刀具和切削用量对不同的表面进行加工。在加工表面、切削刀具以及切削用量中的切削速度和进给量均不变的情况下所连续完成的那部分工艺过程称为一个工步。当其中的一个因素改变后就变为另一工步。但是对于连续进行的几个相同的工步，如图 1-4(a)所示在零件上依次钻四个ϕ15 的孔，可视为一个工步，称为连续工步。同时用几把刀具(或复合刀具)加工工件上不同的几个表面，也可视为一个工步，称为复合工步，如图 1-4(b)所示。

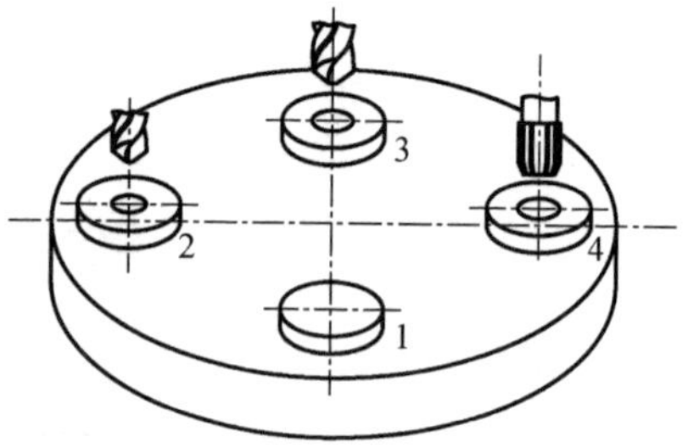

图 1-3　多工位加工

工位 1—装卸工件；工位 2—钻孔；工位 3—扩孔；工位 4—铰孔

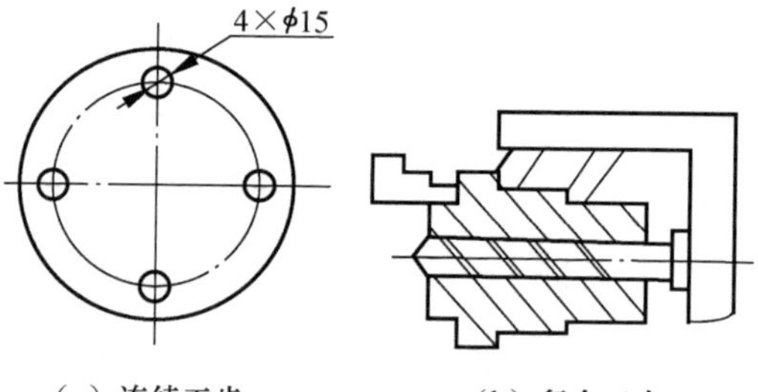

(a) 连续工步　　(b) 复合工步

图 1-4　连续工步和复合工步

5. 工作行程(或走刀)

有些工步，由于需要切去的金属层较厚，需要用同一刀具对同一表面进行多次切削才能完成，则每次切削所完成的工步内容称为一个工作行程或一次走刀，如图 1-5 所示。

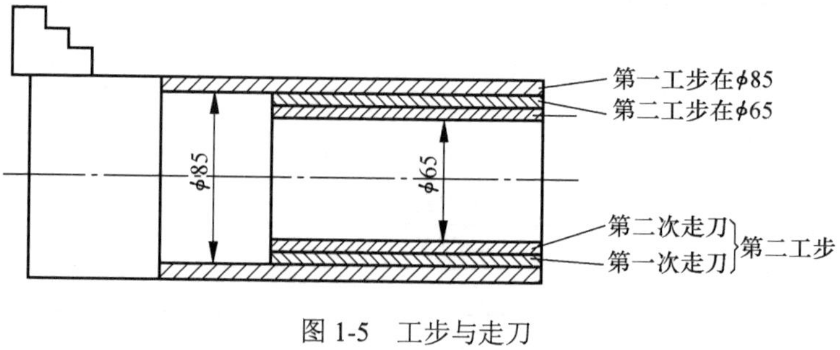

图 1-5　工步与走刀

1.1.4 生产类型及其工艺特征

尽管各种机械产品的机械结构以及技术要求不同，但其制造工艺却存在很多共同特征。这些共同特征取决于企业的生产类型，而生产类型又由生产纲领所决定。

1. 生产纲领

零件的生产纲领是包括备品和废品在内的年产量，可按下式计算

$$N = Qn(1+\alpha)(1+\beta)$$

式中，N——零件的年产量；

Q——产品的年产量；

n——每台产品中该零件的数量；

α——平均备品率；

β——平均废品率。

2. 生产类型及其工艺特征

根据产品的生产纲领、尺寸大小和复杂程度，企业生产一般分为单件生产、成批生产和大量生产三种类型。

(1) 单件生产。产品的种类多，同一产品生产数量很少(仅制造一个或少数几个)，加工对象经常变换且很少重复。重型机械、专用设备的制造和新产品试制都属于单件生产。

(2) 成批生产。产品的种类较多，每种产品均有一定的数量，加工对象周期性地重复。同一产品(或零件)每批投入生产的数量称为批量。根据产品的特征和批量的大小，成批生产可分为小批生产、中批生产和大批生产。通用机床和电动机等生产属于成批生产。

(3) 大量生产。产品的产量很大，大多数工作地长期重复地进行某种零件的某一工序的加工。汽车、拖拉机、自行车、轴承等生产都属于大量生产。

生产类型不同，产品制造工艺、所用设备和工艺装备以及生产的组织方式均不同。表 1-3 列出了各种生产类型的工艺特征。

表 1-3 各种生产类型工艺过程的主要特点

生产类型 / 工艺过程特点	单件生产	成批生产	大量生产
工件互换性与装配方法	一般是配对制造，没有互换性，广泛用钳工修配	大部分有互换性，少数用钳工修配	全部有互换性；某些精度较高的配合件用分组选择装配法
毛坯制造方法及加工余量	铸件用木模手工造型；锻件用自由锻。毛坯精度低，加工余量大	部分铸件用金属模；部分锻件用模锻。毛坯精度与加工余量中等	广泛采用机器造型、模锻等高生产率的毛坯制造方法。毛坯精度高，加工余量小
机床设备及其布置	通用机床按“机群式”排列，部分采用数控机床或加工中心	通用机床和部分专用机床兼用，数控机床、加工中心或柔性制造单元	专用生产线、自动生产线、柔性制造生产线或数控机床
夹具	多用标准附件，极少采用夹具，靠划线及试切法达到精度要求	广泛采用夹具或组合夹具，部分靠加工中心一次安装	广泛采用高生产率夹具，靠夹具及调整法达到精度要求
刀具与量具	采用通用刀具和万能量具	可以采用专用刀具及专用量具或三坐标测量机	广泛采用高生产率刀具和量具，或采用统计分析法保证质量

续表

生产类型 / 工艺过程特点	单件生产	成批生产	大量生产
对工人的要求	需要技术熟练的工人	需要一定熟练程度的工人和编程技术人员	对操作工人的技术要求较低，对生产线维护人员要求有高的素质
工艺规程	有简单的工艺路线卡	有工艺规程，对关键零件有详细的工艺规程	有详细的工艺规程

1.2　机械制造工艺方法

1.2.1　机械零件制造工艺方法分类

根据零件制造过程中物料重量的变化与否以及变化趋势，可将机械零件的制造方法分为三类：

(1) 材料成形法。进入工艺过程物料初始重量近似等于加工后最终重量。如铸造、压力加工、粉末冶金、注塑成形等，这些方法多用于毛坯制造，但也可直接成形零件。

(2) 材料去除法。零件的最终几何形状是通过去除毛坯上的一部分材料、减少一部分重量来达到的。常规加工方法中如切削与磨削，特种加工中如电火花加工、激光加工、电解加工以及电解磨削等。

(3) 材料添加法。传统的材料添加方法有焊接、铆接等，通过这些不可拆卸连接使物料结合成一个整体，形成零件。近几年才发展起来的快速原型制造技术(RPM)，是材料添加法的新发展。

1.2.2　零件表面的成形方法和成形运动

1. 零件表面形状与加工成形方法

尽管机械零件的形状有各种各样，但其不外乎由几种基本形状的表面，如平面、圆柱面、圆锥面以及各种成形表面所构成。图 1-6 所示为组成不同形状零件常用的各种表面。

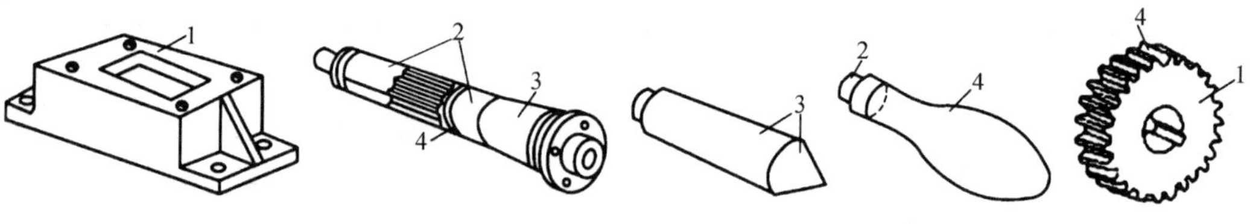

图 1-6　构成不同形状零件常用的各种表面

1—平面；2—圆柱面；3—圆锥面；4—各种成形表面

各种典型表面都可以看成是由一条母线沿着导线运动而形成的轨迹。母线和导线统称为形成表面的发生线。图 1-7 揭示了各种零件表面的成形过程。一般情况下，母线和导线可以互换，但对于一些特殊表面，如圆锥面、双曲面等，则不可互换。

切削加工中的发生线是由刀具和工件间的相对运动形成的。由于所用刀具切削刃的形状和加工方法的不同，形成发生线的方法也不同，可归纳为以下四种。

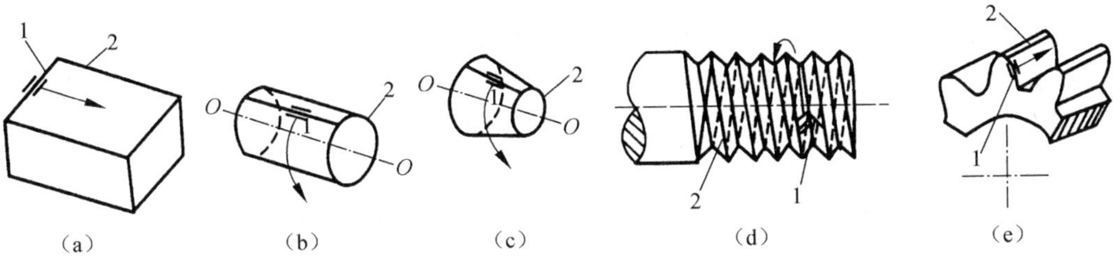

图 1-7　零件表面的成形过程

1—母线；2—导线

(1)轨迹法。它是利用刀具做一定规律的轨迹运动对工件进行加工的方法。用尖头车刀、刨刀等切削时，切削刃与被加工表面可看成点接触，因此切削刃可看成一个点，发生线为接触点的轨迹线。如图 1-8(a)所示，车刀切削点 1 按一定的规律做轨迹运动 3，形成所需的发生线 2。采用轨迹法形成发生线时，刀具需要一个独立的成形运动。

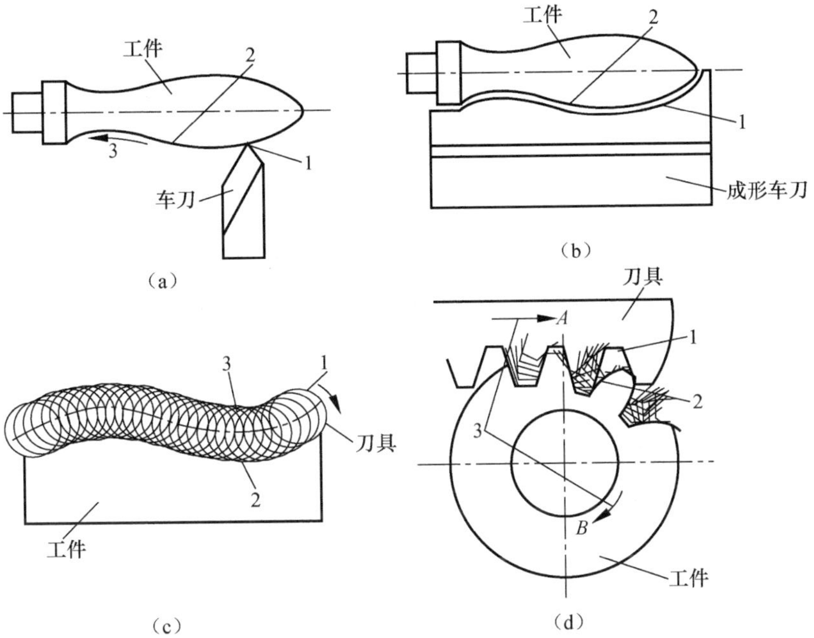

图 1-8　形成发生线的方法

(2)成形法。成形法是利用成形刀具对工件进行加工的方法。如图 1-8(b)所示，刀具的切削刃 1 与所需要形成的发生线 2 完全吻合，曲线形的母线由切削刃直接形成。用成形法来形成发生线，刀具不需要专门的成形运动。

(3)相切法。相切法是利用刀具边旋转边做轨迹运动来对工件进行加工的方法。采用铣刀、砂轮等旋转刀具加工时，如图 1-8(c)所示，在垂直于刀具旋转轴线的截面内，切削刃可看做是点，当切削点 1 绕着刀具轴线做旋转运动 3，同时刀具轴线沿着发生线的等距线做轨迹运动时，切削点运动轨迹的包络线，便是所需的发生线 2。采用相切法生成发生线时，需要两个相互独立的成形运动，即刀具的旋转运动和刀具中心按一定规律的运动。

(4)展成法。展成法是利用工件和刀具做展成切削运动进行加工的方法。切削加工时，刀具与工件按确定的运动关系做相对运动，切削刃与被加工表面相切，切削刃各瞬时位置的包络线，便是所需的发生线。如图 1-8(d)所示，刀具切削刃为切削线 1，它与需要形成的发生线 2 的形状不吻合。在形成发生线的过程中，切削线 1 与发生线 2 做无滑动的纯滚动(展成运动)。发生线 2 就是切削线 1 在切削过程中连续位置的包络线。用展成法生成发生线时，刀具与工件之间的相对运动通常由两个分运动组合而成，它们之间保持严格的运动关系，彼此不独立，共同组成一个运动，称为展成运动。如上述工件的旋转运动 B 和直线运动 A 都是形成渐开线的展成运动。

2. 切削成形运动

由上述可知，要形成发生线，需要刀具与工件之间做相对运动。按照切削时刀具与工件相对运动的作用来分，可分为主运动和进给运动。

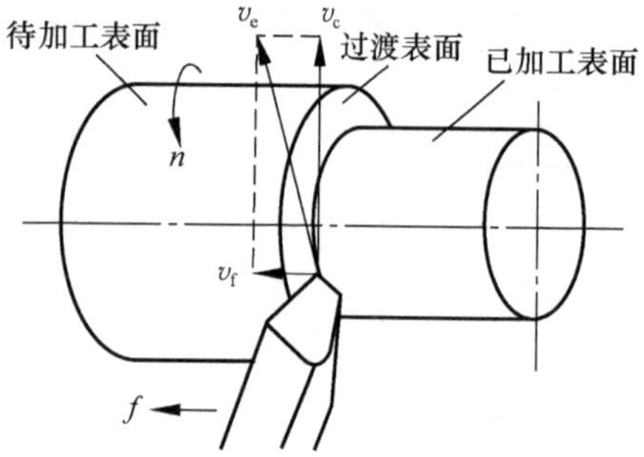

图 1-9　切削时合成切削速度

(1)主运动。主运动是切下切屑所必需的最基本运动。通常它的速度最高，消耗功率最大，同时主运动只有一个。

(2)进给运动。进给运动是指把新的金属层不断投入切削，从而获得完整表面的运动。与主运动相比，速度较低，消耗功率较少。进给运动可以有一个或几个，可以是连续的，也可以是间断的。

(3)合成运动。主运动和进给运动可以同时进行(车削、铣削等)，也可交替进行(刨削等)。当主运动与进给运动同时进行时，刀具切削刃上某一点相对工件的运动称为合成切削运动。如图 1-9 所示，合成速度向量等于主运动速度与进给运动速度的向量和，即

$$\vec{v}_e = \vec{v}_c + \vec{v}_f$$

1.2.3　加工表面与切削要素

1. 加工表面

加工表面是指切削加工时，工件上存在的待加工表面、已加工表面和过渡表面的统称，如图 1-9 所示为车削外圆时的三个加工表面。

(1)待加工表面。它是工件上即将被切去切屑的表面。

(2)已加工表面。它是工件上经刀具切削后形成的表面。

(3)过渡表面。它是工件上被切削刃正在切削的表面，位于待加工表面与已加工表面之间。

2. 切削要素

切削要素主要指切削过程的切削用量要素和在切削过程中由余量变成切屑的切削层参数，如图 1-10 所示。

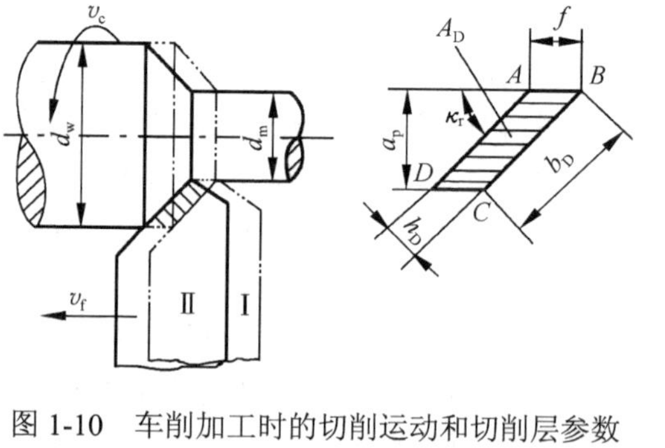

图 1-10　车削加工时的切削运动和切削层参数

1) 切削用量

切削用量是指切削速度、进给量和背吃刀量三者的总称。

(1) 切削速度 v_c。它是切削加工时，切削刃上选定点相对于工件的主运动速度。切削刃上各点的切削速度可能是不同的。当主运动为旋转运动时，工件或刀具最大直径处的切削速度由下式确定

$$v_c = \frac{\pi d_w n}{1000}$$

式中，v_c——切削速度(m/min)；

d_w——工件待加工表面的直径(mm)；

n——工件的转速(r/min)。

(2) 进给量 f。它是指刀具在进给运动方向上相对工件的位移量。当主运动是回转运动时，进给量指工件或刀具每回转一周，两者沿进给方向的相对位移量，单位为 mm/r；当主运动是直线运动时，进给量指刀具或工件每往复直线运动一次，两者沿进给方向的相对位移量，单位为 mm/双行程或 mm/单行程；对于多齿的旋转刀具(如铣刀)，常用每齿进给量 f_z，单位为 mm/z 或 mm/齿，它与进给量 f 的关系为

$$f = zf_z$$

式中，z——铣刀刀齿齿数。

在切削加工中，也有用进给速度 v_f 来表示进给运动的。所谓进给速度 v_f 是指切削刃上选定点相对于工件的进给运动速度，其单位为 mm/min。若进给运动为直线运动，则进给速度在切削刃上各点是相同的。在外圆车削中，有

$$v_f = fn$$

式中，v_f——进给速度(mm/min)；

f——进给量(mm/r)；

n——主运动转速(r/min)。

铣削时进给速度为

$$v_f = fn = zf_z n$$

(3) 背吃刀量 a_p。在基面上垂直于进给运动方向测量的切削层最大尺寸。由图 1-10 可知

$$a_p = (d_w - d_m)/2$$

式中，a_p——背吃刀量(mm)；

d_w——工件加工前(待加工表面)直径(mm)；

d_m——工件加工后(已加工表面)直径(mm)。

由上述要素 v_c、f、a_p 构成了普通外圆车削的切削用量三要素。在金属切削过程中，切削用量三要素选配的大小，将影响切削效率的高低，通常用三要素的乘积作为衡量指标，称为材料切除率，用 Q_z 表示，单位为 mm^3/min，即

$$Q_z = 1000 v_c f a_p$$

2) 切削层参数

切削层是指在切削过程中，由刀具在切削部分的一个单一动作(或指切削部分切过工件的一个单程，或指只产生一圈过渡表面的动作)所切除的工件材料层(图 1-10 中的阴影部分)。

切削层参数是指在基面中测量的切削层厚度、宽度和面积，它们与切削用量 f、a_p 有关。

(1)切削层公称厚度 h_D。垂直于正在加工的表面(过渡表面)度量的切削层参数。

(2)切削层公称宽度 b_D。平行于正在加工的表面(过渡表面)度量的切削层参数。

(3)切削层公称横截面积 A_D。在切削层参数平面内度量的横截面面积。

切削用量要素与切削层参数的关系如下

$$h_D = f \sin \kappa_r$$

$$b_D = a_p / \sin \kappa_r$$

$$A_D = f a_p$$

从上述公式中可看出 h_D、b_D 均与主偏角 κ_r 有关，但切削层公称横截面积 A_D 只与 f、a_p 有关。

1.2.4 机械加工方法

机械零件结构形状多种多样，零件表面的成形方法也很多，但机械加工方法以其具有的高精度、高生产率及其良好的经济性等特点广泛应用于机械零件的加工。零件表面形式不同，所需设备的结构布局及其所提供的运动不同，于是就形成了不同的加工方法。生产中用于加工零件表面的方法很多，本节主要对生产中常用的机械加工方法及其应用范围与特点作一简单介绍。

1. 车削

1)车削及其用途

车削是机械加工中应用最广泛的方法之一，主要用于回转体零件上回转面的加工。通常，工件通过夹具(如卡盘)安装在车床的主轴上，车削时与主轴一起旋转，形成主运动。刀具安装在刀架上，当沿平行旋转轴线做进给运动时，形成圆柱面；沿与轴线成一定角度的直线运动，形成锥面。仿形车床或数控车床上，可以控制刀具沿着一条曲线进给，形成一种特定的旋转曲面。采用成形车刀，横向进给时，也可加工出旋转曲面来。车削还可用于加工螺纹、端平面等。在普通精度的卧式车床上，车削加工精度一般为 IT7～IT8，表面粗糙度为 *Ra*1.6～6.3μm。在精密车床上，精车时可达 IT5～IT6，表面粗糙度可达 *Ra*0.1～0.4μm。

2)车削的特点

车削主要有以下几个特点：刀具结构简单，切削过程较平稳，易于保证工件各加工面的位置精度，适于有色金属零件的精加工。

2. 铣削

1)铣削及其用途

铣削应用广泛，可加工平面、沟槽、成形面等，如图 1-11 所示。铣削时，刀具的旋转为主运动，工件随工作台的直线或回转运动为进给运动。铣削的加工精度一般可达 IT7～IT8，表面粗糙度为 *Ra*1.6～6.3μm。复杂曲面可以利用数控铣床或加工中心来加工。

2)铣削方式

铣削方式可分为周铣法和端铣法，如图 1-12 所示。

图 1-11　铣削的工艺范围

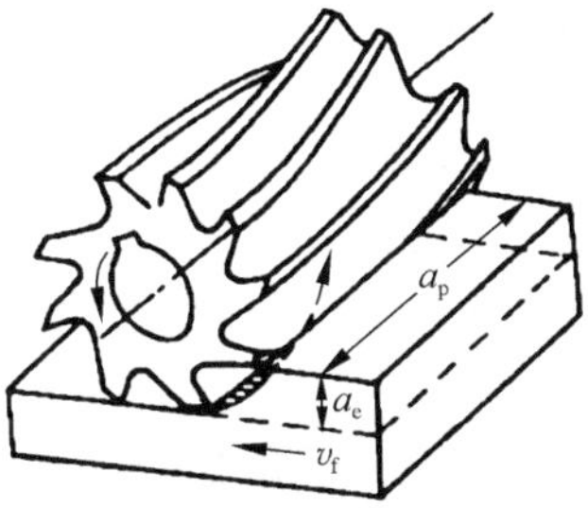

（a）周铣法

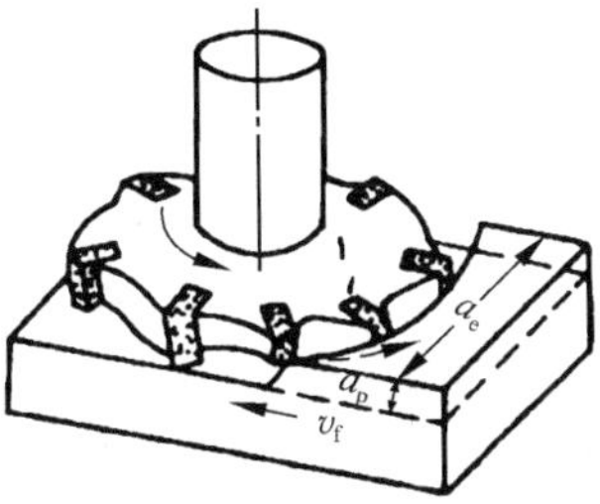

（b）端铣法

图 1-12　周铣法和端铣法

(1) 周铣法。周铣法中有逆铣和顺铣之分。

如图 1-13(a) 所示，逆铣时，切削厚度从零开始逐渐增大，因而刀刃开始经历了一段在切削硬化的已加工表面上挤压滑行的阶段，加速了刀具的磨损。同时，逆铣时，铣削力将工件上抬，易引起振动，这是逆铣的不利之处。但逆铣时，螺母中间隙处于有利位置，不会使工件窜动，不易损坏刀具。故目前常用逆铣法。

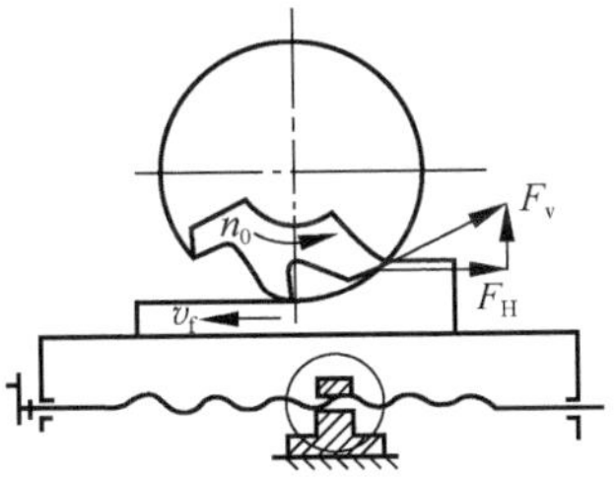

（a）逆铣

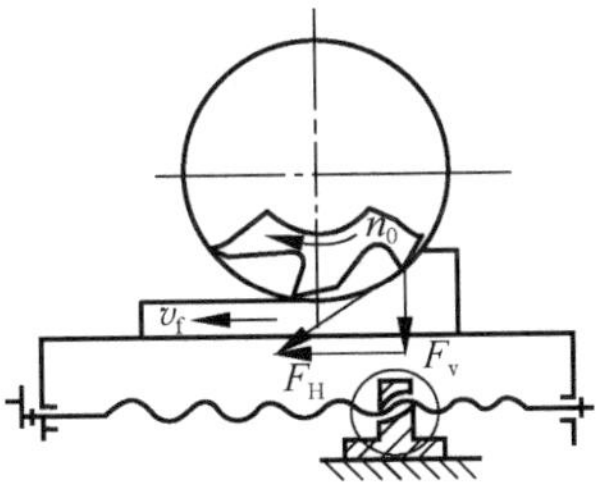

（b）顺铣

图 1-13　逆铣和顺铣

如图 1-13(b) 所示，顺铣时，铣削力的水平分力与工件的进给方向相同，工件台进给丝杠与固定螺母之间一般有间隙存在，因此切削力容易引起工件和工作台一起向前窜动，使进给量突然增大，引起打刀。在铣削铸件或锻件等表面有硬皮的工件时，顺铣刀齿首先接触工件硬皮，加剧了铣刀的磨损。

(2)端铣法。根据铣刀轴线与工件的相对位置，端铣法有对称铣和不对称铣。铣刀轴线与工件铣削宽度的对称中心线重合时为对称铣，如图 1-14(a)所示。铣刀轴线与工件铣削宽度的对称中心线不重合时称为不对称铣，如图 1-14(b)和(c)所示。

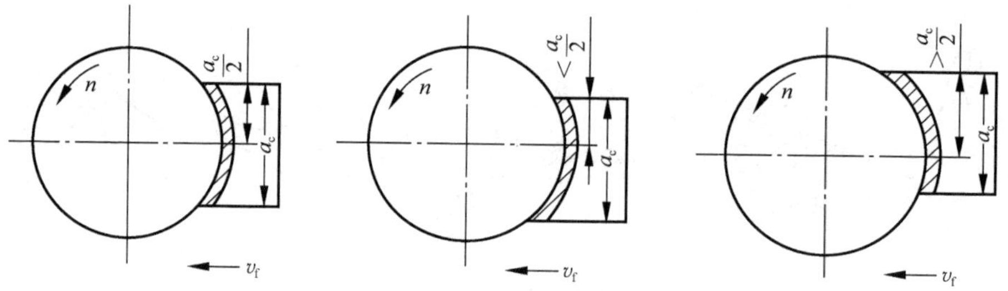

（a）对称铣削　（b）不对称逆铣　（c）不对称顺铣

图 1-14　端铣方式

3)铣削特点

(1)生产率较高。多齿工作，旋转运动利于高速铣削。

(2)容易产生振动。由于多齿工作，每个齿切削厚度变化，切削力变化，切削过程不稳定，易产生振动，影响加工质量。

(3)刀齿散热条件较好。多齿间歇工作，有冷却时间，散热条件好。但切入切出时的冲击易引起刀片碎裂。

3. 刨削

(1)刨削的应用。刨削主要用于零件的单件小批生产，其工艺范围如图 1-15 所示。刨削时的主运动和进给运动见图 1-15。由于刨削速度不可能很高，因而生产率较低。刨削比铣削

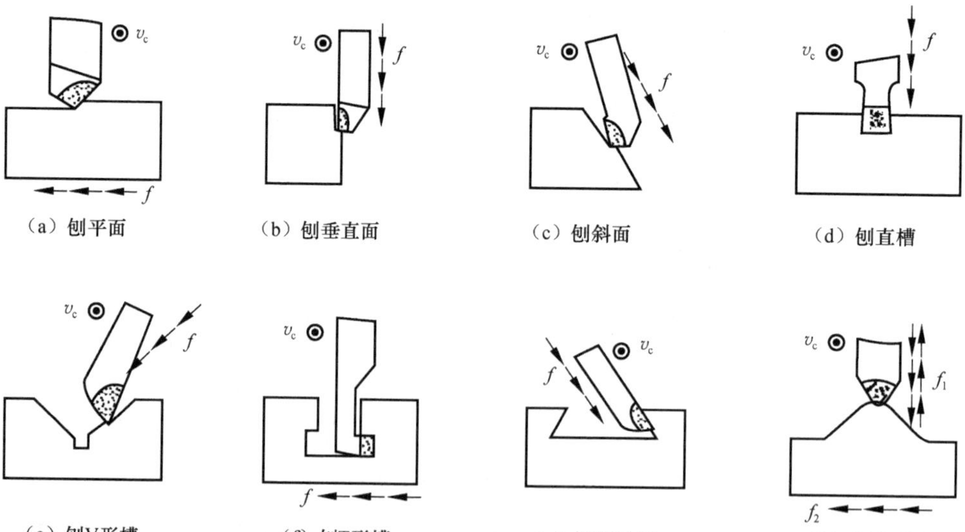

（a）刨平面　（b）刨垂直面　（c）刨斜面　（d）刨直槽
（e）刨V形槽　（f）刨T形槽　（g）刨燕尾槽　（h）刨成形面

图 1-15　刨削工艺范围

平稳，其加工精度一般可达IT7～IT8，表面粗糙度为*Ra*1.6～6.3μm，精刨平面度可达0.02/1000，表面粗糙度为*Ra*0.4～0.8μm。

(2) 刨削的特点。刨削的生产率较低，但加工过程比铣削平稳，加工成本低。

4. 钻、扩、铰、镗削

1) 钻、扩、铰削的用途及特点

用钻头钻削孔的方法，称为钻削。钻孔通常用于在实体材料上加工直径ϕ0.5～ϕ50mm的孔。在钻床或镗床上钻孔，主运动和进给运动均由钻头完成；而在车床上钻孔，工件的回转运动为主运动，进给运动是钻头的直线移动。钻孔的加工精度较低，一般为IT11～IT13，表面粗糙度一般为*Ra*12.5μm左右。钻削的工艺特点是：钻孔时钻头易产生“引偏”，排屑困难，散热条件差。因此，钻孔主要用于粗加工，如螺钉孔、油孔、内螺纹底孔等。根据加工需要，在钻削后常常采用扩孔和铰孔来进行半精加工和精加工。扩孔采用扩孔钻进行加工，加工精度为IT9～IT10，表面粗糙度为*Ra*1.6～3.2μm。铰孔采用铰刀进行加工。加工精度一般为IT6～IT9，表面粗糙度为*Ra*0.4～1.6μm。钻床的加工方法如图1-16所示。钻、扩、铰只能保证孔本身的精度，不易保证孔与孔之间的尺寸精度和位置精度。

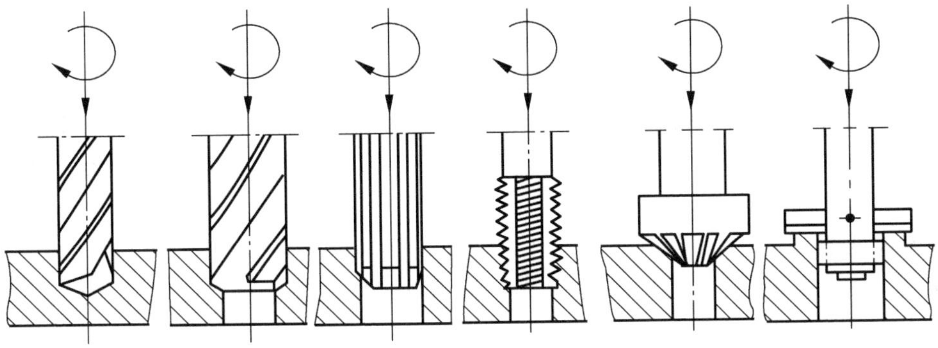

(a) 钻孔　(b) 扩孔　(c) 铰孔　(d) 攻螺纹　(e) 锪沉孔　(f) 锪平面

图1-16　钻床的加工方法

2) 镗孔的用途及特点

镗孔可在镗床上或车床上进行，如图1-17、图1-18所示。在镗床上镗孔时，镗刀基本与车刀相同，不同之处在于镗刀与镗杆一起所做的旋转运动为主运动，而工件做直线进给运动。镗孔加工精度一般为IT7～IT8，表面粗糙度为*Ra*0.8～6.3μm；精细镗加工精度为IT6～IT7，

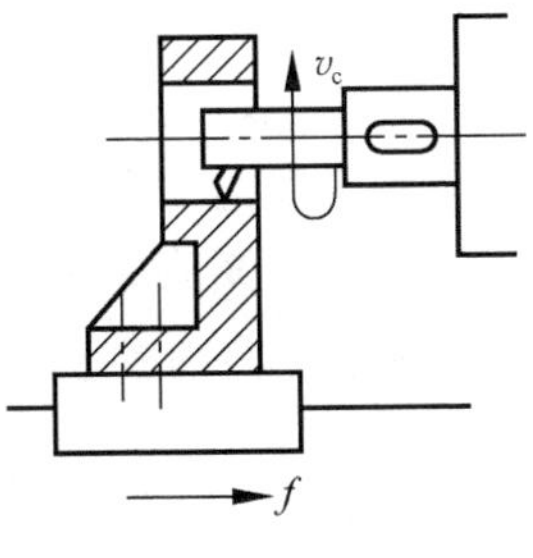

图1-17　镗床上镗孔

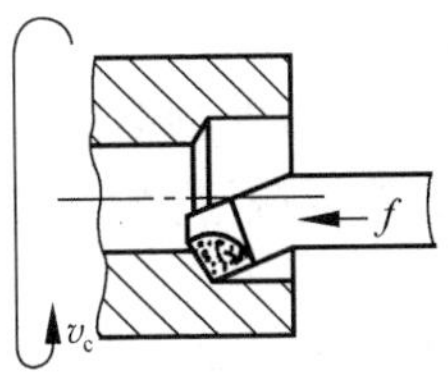

图1-18　车床上镗孔

表面粗糙度为 Ra0.2～0.8μm。回转体零件上的孔在车床上加工，箱体类零件上的孔或孔系在镗床上加工。镗孔的工艺特点是：适应性广；可以校正圆孔的轴线位置误差；生产效率低；适合加工箱体、支架上的孔系，保证其位置精度。

5. 磨削

磨削是以砂轮或其他磨具为刀具对工件进行加工的。常用的磨削方法有外圆磨削、内圆磨削、平面磨削等，如图 1-19 所示。

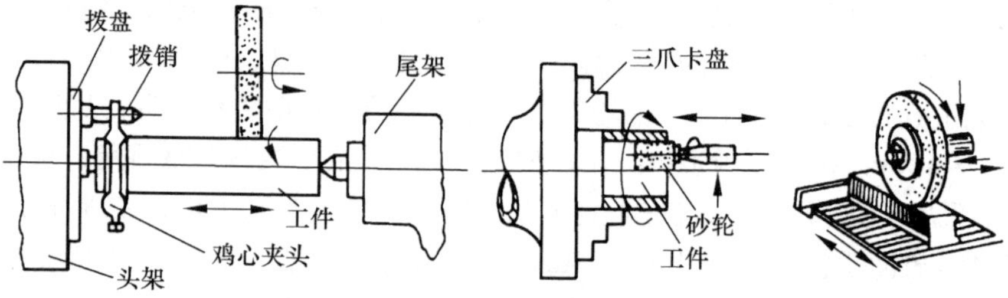

图 1-19　磨削加工

1）磨削过程

砂轮的磨削过程指砂轮表面的磨粒从工件表面切除细微金属层的过程。它是磨粒对工件表面滑擦、耕犁和切削三种作用的综合效应。磨削中，磨粒本身也由尖锐逐渐磨钝，使切削作用变差，切削力变大。当切削力超过砂轮黏合剂强度时，磨钝的磨粒会自行脱落，露出一层新的磨粒，此即为砂轮的“自锐性”。但切屑和碎磨粒仍会将砂轮阻塞，因而，磨削一定时间后，需要对砂轮进行修整。

2）磨削工艺特点

(1) 精度高、表面粗糙度小。磨削精度可达 IT4～IT6，表面粗糙度可达 Ra0.1～0.2μm，甚至可达 Ra0.008～0.1μm。

(2) 砂轮有“自锐性”。

(3) 背向力 F_p 较大。磨细长工件容易弯曲，最后一般要经过几次光磨走刀。

(4) 磨削温度高，工件表面易“烧伤”。磨削时，产生热量大，需有充分的切削液进行冷却。

3）磨削的应用

磨削能加工一般铸铁、碳钢和合金钢，也能加工淬硬钢、硬质合金、陶瓷与玻璃等，但不适应加工塑性大的有色金属工件。磨削可以加工外圆面、内孔、平面、成形面、螺纹、齿轮等。

(1) 外圆磨削方法。外圆磨削可以在外圆磨床和无心磨床上进行。在外圆磨床上采用的方法有纵磨法、横磨法、深磨法等。在无心磨床上也可以采用纵磨法、横磨法，如图 1-20 所示。

(2) 内圆磨削方法。与外圆磨削一样，内圆磨削也有纵磨与横磨之分，但砂轮轴的刚度很差，不能深磨。大多数情况下是采用纵磨法。与外圆磨削相比，内圆磨削表面粗糙度大，生产率低。

(3) 平面磨削方法。根据砂轮参与磨削的部位，平面磨削可分为周边磨削与端面磨削。周边磨削散热、冷却和排屑情况较好，加工质量较高，但生产率较低。端面磨削磨头伸出长度短，刚度好，故生产率较高，但加工质量相对不高，多用于要求不高的工件，或作为精磨前的预加工。

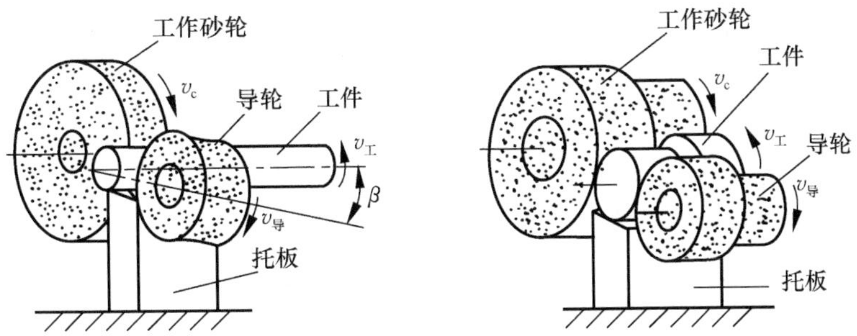

（a）纵磨法　（b）横磨法

图 1-20　在无心磨床上磨外圆

6. 齿形加工

齿形有多种形式，而最为常用的是渐开线齿形。渐开线齿形的加工方法分为两大类：成形法和展成法。表 1-4 列出了渐开线齿轮常用的加工方法、特点及适用范围。

表 1-4　渐开线齿轮的加工方法、特点及适用范围

加工方法	图　例	加工质量		生产率	设　备	适用范围	
		精度等级	粗糙度				
铣齿	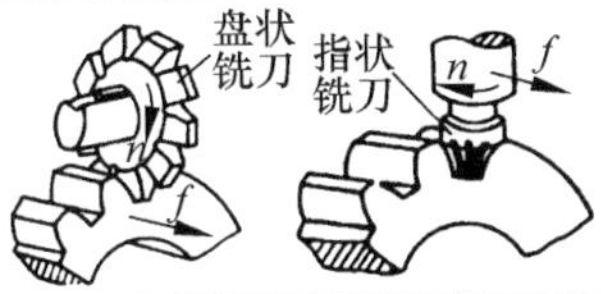	9	Ra3.2～6.3	低	普通铣床	单件小批生产。修理或不重要齿轮加工。不宜加工内齿轮	硬度低于30HRC
滚齿	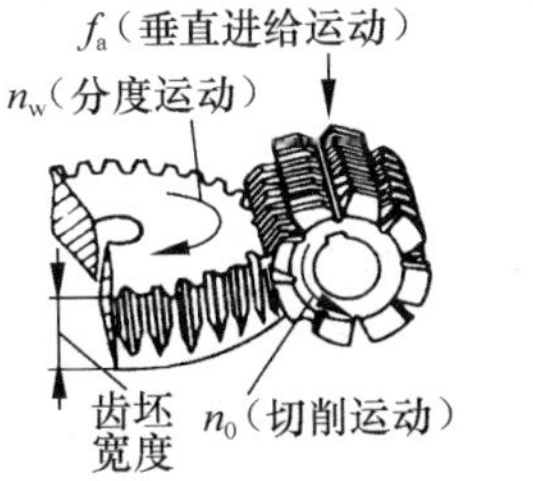	6～9	Ra1.6～3.2	高	滚齿机	批量不限，常用于外圆柱直齿、斜齿轮的较大批量生产。不能加工内齿轮和多联齿轮的小齿轮	
插齿	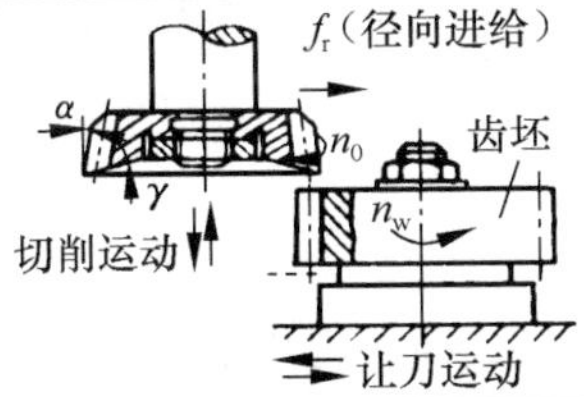	6～8	Ra1.6～3.2	较高	插齿机	批量不限，常用于成批生产。适于加工各种圆柱齿轮，尤宜加工内齿轮或扇形齿轮。不宜加工斜齿轮	
剃齿	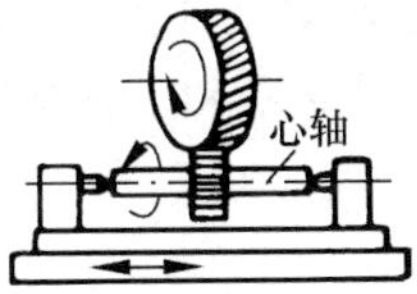	6～7	Ra0.4～0.8	高	剃齿机	用于各种渐开线齿轮的精加工，可在预加工基础上提高 1～2 级	

续表

加工方法	图例	加工质量		生产率	设备	适用范围
		精度等级	粗糙度			
珩齿	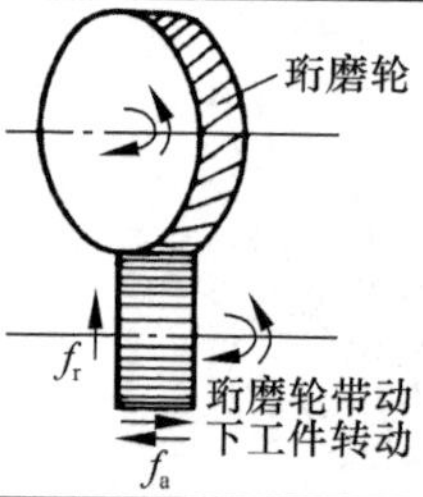	6～7	Ra0.2～0.4	很高	珩齿机	生产批量、工件硬度不限。常用于光整加工各种已淬火的圆柱齿轮。对齿轮精度改善不大，主要用于改善表面完整性
成形磨齿	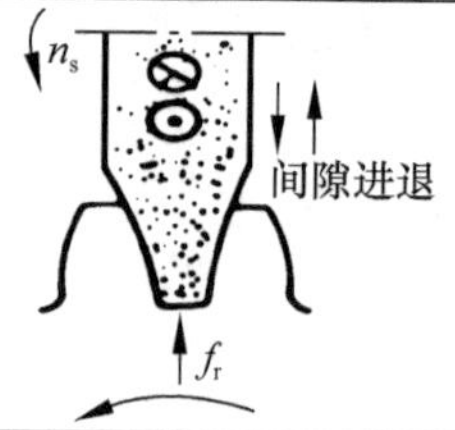	5～6	Ra0.2	稍高	磨齿机	生产批量、工件硬度不限，但塑性不宜太高。可精加工各种渐开线外圆柱齿轮，尤宜精加工已淬火的齿轮。其中成形磨削可磨内齿轮，生产率较高而精度主要取决于成形砂轮的精度。双碟形砂轮磨削生产率最低而精度最高
展成磨齿	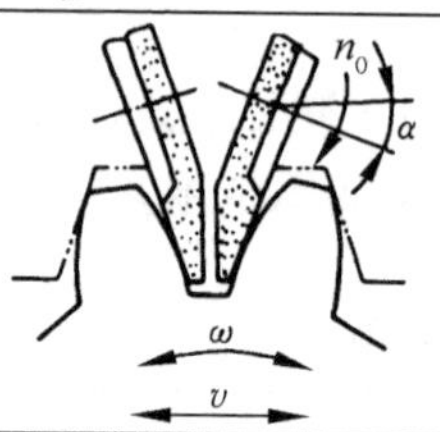	4～5	Ra0.1	较低		

齿形加工方法的选择主要取决于齿轮精度，齿面粗糙度，齿轮的形状、尺寸、材料与热处理状态。成形法加工齿面所使用的机床一般为普通铣床，刀具为成形铣刀，需要两个简单成形运动：铣刀的旋转运动为主运动，铣刀的直线移动为进给运动。展成法加工齿面的常用机床有滚齿机和插齿机等。

1.3 工件安装方法

在机械加工时，工件在机床上或者夹具中装夹好以后才能进行加工。装夹又称为安装，包括定位和夹紧两个过程。定位就是使工件在机床上或者夹具中占有正确位置。夹紧就是对工件施加一定的外力，使其已确定的位置在加工过程中保持不变。安装是否正确、稳固、合理、方便，对加工质量、生产率和经济性均有较大的影响，因此必须认真对待。工件的安装必须依赖于相关的基准，而基准的概念无论对于产品设计还是制造都很重要，故本节先讨论基准的问题。

1.3.1 基准的概念及其分类

工件上任何一个点、线、面的位置总是要用它与另外一些点、线、面的相互关系(如尺寸距离、平行度、垂直度、同轴度等)来确定。基准就是用来确定加工对象上其他点、线、面的位置所依据的那些点、线、面。根据基准的应用场合，基准可分为设计基准和工艺基准两大类。

1. 设计基准

设计基准是设计人员在零件图上标注尺寸或相互位置关系时所依据的那些点、线或面。

换言之，设计基准是零件图上标注尺寸的起始位置。如图 1-21(a)所示零件，L_1、L_2 均为设计尺寸，套筒左端面为表面 I 的设计基准，而孔的中心线为表面 II 的设计基准。

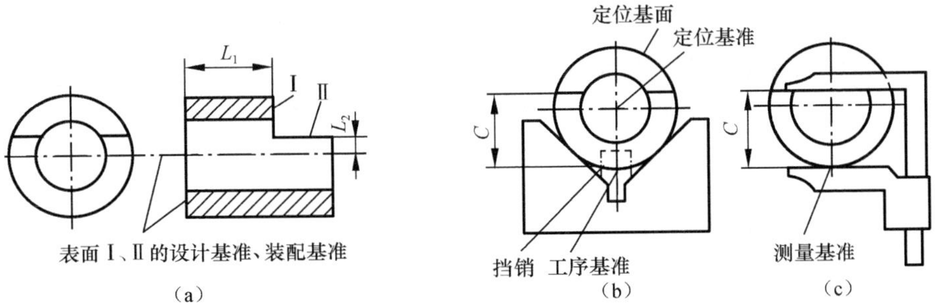

图 1-21　设计基准与工艺基准

2. 工艺基准

零件在加工和装配过程中所采用的基准称为工艺基准。工艺基准又进一步可分为工序基准、定位基准、测量基准和装配基准。

(1) 工序基准。在工序图上用来确定本道工序加工表面的尺寸和位置关系的基准，称为工序基准。在选择工序基准时，应着重考虑：①尽可能用设计基准作为工序基准。如果有困难，可另选工序基准，但必须可靠地保证零件的设计要求；②所选工序基准应尽可能用于工件的定位和工序尺寸的检验。图 1-21(b)所示为在套筒零件上铣缺口面 I 、II 的定位简图。考虑到检测方便，图中并没有选择孔的中心线作为工序基准，而是选择了外圆的下母线，通过控制工序尺寸 C 来保证设计尺寸 L_2。

(2) 定位基准。在加工时用于确定工件在机床或夹具上正确位置的基准，称为定位基准。如图 1-21(b)所示，套筒零件以外圆在 V 形块上径向定位，定位基准则是外圆的中心线，轴向以左端面在一挡销上定位，定位基准与设计基准重合。由于孔的中心线并不具体存在，故以外圆面来体现。这种具体存在的定位表面称为定位基面。以后所说的定位基准选择，均指定位基面的选择。

定位基准还可以进一步分为粗基准、精基准及辅助基准。使用未经机械加工的表面作为定位基准，称为粗基准；使用已经过机械加工的表面作为定位基准，称为精基准；而辅助基准在零件上毫无用途，纯粹是为了工艺需要而专门设置的。例如，轴类零件定位用的顶尖孔、某些箱体零件定位用的工艺孔、支架类零件定位用的工艺凸台等，都属于辅助基准。

(3) 测量基准。在工件上用来测量已加工表面位置时所依据的点、线、面称为测量基准。如图 1-21(c)所示，表面 II 的测量基准是外圆的下母线，测量尺寸是 C。

(4) 装配基准。在装配时用来确定零件或部件在产品中的相对位置所采用的基准，称为装配基准。装配基准一般与零件的主要设计基准相一致，如图 1-21(a)所示。又如，装在轴上的齿轮以内孔为装配基准；装在箱体孔上的轴，其轴颈是装配基准；装在床身上的主轴箱，箱体的底面是装配基准。

1.3.2　工件的安装

工件在机床上的安装方式与其生产批量、结构形状、加工精度及定位特点有关。常用的安装方式有三种：直接找正安装、划线找正安装和使用夹具安装。

1. 直接找正安装

将工件直接放在机床上，工人可用百分表、划线盘、直角尺等以目测对被加工表面进行找正，确定工件在机床上相对刀具的正确位置之后再夹紧。见图 1-22。这种方法找正困难且费时间，找正精度取决于工人的技术水平和量具的精度，因此多用于单件、小批生产或某些相互位置精度要求很高、应用夹具装夹又难以达到精度的零件加工。

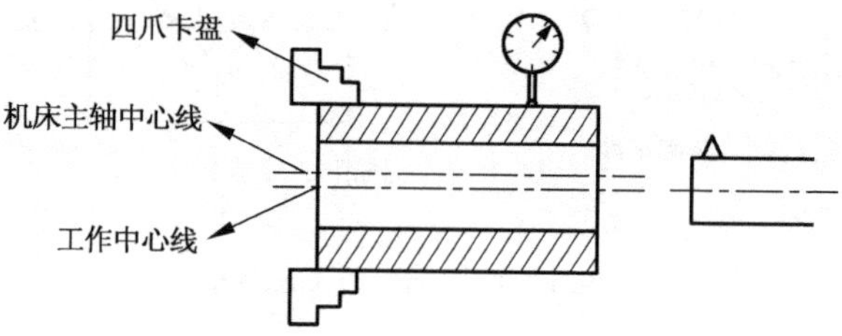

图 1-22　直接找正安装

2. 划线找正安装

工件在加工前，按图纸要求预先在毛坯表面上划出要加工表面的轮廓线，然后按所划的线将工件在机床上找正、夹紧。划线时要注意照顾各表面间的相互位置和保证被加工表面有足够的加工余量。例如，要在长方形工件上镗孔(图 1-23)，可先在划线平台上划出孔的十字中心线，再划出找正线和加工线(二者之间的距离一般为 5mm)。然后把工件放在四爪卡盘上轻轻夹住，转动四爪卡盘，用划针检查找正线，找正后夹紧工件。

这种方法不需要专用设备，通用性好，被广泛用于单件、小批生产，尤其是用于形状较复杂的大型铸件或锻件的机械加工。该方法的缺点是增加了划线工序，安装效率低，精度也不高，找正误差一般为 0.2～0.5mm。

3. 使用夹具安装

夹具本身具有使工件定位和夹紧的装置，工件在夹具上固定以后便获得了相对刀具的正确位置。

如图 1-2 所示阶梯轴的铣键槽工序，可将工件直接放在夹具的 V 形块上(图 1-24)，无须找正就能保证工件相对刀具的位置，然后用压板夹紧工件，便可开始铣键槽。这种方法效率高、定位精度高且稳定，还可以减轻工人的劳动强度和降低对工人的技术水平要求，广泛用于成批生产和大量生产中。

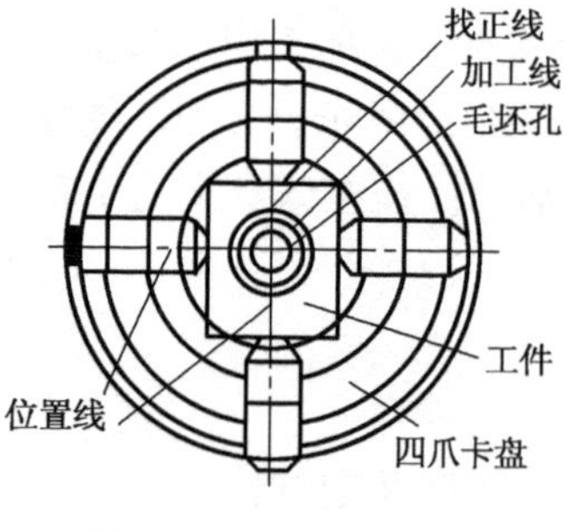

图 1-23　划线找正安装镗孔

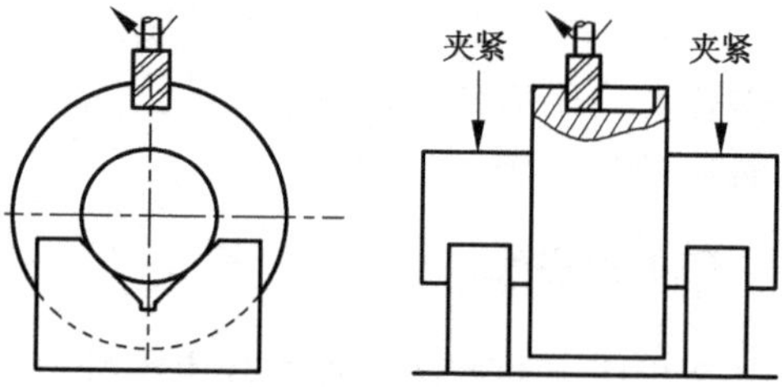

图 1-24　使用夹具安装铣键槽

对于某些零件，如连杆、曲轴等，即使批量不大，但是为了达到某些特殊的加工要求，仍需要使用专用夹具安装。

案 例 研 究

欲加工图 1-25 所示齿轮，已知毛坯为 45 钢锻件，试分析：①单件小批生产时，各表面所用加工方法及工艺过程的组成；②大批量生产时，各表面所用加工方法及工艺过程的组成；③进一步探讨各工序的安装方法。

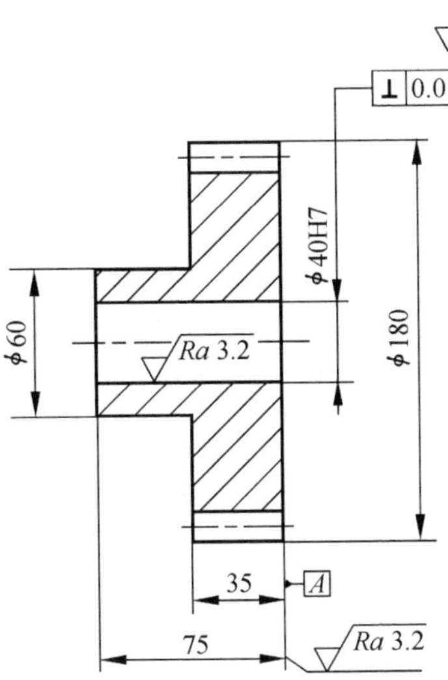

图 1-25　齿轮

习题与思考题

1-1　什么是工艺过程、机械制造工艺过程、机械加工工艺过程？

1-2　什么是工序、安装、工位、工步？试举例说明。

1-3　如图 1-26 所示零件，批量生产时其工艺过程为：(1) 在锯床上切断下料ϕ35×125；(2) 在车床上夹一头车端面，打顶尖孔；(3) 用尾架后顶尖顶住工件后，车ϕ30 外圆及 M20 外圆(第一刀车至ϕ24，第二刀车至ϕ20)，车螺纹，倒角；(4) 在车床上车ϕ18 外圆及端面；(5) 在卧式铣床上用两把铣刀同时铣ϕ18 圆柱上的宽 15 的两个平面，将工件回转 90°铣另两个面。

试划分其工序、安装、工位、工步及走刀。

1-4　某机床厂年产 C6136N 型卧式车床 350 台，已知机床主轴的备品率为 10%，废品率为 4%。试计算该主轴零件的年生产纲领，并说明它属于哪一种生产类型，其工艺过程有何特点？

1-5　根据物料加工前后在重量上的变化，零件制造方法分为哪几类？说明各类方法的应用范围。

1-6　表面发生线的形成方法有哪几种？试简述其成形原理。

1-7　试说明下列加工方法的主运动和进给运动：(1) 车端面；(2) 在车床上钻孔；(3) 在

车床上镗孔；(4)在钻床上钻孔；(5)在镗床上镗孔；(6)在牛头刨床上刨平面；(7)在铣床上铣平面；(8)在平面磨床上磨平面；(9)在内圆磨床上磨孔。

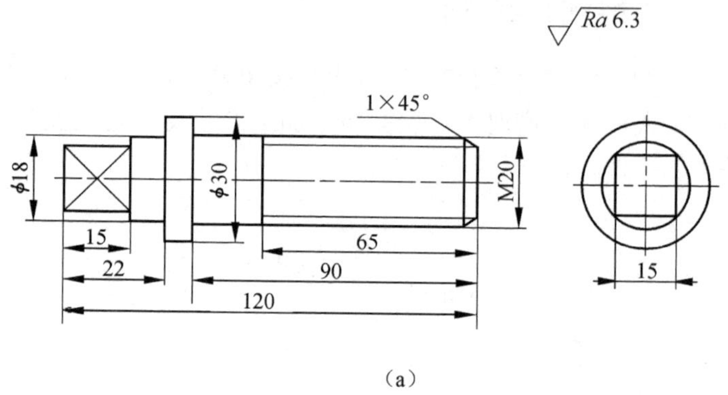

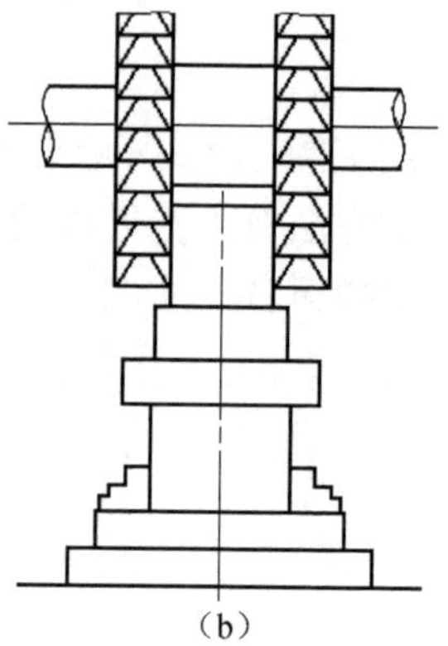

图 1-26

1-8　用 $\kappa_r = 45°$ 的车刀加工外圆柱面，加工前工件直径为 $\phi 62$，加工后直径为 $\phi 54$，主轴转速 n=240r/min，刀具的进给速度 v_f=96mm/min，试计算 v_c、f、a_p、h_D、b_D、A_D。

1-9　何谓顺铣？何谓逆铣？试绘图说明。

1-10　结合具体实例说明什么是设计基准、工序基准、定位基准、测量基准、装配基准？

1-11　工件的安装方法有哪些？各用于什么场合？

第 2 章　金属切削原理及其应用

金属切削原理是研究金属切削加工过程基本规律的一门科学。通过研究切削过程中产生的各种物理现象、切削规律及其控制方法，以便为解决切削过程中出现的各种技术问题奠定必要的理论基础。

本章的主要研究内容有：金属切削刀具的基本知识；金属切削变形、切削力、切削温度和刀具磨损等基本规律；如何应用切削规律去合理选择刀具材料、切削液、刀具几何参数和切削用量等。

2.1　金属切削刀具基本知识

第 1 章介绍了机械加工中常用的切削加工方法，由此发现使用的切削刀具种类繁多、形状各异，如图 2-1 所示。无论是单刃刀具还是多刃刀具，仔细观察刀具承担切削作用的部分，发现它们具有一个共同的特征，即“楔部”，而且都可以看做是由车刀的切削部分演变过来的。既然车刀最具代表性，而且结构最简单，那么就以车刀为例来介绍刀具的结构及其几何参数。

2.1.1　刀具的几何形状

1. 刀具的组成要素

图 2-2 所示为一把普通外圆车刀示意图，它由刀柄和刀头两大部分组成。刀柄用于定位和夹持刀具，又称夹持部分；刀头用于切削，又称切削部分，其结构要素定义如下：

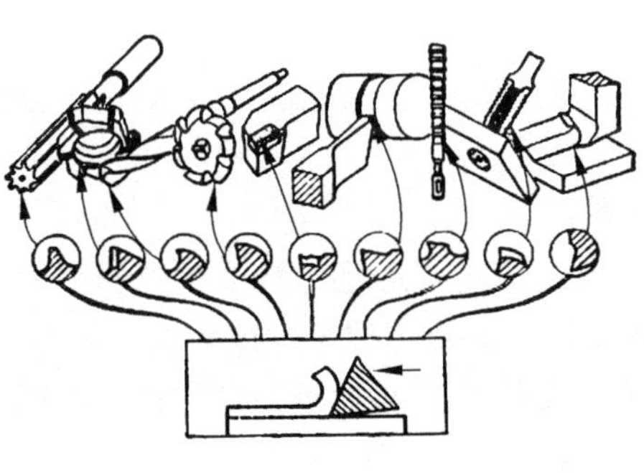

图 2-1　各种刀具切削部分的几何形状

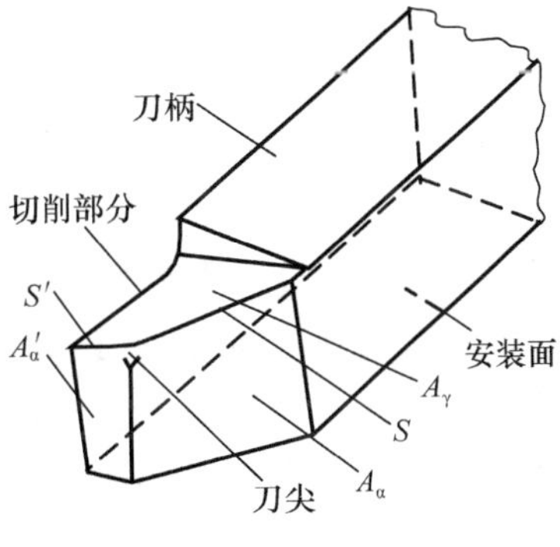

图 2-2　车刀的组成要素

(1) 前面 A_γ。前面又称前刀面，刀具上切屑流过的表面。

(2) 主后面 A_α。主后面又称主后刀面，刀具上与工件在切削过程中产生的过渡表面相对的表面。

(3) 副后面 A'_α。副后面是指刀具上与工件已加工表面相对的表面。习惯上所说的后面是指主后面。

(4) 主切削刃 S。主切削刃指的是前面与主后面的交线，承担主要切削工作，它在工件上切出过渡表面。

(5) 副切削刃 S' 。前面与副后面的交线，配合主切削刃切除余量并形成已加工表面。

(6) 刀尖。主副切削刃连接相当少的一部分切削刃，它可能是主切削刃和副切削刃的实际交点，但大部分刀尖处都有一小段圆弧刃（半径为 r_β）或直线刃（长度为 b_β）。刀尖是刀具切削部分工作条件最恶劣的部位。

2. 刀具角度的参考系

切削刀具是一个空间几何体。为使切削过程能够顺利进行，刀具切削部分必须具有一定的几何结构。在设计刀具时，要想确定刀具切削部分各组成要素，如刀尖、主切削刃、副切削刃和前刀面、后刀面的形状及空间相互位置，就需要建立适当的参考坐标系。参考坐标系是由一组测量平面构成的。按构成参考坐标系时所依据的切削运动的差异，参考系可分为刀具标注角度参考系和刀具工作角度参考系。

1) 刀具标注角度参考系

刀具标注角度参考系是用于定义刀具的设计计算、绘图标注、制造刃磨及测量时的刀具几何角度的参考坐标系。在设计、绘制、制造刃磨及测量时，刀具尚未处于使用状态，此时如同刀具放在手里，处于“静止状态”。由于刀具同工件和切削运动的关系尚不确定，刀具的几何角度该如何标注？

为此，国际标准化组织（ISO）制定了一套便于制造、刃磨和测量的刀具标注角度参考系。由于任何一把刀具在使用之前，总可以知道它将要被装在什么机床上，将有怎样的切削运动，因此就可以预先给出假定的工作条件，并据以确定刀具标注角度的参考系。

刀具标注角度参考系的建立有两个假定工作条件：

(1) 只给出刀具的假定主运动方向和假定进给运动方向，而进给运动速度视为很小，这时主运动方向近似代替合成切削运动方向。

(2) 假定刀具的安装基面与切削速度方向垂直，切削刃上选定点与工件中心线等高，同时规定刀杆中心线与进给方向垂直。

在这种假定工作条件下，切削运动是简化的，刀具位置是标准的，参考坐标系很容易确定。

构成刀具标注角度参考系的坐标平面有以下几种：

(1) 基面 P_r。基面指的是为过切削刃选定点而和该点假定主运动方向 v 垂直的平面。通常，基面应平行或垂直于刀具上便于制造、刃磨和测量的某一安装定位平面或轴线。例如，车刀、刨刀的基面 P_r 平行于刀杆底面，钻头、铣刀等旋转类刀具的基面就是刀具的轴向剖面。

(2) 切削平面 P_s。切削平面指的是为过切削刃上选定点与切削刃相切并垂直于基面 P_r 的平面。切削平面就是主切削刃与切削速度方向构成的平面，如图 2-3（a）所示。

基面和切削平面十分重要。这两个平面加上以下所述的任一平面，便可构成各种不同的刀具标注角度参考系。

(3) 正交平面 $P_o(P_o')$ 。正交平面又称主剖面，它是过切削刃上选定点并同时垂直于基面 P_r 和切削平面 P_s 的平面（或过切削刃选定点并垂直于切削刃在基面 P_r 上的投影平面）。选定点在主切削刃上者为主正交平面 P_o，选定点在副切削刃上者为副正交平面 P_o'（图 2-4）。

(4) 法平面 P_n。法平面又称法剖面，它是过切削刃上选定点且垂直于切削刃(若切削刃为曲线，则垂直于切削刃在该点的切线) 的平面。

(5) 假定工作平面 P_f。假定工作平面又称进给平面，它是过切削刃上选定点，垂直于基面 P_r 且与假定进给运动方向平行的平面。

(6) 背平面 P_p。背平面是过切削刃上选定点而同时垂直于基面 P_r 和假定工作平面 P_f 的平面。

其中，基面和切削平面是最基本的参考坐标平面；正交平面、法平面、假定工作平面和背平面称为测量平面。用不同的测量平面分别与基面、切削平面组合就形成不同的参考坐标系，包括正交平面参考系、法平面参考系、假定工作平面和背平面参考系。各参考坐标平面的位置及相互关系如图 2-3 所示。

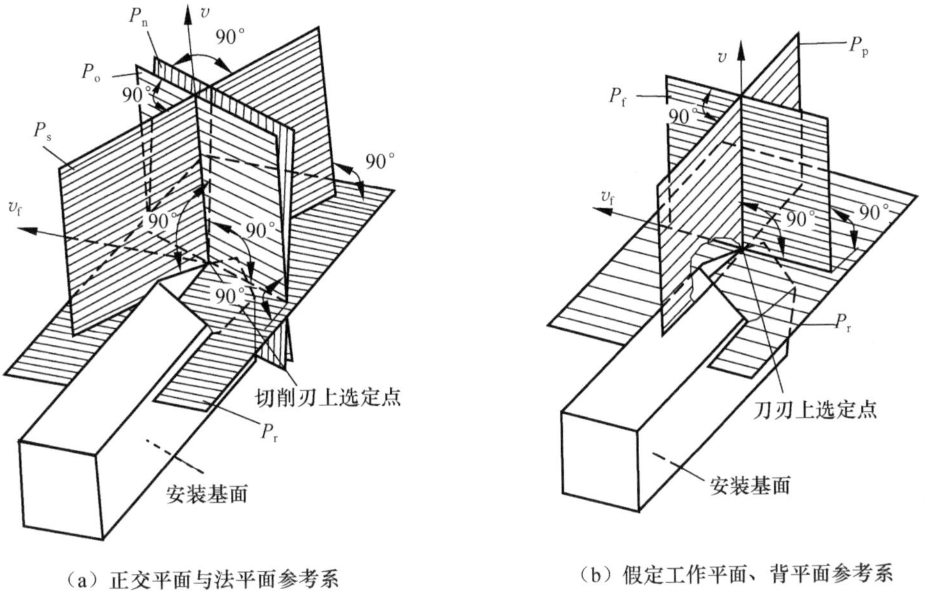

图 2-3　刀具静止参考系

2) 正交平面参考系内的刀具标注角度

刀具的几何角度是指刀具上的切削刃、刀面与参考系中各参考面间的夹角，用以确定切削刃、刀面的空间位置。由于切削刃上各点的主运动方向可能不同，因此据其建立的参考系的方位也是变化的，所以定义的角度必须指明是切削刃上选定点的角度；凡未经特殊注明的，均指切削刃上与刀尖毗连的那一点的角度。

以外圆车刀为例，在正交平面参考系内刀具的标注角度如图 2-4 所示。

(1) 在正交平面内标注的刀具角度。

① 前角 γ_o：前刀面 A_y 与基面 P_r 间的夹角。当 A_y 在 P_r 之上时规定 $\gamma_o<0°$；当 A_y 在 P_r 之下时规定 $\gamma_o>0°$；当 A_y 和 P_r 重合时，$\gamma_o=0°$。

② 后角 α_o：后刀面 A_α 与切削平面 P_s 间的夹角。

③ 楔角 β_o：前刀面和后刀面之间的夹角，是一个派生角。由图 2-4 可知：$\gamma_o+\beta_o+\alpha_o=90°$。

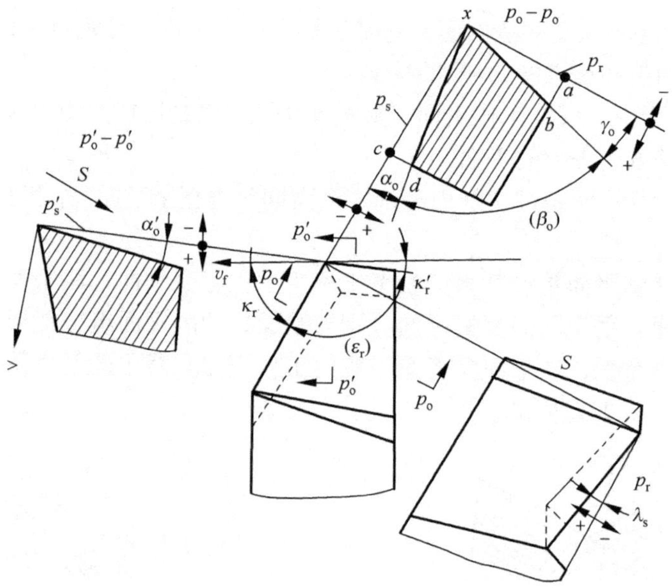

图 2-4　正交平面参考系内车刀的标注角度

④ 副后角 α'_o：在过副切削刃上选定点的副正交平面内，副后面 A' 与副切削平面 P'_s 间的夹角称为副后角，记作 α'_o，它决定了副后刀面的位置。

以主(副)切削平面为界，当主(副)后面位于和工件上的过渡表面(已加工表面)相对的一侧时，规定后角(或副后角)为正，反之为负。副后角均取正值，因为没有副后角刀具无法工作。

(2)在基面 P_r 内标注的刀具角度。

① 主偏角 k_r：主切削刃在基面 P_r 内的投影与假定进给运动方向的夹角(或是主切削平面 P_s 与假定工作平面 P_f 间的夹角)，一般为正值。

② 副偏角 k'_r：副切削刃在基面 P_r 内的投影与假定进给运动反方向的夹角(或是副切削平面 P'_s 与假定工作平面间的夹角)。

③ 刀尖角 ε_r：主、副切削平面间的夹角(或主、副切削刃在基面内投影的夹角)，是主、副偏角派生出来的角度，即 $k_r+\varepsilon_r+k'_r=180°$。

(3)在切削平面 P_s 内标注的刀具角度。

刃倾角 λ_s：主切削刃与基面 P_r 间的夹角。以过刀尖处的 P_r 为基准，当主切削刃位于基面之上(即刀尖是切削刃上的最低点)时，$\lambda_s<0°$；当主切削刃位于基面之下(即刀尖是切削刃上的最高点)时，$\lambda_s>0°$；当主切削刃位于基面内，则 $\lambda_s=0°$。可简记为“抬头为正，低头为负”。刃倾角和主偏角共同确定了主切削刃的空间位置。

3)法平面参考系中标注的角度

在法平面参考系中刀具的标注角度与正交平面参考系基本相同，基面和切削平面内标注的角度基本不变，只需把正交平面内的标注角度γ_o、α_o变为法平面内标注的γ_n(法前角)、α_n(法后角)即可，其正负规定与γ_o、α_o相同。

4)背平面和假定工作平面参考系内标注的角度

在这一参考系中，刀具的形状由基面内的主偏角 k_r 和副偏角 k'_r，背平面内的前角 γ_p 和后角 α_p，假定工作平面内的前角 γ_f 和后角 α_f 这六个角度确定。

一般情况下，刀具工作图上需要标注的角度有六个：前角 γ_o、后角 α_o、刃倾角 λ_s、主偏角 k_r、副偏角 k_r'、副后角 α_o'，对于前面、后面、副后面为平面的刀具(如车刀、刨刀等)，当这六个角度确定后，刀具切削部分的空间形体便是唯一的，也就是说，其他角度可以派生出来，在刀具设计图样上，可以不标注。这六个标注角度是基本角度，缺一不可。

3. 刀具工作角度的计算

如前所述，刀具的标注角度是在两个假定条件下建立的，即在忽略进给速度 v_f 的影响，且刀具安装在理想工作位置的情况下确定的。当刀具进入工作状态后，选定点的实际切削速度的方向以及刀具的实际安装位置相对于假定的理想状态发生了变化，由此而建立的工作参考系(动态参考系)相对于标注参考系(静态参考系)在空间位置上也相应改变，故刀具的工作角度应当考虑包括进给运动在内的合成运动和刀具的实际安装状况。

1) 进给运动的影响

(1) 纵向进给的影响。如图 2-5 所示，在纵向进给车削时，若进给量较大，如车削螺纹尤其是车削多头螺纹时，进给运动使合成切削运动方向与主运动方向之间形成 μ_f 角，由于主运动方向的偏转，根据前述坐标平面的定义，由选定点 A 的工作基面和工作切削平面组成的参考系 P_{re}–P_{se} 相对于 P_r–P_s 参考系在 P_f 内相应偏转角度 μ_f，而刀具前、后面的位置并不改变。因此，选定点 A 处的工作侧前角 γ_f 和工作侧后角 α_f 分别为

$$\left.\begin{aligned}\gamma_{f0} &= \gamma_f + \mu_f \\ \alpha_{f0} &= \alpha_f + \mu_f\end{aligned}\right\} \qquad (2\text{-}1)$$

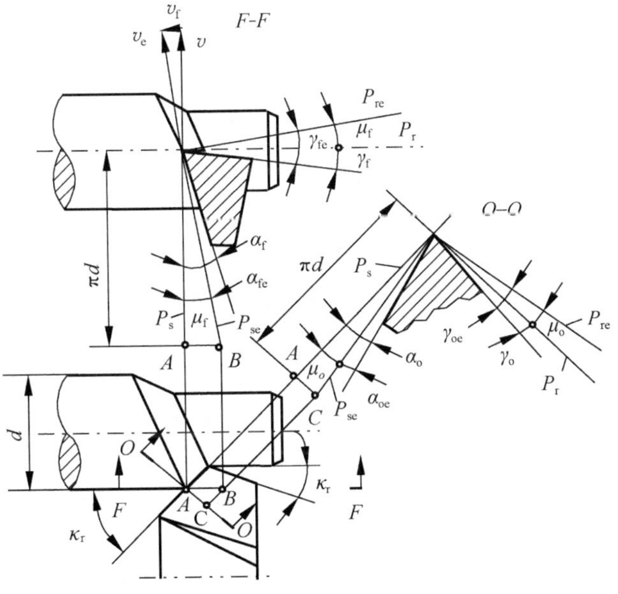

图 2-5　纵向进给运动对工作角度的影响

由切削运动的合成知，刀具相对于工件的运动轨迹为圆柱螺旋线，其螺旋升角即为 μ_f。

$$\tan\mu_f = \frac{v_f}{v} = \frac{nf}{\pi dn} = \frac{f}{\pi d} \qquad (2\text{-}2)$$

式中，d——工件选定点直径(mm)；

f——纵向进给量(mm/r)，或被切螺纹的导程，对于单头螺纹，f等于螺距。

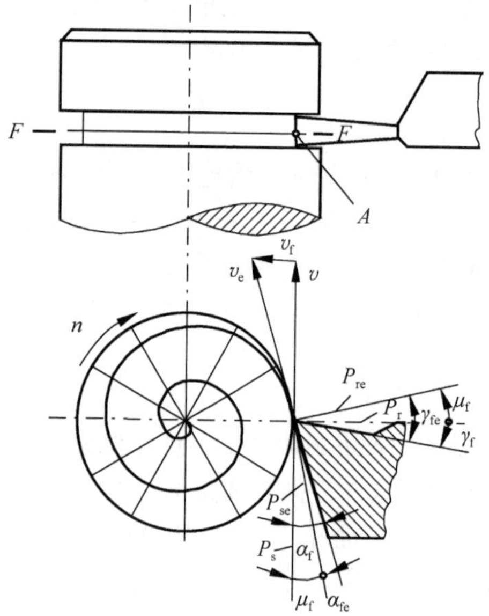

图 2-6　横向进给运动对工作角度的影响

显然，随着f的增大和d的减小，工作前角将会增大而工作后角将会减小。在纵车外圆时，由于工件进给量相对于直径很小，所以因纵向进给运动而引起的刀具角度变化也很小，往往忽略不计；但在车螺纹(尤其是车多头螺纹)时，由于f相对于d较大，此时就必须考虑它对刀具工作角度的影响。

(2)横向进给的影响。如图 2-6 所示，在车床上切断和切槽时，刀具沿横向进给，切削刃上选定点A的实际切削速度$\bar{v}_e=\bar{v}+\bar{v}_f$。在假定工作平面(进给平面)$P_f$内，$v_e$相对于$v$偏转角度$\mu_f$；刀具相对于工件的运动轨迹(即选定点$A$的运动轨迹)为阿基米德螺旋线，其螺旋倾角为$\mu_f$。$\mu_f$的大小仍按式(2-2)计算。

各瞬时刀具相对于工件的合成切削运动方向是阿基米德螺旋线的切线方向，它与主运动的夹角为μ_f，这时工作基面和工作切削平面(参考系 P_{re}–P_{se})相对于基面和切削平面(P_r–P_s参考系)偏转了μ_f角，但车槽刀(切断刀)的前、后面位置并不改变。由于图示车槽刀工作时，A点的正交平面P_o和假定工作平面P_f重合，故其工作前、后角分别为

$$\left.\begin{aligned}\gamma_{oe}&=\gamma_{fo}=\gamma_o+\mu_f\\ \alpha_{oe}&=\alpha_{fo}=\alpha_o-\mu_f\end{aligned}\right\}\tag{2-3}$$

由式 2-3 可知，在横向进给车削中，由于进给运动的影响，刀具的工作前角和工作后角将会变化一个μ_f值。而且当进给量f一定时，随着切削刃不断趋近工件中心(即d不断减小)，其工作前角γ_{oe}不断增大，工作后角α_{oe}不断减小。当刀尖接近工件中心时，工作后角α_{oe}迅速减小，最容易因后面和工件过渡表面剧烈摩擦而崩刃，故在以横向进给为主工作的刀具(如切断刀、车槽刀和径向成形车刀等)，应当适当加大刃磨后角。

2)刀具安装位置的影响

当刀具的安装位置与假定的理想位置不符时，刀具的工作角度也将发生变化。

(1)刀具安装高低的影响。纵向走刀车外圆时，刀尖应与工件中心等高。忽略进给运动的影响，并假设$\lambda_s=0°$，当安装位置高于工件中心，如图 2-7 所示，工作基面和工作切削平面将转动θ_p角，从而使工作前角和工作后角发生变化。由图中所示关系可知选定点A的工作背前角γ_{pe}和工作背后角α_{pe}为

$$\left.\begin{aligned}\gamma_{pe}&=\gamma_p\pm\theta_p\\ \alpha_{pe}&=\alpha_p\mp\theta_p\end{aligned}\right\}\tag{2-4}$$

$$\tan\theta_p=\frac{h}{\sqrt{(d/2)^2-h^2}}\tag{2-5}$$

式中，h——选定点高(或低)于工件中心的距离(mm)；

d——选定点的工件直径(mm)。

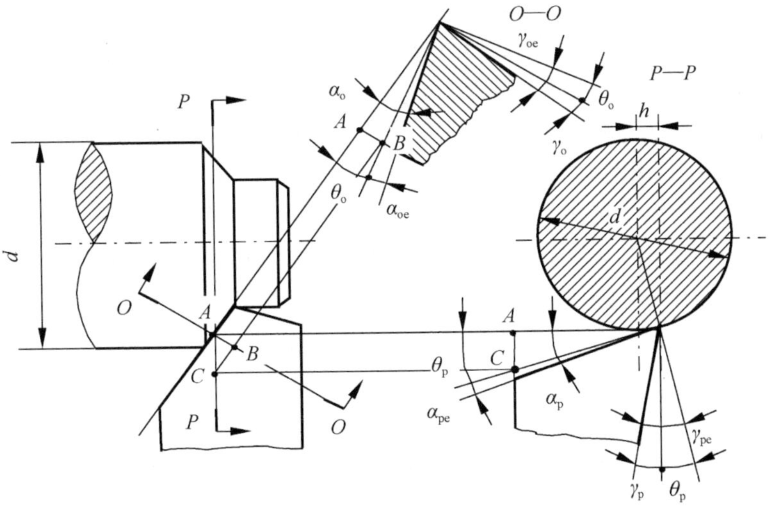

图 2-7　刀具安装偏高对工作角度的影响

对于正交平面参考系内的前角后角则有

$$\left.\begin{aligned}\gamma_{oe} &= \gamma_o \pm \theta_o \\ \alpha_{oe} &= \alpha_o \mp \theta_o\end{aligned}\right\} \tag{2-6}$$

$$\tan\theta_o = \frac{AB}{H} = \frac{AC}{H}\frac{AB}{AC} = \tan\theta_p \cos\kappa_\gamma \tag{2-7}$$

式中，H——刀杆高度(mm)。

当安装位置偏高时，用上边符号；当安装位置偏低时，用下边符号。而在车、镗内孔时，切削刃上选定点安装位置高低引起的工作角度变化和车外圆刚好相反。

(2) 刀杆轴线与进给方向不垂直的影响。如图 2-8 所示，刀杆轴线在基面 P_r 内不垂直于进给运动方向，而是在原来基础上转过了一个 δ 角，则引起工作主偏角 κ_{re} 和工作副偏角 κ'_{re} 的变化为

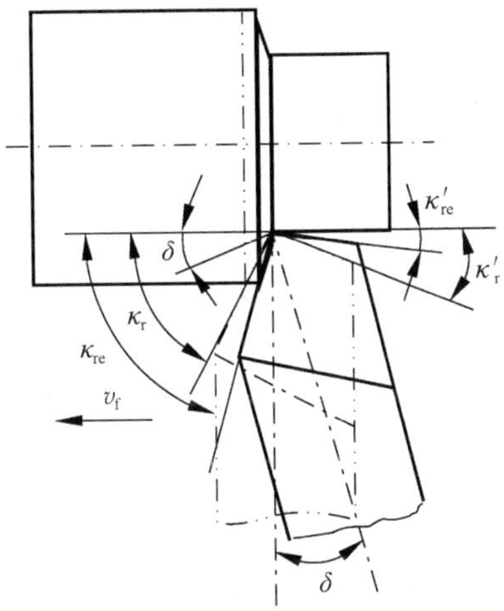

图 2-8　刀杆安装位置对工作角度的影响

$$\left.\begin{aligned}\kappa_{re} &= \kappa_r \pm \delta \\ \kappa'_{re} &= \kappa'_r \mp \delta\end{aligned}\right\} \tag{2-8}$$

右偏取上边符号，左偏取下边符号。

2.1.2　刀具材料

刀具材料指的是刀具切削部分的材料，它的合理选择在很大程度上决定着切削加工生产率、刀具耐用度、刀具的消耗和加工成本、加工精度及表面质量。

1. 刀具材料应具备的性能

在切削过程中，刀具切削部分在与工件、切屑相互接触的表面要承受极大的切削力、摩擦，并在高温、高压以及冲击和振动下工作，因此刀具材料应具备以下几方面性能。

(1) 足够的硬度和耐磨性。硬度是刀具材料应具备的基本性能。刀具硬度应高于工件材料的硬度，常温硬度一般须在60HRC以上。耐磨性是指材料抵抗磨损的能力，也是刀具材料应具备的主要条件之一。它与材料硬度、强度和组织结构有关。材料硬度越高，耐磨性越好；但同样的硬度，不同的金相组织状态，耐磨性也会不同。组织中碳化物和氮化物等硬质点的硬度越高、颗粒越小、数量越多且分布越均匀，则耐磨性越高。

(2) 足够的强度与韧性。切削时刀具要承受较大的切削力、冲击和振动，为避免崩刃和折断，刀具材料应具有足够的强度和韧性。材料的强度和韧性通常用抗弯强度和冲击值表示。

(3) 较高的耐热性、良好的导热性和较高的抗热冲击性。耐热性是指刀具材料在高温下保持足够的硬度、耐磨性、强度和韧性、抗氧化性、抗黏结性和抗扩散性的能力(亦称为热稳定性)。通常把材料在高温下仍保持高硬度的能力称为热硬性(亦称为高温硬度、红硬性)，它是刀具材料保持切削性能的必备条件。刀具材料的高温硬度越高，耐热性越好，允许的切削速度越高。刀具材料的传热系数大，有利于将切削区的热量传出，降低切削温度。抗热冲击性使刀具在断续切削受到热应力冲击时，不致产生疲劳破坏。

(4) 良好的工艺性和较高的经济性。为了便于刀具加工制造，刀具材料要有良好的工艺性能，如热轧、锻造、焊接、热处理和机械加工等性能。刀具材料的选用应立足于本国资源，力求价格低廉。

2. 刀具材料的分类

刀具材料种类很多，可分为工具钢(包括碳素工具钢、合金工具钢)、高速钢、硬质合金、陶瓷和超硬材料(包括金刚石、立方氮化硼等)五大类。在生产中使用最多的是高速钢和硬质合金。

(1) 工具钢。它包括碳素工具钢、合金工具钢。

① 碳素工具钢。碳素工具钢是含碳量为0.65%～1.3%的优质碳素钢，常用钢号有T7A、T8A、T10A、T12A等。这类钢工艺性能良好，经适当热处理，硬度可达60～64HRC，有较高的耐磨性，价格低廉。最大缺点是热硬性差，在200～300℃时硬度开始降低，故允许的切削速度较低(5～10m/min)。因此，碳素工具钢只能用于制造手用刀具、低速及小进给量的机用刀具。

② 合金工具钢。合金工具钢是在碳素工具钢中加入适当的合金元素铬(Cr)、硅(Si)、钨(W)、锰(Mn)、钒(V)等炼制而成的(合金元素总含量不超过3%～5%)，提高了刀具材料的韧性、耐磨性和耐热性。其耐热性达325～400℃，所以切削速度(10～15m/min)比碳素工具钢提高了。合金工具钢用于制造细长的或截面积大、刃形复杂的刀具，如铰刀、丝锥和板牙等。

(2) 高速钢。高速钢是富含W、Cr、Mo(钼)、V等合金元素的高合金工具钢。在工厂中常称为白钢或锋钢。

与碳素工具钢、合金工具钢相比，高速钢突出的性能特点是热硬性很高，在切削温度高达500～650℃时，仍能保持60HRC的高硬度，因此允许切削速度可提高1～3倍，耐用度高10～40倍。与硬质合金相比，高速钢的最大优点是可加工性好并具有良好的综合力学性能。

高速钢的退火硬度为 207～255HBS，与优质中、高碳钢的退火硬度相近，能够用一般材料刀具顺利切削加工出各种复杂形状；在加热状态下(900～1100℃)能反复锻打制成所需的毛坯；同时，高速钢还具有较高的耐磨性以及较高的强度和韧性。其抗弯强度是硬质合金的 2～3 倍，是陶瓷的 5～6 倍，冲击韧性是硬质合金的 6～10 倍。

高速钢刀具制造工艺简单，易磨出锋利的刃，故又称“锋钢”。

综上所述，高速钢的切削性能比工具钢好得多，而可加工性能又比硬质合金好得多，因此到目前为止，高速钢仍是世界各国制造复杂、精密和成形刀具的基本材料，如钻头、丝锥、拉刀等，是应用最广泛的刀具材料之一。

高速钢按切削性能可分为普通高速钢、高性能高速钢和粉末冶金高速钢。常用的几种高速钢的力学性能见表 2-1。

表 2-1　常用高速钢的种类、牌号及主要性能

钢号		牌号	硬度/HRC			抗弯强度/GPa	冲击值/(MJ/m^2)
			常温	500℃	600℃		
普通高速钢		W18Cr4V	63～66	56	48.5	2.94～3.33	0.172～0.331
		W6Mo5Cr4V2	63～66	55～56	47～48	3.43～3.92	0.294～0.392
高性能高速钢	高碳	95W18Cr4V3	67～68	59	52	≈2.92	0.166～0.216
	高钒	W6Mo5Cr4V3	65～67	—	51.7	≈3.136	≈0.245
	含钴	W6Mo5Cr4V2Co8	66～68	—	54	≈2.92	≈0.294
		W2Mo9Cr4VCo8	67～70	60	55	2.65～3.72	0.225～0.294
	含铝	W6Mo5Cr4V2A1	67～69	60	55	2.84～3.82	0.225～0.294
		W10Mo4Cr4V3A1	67～69	60	54	3.04～3.43	0.196～0.274

① 普通高速钢。普通高速钢的特点是工艺性能好，具有较高的硬度、强度、耐磨性和韧性，可用于制造各种刃形复杂的刀具。切削普通钢料时的切削速度通常不高于 60m/min。

普通高速钢又分为钨系高速钢和钨钼系高速钢两类。

a. 钨系高速钢。这类高速钢的典型牌号为 W18Cr4V(简称 W18)，含 C 量为 0.7%～0.8%，含 W18%、Cr4%、V1%。此类高速钢综合性能较好，可制造各种复杂刃型刀具。

b. 钨钼系高速钢。它是以 Mo 代替部分 W 发展起来的一种高速钢，典型牌号是 W6Mo5Cr4V2(简称 M2)，含碳量为 0.8%～0.9%，含 W6%、Mo5%、Cr4%、V2%。

与 W18Cr4V 相比，这种高速钢的碳化物含量相应减少，而且颗粒细小分布均匀，因此抗弯强度、塑性、韧性和耐磨性都略有提高，适于制造尺寸较大、承受冲击力较大的刀具(如滚刀、插刀)；又因 Mo 的存在，使其热塑性非常好，故特别适于轧制或扭制钻头等热成形刀具。其主要缺点是可磨削性略低于 W18Cr4V。

② 高性能高速钢。高性能高速钢是在普通高速钢成分中再添加一些 C、V、Co(钴)、Al(铝)等合金元素，进一步提高耐热性能和耐磨性。这类高速钢刀具的耐用度为普通高速钢的 1.5～3 倍，适用于加工不锈钢、耐热钢、钛合金及高强度钢等难加工材料。这种高速钢的种类很多，下面主要介绍两种。

a. 钴高速钢(W2Mo9Cr4VCo8，简称 M42)。这是一种含 Co 超硬高速钢，常温硬度达 67～

69HRC，具有良好的综合性能。Co 能提高高温硬度，相应地提高了切削速度，因 V 含量不高，可磨性良好。钴高速钢在国外应用较多，我国由于钴储量少，故使用不多。

b．铝高速钢（W6Mo5Cr4V2Al，简称 501）。铝高速钢是我国研制的无钴高速钢，是在 W6Mo5Cr4V2 的基础上增加铝、碳的含量，以提高钢的耐热性和耐磨性，并使其强度和韧性不降低。国产 W6Mo5Cr4V2Al 的性能已接近国外的 W2Mo9Cr4VCo8，因不含钴，生产成本较低，已在我国推广使用。

③ 粉末冶金高速钢。粉末冶金高速钢是将熔炼的高速钢液用高压惰性气体雾化成细小粉末，将粉末在高温高压下制成刀坯，或压制成钢坯然后经轧制（或锻造）成材的一种刀具材料。

与熔炼高速钢相比，碳化物细小，分布均匀，热处理变形小，因此粉末冶金高速钢不仅耐磨性好，而且可磨削性也得到显著改善。粉末冶金高速钢适于制造切削难加工材料的刀具，特别适于制造各种精密刀具和形状复杂的刀具。

（3）硬质合金。硬质合金是将一些难熔的、高硬度的合金碳化物（WC、TiC、TaC、NbC 等）微米数量级粉末与金属黏结剂（Co 以及 Mo、Ni 等）按粉末冶金工艺制成的刀具材料。

合金碳化物具有高硬度、高熔点和化学稳定性好等特点，因此，硬质合金的硬度、耐磨性、耐热性均超过高速钢，切削温度达 800～1000℃时仍能进行切削，且切削速度可提高 4～10 倍。其缺点是抗弯强度低，为 W18Cr4V 的 1/4～1/2；冲击韧性差，为 W18Cr4V 的 1/4～1/3；由于硬质合金的常温硬度很高，除磨削外，很难采用切削加工方法制造出复杂的形状结构，故可加工性差。

硬质合金的性能取决于化学成分、碳化物粉末粗细及其烧结工艺。碳化物含量增加时，则硬度增高，抗弯强度降低；黏结剂含量增加时，则抗弯强度增高，硬度降低。基于这一特点，通过改变碳化物和黏结剂的含量，就可以得到不同性能、特点及用途的硬质合金。

① 钨钴类硬质合金。这类合金的常用牌号有 YG3、YG6X 和 YG8 等。YG 代表钨钴类硬质合金，后面数字表示 Co 的含量，如 YG6 表示含钴 6%。具有较高的抗弯强度、韧性和耐磨性。主要用于加工形成短切屑的铸铁、有色金属及非金属及导热系数低的不锈钢等。

② 钨钴钛类硬质合金。这类硬质合金常用牌号有 YT5、YT14、YT15、YT30 等。YT 表示钨钴钛类硬质合金，数字表示 TiC 的含量，如 YT15 中 TiC 含量为 15%。与 YG 类硬质合金相比，YT 类硬质合金中由于含有硬度较高的 TiC，故该类硬质合金的硬度较高、耐磨性较好、抗氧化能力较强，但其导热性、抗弯强度和韧性、可磨削性和可焊性却有所降低。主要用于加工形成长屑的钢材等塑性材料。

③ 含添加剂的硬质合金。是在 YG 类、YT 类硬质合金的基础上加入适当的添加剂（合金碳化物 TaC、NbC）所形成的硬质合金新品种。这类硬质合金有 YA6、YW1 和 YW2 等几种，其中 YW 类又称为通用硬质合金。这类硬质合金较 YG 类、YT 类硬质合金有更高的硬度、高温硬度、韧性和耐磨性，故主要用于钢料和难加工材料的半精加工和精加工。

④ TiC 基硬质合金。TiC 基硬质合金是以 TiC 为主体，Ni 与 Mo 为黏结剂，并加入少量其他碳化物而形成的一种硬质合金。这类硬质合金的典型牌号是 YN10 和 YN05。具有很高的耐磨性、耐热性和抗氧化能力，其主要缺点是热导率低和韧性较差。适用于工具钢的半精加工和精加工及淬硬钢的加工。

各种硬质合金的应用范围见表 2-2。

表 2-2 硬质合金的应用范围

牌号	使用说明	使用场合
YG3X	属细颗粒合金，是 YG 类合金中耐磨性最好的一种，但冲击韧性差	铸铁、有色金属的精加工，合金钢、淬火钢及钨、钼材料精加工
YG6X	属细颗粒合金，耐磨性优于 YG6，强度接近 YG6	铸铁、冷硬铸铁、合金铸铁、耐热钢、合金钢的半精加工、精加工
YG6	耐磨性较好，抗冲击能力优于 YG3X、YG6X	铸铁、有色金属及合金、非金属的粗加工、半精加工
YG8	强度较高，抗冲击性能较好，耐磨性较差	铸铁、有色金属及合金的粗加工，可断续切削
YT30	YT 类合金中红硬性和耐磨性最好，但强度低，不耐冲击，易产生焊接和磨刀裂纹	碳钢、合金钢连续切削时的精加工
YT15	耐磨性和红硬性较好，但抗冲击能力差	碳钢、合金钢连续切削时的半精加工和精加工
YT14	强度和冲击韧性较高，但耐磨性和红硬性低于 YT15	碳钢、合金钢连续切削时的粗加工、半精加工和精加工
YT5	是 YT 类合金中强度冲击韧性最好的一种，不易崩刃，但耐磨性差	碳钢、合金钢连续切削时的粗加工，可用于断续切削
YG6A	属细颗粒合金，耐磨性和强度 YG6X 相近	硬铸铁、球铸铁、有色金属及合金、高锰钢、合金钢、淬火钢的半精加工、精加工
YG8A	属中颗粒合金，强度较好，红硬性较差	硬铸铁、球铸铁、白口铁、有色金属及合金，不锈钢的粗加工、半精加工
YW1	红硬性和耐磨性较好，耐冲击，通用性较好	不锈钢、耐热钢、高锰钢及其他难加工材料的半精加工、精加工
YW2	红硬性和耐磨性低于 YW1，但强度和抗冲击韧性较高	不锈钢、耐热钢、高锰钢及其他难加工材料的半精加工、精加工

(4) 其他刀具材料。其他刀具材料有陶瓷材料、金刚石、立方氮化硼、涂层刀片等。

① 陶瓷材料。陶瓷材料是以氧化铝为主要成分在高温下烧结而成的。刀具常用的陶瓷有纯 Al_2O_3 陶瓷和 TiC-Al_2O_3 混合陶瓷两种。

陶瓷材料优点是：有很高的硬度和耐磨性；有很好的耐热性，在 1200℃高温下仍能进行切削；有很好的化学稳定性和较低的摩擦因数，抗扩散和抗黏结能力强。陶瓷刀具最大的缺点是强度低、韧性差，抗弯强度仅为硬质合金的 1/3～1/2；导热系数低，仅为硬质合金的 1/5～1/2。

陶瓷刀具适用于钢、铸铁及塑性大的材料(如紫铜)的半精加工和精加工，对于冷硬铸铁、淬硬钢等高硬度材料加工特别有效；但不适于机械冲击和热冲击大的加工场合。

② 金刚石。金刚石刀具有三种：天然单晶金刚石刀具、人造聚晶金刚石刀具和金刚石复合刀具。天然金刚石由于价格昂贵等原因，应用很少。人造金刚石是在高温高压和其他条件配合下由石墨转化而成。金刚石复合刀片是在硬质合金基体上烧结上一层厚度约 0.5mm 的金刚石，形成了金刚石与硬质合金的复合刀片。

金刚石刀具有很好的耐磨性，可用于加工硬质合金、陶瓷和高铝硅合金等高硬度、高耐磨材料，刀具耐用度比硬质合金提高几倍甚至几百倍；金刚石有非常锋利的切削刃，能切下极薄的切屑，加工冷硬现象较少；金刚石抗黏结能力强，不产生积屑瘤，很适于精密加工。但其耐热性差，切削温度不得超过 700～800℃；强度低、脆性大，对振动很敏感，只宜微量切削；与铁的亲和力很强，不适于加工黑色金属材料。金刚石目前主要用于磨具及磨料，作为刀具多在高速下对有色金属及非金属材料进行精细切削。

③ 立方氮化硼。立方氮化硼(CBN)是由六方氮化硼在高温高压下加入催化剂转变而成的，是 20 世纪 70 年代出现的新材料，硬度高达 8000～9000HV，仅次于金刚石，耐热性却比

金刚石好得多，在高于 1300℃时仍可切削，且立方氮化硼的化学惰性大，与铁系材料在 1200～1300℃高温下也不易起化学作用。因此，立方氮化硼作为一种新型超硬磨料和刀具材料，用于加工钢铁等黑色金属，特别是加工高温合金、淬火钢和冷硬铸铁等难加工材料，具有非常广阔得发展前途。

④ 涂层刀片。涂层刀片是在韧性和强度较高的硬质合金或高速钢的基体上，采用化学气相沉积(CVD)、物理化学气相沉积(PVD)、真空溅射等方法，涂覆一薄层(5～12μm)颗粒极细的耐磨、难熔、耐氧化的硬化物(TiC、TiN、TiC-Al_2O_3)后获得的新型刀片。具有较高的综合切削性能，能够适应多种材料的加工。

2.2 金属切削过程的基本理论

金属切削过程是指在机床上，利用刀具，通过刀具与工件之间的相对运动，从工件上切除下多余的金属，从而形成切屑和已加工表面的过程。在这个过程中，会产生一系列现象，如切削变形、切削力、切削热与切削温度、刀具磨损等，研究这些现象的成因、作用和变化规律，并运用这些基本规律解决控制切屑、改善切削加工性、合理选用切削液等问题，从而可达到保证加工质量，降低生产成本，提高生产率的目的。

2.2.1 金属切削中的变形

切削变形是金属切削过程中产生的一种重要的物理现象。它直接影响着切削力、切削热、切削温度、刀具磨损与刀具耐用度的大小，因此，切削变形是研究金属切削过程基本规律的基础。

1. 切削过程的实现

毛坯上多余的金属被切除下来，从而形成具有所需形状和精度的合格零件。那些被切除的多余金属则会变成切屑，被回收再利用。那么这个切削的过程究竟是怎样实现的呢？大量的实验和理论分析证明，塑性金属的切削过程就是切削层金属的变形过程。

如图 2-9 所示，图中未变形的切削层 *AGHD* 可看成是由许多个平行四边形组成的，如 *ABCD*、*BEFC*、*EGHF*……当这些平行四边形受到前刀面推挤时，便沿着 *BC* 方向向斜上方滑移，形成另一些平行四边形，即 *ABCD*→*A'B'C'D'*、*BEFC*→*B'E'F'C'*、*EGHF*→*E'G'H'F'*……由此可以看出，金属切削过程是切削层金属在刀具的前刀面推挤下，发生以剪切滑移为主的塑性变形而形成切屑的过程。

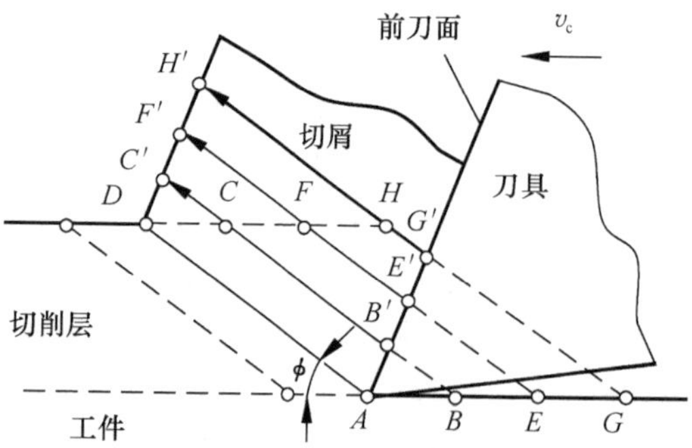

图 2-9 切削过程示意图

这非常类似于材料力学实验中压缩破坏的情况。图 2-10 给出了压缩变形破坏与切削变形两者的比较。

图 2-10(a)给出了试件受压缩变形破坏的情况。试件产生剪切变形，其方向约与作用力方向

成 45°夹角。当作用力 F 增加时，在 DA、CB 线的两侧还会产生一系列滑移线，但都分别交汇于 D、C 处。

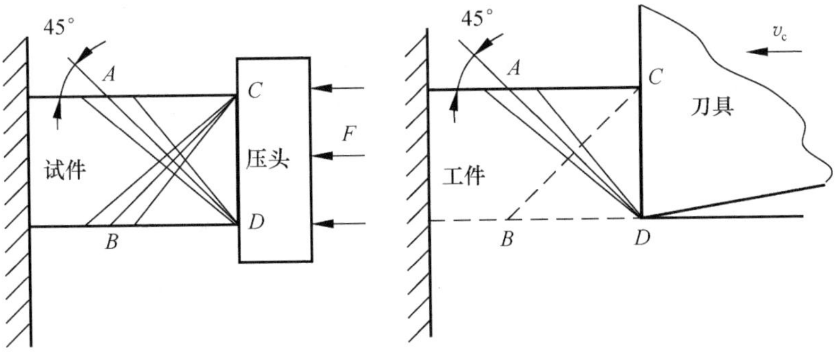

（a）挤压实验　　（b）切削示意

图 2-10　挤压与切削的比较

图 2-10(b)所示情况与图 2-10(a)的区别仅在于：切削时，试件上 DB 线以下还有工件材料的阻碍，故 DB 线以下的材料将不发生剪切滑移变形，剪切滑移变形只在 DB 线以上沿 DA 方向进行，DA 就是切削过程的剪切滑移线。实际上，由于刀具具有前角，刀具和工件之间存在摩擦作用，所以剪切滑移变形会比较复杂些。

利用试验的方法，通过观察金属切削过程中切削层变形的情况，可以绘制出如图 2-11 所示的金属切削过程滑移线和流线示意图。图中横线代表被加工金属内一点在切削过程中的运动轨迹，即流线；虚线表示滑移线，也就是等切应力曲线，是在塑性流动的平面内，把各点沿最大切应力方向顺次连接起来而得到的曲线。

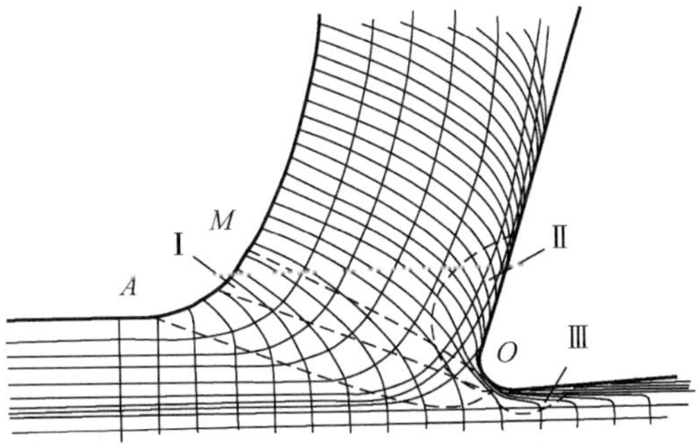

图 2-11　金属切削过程中的流线与三个变形区示意图

根据图 2-11 所示的金属切削过程中的流线，即被切削金属的某一点在切削过程中流动的轨迹，可以大致划分出三个变形区：从 OA 线开始发生以剪切滑移为主的塑性变形，到 OM 线晶粒的剪切滑移基本完成，这一区域(Ⅰ)称为第一变形区；切屑沿前刀面流出时进一步受到前刀面的挤压和摩擦，使切屑底层靠近前刀面处的金属纤维化，其方向基本上和前刀面平行，这一区域(Ⅱ)称为第二变形区；已加工表面受到切削刃钝圆部分和后刀面的挤压、摩擦与回弹作用，造成纤维化与加工硬化，这一区域(Ⅲ)称为第三变形区。由图可知，这一区域的格子线变形比较密集。

2. 第一变形区的变形

(1)变形过程和变形模型。图 2-11 中的 OA、OM 虚线实际上就是图 2-12 中的等切应力曲线。当被切削层金属中某点 P 向切削刃逼近，到达点 1 的位置时，若通过点 1 的等切应力曲线为 OA，其切应力达到材料的屈服强度 τ_s，则点 1 在向前移动的同时，也沿 OA 滑移，其合成运动将使点 1 流动到点 2。2′—2 就是它的滑移量。随着滑移的产生，切应力将逐渐增加，也就是当 P 点向 1,2,3,… 各点流动时，它的切应力不断增加，直到点 4 位置，此时其流动方向与前刀面平行，不再沿 OM 线滑移。在这里 OA 称为始剪切线或始滑移线，OM 称为终剪切线或终滑移线。

在 OA 到 OM 整个第一变形区内，其变形的主要特征就是沿滑移线的剪切变形，以及随之产生的加工硬化。在一般切削速度范围内，这一变形区较窄，宽度仅为 0.02～0.2mm，可以用一个平面来近似表示，这一平面叫做剪切面，剪切面和切削速度方向之间的夹角叫做剪切角，用 ϕ 表示。一般 ϕ 增大，变形减小，反之则增大。

(2) 变形程度的表示方法。变形程度的表示方法有两种，即相对滑移和变形系数。

① 相对滑移 ε。在切削塑性金属的过程中，金属变形的主要形式既然是剪切滑移，那么，采用相对滑移 ε 这一指标来衡量变形程度，应该说是比较合理的。如图 2-13 所示，当平行四边形 $OHNM$ 发生剪切变形后，变为平行四边形 $OGPM$，其相对滑移为

$$\varepsilon = \frac{\Delta s}{\Delta y}$$

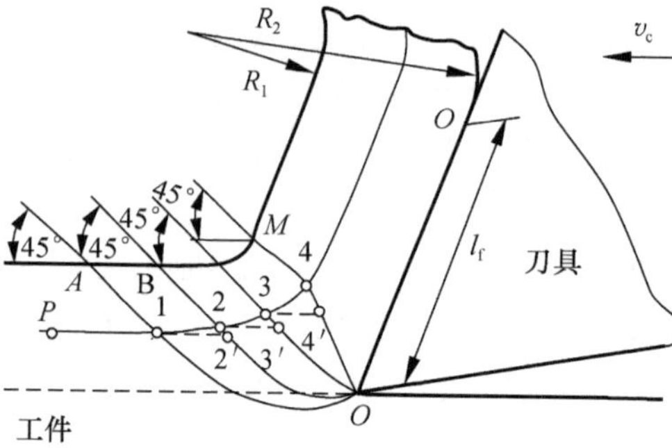

图 2-12 第一变形区金属的滑移

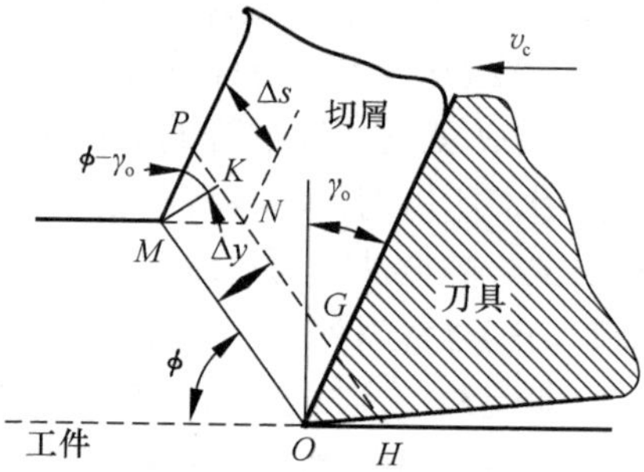

图 2-13 剪切变形示意图

在切削过程中，这个相对滑移，可以近似地看成是发生在剪切面 NH 上。剪切面 NH 被推移到 PG 的位置，故有

$$\varepsilon = \frac{\Delta s}{\Delta y} = \frac{NP}{MK} = \frac{NK + KP}{MK}$$

则得

$$\varepsilon = \cot\phi + \tan(\phi - \gamma_o) \tag{2-9}$$

或

$$\varepsilon = \frac{\cos\gamma_o}{\sin\phi\cos(\phi - \gamma_o)} \tag{2-10}$$

② 变形系数 ξ。在金属切削加工中，刀具切下的切屑厚度 h_{ch} 通常都要大于工件上切削层的厚度 h_D，而切屑长度 l_{ch} 却小于切削层长度 l_D，如图 2-14 所示。切屑厚度 h_{ch} 与切削层厚度 h_D 之比，称为厚度变形系数 ξ_h；而切削层长度 l_D 与切屑长度 l_{ch} 之比，称为长度变形系数 ξ_l，即

$$\xi_h = \frac{h_{ch}}{h_D} \tag{2-11}$$

$$\xi_l = \frac{l_D}{l_{ch}} \tag{2-12}$$

由于工件上切削层变成切屑后宽度的变化很小，根据体积不变原理，显然

$$\xi_h = \xi_l = \xi \tag{2-13}$$

变形系数ξ是大于 1 的数，它直观地反映了切屑变形程度，并且比较容易测量。它可以用剪切角表示

$$\xi_h = \frac{h_{ch}}{h_D} = \frac{OM\cos(\phi - \gamma_o)}{OM\sin\phi} = \frac{\cos(\phi - \gamma_o)}{\sin\phi} \tag{2-14}$$

显而易见，ϕ增大，ξ_h值越大，表示切屑越厚越短，标志着切屑变形越大。

3. 第二变形区及其产生的现象

(1) 前刀面上的摩擦。切屑在沿前刀面方向流出的过程中，受到前刀面挤压、摩擦的过程中进一步发生变形，这就是第二变形区。如图 2-15 所示，它的刀具和切屑接触部分分两个区域：

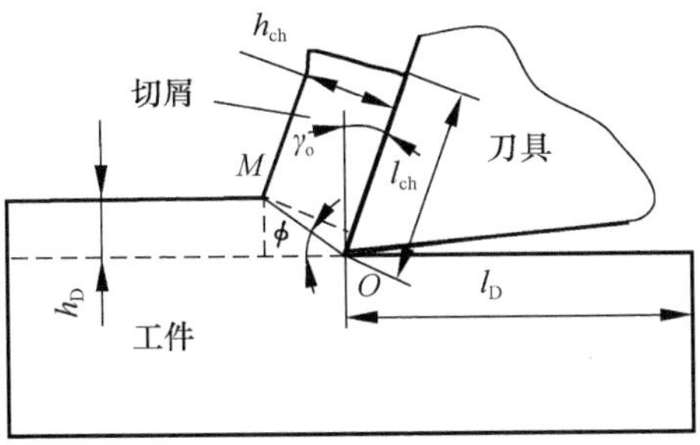

图 2-14 变形系数ξ的计算参数

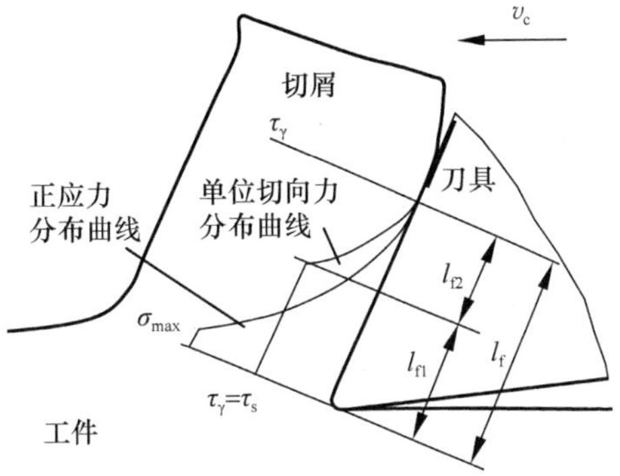

图 2-15 切屑与前刀面摩擦情况

① 黏结区。塑性金属在切削过程中，近切削刃长度 l_{f1} 由于切屑与前刀面之间的压力很大，可以达到 2～3GPa，再加上几百度的高温，使切屑底部材料产生软化，与刀具的前刀面之间发生黏结，即我们所说的冷焊现象，从而在前刀面上形成高低不同的黏结区。在这个区域内，刀具和切屑之间就不再是一般的外摩擦，而是切屑和刀具黏结层与其上层金属之间的内摩擦，它是金属内部的剪切滑移所致，与材料的流动应力特性以及黏结面积大小有关。

② 滑动区。切屑即将脱离前刀面的长度 l_{f2} 内，切屑和前刀面之间只是突出的金属点间的接触，因此实际接触面积远小于名义接触面积。滑动区的摩擦为外摩擦，其摩擦力可由库仑定律计算。

如果以τ_f/σ_f 表示摩擦系数，则前刀面上各点的摩擦系数是变化的，而且内摩擦力显然要比外摩擦大得多，故切屑与前刀面的摩擦以内摩擦为主。

令μ代表前刀面上的平均摩擦系数，则按内摩擦的规律有

$$\mu = \tan\beta = \frac{F_{fi}}{F_{ni}} = \frac{A_{ri}\tau_s}{A_{ri}\sigma_{fav}} = \frac{\tau_s}{\sigma_{fav}} \tag{2-15}$$

式中，F_{fi}——前刀面上的摩擦力；

F_{ni}——前刀面上的法向力；

A_{ri}——刀具与切屑接触面积。

σ_{av}随工件材料的硬度、切削厚度、切削速度以及刀具前角的变化，而在较大的范围内变动，因此内摩擦区摩擦系数μ_1是个变数，而外摩擦区摩擦系数μ_2则可以看成常数。

(2) 积屑瘤。切削钢、球墨铸铁、铝合金等塑性金属时，在切削速度不高，而又能形成带状切屑的情况下，常常有一些从切屑和工件上来的金属冷焊(黏结)并层积在前刀面上，形成硬度很高的楔块，它能够代替刀面和切削刃进行切削，这个楔块称为积屑瘤，如图 2-16 所示。可以看到积屑瘤包围着切削刃，并将前刀面和切屑隔离开来。积屑瘤具有比工件材料和切屑都高的硬度。

切屑沿前刀面流出时，两者之间发生强烈摩擦而形成新鲜表面接触。当接触面具有适当的温度和较高的压力时就会产生黏结(冷焊)。在后继切屑的推动下，切屑底层便与上层发生剪切滑移而分离开来并黏附在前刀面，与切屑脱离。如此逐层在前刀面堆积，最后长成积屑瘤。长高后的积屑瘤受外力作用或振动影响会发生局部断裂或脱落。积屑瘤的长生、成长、脱落过程是在短期内进行的，并在切削过程中不断出现。

切削速度不同，积屑瘤所能达到的最大尺寸也是不同的。切削速度与积屑瘤高度的关系如图 2-17 所示。根据积屑瘤有无以及积屑瘤高度的增长情况，可以把切削速度划分为四个区域。在Ⅰ区里形成粒状切屑或节状切屑，这时没有积屑瘤出现。在Ⅱ区里形成带状切屑，有积屑瘤生成；积屑瘤的高度随着切削速度的提高而增大，同时积屑瘤前端越来越像楔子，越来越深入地楔入切削层与工件之间。当切削速度增大到Ⅱ区的右边界时，积屑瘤的高度达到最大值。在Ⅲ区里，积屑瘤的高度随着切削速度的提高逐渐减小，而且积屑瘤的顶部逐渐趋于与前刀面平行。当v_c增大到Ⅲ区右边界之值时，积屑瘤便消失。在Ⅳ区里积屑瘤不再生成，此时切屑底层高度纤维化，纤维的方向几乎与前刀面平行，这样的切屑底层称为滞流层。

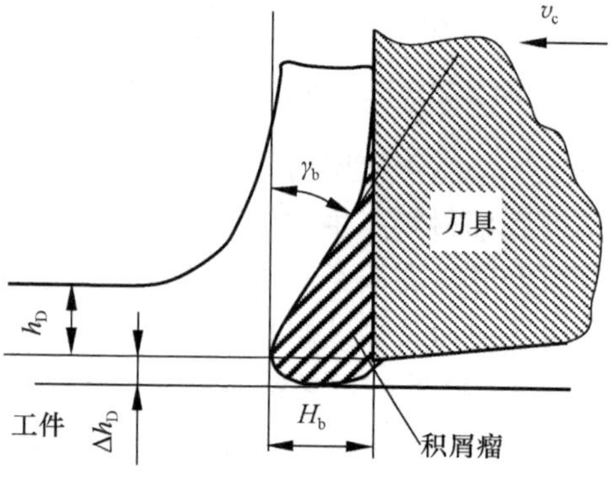

图 2-16　积屑瘤

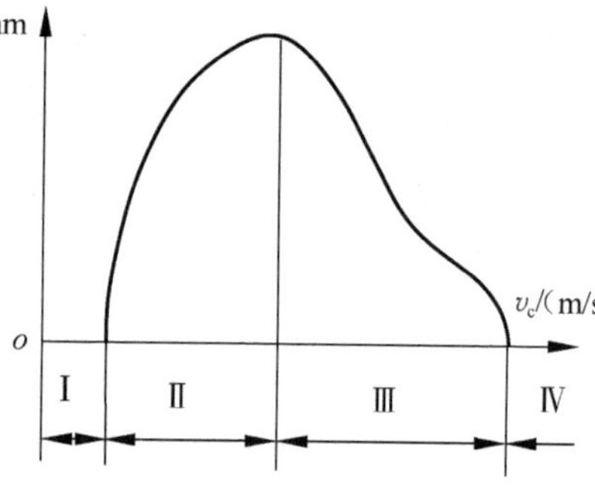

图 2-17　v_c-H_b关系曲线

积屑瘤对加工的影响有以下几个方面：

① 积屑瘤可以代替切削刃和前刀面进行切削，保护切削刃和前刀面，减少刀具的磨损。

② 积屑瘤的存在使刀具实际前角增大，减小了切屑的变形，切削力下降。

③ 积屑瘤具有一定的高度，其前端伸出切削刃之外，如图 2-16 所示，使实际的切削厚度增大。

④ 积屑瘤的顶部很不稳定，易破裂，其破裂的碎片可能会黏附在已加工表面上；积屑瘤凸出刀刃部分也会使加工表面变得粗糙，从而影响已加工表面质量。

⑤ 不稳定的积屑瘤不断地生长、破碎和脱落，积屑瘤脱落时会剥离前刀面上的刀具材料，造成刀具的磨损加剧。

粗加工时对表面质量要求不高，生成积屑瘤可减少切削力，降低能耗，或者可加大切削用量，提高生产率，同时积屑瘤还可保护刀具，减少磨损，这时积屑瘤是有利的。在精加工时，必须设法避免和抑制其产生，常用的方法有：

① 选择低速或高速加工，避开容易产生积屑瘤的切削速度区间。

② 采用冷却性和润滑性好的切削液，减小刀具前刀面的粗糙度等。

③ 增大刀具前角，减小前刀面上的正压力。

④ 采用预先热处理，适当提高工件材料硬度、降低塑性，减小工件材料的加工硬化倾向。

4. 第三变形区的变形

如图 2-18 所示，当切削层金属以速度 v_c 逐渐接近切削刃时，将发生压缩与剪切变形，最终沿剪切面 OM 方向剪切滑移而成为切屑。但由于有切削刃钝圆半径 r_n 的存在，刀具不能把切削层厚度 h_D 全部切除下来，而是留下了一薄层Δh_D。即当切削层金属经过 O 点时，O 点之上的部分变成了切屑并沿前刀面流出，O 点之下的部分在刃口钝圆的挤压下产生弹性、塑性变形，并留在已加工表面上。接着又受到后刀面上磨损棱面 BC 的挤压和摩擦，表层金属组织晶粒被拉长、沿与表层平行的方向纤维化，形成硬化层。在硬化层的表面，由于塑性变形严重，将会产生残余应力，同时又伴有弹性恢复，这就是在切削过程中，第三变形区的变形。这一变形区的变形将直接影响已加工表面的物理力学性能。

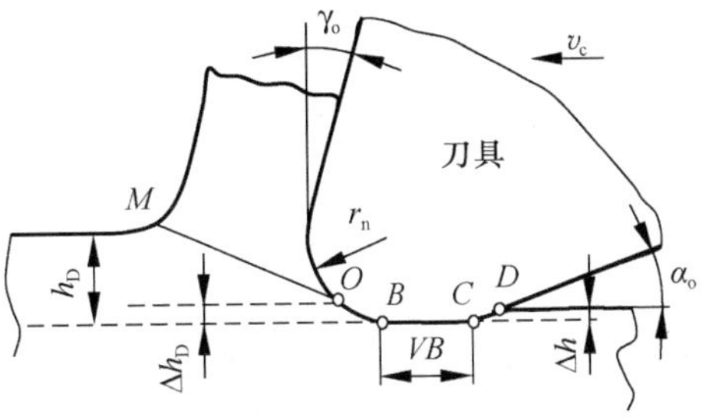

图 2-18　已加工表面的形成过程

5. 影响切削变形的因素

影响切屑变形的因素很多，最主要的有以下几方面的因素。

(1) 刀具前角。随着刀具前角γ_o增大，变形系数ξ减小，如图 2-19 所示，这是前角γ_o对变形的直接影响。另一方面前角γ_o还通过摩擦角β间接的影响变形程度。即前角γ_o增大，作用在前刀面上的法向应力σ_{av}减小，摩擦角β增大，变形增大，如图 2-20 所示。但是这种间接影响小于直接影响，所以前角γ_o增大时，变形系数ξ还是减小。

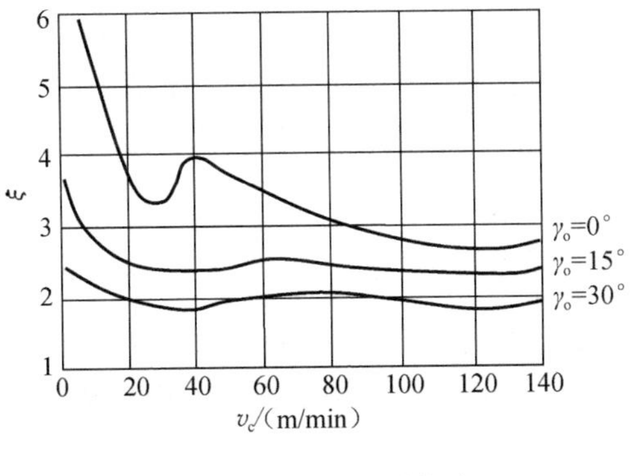

图 2-19　γ_o—ξ关系曲线

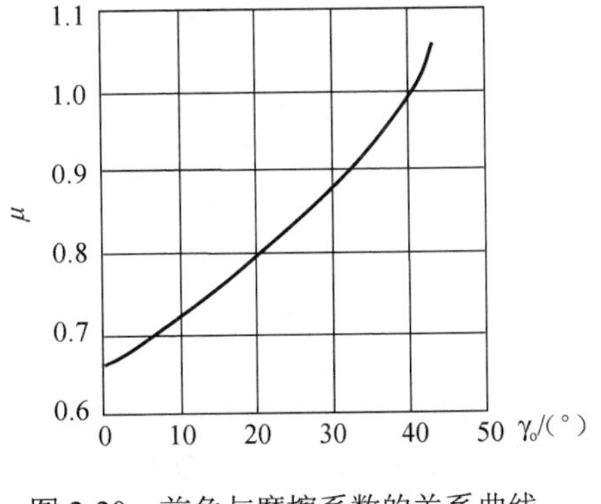

图 2-20　前角与摩擦系数的关系曲线

(2) 切削速度。在无积屑瘤的切削速度范围内，切削速度 v_c 越高，变形系数ξ越小，如图 2-21

所示。其原因有两点：一是因为塑性变形的传播速度较弹性变形的慢，切削速度越高，切削变形越不充分，导致变形系数下降。二是随着切削速度 v_c 的提高，切削温度升高，切屑底层金属的 τ_s 下降，摩擦系数 μ 减小，摩擦角 β 减小，剪切角 ϕ 增大，变形系数 ξ 减小。

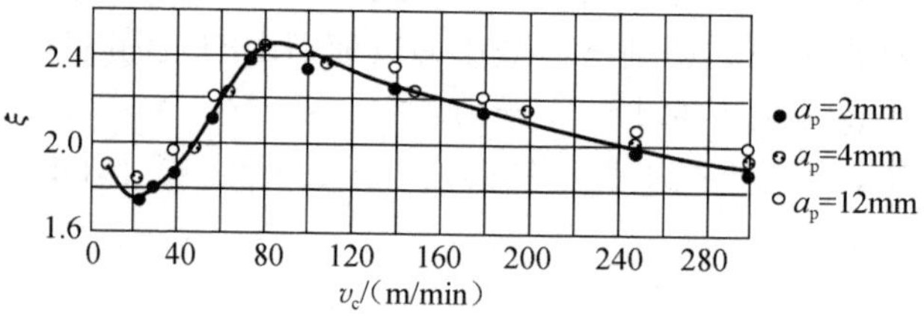

图 2-21　v_c—ξ 关系曲线

在能形成积屑瘤的切削速度范围内，v_c 是通过积屑瘤的前角 γ_b(即实际工作前角 γ_{oe})来影响变形系数 ξ 的。在积屑瘤生长区，实际前角增大，因而 v_c 增加时，变形减小；在积屑瘤消退区，v_c 再升高，积屑瘤逐渐脱落，实际前角减小，变形系数 ξ 逐渐增大。

(3) 工件材料。工件材料的强度和硬度增大，变形系数 ξ 减小。这是由于工件材料的强度和硬度增大，使前刀面上的法向应力 σ_{av} 增大，摩擦系数 μ 减小，摩擦角 β 减小，剪切角 ϕ 增大，所以变形系数 ξ 减小。

2.2.2　切削力与切削功率

切削过程中，切削层金属之所以会产生变形，主要在于刀具给予力的作用，这个作用在工件或刀具上的力就叫切削力。切削力不仅使切削层金属产生变形、消耗了功，产生了切削热，使刀具磨损变钝，影响已加工表面质量和生产效率。同时，切削力也是机床电动机功率选择、机床主运动和进给运动机构设计的主要依据。

1. 切削力的来源

根据对切削变形过程的研究，如图 2-22 所示，切削力主要来源于以下三个方面：①克服被加工材料弹性变形的抗力；②克服被加工材料塑性变形的抗力；③克服切屑对刀具前刀面、已加工表面对刀具后刀面的摩擦力，它们分别用 $F_{f\gamma}$ 和 $F_{f\alpha}$ 表示。

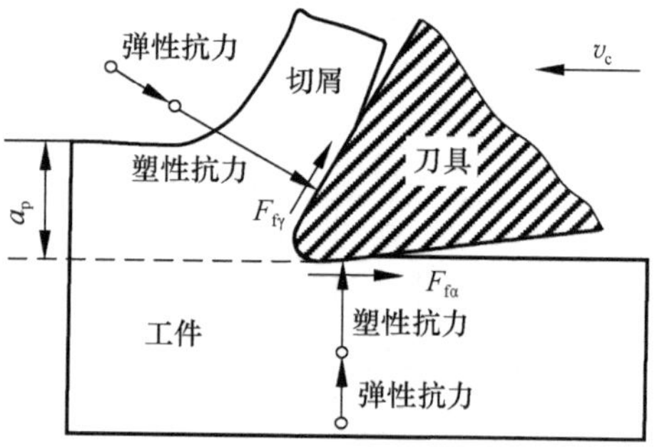

图 2-22　切削力的来源

弹性变形抗力和塑性变形抗力，在切削中的三个变形区中均存在，但以第一变形区中的抗力最大。

2. 切削合力和分力

如图 2-23 所示为直角非自由切削，由于副切削刃近刀尖处变形抗力和摩擦力的影响，改变了合力 F 的作用方向。为了便于分析切削力的作用和测量、计算切削力的大小，通常将合力 F 分解为相互垂直的三个分力。

(1) 主切削力 F_c。主切削力指的是主运动切削速度方向的分力。它消耗机床的主要功率，是计算切削功率、选取机床电动机功率和设计机床主传动机构的依据。

(2) 吃刀抗力即背向力 F_p。即吃刀方向的力，与进给方向垂直，它能使工件产生变形，是校验机床主轴在水平面内刚度及相应零部件强度的依据。

(3) 进给抗力 F_f。进给抗力是指进给方向的分力，与进给方向平行，是设计机床进给机构的依据。

在纵车外圆时，上述分力 F_c 又称为切向力；F_p 又称径向力或背向力；F_f 又称为轴向力或走刀力。由图 2-23 可知

$$F=\sqrt{F_c^2+F_P^2+F_I^2}=\sqrt{F_c^2+F_D^2} \tag{2-16}$$

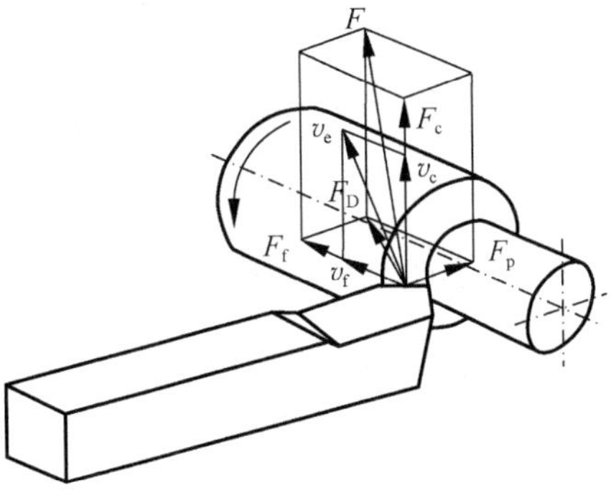

图 2-23　切削合力和分力

式中，F_D——作用于基面内的合力。

一般情况下，主切削力最大。随着车刀材料、车刀几何参数和切削用量、工件材料和车刀磨损情况等切削条件的不同，各分力之间的比例可以在较大范围内变化

$$F_p=(0.15\sim 0.7)F_c;\quad F_f=(0.1\sim 0.6)F_c$$

3. 切削功率和单位切削功率

(1) 切削功率 P_c。切削功率 P_c 是指消耗在切削过程中的功率。切削功率为主切削力 F_c 和进给抗力 F_f 所消耗的功率之和，由于背向力 F_p 方向上没有发生位移，因此背向力不消耗功。于是有

$$P_c=\left(F_v v_c+\frac{F_f n_w f}{1000}\right)\times 10^{-3}\,\mathrm{kW} \tag{2-17}$$

式中，n_w——工件转速(r/s)；

v_c——切削速度(m/s)；

f——进给量(mm/r)。

由于进给运动相对于主运动消耗的功很少(小于 2%)，可以忽略不计，于是有

$$P_c\approx F_c v_c\times 10^{-3}\,\mathrm{kW} \tag{2-18}$$

利用下式可以求出机床电动机功率 P_E

$$P_E\geqslant\frac{P_c}{\eta_c} \tag{2-19}$$

式中，η_c——机床总传动效率，一般取 0.75～0.85，新机床用大值，旧机床用小值。

(2) 单位切削功率 p_c。单位切削功率 p_c(单位为 kW/(mm^3/s))指单位时间内切除单位体积的金属所消耗的功率，可表示为

$$p_c=\frac{P_c}{E_w} \tag{2-20}$$

式中，E_w——单位时间内切除的金属量(mm^3/s)。

$$E_w=\frac{1000a_p f v_c}{60} \tag{2-21}$$

则有

$$p_c = \frac{pa_p f v_c \times 10^{-3}}{1000 a_p f v_c} = p \times 10^{-6} \tag{2-22}$$

4. 影响切削力的因素

在切削过程中，有很多因素都对切削力产生了不同程度的影响，归纳起来除了工件材料、切削用量和刀具参数三个方面外，还有刀具材料、后刀面磨损、刀具刃磨质量及切削液等方面的影响。

(1) 工件材料。工件材料强度、硬度越高，则τ_s越大，切削力 F_c 也随之增大。但是由于强度增高，摩擦系数μ降低，摩擦角β减小，使得剪切角ϕ增大$\left(因\phi=\frac{\pi}{4}-\beta+\gamma_o\right)$，所以变形系数$\xi$减小，切削力 F_c 有所减小。综合上面两种影响可见，切削力 F_c 仍然增大，但与强度的增加不成正比。

工件材料的强度、硬度相近时，塑性、韧性越大的材料，发生的变形也越大，所以切削力也越大。

切削脆性材料时，切削层塑性变形很小，形成的崩碎切屑与前刀面的摩擦力也很小，因此脆性材料的切削力一般小于塑性材料。

另外，它还受到材料加工硬化能力大小的影响。例如，奥氏体不锈钢的强度、硬度都较低，但是加工硬化能力大，较小的变形就会引起硬度较大的提高，导致切削力增大。

(2) 切削用量。切削用量三要素对切削力的影响是不同的，具体如下。

① 背吃刀量 a_p 和进给量 f。a_p 和 f 的大小决定切削面积的大小。因此，a_p 和 f 的增加均会使切削力增大，但两者的影响程度不同。a_p 增大，F_c 成正比线性增大。f 增大，F_c 成正比非线性增大。

这是由于，a_p 增大 1 倍，切削宽度 b_D 增大 1 倍，故 F_c 也增大 1 倍。f 增大 1 倍时，切削厚度 h_D 也增大 1 倍，F_c 应随之增大 1 倍。但是 h_D 的增加将使切削变形下降，导致 F_c 也有所下降，增大不到一倍，即增大 70%～90%，因此，切削加工中，如果从切削力和切削功率角度考虑，加大进给量比加大背吃刀量有利。

② 切削速度。加工塑性金属时，切削速度 v_c 对切削力的影响规律如同对变形系数的影响规律，它们都是通过积屑瘤和摩擦的作用造成的。当 v_c<30m/min 时，积屑瘤的产生和消失，使车刀的实际前角γ_{oe}增大和减小，导致了切削力 F_c 的减小和增大。当 v_c>30m/min 时，随着 v_c 的增大，摩擦系数μ减小，剪切角φ增大，变形系数ξ减小，致使切削力 F_c 减小。另一方面随着 v_c 的增大，切削温度θ也增大，被加工金属的强度和硬度降低，也导致切削力 F_c 的降低。

加工脆性材料时，形成崩碎切屑，其塑性变形小，切屑对前刀面的摩擦力小，所以，切削速度对切削力 F_c 的影响不大。

(3) 刀具几何参数。刀具几何参数中对切削力影响比较大的有前角、主偏角以及倒棱和刀尖圆弧半径等。

① 前角γ_o。前角γ_o对切削力的影响最大。研究表明切削塑性金属时，γ_o变化 1°，F_c 将变化 1.5%左右，而且塑性越大，变化的幅度越大。这是由于前角γ_o增加，剪切角ϕ增大，变形

系数ξ减小，剪切力减小。且前角γ_o对F_f的影响最大，而对F_c的影响最小。一般加工塑性较大的金属时，前角对切削力的影响比加工塑性较小的金属时更为显著。

② 负倒棱。前刀面上的负倒棱(图 2-24)对切削力有一定影响。前角$\gamma_o>0°$有负倒棱时，因切屑变形增大，故切削力有所提高。车刀的负倒棱是通过其宽度$b_{\gamma1}$与进给量f的比值，来影响切削力的。$b_{\gamma1}/f$增大，F_c增大。$b_{\gamma1}/f$比值达到一定值后(钢≥5，铸铁≥3)，切削力F_c不再增大，而趋于平缓，甚至接近负前角车刀切削的情况。这是由于负倒棱代替了前刀面的缘故，如图 2-25 所示。

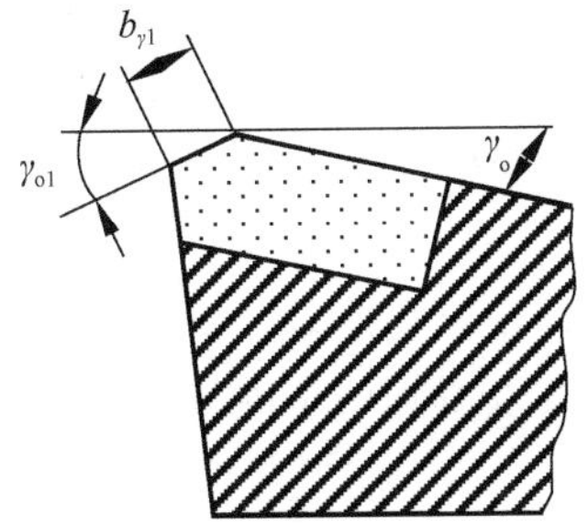

图 2-24　正前角负倒棱车刀

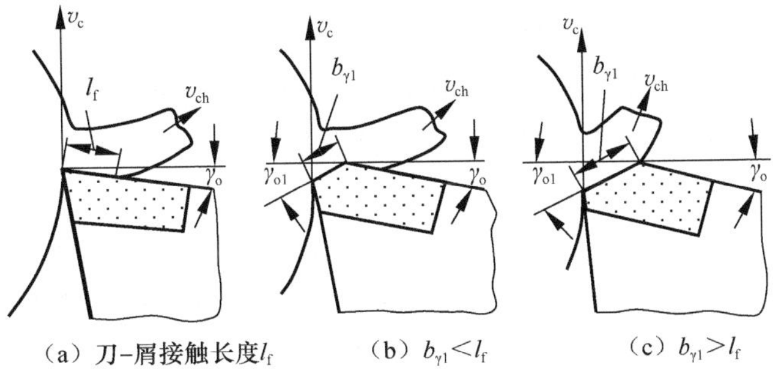

图 2-25　负倒棱的作用

③ 主偏角κ_r。当主偏角增大时，切削厚度增加，切削层变形减小，故主切削力F_c减小；但当主偏角增大后，刀尖圆弧在切削刃上占比例增大，使切削变形和挤压摩擦加剧，从而使主切削力F_c又增大。

主偏角κ_r的变化对切削力F_p、F_f的影响，是由于切削分力F_p、F_f的作用方向改变而造成的。κ_r增大，F_p减小，F_f增大。车削轴类零件，尤其是细长轴，为了减小径向分力F_p的作用，往往采用较大主偏角($\kappa_r>60°$)的车刀切削。

④ 刀尖圆弧半径。当κ_r、f、a_p一定时，r_ε增大，F_c变化不大，但F_f减小，而F_p增大。这是由于曲线切削刃上各点的κ_r减小所致，所以为防止在切削过程中工件弯曲变形及振动，应使r_ε尽量减小。

⑤ 刃倾角λ_s。刃倾角λ_s的绝对值增大时，使主切削刃参加工作的长度增加，摩擦加剧；但在法剖面中刃口圆弧半径r_β减小，切削刃锋利，切削变形小，上述作用的结果，使F_c变化很小。但随λ_s的增大，F_p减小，F_f增大。这主要是λ_s改变了合力F的方向，从而影响了F_p和F_f。

由此可见，从切削力观点分析，切削时不宜选用过大的负刃倾角。尤其在加工工艺系统刚性较差情况下，往往因负刃倾角增大了F_p，而产生振动。

(4) 刀具材料。刀具材料的摩擦系数越小，切削力越小。各类刀具材料中，摩擦系数按高速钢、YG 类硬质合金、YT 类硬质合金、陶瓷、金刚石的顺序依次减小。

(5) 刀具磨损。前刀面磨损会使刀具实际前角增大，切削力减小。后刀面磨损，刀具与工件的摩擦增大，切削力增大。前后刀面同时磨损时，切削力先减小，后逐渐增大。F_p增加的速度最快，F_c增加的速度最慢。

(6) 切削液。使用润滑性能好的切削液，能有效减少摩擦，使切削力减小。

由上面分析可知，切削过程中产生切削力的大小，是由许多因素综合影响的结果。因此，要减小切削力，应在分析各因素的影响基础上，找出主要因素，并兼顾其他因素，合理配合。

2.2.3 切削热与切削温度

切削热和由此产生的切削温度是影响金属切削状态的重要物理因素之一，切削时所消耗能量的 97%～99%转化为热能。大量的热能使切削区的温度升高，直接影响到刀具的寿命和工件的加工精度及表面质量。因此研究切削热和切削温度的产生及变化规律对生产实践有着重要的指导意义。

1. 切削热的产生和传出

(1) 热源。切削热是由切削功而来的，其来源主要有两个方面，一个是切屑与前刀面、工件与后刀面之间的摩擦所消耗的摩擦功，这是切削热的主要来源。另一个是切削层金属在刀具的作用下发生弹性变形和塑性变形所消耗的变形功。具体在三个变形区内产生。如图 2-26 所示。

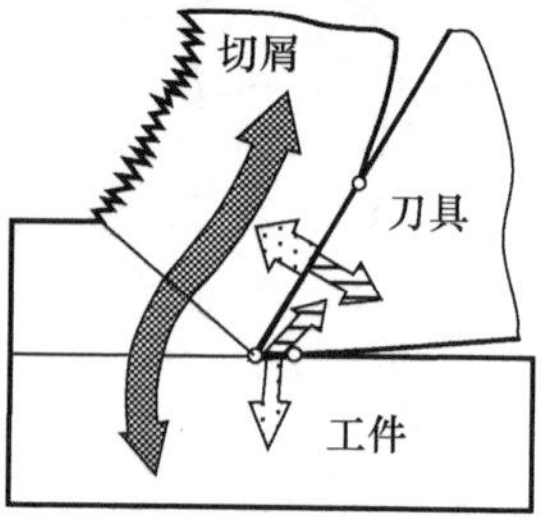

图 2-26 切削热的来源

切削时所消耗的能量有 98%～99%转换为切削热，如果忽略进给运动和后刀面摩擦所消耗的能量，则可以得到单位时间内产生的切削热 Q 为

$$Q = F_c v_c \tag{2-23}$$

式中，Q——每秒产生的切削热 (J/s)；

F_c——切削力 (N)；

v_c——切削速度 (m/s)。

采用硬质合金刀具车削 $\sigma_b = 0.637\text{GPa}$ 的结构钢时，将计算切削力 F_c 的指数公式代入后得

$$Q = C_{F_c} a_p f^{0.75} v_c^{-0.15} K_{F_c} v_c = C_{F_c} a_p f^{0.75} v_c^{0.85} K_{F_c} \tag{2-24}$$

由上式可以看出：凡是影响切削力 F_c 的因素都将影响切削热的产生。

(2) 切削热的传散。切削热传散出去的途径主要是切屑、工件、刀具和周围介质(如空气、切削液等)，影响热传导的主要因素是工件和刀具材料的导热系数以及周围介质的状况。工件材料的导热系数大时，由切削区传导到切屑和工件的热量较多。由于切屑不断地脱离刀具和工件，故热量传导给切屑不会对切削过程造成不利影响。而传递到工件的热量会引起工件发生热变形，从而影响工件的加工精度和表面质量。刀具材料的导热系数大时，切削区传递给刀具的热量较多，这会引起刀具温度上升，发生热变形，影响加工精度，此外还会导致刀具的磨损加剧。通过使用切削液、采用喷雾冷却法等手段改善周围介质的条件，可以使更多的切削热通过周围介质散失掉，这部分热量对切削过程没有不利的影响。

2. 切削温度及其分布

切削温度是指切削区域的平均温度，用 θ 表示。一般用前刀面与切屑接触区域的平均温度近似代替。

(1) 计算切削温度的实验公式。用实验方法求出的计算切削温度 (单位为℃) 的指数公式如下

$$\theta = C_\theta v_c^{z_\theta} f^{y_\theta} a_p^{x_\theta} K_\theta \tag{2-25}$$

式中，x_θ、y_θ、z_θ——分别表示切削用量 a_p、f、v_c 对切削温度的影响指数；

C_θ——与实验条件有关的影响系数；

K_θ——切削条件改变后的修正系数。

实验得出，用高速钢和硬质合金刀具切削中碳钢时，切削温度系数 C_θ 及指数 x_θ、y_θ、z_θ 见表 2-3。

表 2-3　切削温度的系数和指数

刀具材料	加工方法	C_θ	z_θ	y_θ	x_θ
高速钢	车削 铣削 钻削	140～170 80 150	0.35～0.45	0.2～0.3	0.08～0.10
硬质合金	车削	320	0.41 (f= 0.1mm/r) 0.31 (f= 0.2mm/r) 0.26 (f= 0.3mm/r)	0.15	0.05

(2) 切削温度的分布（温度场）。温度场是指工件、切屑和刀具上各点的温度分布。图 2-27 是切削钢料时所测出的主剖面内的温度场。

切削塑性材料时，前刀面和后刀面上的最高温度都处在离切削刃有一定距离的地方，这是因为切屑沿前刀面流出时，热量积累得越来越多，而热传导又十分不利时，在距离刀尖一定长度的地方的温度就达到最大值，如图 2-27 所示。而在切削脆性材料时，第一变形区的塑性变形不太显著，且切屑呈崩碎状，与前刀面接触长度大大减小，使第二变形区的摩擦减小，切削温度不易升高，只有刀尖与工件摩擦，即只有第三变形区产生的热量是主要的，因而可以肯定：切削脆性材料时，最高切削温度将在刀尖处且靠近后刀面的地方。

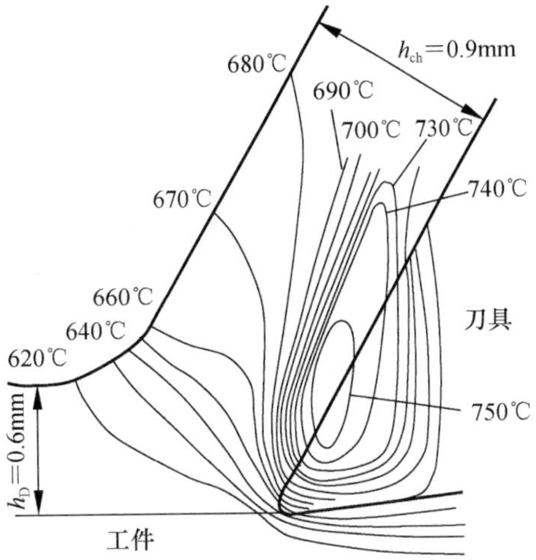

图 2-27　二维切削中的温度分布

工件：易切钢；刀具：γ_0=30°，α_0=7°；切削厚度：h_D=0.6mm；切削速度：v_c=22.86m/min，干切削，预热 611℃

3. 影响切削温度的主要因素

考虑切削过程中某一因素对切削温度的影响，依然是从该因素对切削热产生和传散的影响这两个方面来综合考虑。

(1) 切削用量。v_c、f、a_p 增大时，变形和摩擦加剧，切削功增大，切削温度升高。但三者的影响程度不一样，v_c 最大，f 次之，a_p 最小。这是因为：v_c 增大，前刀面的摩擦热来不及向切屑和刀具内部传递，所以 v_c 对切削温度的影响最大；f 增大，切屑变厚，切屑的热容量增大，由切屑带走的热量增多，所以 f 对切削温度的影响不如 v_c；a_p 增大，刀刃的工作长度增大，散热条件改善，故 a_p 对切削温度的影响最小。即切削用量三要素对切削温度的影响是：$v_c > f > a_p$，这与它们对切削力的影响程度正好相反。因此在控制切削温度的前提下提高加工效率，应在机床允许的条件下，选用比较大的背吃刀量 a_p 和进给量 f，这比选用大的切削速度 v_c 更为有利。

(2) 刀具几何参数。刀具几何参数主要是通过对变形和散热面积的影响来影响切削温度的，具体如下。

① 前角γ_0对切削温度的影响。

切削温度随前角的增大而下降，这是由于前角增大时，单位切削力下降，使产生的切削热减少的缘故。但是当前角大于18°，将对切削温度的影响减小，这主要是由于前角增大导致刀具楔角减小，使刀具的散热体积也减小而造成的。

② 主偏角κ_r对切削温度的影响。

主偏角减小时，致使切削宽度增大，刀尖角增大，刀具散热条件改善，有利于降低切削温度。由此可见，当工艺系统刚性足够时，为降低切削温度，可采用较小的主偏角。

③ 负倒棱宽度b_r和刀尖圆弧半径r_ε对切削温度的影响。

当负倒棱宽度为(0～2)f、刀尖圆弧半径为0～1.5mm时，基本上不会影响切削温度。这是由于负倒棱宽度和刀尖圆弧半径的增大，会使塑性变形区的塑性变形增大，切削热也随之增加。另一方面，这两者的增加都会使刀具的散热条件有所改善，传出的热量增加。两者趋于平衡，所以对切削温度的影响很小。

刀尖圆弧半径对刀尖处局部切削温度的影响较大，增大刀尖圆弧半径，有利于刀尖处局部切削温度的降低。

(3) 工件材料。工件材料的强度、硬度越高，切削力越大，切削时消耗的功也越多，产生的切削热也越多，切削温度也就越高。热导率大，热量易传出，切削温度就越低。

脆性金属的抗拉强度和延伸率都较小，切削过程中切削区的塑性变形很小，切屑呈崩碎状或脆性带状，与前刀面的摩擦也很小，所以产生的切削热较少，切削温度一般比切削钢料时低。

(4) 刀具磨损。刀具磨损后，切削刃变钝，刃区前方的挤压作用增大，使切削区的金属的塑性变形增加。同时，磨损后的刀具后角变成零度，使工件与刀具的摩擦加大，两者均使切削热的产生增加。

(5) 切削液和刀具材料。使用切削液可以从切削区带走大量的热量，从而降低切削温度，提高刀具的使用寿命。刀具材料的热导率高，则切削热易从刀具传出，也能降低切削区的温度。

2.2.4 刀具磨损与刀具寿命

在刀具将多余的金属从毛坯上撕裂下来，使毛坯变成零件的过程中，刀具也不可避免地遭到损耗。当刀具的损耗积累到一定的程度后，会使工件的加工精度降低，并导致切削力和切削温度增加，甚至产生振动，不能继续正常切削，即刀具失效。它对生产效率、加工质量和成本影响极大，是切削加工中极为重要的问题之一。

刀具的失效形式可分为磨损和破损两类，前者表现为连续地、逐渐地发生，为正常磨损。后者表现为突然发生，如崩刃、碎断、剥落和卷刃等，为非正常磨损。

1. 刀具正常磨损的形式

正常磨损是指刀具在设计与使用合理、制造与刃磨质量符合要求的情况下，在切削过程中逐渐产生的磨损。由于在切削时，刀具的前刀面与切屑、后刀面与工件常常相互挤压和剧烈摩擦，产生很高的温度，因此磨损主要发生在刀具的前刀面和后刀面上，如图2-28所示。它主要包括以下几种形式。

(1) 前刀面磨损。加工塑性金属时，当刀具材料的耐热性、耐磨性不足，切削速度较高，切削厚度较大(大于 0.5mm)时，切屑沿前刀面的滑动逐渐在前刀面上磨出一个月牙形凹窝如图 2-29 所示，常称为月牙洼磨损。

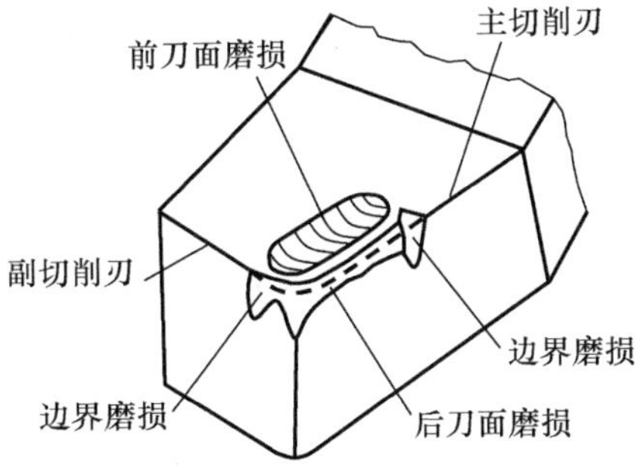

图 2-28　刀具的磨损形态

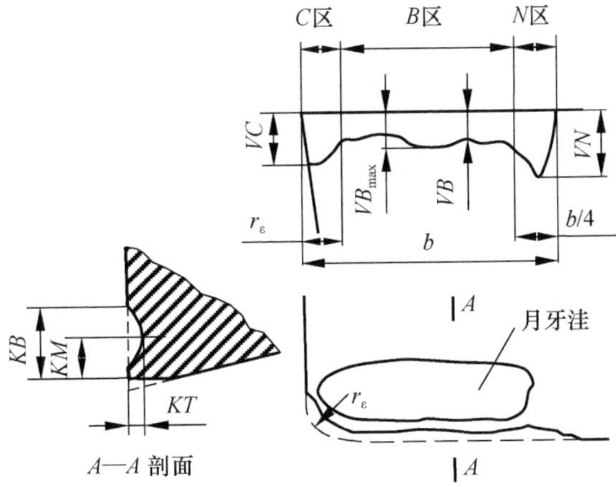

图 2-29　刀具磨损的测量

起初月牙洼的前缘距离主切削刃还有一小段距离，随着切削过程的进行，月牙洼逐渐向前、后扩展，深度不断增大，其深度最大的位置就是切削温度最高处。其宽度取决于切屑的宽度，在磨损过程中变化不大。当月牙洼发展到其前缘与切削刃之间的棱边很窄时，切削刃强度下降，容易导致崩刃。

前刀面磨损量的大小，以月牙洼的宽度 *KB* 或者是深度 *KT* 表示，如图 2-29 所示。

(2) 后刀面磨损。切削时，后刀面虽然有后角，但由于切削刃不如理想中的锋利，存在一定的钝圆，工件的新鲜加工表面与刀具后刀面间存在着强烈的挤压，并相互摩擦，之间的接触压力很大，存在着弹性和塑性变形。因此，后刀面与工件实际上是小面积接触，磨损就发生在这个接触面上，形成后角为零的小棱面，这就是后刀面的磨损，如图 2-29 所示。以较小的切削厚度(<0.1mm)、较低的切削速度切削塑性金属以及切削铸铁时，主要发生这种磨损。

后刀面磨损往往不均匀，如图 2-29 所示。刀尖部分(*C* 区)强度较低，散热条件又差，磨损比较严重，其最大值为 *VC*。主切削刃靠近工件外皮处的后刀面(*N* 区)上，磨成较严重的深沟，以 *VN* 表示。在后刀面磨损带的中间部位(*B* 区)上，磨损比较均匀，平均磨损带宽度以 *VB* 表示，而最大磨损宽度以 VB_{max} 表示。

(3) 前后刀面同时磨损。这种磨损形式是指切削之后，刀具上同时出现前刀面磨损和后刀面磨损。当以中等切削速度中等切削厚度(0.1～0.5mm)和中等进给量时切削塑性金属时，常出现这种磨损形式。

(4) 边界磨损。切削钢料时，常在主切削刃靠近待加工表面处以及副切削刃靠近刀尖处的后刀面上，磨出较深的沟纹，这就是边界磨损，如图 2-30 所示。这两处分别是在主、副切削刃与工件待加工表面或已加工表面接触的地方。加工铸、锻件外皮粗糙的工件时，容易发生边界磨损。

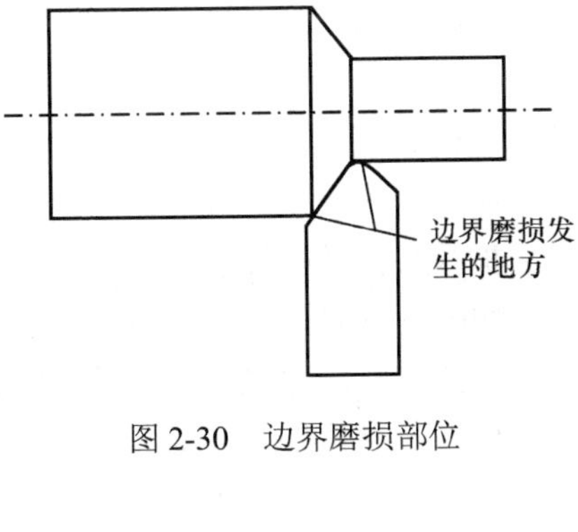

图 2-30　边界磨损部位

2. 刀具正常磨损的原因

与一般的机械零件磨损不同，刀具的磨损主要取决于刀具材料、工件材料的机械物理性能和切削条件，主要有以下几种原因。

(1) 机械磨损。机械磨损，主要是由工件或切屑中的微小硬质点(如碳化物、氮化物和氧化物等)以及积屑瘤碎片等在刀具表面上划出一条条沟纹造成的磨损，也称为硬质点磨损或磨粒磨损。硬质点有碳化物(如 Fe_3C、TiC、VC 等)、氮化物(如 TiN、Si_3N_3 等)、氧化物(如 SiO_2、Al_2O_3 等)和金属间化合物等。

刀具在各种切削速度下都存在硬质点磨损，但它是低速刀具(如拉刀、板牙、丝锥等)磨损的主要原因。这是由于在低速切削时，切削温度较低，其他形式的磨损还不显著。一般与刀具材料的硬度和耐磨性有关。工具钢(包括高速钢)刀具由于其硬度和耐磨性均低于硬质合金、陶瓷等，这类磨损就比较显著。

(2) 黏结磨损。切屑与刀具前刀面，工件加工表面与刀具后刀面之间在高温高压作用下，接触面间吸附膜被挤破，形成了新鲜表面接触，当接触面间达到原子间距离时就发生黏结，因相对运动发生撕裂而被对方带走所造成刀具的损耗，这就是黏结磨损。此外，当积屑瘤脱落后，带走了刀具材料也形成黏结磨损。

一般来说，黏结点的破裂多发生在硬度较低的一方，即工件材料上。但刀面在摩擦、挤压和温度连续作用下强度降低，尤其是当刀具材料存在局部缺陷(如组织不均匀、内应力、微裂纹以及空隙、局部软点等缺陷)时，刀具表面时常会被破坏发生破裂而被工件材料带走从而造成刀具磨损。

黏结磨损程度与压力、切削温度、刀具和工件材料的亲和力、刀具和工件材料硬度比等因素有关。如低速切削时，由于切削温度低，黏结是在正压力作用下由接触点处产生的塑性变形所造成的，即冷焊；中速切削时，切削温度较高，促进材料软化和分子间的热运动，更易造成黏结。刀具和工件材料间的亲和力越大，硬度比越小，黏结磨损越严重。

(3) 扩散磨损。切削温度较高时，刀具表面始终与被切出的新鲜表面接触，使其具有巨大的化学活泼性。当刀具与工件材料的化学元素浓度相差较大时，它们就会在固态下互相扩散到对方中去，引起摩擦面两侧刀具和工件材料化学成分的改变，使刀具材料性能下降，从而造成的刀具磨损称为扩散磨损。例如，当切削温度达到 800℃以上时，硬质合金中的 C、W、Co 等元素扩散到切屑中被带走，而切屑中的 Fe 元素扩散到硬质合金表层形成了新的脆性的低硬度复合碳化物，且由于 Co 的扩散使其含量减少，刀具材料的黏结强度降低，从而降低了刀具表面的硬度和强度，使刀具的磨损加剧。

扩散磨损是中高速切削时，硬质合金刀具磨损的主要原因，它往往和黏结磨损同时发生。硬质合金刀具的前刀面上月牙洼的最深处是切削温度的最高处，也是发生扩散最严重的地方。另外该处又很容易发生黏结现象，因此这里的磨损速度最快，所以月牙洼是由扩散磨损和黏结磨损共同作用而形成的。

扩散磨损的快慢和程度与刀具材料中化学元素的扩散速率关系密切。例如：用硬质合金刀具切削钢件时，Ti 的扩散率远低于 Co、C、W 等元素，而 TiC 又不易分解，故 YT 类硬质合金的抗扩散能力优于 YG 类。YN 类硬质合金和涂层硬质合金则更佳。硬质合金中添加钽、铌后形成固溶体(W、Ti、Ta、Nb)C，更不易扩散，从而提高了刀具的耐磨性，减少扩散磨损。

(4) 化学磨损。切削时在一定温度下，刀具与周围介质的某些成分(如空气中的氧、切削液中的极压添加剂硫、氯等)起化学作用，在刀具表面形成一层硬度较低的化合物，而被切屑带走，加速了刀具的磨损，或者因为刀具材料被某种介质腐蚀，造成刀具损耗，这些被称为化学磨损。

(5) 热电磨损。在切削区的高温作用下，刀具与工件材料形成热电偶，产生热电动势，形成流过刀具—工件、刀具—切屑的热电流，从而促进化学元素的扩散，加速刀具的磨损，这种在热电势的作用下产生的扩散磨损称为热电磨损。

(6) 相变磨损。当刀具上最高温度超过相变温度时，刀具表面金相组织发生变化，如马氏体组织变成奥氏体，使温度下降，磨损加剧。工具钢刀具在高温时易产生相变磨损。它们的相变温度为：合金工具钢为300～350℃，高速钢为550～600℃。相变磨损严重时会造成刀面的塌陷和切削刃卷曲。

3. 刀具的破损

在切削加工中，刀具时常会不经过正常的磨损，就在很短的时间内突然损坏以致失效，这种损坏类型称为破损。破损也是刀具损坏的主要形式之一，多数发生在使用脆性较大的刀具材料进行断续切削或者加工高硬度材料的情况下。

(1) 脆性破损。脆性破损是指在切削刃或刀面上产生的崩刃、碎断、剥落或裂纹，常发生于脆性较大的硬质合金和陶瓷刀具上。

① 崩刃。在切削刃上产生小的缺口，一般缺口尺寸和进给量相当或稍大一些，切削刃还能继续进行切削。陶瓷刀具切削时，在早期最常发生这种崩刃。

② 碎断。在切削刃上发生小块碎裂或大块断裂，不能继续正常切削。前者发生在刀尖和主切削刃处，一般还可以重磨修复再使用，硬质合金和陶瓷刀具断续切削时，常在早期出现这种损坏。后者是发生于刀尖的大块断裂，刀具不能再重磨使用，大多是断续切削较长时间后，没有及时换刀，因刀具材料疲劳而造成的。

③ 剥落。在前、后刀面上几乎平行于切削刃而剥离下一层碎片，位置随刀面上受冲击的位置的变化而不同，经常会将切削刃一起剥离。这是断续切削时的一种早期破损现象，硬质合金低速断续切削时会发生这种现象。

④ 裂纹。在较长时间断续切削后，由于疲劳引起裂纹扩展而导致的一种破损。有因热冲击引起的垂直于或倾斜于切削刃的热裂纹，也有因机械冲击导致的平行于切削刃或网状分布的机械疲劳裂纹。

(2) 塑性破损。切削时由于高温、高压的作用，有时在前、后刀面和切屑或工件的接触层上，刀具表层材料发生塑性流动而丧失切削性能。它直接和刀具材料与工件材料的硬度比值有关，比值越高，越不容易发生塑性破损。塑性破损是高速钢刀具常见的破损形式。

① 卷刃。刀具切削刃部位的材料，由于后刀面和工件已加工表面的摩擦，沿后刀面向所受摩擦力的方向流动，形成切削刃的倒卷，称为卷刃。主要发生在工具钢、高速钢等刀具材料进行精加工或切削厚度很小的切削情况下。

② 刀面隆起。在采用大的切削用量以及加工硬材料的情况下，刀具前、后刀面的材料发生远离切削刃的塑性流动，致使前、后刀面发生隆起。工具钢、高速钢以及硬质合金刀具都会发生这种损坏。

非正常磨损主要是由于机械冲击或热效应作用造成的。此外，积屑瘤脱落时引起大面积剥落；刀具材料硬度低、韧性差；刀具几何参数和切削用量选择不合理导致切削力过大、切削温度过高；在焊接或刃磨时因骤热骤冷而产生内应力或裂纹；操作、保管不当等都会造成刀具的非正常磨损。

4. *刀具磨损过程及磨钝标准*

(1) 磨损过程。刀具的磨损随着切削时间的延长而逐渐加大，通过实验可以得到如图 2-31 所示的刀具磨损过程典型曲线。其磨损过程大致可以分为以下三个阶段。

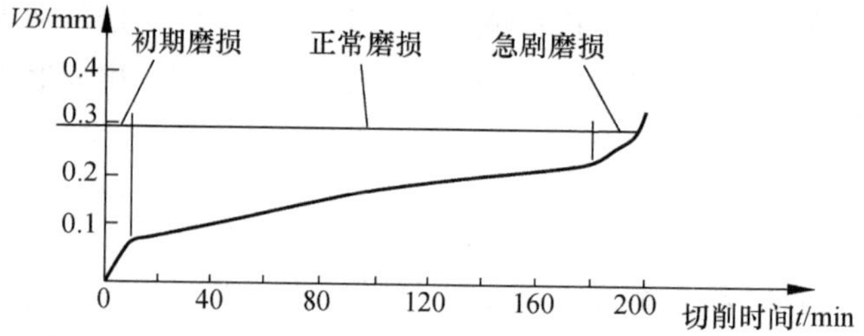

图 2-31　刀具磨损过程的典型曲线

① 初期磨损阶段。由于新刃磨的刀具后刀面与加工表面之间的实际接触面积很小，压强很大，加之新刃磨刀具的后刀面上存在着微观不平等缺陷，所以这一阶段磨损较快。通常初期磨损量 VB=0.05～0.1mm，经过研磨的刀具初期磨损量小，而且会比较耐用。

② 正常磨损阶段。经过初期磨损后，刀具的后刀面上被磨出一条狭窄的棱面，压强减小。同时刀具的表面已经被磨平，磨损量的增加减缓并稳定下来，刀具进入正常磨损阶段。这个阶段也是刀具的有效工作阶段，磨损曲线基本上是一条上行的斜线，其斜率代表刀具正常工作时的磨损强度，它是衡量刀具切削性能的重要指标之一。

③ 急剧磨损阶段。刀具经过正常磨损阶段后，切削刃明显变钝，切削力、切削温度迅速增大，刀具强度、硬度降低，刀具磨损速度很快，以至于刀具损坏而失去切削能力。所以应避免进入这个阶段。在这个阶段到来之前，应及时换刀或重新进行刃磨。

(2) 刀具的磨钝标准。刀具磨损后将影响切削力、切削温度和加工质量，因此必须根据加工情况规定一个最大的允许磨损量，这就是刀具的磨钝标准。由于后刀面磨损最常见，且易于控制和测量。因此在刀具管理和科学研究中多根据后刀面的磨损量来制定磨钝标准，国际标准组织规定以 1/2 背吃刀量处后刀面上测定的磨损带宽度 VB 作为刀具的磨钝标准，如图 2-32 所示。

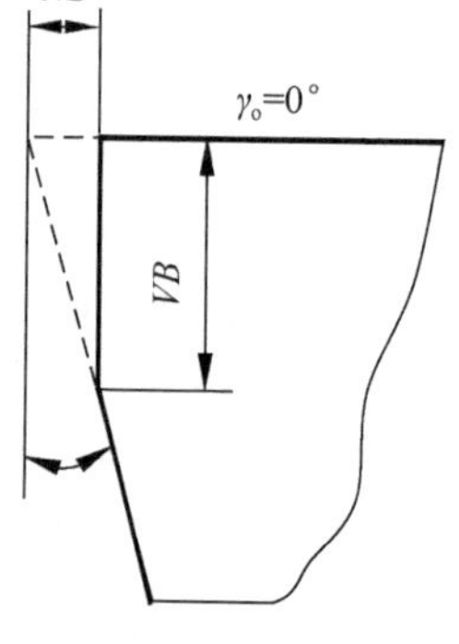

图 2-32　刀具的径向磨损量

自动化生产中使用的精加工刀具，常根据工件的精度要求来制定磨钝标准。在这种情况下，常以沿工件径向的刀具磨损尺寸作为衡量刀具磨钝的标准，称为刀具的径向磨损量 NB(图 2-32)。

磨钝标准的制定既要顾及刀具的合理使用，又要保证加工精度，还要考虑工件材料的切削加工性、刀具制造和刃磨的难易程度等诸多因素的影响。因此，不同的加工条件下，刀具的磨钝标准也各不相同。表 2-4 为车刀的磨钝标准，供使用时参考。

表 2-4　硬质合金车刀的磨钝标准

加工方式 \ 加工条件	刚性差	钢件	铸铁件	钢、铸铁大件
精车			0.1～0.3	
粗车	0.4～0.5	0.6～0.8	0.8～1.2	1.0～1.5

5. 刀具寿命及其与切削用量的关系

(1) 刀具寿命的概念。一把新开刃的刀具从投入切削直到报废为止实际用于切削的总时间称为刀具寿命，用 T 表示。对于重磨刀具，还存在刀具耐用度的说法，即刃磨后的刀具从开始切削直至磨损量达到磨钝标准为止实际用于切削的总时间称为刀具耐用度。那么刀具的总寿命就等于刀具耐用度与重磨次数的乘积。对于不重磨刀具，刀具耐用度与刀具寿命相同。

刀具寿命还可以用达到磨钝标准前的刀具切削行程 l_m 来衡量。切削行程 l_m 等于切削速度 v_c 和刀具寿命 T 的乘积。精加工时，也可以用加工完的工件数量 N 来衡量刀具寿命。

(2) 刀具寿命与切削用量的关系。刀具寿命是随加工条件变化的。由于切削速度对切削温度影响最大，因而对刀具磨损影响最大，因此切削速度是影响刀具寿命的最主要因素。v_c-T 关系可用实验方法求出。实验中在常用的切削速度范围内，取不同 $v_1,v_2,v_3,\cdots$ 进行刀具磨损试验，得到一组刀具磨损曲线，如图 2-33(a) 所示。选定刀具后刀面的磨钝标准，在各条磨损曲线上根据规定的磨钝标准 $VB=0.3\text{mm}$，求出在各种切削速度下所对应的刀具耐用度 $T_1,T_2,T_3,\cdots$；将各 v_c-T 对应值点画在双对数坐标中，再连接成直线图形，便可得到图 2-33(b) 所示的刀具寿命曲线。v_c-T 呈如下线性关系

$$v_c T^m = A \tag{2-26}$$

式中，A——与刀具、工件材料和切削条件有关的系数；

m——直线的斜率，表示 v_c 对 T 的影响程度。m 越小，表示 v_c 对 T 的影响越大。

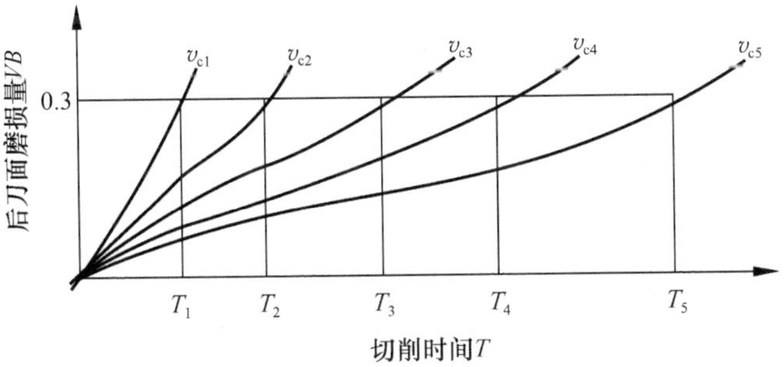

(a) 不同速度下的刀具磨损曲线

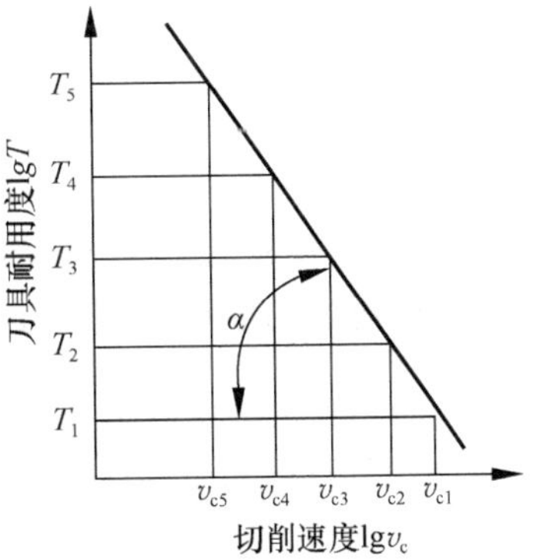

(b) 刀具寿命曲线

图 2-33　刀具寿命试验曲线

式 (2-26) 是重要的刀具寿命公式，称为泰勒 (F.W.Taylor) 公式，是选择切削速度的重要依据。同理可通过切削试验求出 f-T、a_p-T 的关系如下：

$$fT^n = B \tag{2-27}$$

$$a_p T^p = C \tag{2-28}$$

将式(2-26)～式(2-28)综合整理得

$$T=\frac{C_T}{v_c^{\frac{1}{m}}f^{\frac{1}{n}}a_p^{\frac{1}{p}}} \tag{2-29}$$

当用 YT5 硬质合金车刀切削 $\sigma_b=0.736\text{GPa}$ 的碳素钢时，$1/m=5$，$1/n=2.25$，$1/p=0.75$，则式(2-29)可写成

$$T=\frac{C_T}{v_c^5 f^{2.25}a_p^{0.75}} \tag{2-30}$$

可见，切削速度 v_c 对刀具寿命的影响最大，进给量 f 次之，背吃刀量 a_p 最小。这与三者对切削温度的影响顺序完全一致，说明切削温度对刀具寿命有着重要的影响。在保证一定刀具寿命的条件下，为提高生产率，应首先选取大的 a_p，然后选取较大的 f，最后选择合理的 v_c。

(3)刀具寿命合理数值的确定。刀具磨损达到磨钝标准后需重磨或更换，尤其在自动线、多刀切削及大批量生产中，一般都要求定时换刀。刀具寿命的确定一般有两种方法。

① 最高生产率刀具寿命。根据单件工序工时最短的原则确定刀具寿命，称为最高生产率刀具寿命，用 T_p 表示

$$T_p=\left(\frac{1-m}{m}\right)t_c \tag{2-31}$$

式中，t_c——一次换刀所需的时间。

与 T_p 相对应的最大生产率的切削速度 v_{cp} 为

$$v_{cp}T_p^m=A \tag{2-32}$$

② 最低生产成本刀具寿命。根据单件工序成本最低的原则确定的刀具寿命，称为最低生产成本刀具寿命，又称经济刀具寿命，用 T_c 表示

$$T_c=\frac{1-m}{m}\left(t_c+\frac{C_t}{M}\right) \tag{2-33}$$

式中，C_t——换刀一次所需的费用，包括刀具、砂轮消耗和工人工资等；

M——该工序单位时间内所分担的全厂开支。

与 T_c 相对应的经济切削速度 v_{cc} 为

$$v_{cc}T_c^m=A \tag{2-34}$$

对比式(2-31)和式(2-33)，可知 $T_c>T_p$，即 $v_{cc}<v_{cp}$。刀具成本 C_t 越低，则 T_c 越接近 T_p。

一般情况下应采用最低成本刀具寿命 T_c。当完成紧急任务或生产中出现不平衡环节时，则可采用最高生产率刀具寿命。从最低生产成本刀具寿命的公式看出，复杂刀具(如齿轮刀具、拉刀等)的成本 C_t 较简单刀具(如车刀、钻头等)的高，故前者的刀具寿命应高于后者。对于装刀、调刀较为复杂的多刀机床、组合机床等，刀具寿命应定的高些，一般为通用机床上同类刀具的2～4倍。

6. 影响刀具寿命的因素

由于切削温度对刀具的磨损具有决定性影响，因此凡是影响切削温度的因素都会对刀具寿命造成影响。

(1) 切削用量。由式(2-29)可知：

① 当其他条件不变，切削速度 v_c 提高 1 倍，刀具寿命 T 降低到原来的 3%。

② 当其他条件不变，进给量 f 提高 1 倍，刀具寿命 T 降低到原来的 21%。

③ 当其他条件不变，背吃刀量 a_p 提高 1 倍，刀具寿命 T 降低到原来的 59%。

可以看出，在切削用量三要素中，切削速度 v_c 对刀具寿命的影响最大，其次为进给量 f，背吃刀量 a_p 的影响最小。因此从减少刀具磨损的角度来考虑，为提高切削效率，选择切削用量时，其次序应为首先选择大的背吃刀量 a_p，其次根据加工条件和要求选择尽可能大的进给量 f，最后在刀具寿命和机床功率允许的情况下选取切削速度 v_c。即确定刀具寿命允许的切削速度 v_{cT}。

将式(2-29)经过整理，可得 v_{cT}(m/min)的计算公式为

$$v_{cT}=\frac{C_{v_c}}{T^m a_p^{x_{v_c}} f^{y_{v_c}}}K_{v_c} \tag{2-35}$$

式中，C_{v_c}——与刀具寿命实验条件有关的系数；

m、x_{v_c}、y_{v_c}——分别表示 T、a_p 和 f 的影响程度系数；

K_{v_c}——切削条件与实验条件不同时的修正系数。

上式系数和指数可参考有关资料手册选取。

(2) 刀具几何参数。刀具几何参数对切削温度影响最大的是前角和主偏角。

① 前角。前角增大，切削温度降低，刀具寿命提高；但前角过大，切削刃强度降低，刀具易于破损，再加上散热面积减小，散热差，刀具寿命反而会下降。因此，前角对刀具寿命的影响应该呈驼峰形，其峰顶的 γ_o 值所对应的刀具寿命最高，或者是刀具寿命允许的切削速度 v_{cT} 最高。

② 主、副偏角刀尖圆弧半径。主偏角 κ_r 减小或者适当减小副偏角 κ_r' 和增大刀尖圆弧半径 ε_r，都能使刀具的强度增加，散热条件得到改善，使刀具寿命 T 或 v_{cT} 提高。

(3) 工件材料。工件材料的强度、硬度越高，产生的切削温度越高，故刀具寿命越低。此外，工件材料的伸长率越大或热导率越小，切削温度越高，刀具寿命越低。

(4) 刀具材料。刀具材料的高温硬度越高，耐磨性越好，刀具寿命也越高。但在有冲击切削、重型切削和难加工材料切削时，影响刀具寿命的主要因素是冲击韧度和抗弯强度。韧性越好，抗弯强度越高，刀具寿命越高，越不容易产生破损。

2.3 金属切削基本规律的应用

2.3.1 切屑的控制

1. 切屑的基本类型

由于工件材料不同，切削条件不同，切削过程中的变形程度也就不同，因而所产生的切屑种类也就多种多样。归纳起来，可分为以下四种类型，如图 2-34 所示。

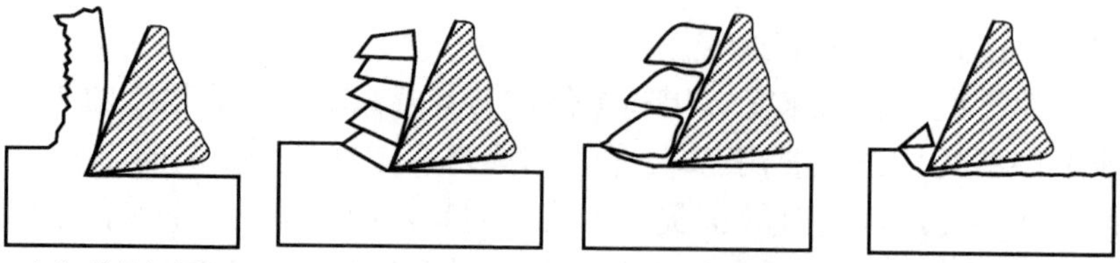

图 2-34　切屑的类型

(1) 带状切屑。带状切屑是最常见的一种切屑。它的内表面是光滑的，外表面是毛茸的。用显微镜观察，在外表面就可以看到剪切面的条纹，但每个单元很薄，肉眼看起来大体上是平整的，如图 2-34(a)所示。一般在加工时，采用较小的切削厚度和较高的切削速度，在刀具前角较大时往往得到的是这类切屑。它的切削过程比较平稳，切削力波动较小，已加工表面粗糙度较小，但容易伤人和划伤工件。

(2) 节状切屑。节状切屑又称挤裂切屑，外形和带状切屑不同之处在于外表面呈锯齿形，有明显裂痕，内表面有时有裂纹，如图 2-34(b)所示。这种切屑一般在切削速度较低，切削厚度较大，并在较小刀具前角的情况下产生。它的切削力波动较大，已加工表面粗糙度高。

(3) 粒状切屑。当切屑形成时，如果整个剪切面上切应力超过了材料的破裂强度，则整个单元被切离，成为梯形的粒状切屑，如图 2-34(c)所示。由于各粒形状相似，所以又被称为单元切屑。加工时，使用更低的切削速度，更大的切削厚度，更小的刀具前角的情况下会产生这种切屑。它的切削力波动更大，已加工表面粗糙度更高，甚至有鳞片状毛刺出现。

以上三种切屑类型都是在加工塑性金属时得到的，带状切屑出现时，切削过程最平稳，粒状切屑出现时切削力波动最大。在生产中最常见的是带状切屑，有时也会得到节状切屑，而粒状则比较少见。这三种切屑的形态在生产中随着切削条件的改变是可以相互转化的。如当出现节状切屑时，进一步加大前角，提高切削速度，减小切削厚度，则可得到带状切屑，反之，则出现粒状切屑。

(4) 崩碎切屑。切削脆性金属时，由于材料的塑性很小、抗拉强度较低，刀具切入后，切削层内靠近切削刃和前刀面的局部金属未经明显的塑性变形就在拉应力状态下脆断，形成不规则的碎块状切屑，如图 2-34(d)所示。工件材料越是硬脆，切削厚度越大时，越容易产生这类切屑。崩碎切屑的切削力波动最大，已加工表面凸凹不平，容易造成刀具破坏，对机床不利。因此加工时应尽量避免。

2. 切屑的控制

(1) 卷屑和断屑。切屑在流出的过程，受到前刀面的挤压和摩擦作用，使切屑内部继续产生变形，越近前刀面的切屑层变形越严重，剪切滑移量越大，外形越伸长；离前刀面越远的切屑层变形越小，外形伸长量越小，因而沿切屑厚度方向出现变形速度差，切屑流动时，在速度差的作用下将会产生卷曲。

为了更可靠的控制切屑的卷曲，通常在刀具上作出卷屑槽，如图 2-35 所示。切屑在流经卷屑槽时，受外力作用产生力矩 M 而使切屑卷曲。切屑的卷曲半径可由下式求出

$$r_c = \frac{(l_{Bn} - l_f)^2}{2h_{Bn}} + \frac{h_{Bn}}{2} \tag{2-36}$$

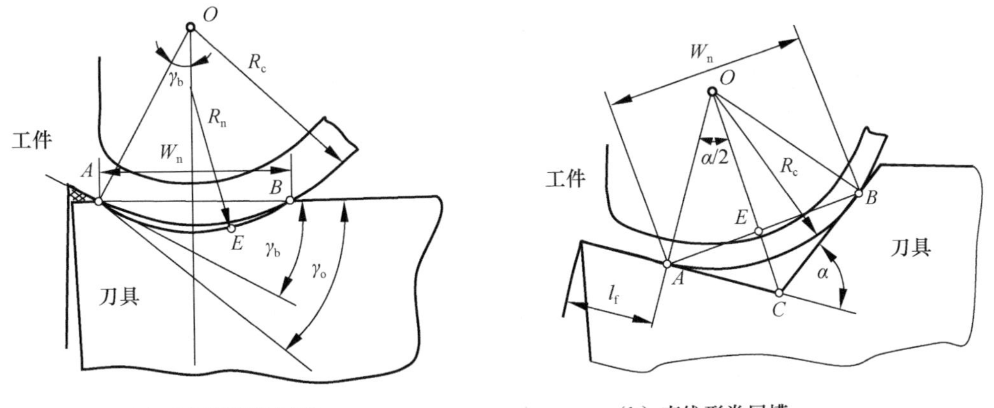

（a）全圆弧形卷屑槽　　（b）直线形卷屑槽

图 2-35　卷屑机理

加工钢时，$l_f = a_{ch}$，故有

$$r_c = \frac{(l_{Bn} - a_{ch})^2}{2h_{Bn}} + \frac{h_{Bn}}{2} \tag{2-37}$$

式中，l_{Bn}——卷屑槽宽度；

l_f——刀具与切屑接触长度；

h_{Bn}——卷屑槽深度；

a_{ch}——切屑厚度。

从式中可以看出，卷屑槽的宽度越小，深度越大，切屑厚度越大，则切屑的卷曲半径越小，切屑易卷曲易折断。

(2) 切屑折断。切屑经卷曲后产生的应力增大，当弯曲应力超过材料的弯曲强度极限后，就使切屑折断。如果产生的弯曲应力不足以达到切屑折断的程度，那么切屑在产生弯曲变形后改变了流向继续运动，当受到外界障碍物的作用，如断屑器、工件或刀具的冲击而折断，如图 2-36 所示。即使有些切屑不受外力作用，但在流出后形成一定长度，靠自身重量和离心力的作用也可能甩断。

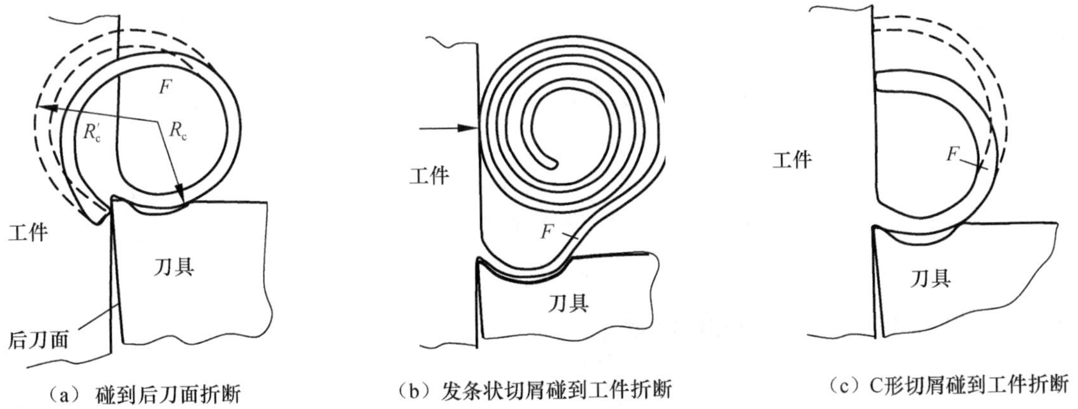

（a）碰到后刀面折断　　（b）发条状切屑碰到工件折断　　（c）C形切屑碰到工件折断

图 2-36　断屑机理

3. 影响断屑的因素

(1) 断屑器的尺寸参数。断屑器是指在刀具前刀面上做出的槽、台阶或固定的一个附加挡块，其中最常用的是断屑槽(卷屑槽)，卷屑槽的槽形有折线形、直线形和全圆弧形三种，其法剖面形状如图 2-37 所示。

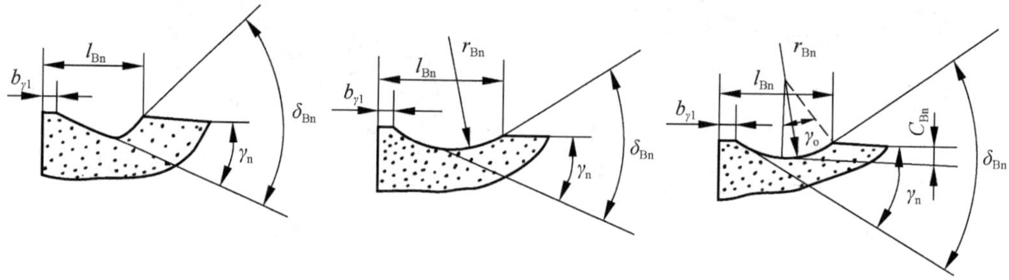

图 2-37 卷屑槽的三种形式

在槽的尺寸参数中，宽度 l_{Bn} 和反屑角 δ_{Bn} 是影响断屑的主要因素。宽度 l_{Bn} 越小，反屑角 δ_{Bn} 增大，均能使切屑卷曲半径减小、卷曲变形和弯曲应力增大，切屑易折断，但 l_{Bn} 太小或 δ_{Bn} 太大，切屑易堵塞，使切削力、切削温度升高。l_{Bn} 一般按下式选取

$$l_{Bn} = (10 \sim 13)a_c$$

式中，$a_c = f \sin \kappa_r$。

断屑角按槽形选：折线槽 δ_{Bn}=60°～70°、直线圆弧槽 δ_{Bn}=40°～50°、全圆弧槽 δ_{Bn}=30°～40°，当切削深度 a_p=2～6mm 时，一般取断屑槽的圆弧半径 r_{Bn}=(0.4～0.7) l_{Bn}。上述数值经试切后再修正。

(2) 刀具角度。刀具前角 γ_o 越小，切屑变形越大，容易折断。在进给量和背吃刀量都已选定的情况下，主偏角越大，切削厚度越大，切屑在卷曲时弯曲半径越小，弯曲应力越大，切屑越易折断；刃倾角 λ_s 是控制切屑流向的重要参数。当为正值时，切屑流向已加工表面或过渡表面，然后受碰后断成"C"形屑或"6"形屑；当为正值时，切屑流向待加工表面或背离工件后与刀具后刀面相碰成"C"形屑，也可呈螺旋屑后而折断。

(3) 切削用量。切削速度 v_c 提高时，断屑效果降低。而进给量增大，切削厚度 h_D 也按比例增大，则弯曲应力增大，容易断屑，而薄切屑则难断。但背吃刀量 a_p 增加时，则断屑困难增大。

(4) 工件材料。工件材料的屈服强度越小，则弹性恢复少，切屑易折断，工件材料的弹性模量越大、塑性越低，越容易断屑。

在生产中，要综合考虑上述因素间的主次关系对切屑进行控制。一般的规律是：根据加工材料、选定的刀具角度与切削用量，确定断屑槽的尺寸参数。只有当不受其他条件限制时，才通过改变主偏角、刃倾角和进给量等参数来达到断屑目的。

2.3.2 工件材料切削加工性的改善

材料的切削加工性是指材料被切削加工的难易程度。在切削加工中，有些材料容易切削，有些材料却很难切削。判断材料切削加工的难易程度、改善和提高切削加工性对提高生产率和加工质量有重要意义。

1. 评定材料切削加工性的主要指标

根据不同的加工要求，衡量切削加工性的指标有以下几种。

(1) 刀具寿命或一定刀具寿命下允许的切削速度指标和相对加工性。在相同切削条件下加工不同材料时，若一定切削速度下刀具寿命 T 较长或一定耐用度下切削速度 v_{cT} 较大的材料，其加工性较好。反之，刀具寿命 T 较短或切削速度 v_{cT} 较小的材料，加工性较差。

v_{cT} 的含义是：当刀具寿命为 T(min 或 s) 时，切削该种工件材料所允许的切削速度值。一般情况下取 T=60min；对于一些难切削材料，可取 T=30min 或 T=15min。对于机夹可转位刀具，T 可以取得更小一些。如果取 T=60min，则 v_{cT} 记为 v_{c60}。

生产中通常采用相对加工性来衡量工件材料的切削加工性，即以强度 $\sigma_b = 0.637$GPa 的处于正火状态下 45 钢的 v_{c60} 为基准，记为 $(v_{c60})_j$，其他被切削的工件材料的 v_{c60} 与之比 K_r 称为相对加工性，即

$$K_r = \frac{v_{c60}}{(v_{c60})_j} \tag{2-38}$$

$K_r > 1$ 的材料，比 45 钢容易切削；$K_r < 1$ 的材料，比 45 钢难切削。目前常用的工件材料，按相对加工性 K_r 可分为 8 级，见表 2-5。

表 2-5　工件材料的相对切削加工性等级

加工性等级	名称及种类		相对加工性 K_r	代表性工件材料
1	很容易切削材料	一般有色金属	>3.0	5-5-5 铜铅合金，9-4 铝铜合金，铝镁合金
2	容易切削材料	易切削钢	2.5～3.0	退火 15Cr σ_b =0.373～0.441GPa 自动机钢 σ_b =0.392～0.490GPa
3		较易切削钢	1.6～2.5	正火 30 钢 σ_b =0.441～0.549GPa
4	普通材料	一般钢及铸铁	1.0～1.6	45 钢，灰铸铁，结构钢
5		稍难切削材料	0.65～1.0	2Cr13 调质 σ_b =0.8288GPa 85 钢轧制 σ_b =0.8829GPa
6	难切削材料	较难切削材料	0.5～0.65	45Cr 调质 σ_b =1.03GPa 60Mn 调质 σ_b =0.9319～0.981GPa
7		难切削材料	0.15～0.5	50CrV 调质，1Cr18Ni9Ti 未淬火，α 相钛合金
8		很难切削材料	<0.15	β 相钛合金，镍基高温合金

(2) 切削力、切削温度和切削功率指标。相同切削条件下，切削力大、切削温度高、消耗功率多的材料，其切削加工性就差；反之，切削加工性就好。对于导热性差的难加工材料，常以切削温度来衡量。此种方法常用在粗加工或机床动力不足时。

(3) 已加工表面质量指标。精加工时，用被加工表面粗糙度值来评定材料的切削加工性。对有特殊要求的零件，则以已加工表面变质层深度、残余应力和加工硬化等指标来衡量材料的切削加工性。加工后表面质量好，其切削加工性就好，反之则切削加工性差。

(4) 切屑控制的难易程度指标。在自动机床、组合机床及自动线上进行切削加工时，或者对如深孔钻削、盲孔钻削等断屑性能要求很高的工序，采用这种衡量指标。凡是切屑容易折断的材料，其切削加工性就好；反之，则切削加工性较差。

2. 影响工件材料切削加工性的因素

工件材料的切削加工性能主要取决于材料的物理力学性能，如材料的强度、硬度、塑性、韧性和热导率等。一般来说，工件材料的力学性能越好，其切削加工的难度就越大。

(1)材料的硬度和强度。一般情况下，材料中硬度较高的，切削加工性能较差。特别是材料的高温硬度对切削加工性的影响尤为显著，高温硬度值越高，切削加工性越差。这是某些耐热、高温合金钢切削加工性差的主要原因。

工件材料的强度包括常温强度和高温强度。工件材料的强度越高，切削力就越大，切削功率随之增大，切削温度因之增高，刀具磨损增大。所以在一般情况下，切削加工性随工件材料强度的提高而降低。

(2)材料的韧性。工件材料的韧性越高，切削时消耗的能量越多。因此在切削时，切削力和切削温度越高，并且越不容易断屑，其切削加工性能就越差。

(3)材料的塑性。一般情况下，材料的塑性越大，越难加工。这是因为塑性大的材料，加工变形、冷作硬化以及刀具前刀面的冷焊现象都比较严重，不易断屑，已加工表面质量差。但材料的塑性太低时，切屑与前刀面的接触长度缩短较多，切削力和切削热集中在切削刃附近，加剧刀具的磨损，也会使切削加工性变差。

(4)材料的导热系数。在一般情况下，导热系数高的材料，切削热越容易传出，越有利于降低切削区的温度，减小刀具的磨损，切削加工性也越好。

3. 改善工件材料切削加工性的途径

为了改善工件材料切削加工性以满足实际生产的需要，通常采用以下三种方法：

① 调整材料的化学成分。在不影响工件的使用性能的前提下，在钢中适当添加一些化学元素，如 S、Pb 等，能使钢的切削加工性得到改善，可获得易切钢。易切钢的良好切削加工性主要表现在：切削力小、容易断屑，且刀具耐用度高，加工表面质量好。另外在铸铁中适量增加石墨成分，也能改善其切削加工性。这些方法常用在大批量生产中。

② 进行适当的热处理。材料的化学成分相同，而金相组织不同时，其切削加工性存在着较大的差异。在各种金相组织中，铁素体的塑性较高，珠光体的塑性较低。钢中含有大部分铁素体和少部分珠光体时，切削速度及刀具耐用度都较高；珠光体呈片状分布时，刀具磨损较大；而呈球状时，刀具的磨损较小；因马氏体、回火马氏体和索氏体等组织硬度较高，所以在切削时刀具磨损大，耐用度很低。

对于塑性高的材料，通过冷拔或正火处理，可以适当降低其塑性，提高硬度，改善其切削加工性；硬度偏高的材料，可通过球化退火，降低其硬度，有利于切削加工；马氏体不锈钢通常要通过调质处理到 HRC28 左右，硬度过低时，塑性较大，不易得到较小的表面粗糙度值，硬度较高时，则切削时，会使刀具磨损增大；热轧状态的中碳钢，组织不均匀，有时表面还有硬皮，也不容易切削。通过正火处理可以使其组织和硬度均匀，从而改善了其切削加工性。有时中碳钢也可退火后加工，铸铁件一般在切削前都要安排退火处理，以降低表层硬度，消除内应力，改善其切削加工性。

③ 选择合适的毛坯成形方式和刀具材料。确定合理的刀具角度和切削用量，安排适当的加工工艺过程等，也可以改善材料的切削加工性能。

2.3.3 切削液

在切削加工中，切削液主要用来降低切削温度和减少刀、屑以及工件之间的摩擦，对提高刀具耐用度和加工表面质量，以及减小热变形，保证加工精度具有重要的作用。

1. 切削液的功用

(1)冷却作用。通过切削液的对流和汽化作用把因切削而发热的刀具(或砂轮)、切屑和工件间的切削热从刀具和工件处带走，从而有效地降低切削温度，减少工件和刀具的热变形，提高加工精度和刀具寿命。在切削速度高、刀具、工件材料导热性差、热膨胀系数较大的情况下，切削液的冷却作用尤为重要。

切削液的冷却性能与其导热系数、比热、汽化热以及黏度(或流动性)、流量、流速、浇注方式以及本身的温度等有关。水的导热系数和比热均高于油，因此水的冷却性能要优于油。

(2)润滑作用。切削液能渗入到刀具与切屑、加工表面之间形成润滑膜或吸附膜，可以减小前刀面与切屑，后刀面与已加工表面间的摩擦，从而减小切削力、摩擦和功率消耗，降低刀具与工件坯料摩擦部位的表面温度和刀具磨损，改善工件材料的切削加工性能。

切削液的润滑性能主要取决于切削液的渗透能力、形成润滑膜的能力和强度以及切削条件等。切削液的渗透性又取决于它的表面张力和黏度，表面张力和黏度大时，渗透性较差。气体因其黏性阻力比液体的小，而且扩散能力较强，因此较容易渗透。

切削液的润滑薄膜是由化学反应和物理吸附两种作用形成的。化学作用主要靠含硫、氯等元素的极压添加剂与金属表面起化学反应，生成化合物而形成化学薄膜。主要用在高温条件下。物理吸附主要是靠切削液中的油性添加剂，如动植物油及油酸、胺类、醇类及酯类等起作用。但油性添加剂与金属形成的吸附薄膜只能在低温下(200℃以内)起到较好的润滑作用。

(3)清洗作用。在金属切削过程中，切削液可以冲走切削区域和机床上的细碎切屑、脱落的磨粒和油污，防止划伤已加工表面和导轨，使刀具或砂轮的切削刃口保持锋利，不致影响切削效果。清洗性能取决于切削液的流动性和使用压力。

(4)防锈作用。在切削液中加入防锈剂，可在金属表面形成一层保护膜，起到防锈作用。防锈作用的强弱，取决于切削液本身的成分和添加剂的作用。

另外，切削液应具备良好的稳定性，在贮存和使用中不产生沉淀或分层、析油、析皂和老化等现象。对细菌和真菌有一定抵抗能力，不易因发霉及生物降解而导致发臭、变质。

2. 切削液的添加剂

为改善切削液的性能而加入的一些化学物质，称为切削液的添加剂。常用的添加剂有油性添剂和极压添加剂、防锈添加剂、防霉添加剂、抗泡沫添加剂以及乳化剂等，见表 2-6。

表 2-6 切削液中的添加剂

分类		添加剂
油性添加剂		动植物油、脂肪酸、脂肪酸皂，脂肪醇、酯类、酮类、胺类等化合物
极压添加剂		硫、磷、氯、碘等有机化合物，如氯化石蜡、二烷基二硫代磷酸锌等
防锈添加剂	水溶性	亚硝酸钠、磷酸三钠、磷酸氢二钠、苯甲酸钠、苯甲酸胺、三乙醇胺等
	非水溶性	石油磺酸钡、石油磺酸钠、环烷酸锌等

续表

分类		添加剂
防霉添加剂		苯酚、五氯酚、硫柳汞等化合物
抗泡沫添加剂		二甲硅油
助溶添加剂		乙醇、正丁醇、苯二甲酸酯、乙二醇醚等
乳化剂（表面活性剂）	阴离子型	石油磺酸钠、油酸钠皂、松香酸钠皂、高碳酸钠皂、磺化蓖麻油、油酸三乙醇胺等
	非离子型	平平加(聚氧乙烯脂肪醇醚)、司本(山梨糖醇油酸酯)、吐温(聚氧乙烯山梨糖醇油酸酯)
乳化稳定剂		乙二醇、乙醇、正丁醇、二乙二醇单正丁基醚、二甘醇、高碳醇、苯乙醇胺、三乙醇胺

3. 切削液的分类

切削加工中最常用的切削液可分为水溶性和非水溶性两大类，下面列出常用切削液的种类。

(1) 水溶性切削液。主要有水溶液和乳化液。水溶液是由基础油(或不含基础油)、防锈添加剂、表面活性剂、水以及其他添加剂复配而成，使用时根据加工情况用水配成一定浓度的稀释液进行使用。乳化液是由矿物油、乳化剂及其他添加剂配制而成，用 95%～98%的水稀释后即成为乳白色或半透明状的乳化液，为了提高其防锈和润滑性能，再加入一定的添加剂。水溶性切削液有良好的冷却性能和清洗作用，还有一定的防锈与润滑作用。

(2) 非水溶性切削液。主要有切削油、极压切削油和固体润滑剂等。

① 切削油。切削油有各种矿物油(如机械油、轻柴油和煤油等)、动植物油(如豆油和猪油等)和动植物混合油等，不含水，在使用时不用水稀释，它主要起润滑作用。但由于动植物油一般食用，且易变质，故较少使用。

② 极压切削油。极压切削油是在切削油中加入硫、氯和磷极压添加剂而组成的，具有较好的润滑和冷却效果，特别是在精加工、关键工序和难加工材料切削时效果更为显著。

③ 固体润滑剂。固体润滑剂主要有二硫化钼、石墨、硬脂酸皂、蜡等。涂在刀具表面上，起润滑作用。可用于攻螺纹等。

4. 切削液的选择和应用

在选用不同的切削液时，首先要根据工件材料、刀具材料、加工方法和要求精度等条件进行选择，同时还要综合考虑安全性、废液处理和环保等限制项目。如果要强调防火的安全性，就应考虑选用水溶性切削液，当选用水溶性切削液时，就应该考虑废液的排放问题，企业应具备废液处理的设施等。

(1) 从工件材料方面考虑。在切削普通结构钢等塑性材料时，要采用切削液，而在加工铸铁等脆性材料时，可以不用切削液。切削材料中含有铬、镍、钼、锰、钛、钒、铝、铌、钨等元素时，对切削液的冷却、润滑作用都有较高的要求，此时应尽可能采用极压切削油或极压乳化液。加工铜、铝及其合金不能用含硫的切削液。精加工铜及其合金、铝及其合金或铸铁时，主要是要求达到较小的表面粗糙度，可选用离子型切削液或 10%～12%的乳化液。

(2) 从刀具材料方面考虑。高速钢刀具粗加工时，应选用以冷却作用为主的切削液，主要目的是降低切削温度；硬质合金刀具粗加工时，可以不用切削液，必要时也可以用低浓度的乳化液或水溶液，但必须连续地、充分地浇注，否则刀片会因冷热不均而产生裂纹。

(3) 从加工要求方面考虑。粗加工时，切削用量较大，产生大量的切削热，容易导致高速钢刀具迅速磨损。这就要求降低切削温度，此时应选用冷却性能为主的切削液，如离子型切削液或 3%～5%乳化液。在较低速切削时，刀具以机械磨损为主，宜选用以润滑性能为主的切削油；在较高速度切削时，刀具主要是热磨损，要求切削液有良好的冷却性能，宜选用离子型切削液或乳化液。

精加工时，切削液的主要作用是减小工件表面粗糙度和提高加工精度。对一般钢件加工时，切削液应具有良好的渗透性、润滑性和一定的冷却性。在较低速度(6.0～30m/min)时，为减小刀具与工件间的摩擦和黏结，抑制积屑瘤，以减小加工粗糙度，宜选用极压切削油或 10%～12%极压乳化液或离子型切削液。

(4) 从加工方法方面考虑。铰削、拉削、螺纹加工、剃齿等工序的加工刀具与已加工表面摩擦严重，应选用润滑性能好的极压切削油或高浓度的极压乳化液。因为成形刀具、齿轮刀具价格昂贵，要求刀具使用寿命长，故采用极压切削油。磨削加工时，温度较高，工件容易烧伤，还会产生大量的碎屑，这些碎屑连同脱落的砂粒会划伤已加工表面，因此要求切削液应具有良好的冷却和清洗作用，常用乳化液。但选用离子型切削液效果更好，而且价格也较便宜。磨削难加工材料，宜选用润滑性能较好的极压乳化液或极压切削油。

2.3.4 刀具几何参数的合理选择

刀具的几何参数包括刀具角度、刀面形状和结构、切削刃的形式等。刀具几何参数的选择是否合理，对刀具使用寿命、加工质量、生产效率和加工成本等有着重要影响。

1. 前角的选择

从金属切削的变形规律可知，前角是切削刀具上重要的几何参数之一，它的大小直接影响切削力、切削温度和切削功率，影响刃区和刀头的强度、容热体积和导热面积，从而影响刀具使用寿命和切削加工生产率。

图 2-38 为刀具前角对刀具耐用度的影响示意图。可见前角太大、太小都会使刀具使用寿命显著降低。对于不同的刀具材料，各有其对应的刀具最大使用寿命前角，称为合理前角γ_{opt}。工件材料不同时，刀具的合理前角也不同，如图 2-39 所示。

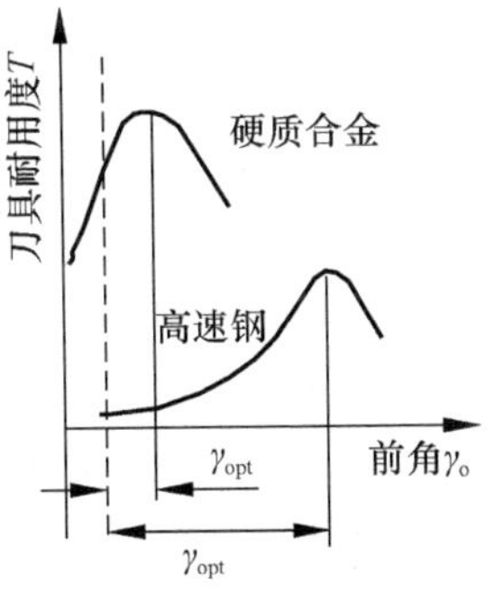

图 2-38 刀具前角对刀具耐用度的影响示意图

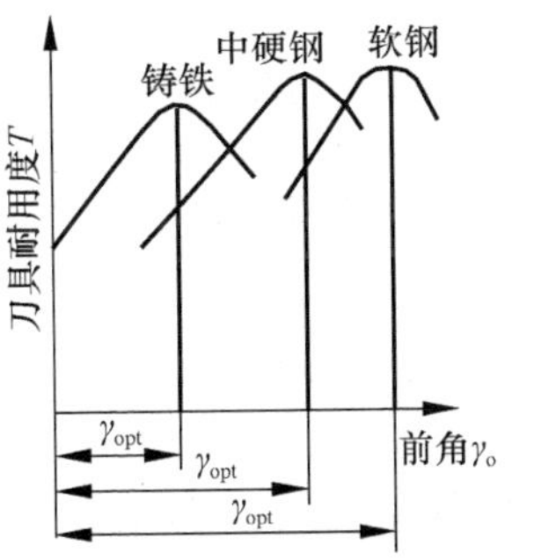

图 2-39 加工材料不同时的合理前角

合理前角的选择应综合考虑刀具材料、工件材料、具体的加工条件等。选择前角的原则是以保证加工质量和足够的刀具使用寿命为前提，应尽量选取大的前角。具体如下：

(1) 工件材料的强度、硬度低，应取较大的前角；工件材料强度、硬度高，应取较小的前角；加工特别硬的工件(如淬硬钢)时，前角很小甚至取负值。

(2) 加工塑性材料时，尤其是冷加工硬化严重的材料，应取较大的前角；加工脆性材料时，可取较小的前角。用硬质合金刀具加工一般钢料时，前角可选 10°～20°。

切削灰铸铁时，塑性变形较小，切屑呈崩碎状，它与前刀面的接触长度较短，与前刀面的摩擦不大，切削力集中在切削刃附近。为了保护切削刃不致损坏，宜选较小的前角。

(3) 粗加工，特别是断续切削，承受冲击性载荷，或对有硬皮的铸锻件粗切时，为保证刀具有足够的强度，应适当减小前角。

(4) 成形刀具和前角影响刀刃形状的其他刀具，为防止刃形畸变，常取较小的前角，甚至取 0°，但这些刀具的切削条件不好，应在保证切削刃成形精度的前提下，设法增大前角，例如有增大前角的螺纹车刀和齿轮滚刀等。

(5) 刀具材料的抗弯强度较大、韧性较好时，应选用较大的前角。

(6) 工艺系统刚性差和机床功率不足时，应选取较大的前角。

(7) 数控机床和自动生产线所用刀具，应考虑保障刀具尺寸公差范围内的使用寿命及工作的稳定性，而选用较小的前角。

2. 后角及后刀面的选择

后角的主要功用是减小后刀面与过渡表面之间的摩擦。增大后角可以减小后刀面的摩擦与磨损，提高已加工表面质量和刀具使用寿命。后角越大，切削刃越锋利。在同样的磨钝标准 *VB* 下，后角大的刀具用到磨钝时，所磨去的金属体积较大，如图 2-40(a)所示，有利于延长刀具使用寿命。但是径向磨损量 *NB* 也随之增大，这会影响工件的尺寸精度。从图 2-40(b)可知，在取径向磨钝标准 *NB* 值不变时，增大后角到同样的径向磨钝标准 *NB* 值时，磨损体积却比较小后角时的磨损体积小，所以在选择径向磨钝标准时，为保证精加工刀具的耐用度，后角不宜选得过大。另外，如果后角过大，楔角减小，将削弱切削刃的强度，减少散热体积，磨损反面加剧，刀具的耐用度降低。因此，在一定的切削条件，存在一个刀具使用寿命为最大的后角，即合理后角α_{opt}。

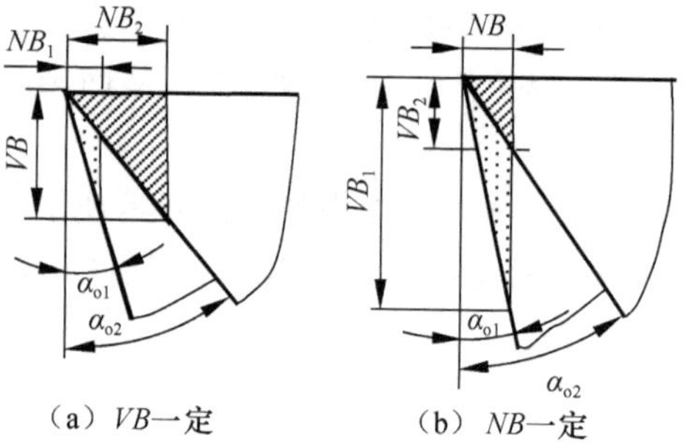

(a) *VB*一定　　(b) *NB*一定

图 2-40　后角对刀具磨损的影响

合理后角选择的原则是：

(1) 实验证明，合理的后角主要取决于切削厚度(或进给量)。当切削厚度很小时，磨损主要发生在后刀面上，为了减小后刀面的磨损和增加切削刃的锋利程度，宜取较大的后角。当切削厚度很大时，前刀面上的磨损量加大，这时后角取小些可以增强切削刃及改善散热条件；同时，由于这时楔角较大，可以使月牙洼磨损深度达到较大值而不致使切削刃碎裂，因而可提高刀具寿命。但若刀具已采用了较大负前角则不宜减小后角，以保证切削刃具有良好的切入条件。

(2) 工件的强度、硬度较高时，为增加切削刃的强度，应选择较小的后角。工件材料的塑性、韧性较大时，为减小刀具后刀面的摩擦，可取较大的后角。加工脆性材料时，切削力集中在刃口附近，应取较小的后角。

(3) 粗加工或断续切削时，为了强化切削刃，应选较小的后角。精加工或连续切削时，刀具的磨损主要发生在刀具后刀面，应选较大的后角。

(4) 当工艺系统刚性较差、容易出现振动时，应适当减小后角。为了减小或消除切削时的振动，还可磨出如图 2-41 所示的 $b_{\alpha 1}$=0.1～0.3mm、α_{o1}=−10°～−5°的消振棱。消振棱可以使切削过程稳定性增加，有助于消除切削过程的低频振动，同时强化了切削刃，改善了散热条件，从而提高了刀具寿命。

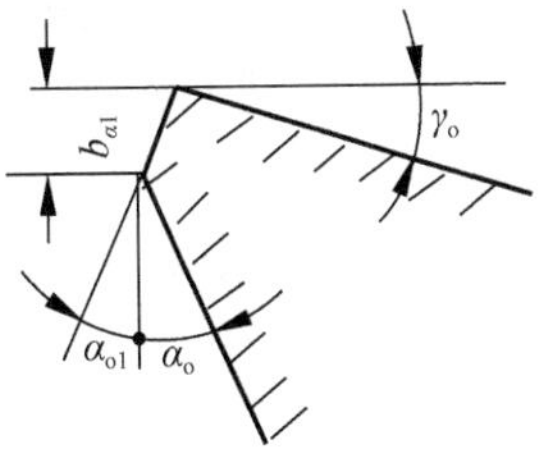

图 2-41　带有消振棱的车刀

(5) 在尺寸精度要求较严的情况下，为限制重磨后刀具尺寸变化，一般选用较小的后角。

3. 主偏角、副偏角及刀尖形状的选择

(1) 主偏角的选择。主偏角对刀具寿命影响很大。主偏角的减小，刀具寿命提高。当背吃刀量和进给量不变时，减小主偏角会使切削厚度减小，切削宽度增加。使单位长度切削刃上的负荷减轻。同时，刀尖角增大，使刀尖强度提高，刀尖散热体积增大。从而提高了刀具耐用度。减小主偏角还可使工件表面残留面积高度减小，从而使已加工表面粗糙度减小。但是减小主偏角会导致径向分力 F_y 增大，轴向分力 F_y 减小。则当工艺系统刚度不足时，将会引起振动。使已加工表面粗糙度值增大，导致刀具寿命下降。

因此，合理选择主偏角主要遵循以下原则：

① 工艺系统的刚度较好时，主偏角可取小值，如κ_r=30°～45°；在加工高强度、高硬度的工件时，可取κ_r=10°～30°，以增加刀头的强度；当工艺系统的刚度较差或强力切削时，一般取κ_r=60°～75°。

② 综合考虑工件形状、切屑控制等方面的要求。车削细长轴时，为减小径向力，可取κ_r=90°～93°；车削阶梯轴时，可取κ_r=90°；用一把车刀车削外圆、端面和倒角时，可取κ_r=45°～60°；镗盲孔时，可取κ_r＞90°。

(2) 副偏角的选择。副偏角 κ_r' 的大小主要根据工件已加工表面的粗糙度要求和刀具强度来选择，在不引起振动的情况下，尽量取小值。必要时可磨出修光刃。

4. 刃倾角的选择

刃倾角可以控制切屑的流出方向。负刃倾角的车刀刀头强度好，散热条件也好。绝对值较大的刃倾角可使刀具的切削刃实际钝圆半径变小，刃口锋利。刃倾角不为零时，刀刃是逐渐切入和切出工件的，可以减小刀具受到的冲击，提高切削过程的平稳性。

在加工钢件或铸铁件时，粗车取λ_s=−5°～0°，精车取 λ_s=0°～5°，有冲击负荷或断续切削取λ_s=−15°～−5°。加工高强度钢、淬硬钢或强力切削时，为了提高刀头强度，取λ_s=−30°～−10°。当工艺系统刚度较差时，一般不宜采用负刃倾角，以避免径向力的增加。

2.3.5　切削用量的合理选择

切削用量三要素对切削力、刀具磨损和刀具寿命、产品加工质量等都有直接的影响。合理的切削用量是指在充分利用刀具的切削性能和机床性能、保证加工质量的前提下，能取得较高的生产率和较低成本的切削速度、进给量和背吃刀量。只有选择合适的切削用量，才能充分发挥机床和刀具的功能，最大限度地挖掘生产潜力，降低生产成本。

制定合理的切削用量，要综合考虑生产率、加工质量、刀具耐用度和加工成本等因素的影响。

1. 背吃刀量的选择

切削加工一般分为粗加工、半精加工和精加工。粗加工时，应尽量用一次走刀就切除全部加工余量。在中等功率机床上，背吃刀量可达 8～10mm。半精加工时，背吃刀量取为 0.5～2mm。精加工时，背吃刀量取为 0.1～0.4mm。

粗加工时，当加工余量太大、工艺系统刚性不足、或者加工余量极不均匀，以致引起很大振动时，可分几次走刀，若二次走刀或多次走刀时，应将第一次走刀的背吃刀量取大些，一般为总加工余量的 2/3～3/4。而且最后一次走刀的背吃刀量取的要小一点，以使精加工工序有较高的刀具耐用度和加工精度以及较小的表面粗糙度值。

在加工铸、锻件或不锈钢等加工硬化严重的材料时，应尽量使背吃刀量大于硬皮层或冷硬层的厚度，以保护刀尖，避免过早磨损。

精加工时，背吃刀量的选取应该根据表面质量的要求来选择。在用硬质合金刀具、陶瓷刀具、金刚石和立方氮化硼刀具精细车削和镗孔时，背吃刀量可取为 a_p=0.05～0.2mm，f=0.01～0.1mm，v_c=240～900m/min，这时表面粗糙度值可以达到 Ra=0.32～0.1μm，精度达到或高于IT5(孔达到 IT6)，可以代替磨削加工。

2. 进给量 f 的选择

粗加工时，由于工件的表面质量要求不高，进给量的选择主要受切削力的限制。在机床进给机构的强度、车刀刀杆的强度和刚度以及工件的装夹刚度等工艺系统强度良好，硬质合金或陶瓷刀片等刀具的强度较大的情况下，可选用较大的进给量值。当断续切削时，为减小冲击，要适当减小进给量。

在半精加工和精加工时，因背吃刀量较小，切削力不大，进给量的选择主要考虑已加工表面粗糙度值，一般取的值较小。

3. 切削速度的确定

当背吃刀量 a_p 和进给量 f 选定后，应该在此基础上再选出最大的切削速度 v，此速度主要受刀具耐用度的限制。因此，在一般情况下，根据已经选定的背吃刀量 a_p、进给量 f 及刀具耐用度 T 得到切削速度 v 为

$$v=\frac{C_v}{T^m a_p^{x_v} f^{y_v}}K_v \tag{2-39}$$

式中各系数和指数可查阅切削用量手册。在实际生产中，选择切削速度的一般原则是：

(1) 粗车时，背吃刀量 a_p 和进给量 f 均较大，故选择较低的切削速度；精加工时，背吃刀量 a_p 和进给量 f 均较小，故选择较高的切削速度，同时应尽量避开积屑瘤和鳞刺产生的区域。

(2) 加工材料的强度及硬度较高时，应选较低的切削速度；反之则选较高的切削速度。材料的加工性越差，如加工奥氏体不锈钢、钛合金和高温合金时，则切削速度也选得越低。易

切钢的切削速度则较同硬度的普通碳钢为高。加工灰铸铁的切削速度较中碳钢为低。而加工铝合金和铜合金的切削速度则较加工钢的要高得多。

(3) 刀具材料的切削性能越好时，切削速度也选得越高。

(4) 在断续切削或者是加工锻、铸件等带有硬皮的工件时，为了减小冲击和热应力，要适当降低切削速度。

(5) 加工大件、细长轴和薄壁工件时，要选用较低的切削速度；在工艺系统刚度较差的情况下，切削速度就应避开产生自激振动的临界速度。

案 例 研 究

材料为 45 钢、$\sigma_b = 0.598\text{GPa}$ 的锻件尺寸如图 2-42 所示。试分析在以下两种要求的情况下，刀具的几何参数和切削用量如何选择。

(1) 表面粗糙度值 $Ra = 1.6\mu\text{m}$，尺寸精度 IT6；

(2) 表面粗糙度值 $Ra = 3.2\mu\text{m}$，尺寸精度 IT8。

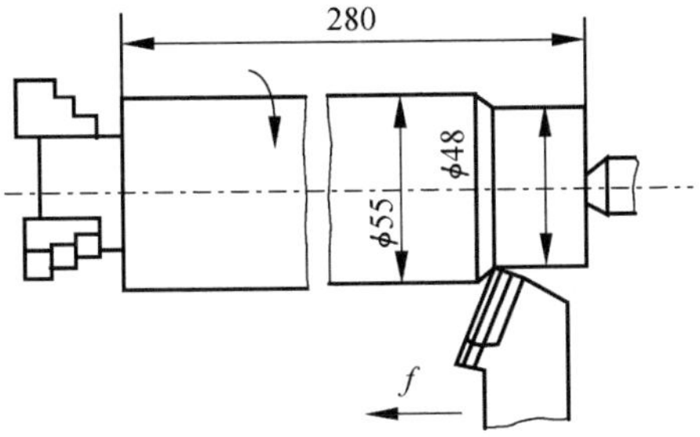

图 2-42

习题与思考题

2-1 车刀切削部分有哪些几何要素构成？并简述其概念和符号。

2-2 要确定车刀切削部分的几何形状，至少需标注哪几个基本角度？简述其概念和符号。

2-3 用粉笔头或橡皮泥雕刻具有不同角度的外圆车刀。

2-4 举例说明外圆车刀做横向进给或纵向进给时工作角度的修正计算方法(画图)。

2-5 为什么当切断车刀切到实心工件最后时，工件不是被切断的，而是被挤断的？

2-6 前刀面上摩擦有何特点？

2-7 简述积屑瘤的形成过程，并分析它对切削过程的影响。

2-8 试述各因素如何影响切削力。

2-9 切削热是如何产生与传出的？

2-10 切削温度的含义是什么？为什么前刀面上切削温度的最高值不是在刃口处？

2-11 刀具有哪几种磨损形态？各有什么特征？

2-12 刀具磨损过程可分为几个阶段？各阶段有什么特点？

2-13 何谓刀具磨钝标准？

2-14 何谓刀具耐用度？它与刀具寿命有何关系？

2-15 刀具耐用度分哪几种？各适合于什么场合？

2-16 切削用量三要素对刀具耐用度的影响有何不同？

2-17 常用衡量材料切削加工性的指标是什么？如何用相对加工性来评价工件材料的切削加工性。

2-18 如何改善工件材料切削加工性？

2-19 根据刀具工作的具体条件说明刀具应具备的性能。

2-20 从切屑形成的机理可把切屑分为哪些种？各有何特点？可否相互转化？

2-21 影响断屑的因素有哪些？

2-22 切削加工中常用的切削液有哪几类，它们的主要作用是什么？

2-23 前角有什么功用？如何选择车刀的前角？

第 3 章　金属切削机床及所用刀具

金属切削机床是利用刀具采用切削的方法将金属毛坯加工成机器零件的机器，它是制造机器的机器，所以又称为“工作母机”或“工具机”，简称机床。金属切削机床是机械制造业的基础装备，是在机械加工过程中为刀具与工件提供实现工件表面成形所需的相对运动(表面成形运动和辅助运动)，以及为加工过程提供动力。本章主要介绍金属切削机床的一些基础理论、概念以及常用的车床、磨床、齿轮加工机床、其他常见类型的机床等的基本结构及相应机床上所用的刀具等内容。

3.1　概　　述

3.1.1　机床的分类及型号

1. 机床的分类

金属切削机床的品种和规格繁多。为了便于区别、使用和管理，应对机床加以分类。

机床的传统分类方法，主要是按加工性质和所用的刀具进行分类。根据我国制定的机床型号编制方法，目前将机床分为 11 大类：车床、钻床、镗床、磨床、齿轮加工机床、螺纹加工机床、铣床、刨插床、拉床、锯床及其他机床。在每一类机床中，又按工艺范围、布局形式和结构等，分为若干组，每一组又细分为若干系(系列)。

在上述基本分类方法的基础上，还可根据机床其他特征进一步区分。同类型机床按应用范围(通用性程度)又可分为通用机床、专门化机床、专用机床。

(1) 通用机床。通用机床，也称普通机床，可用于加工多种零件的不同工序，加工范围较广，通用性较大，但结构比较复杂。这种机床主要适用于单件小批生产，例如卧式车床、万能升降台铣床等。

(2) 专门化机床。专门化机床是指专门用于加工某一类或几类零件的某一道(或几道)特定工序的机床，如曲轴车床、凸轮轴车床等。

(3) 专用机床。专用机床的工艺范围最窄，只能用于加工某一种零件的某一道特定工序，适用于大批量生产。如加工机床主轴箱的专用镗床、车床导轨的专用磨床等。各种组合机床也属于专用机床。

此外，同类型机床按工作精度又可分为：普通精度机床、精密机床和高精度机床。按自动化程度分为：手动、机动、半自动和自动的机床。按重量与尺寸分为：仪表机床、中型机床(一般机床)、大型机床(重量大于 10t)、重型机床(重量大于 30t)和超重型机床(重量大于100t)。按机床主轴或刀架数目，又可分为单轴的、多轴的或单刀的、多刀的机床等。

通常，机床多根据加工性质进行分类，然后再根据其某些特点进一步描述，如多刀半自动车床、高精度外圆磨床等。

随着机床的发展，其分类方法也将不断发展。现代机床正向数控化方向发展，数控机床的功能日趋多样化，工序更加集中。现在一台数控机床集中了越来越多的传统机床的功能。例如，数控车床在卧式车床功能的基础上，又集中了转塔车床、仿形车床、自动车床等多种车床的功能；车削中心出现以后，在数控车床功能的基础上，又加入了钻、铣、镗等类机床的功能。又如，具有自动换刀功能的镗铣加工中心机床(习惯上称为“加工中心”)，集中了钻、铣、镗等多种类型机床的功能；有的加工中心的主轴既能立式又能卧式，即集中了立式加工中心和卧式加工中心的功能。可见，机床数控化引起了机床传统分类方法的变化。这种变化主要出现在机床品种不是越分越细，而应是趋向综合。

2. 机床型号的编制方法

机床的型号是赋予每种机床的一个代号，用以简明地表示机床的类型、通用特性和结构特性以及主要技术参数等。GB/T 15375—2008《金属切削机床型号编制方法》规定，我国的机床型号由汉语拼音字母和阿拉伯数字按一定的规律组合而成。

(1)通用机床型号。通用机床型号用下列方式表示：

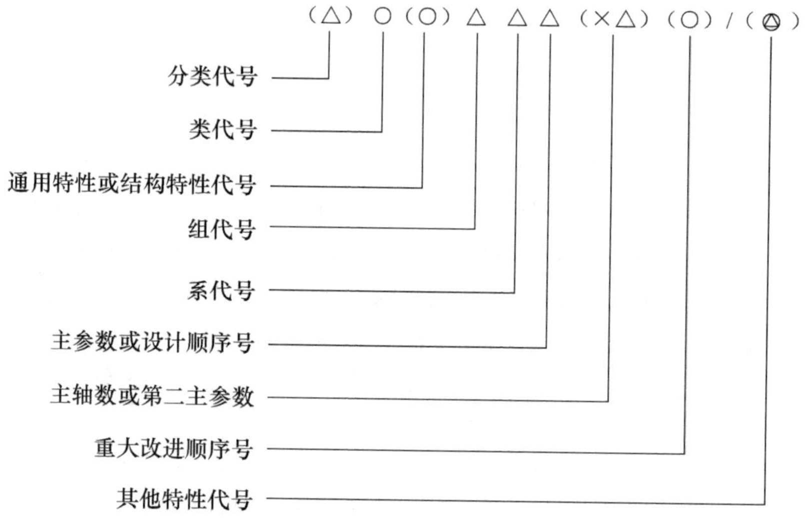

其中△用数字表示，○用大写汉语拼音字母表示。括号中表示可选项，无内容时不表示，有内容时不带括号，◎用大写的汉语拼音字母或阿拉伯数字或两者兼有之表示。

机床的类代号用汉语拼音大写字母表示。若每类有分类，在类代号前用数字表示，但第一分类不予表示，例如磨床类分为 M、2M、3M 三个分类。机床的类代号见表 3-1。

表 3-1 机床的类代号

类别	车床	钻床	镗床	磨床			齿轮加工机床	螺纹加工机床	铣床	刨插床	拉床	锯床	其他机床
代号	C	Z	T	M	2M	3M	Y	S	X	B	L	G	Q
读音	车	钻	镗	磨	2磨	3磨	牙	丝	铣	刨	拉	割	其

机床的通用特性和结构特性代号用字母表示。当某种机床除普通型外，还有有关通用特性时，应在类代号后用相应的代号表示。表 3-2 是常用的通用特性及其代号。如 CM6132 型精密卧式车床型号中的“M”表示“精密”。当某种机床仅有通用特性而无普通型时，则通用

特性也可不表示。如 C1312 型单轴六角自动车床由于这类自动车床中没有“非自动”型，所以不必表示出“Z”的通用特性。

表 3-2　通用特性代号

通用特性	高精度	精密	自动	半自动	数控	加工中心（自动换刀）	仿形	轻型	加重型	柔性加工单元	数显	高速
代号	G	M	Z	B	K	H	F	Q	C	R	X	S
读音	高	密	自	半	控	换	仿	轻	重	柔	显	速

结构特性代号无统一规定，也用汉语拼音字母表示，在不同的机床中含义也不相同，用于区别主参数相同而结构、性能不同的机床。例如，CA6140 型卧式车床型号中的“A”，可理解为：CA6140 型卧式车床在结构上区别于 C6140 型及 CY6140 型卧式车床。结构特性的代号字母是根据各类机床的情况分别规定的，在不同型号中的意义可以不一样。当机床有通用特性代号时，结构特性代号应排在通用特性代号之后。为避免混淆，通用特性代号已用的字母(表 3-2)以及“I”、“O”，都不能作为结构特性代号。

机床的组和系代号，用两位阿拉伯数字表示，位于类代号或特性代号之后。每类机床按用途、性能、结构相近或有派生关系分为 10 组(表 3-3)，每一组又分为若干个系(可参看《机床设计手册》)。系的划分原则是：主参数相同，并按一定公比排列，工件和刀具本身的和相对的运动特点基本相同，且主要结构及布局形式相同的机床划分为一个系。

表 3-3　金属切削机床类、组划分表

类别＼组别	0	1	2	3	4	5	6	7	8	9
车床 C	仪表车床	单轴自动车床	多轴自动、半自动车床	回轮、转塔车床	曲轴及凸轮轴车床	立式车床	落地及卧式车床	仿形及多刀车床	轮、轴、辊、锭及铲齿轮车床	其他车床
钻床 Z		坐标镗钻床	深孔钻床	摇臂钻床	台式钻床	立式钻床	卧式钻床	铣钻床	中心孔钻床	其他钻床
镗床 T			深孔镗床		坐标镗床	立式镗床	卧式铣镗床	精镗床	汽车拖拉机修理用镗床	其他镗床
磨床 M	仪表磨床	外圆磨床	内圆磨床	砂轮机	坐标磨床	导轨磨床	刀具刃磨床	平面及端面磨床	曲轴、凸轮轴、花键轴及轧辊磨床	工具磨床
磨床 2M		超精机	内、外圆珩磨机	外圆及其他珩磨机	抛光机	砂带抛光及磨削机床	刀具刃磨及研磨机床	可转位刀片磨削机床	研磨机	其他磨床
磨床 3M		球轴承套沟磨床	滚子轴承套圈滚道磨床	轴承套圈超精机		叶片磨削机床	滚子加工机床	钢球加工机床	气门、活塞及活塞环磨削机床	汽车、拖拉机修磨机床
齿轮加工机床 Y	仪表齿轮加工机		锥齿轮加工机	滚齿及铣齿机	剃齿及珩齿机	插齿机	花键轴铣床	齿轮磨齿机	其他齿轮加工机	齿轮倒角及检查机
螺纹加工机床 S				套丝机	攻丝机		螺纹铣床	螺纹磨床	螺纹车床	

续表

类别＼组别	0	1	2	3	4	5	6	7	8	9
铣床 X	仪表铣床	悬臂及滑枕铣床	龙门铣床	平面铣床	仿形铣床	立式升降台铣床	卧式升降台铣床	床身式铣床	工具铣床	其他铣床
刨插床 B		悬臂刨床	龙门刨床			插床	牛头刨床		边缘及模具刨床	其他刨床
拉床 L			侧拉床	卧式外拉床	连续拉床	立式内拉床	卧式内拉床	立式外拉床	键槽、轴瓦及螺纹拉床	其他拉床
锯床 G			砂轮片锯床		卧式带锯床	立式带锯床	圆锯床	弓锯床	锉锯床	
其他机床 Q	其他仪表机床	管子加工机床	木螺钉加工机		刻线机	切断机	多功能机床			

机床的主参数、设计顺序号、第二主参数都是用阿拉伯数字表示的。主参数表示机床的规格大小，是机床的最主要的技术参数，反映机床的加工能力，影响机床的其他参数和结构大小，通常以最大加工尺寸或机床工作台尺寸作为主参数。在机床代号中用主参数的折算值表示(主参数乘以折算系数，如 1/10 等，参见 GB/T 15375—2008)。当无法用一个主参数表示时，则在型号中采用设计顺序号表示。第二主参数是为了更完整地表示机床的工作能力和加工范围，如主轴数、最大跨距、最大工件长度、工作台工作面长度等，也用折算值表示，其表示方法参见 GB/T 15375—2008。

机床重大改进序号用于表示机床的性能和结构上的重大改进，按其设计改进的次序分别用汉语拼音字母“A, B, C, D,…”表示，附在机床型号的末尾，以示区别。例如，Y7132A 表示是最大工件直径为 320mm 的 Y 7132 型锥形砂轮磨齿机的第一次重大改进。

其他特性代号主要用以反映各类机床的特性，如对于数控机床，可以用来反映不同的数控系统；对于一般机床，可以用来反映同一型号机床的变型等。其他特性代号用汉语拼音字母或阿拉伯字母或二者的组合表示。

例如，MG1432B 型万能外圆磨床，型号中的代号及数字的含义如下：

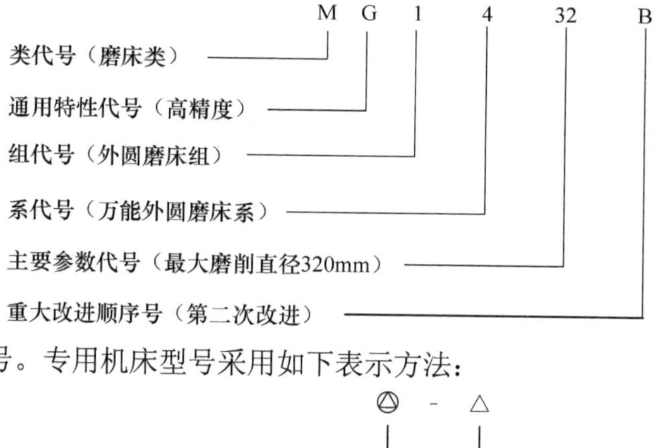

(2) 专用机床型号。专用机床型号采用如下表示方法：

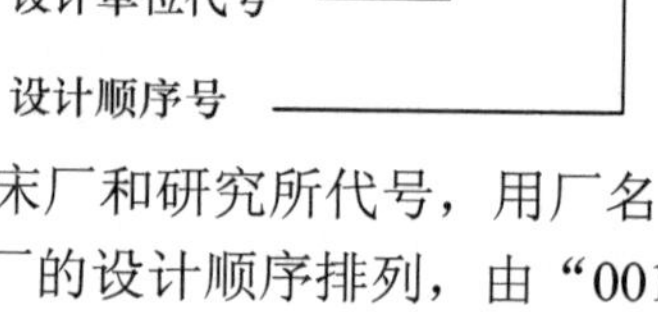

其中，设计单位代号包括机床厂和研究所代号，用厂名的首字母和该厂在当地建厂先后的顺序号表示；设计顺序号按各厂的设计顺序排列，由“001”开始。

例如：北京第一机床厂设计制造的第 100 种专用机床为专用铣床，则其代号为 B1-100。

3.1.2 机床的基本组成

根据机床的功能要求，机床一般由以下几部分组成：

(1) 动力部件。动力部件分包括为机床提供动力和运动的驱动部分，如电动机、液压泵、气源等。它的作用是为加工过程克服加工阻力提供能量和为加工提供运动。

(2) 传动部件。传动部件包括机床的主运动传动系统、进给运动传动系统和其他运动传动系统，如车床的主轴箱、进给箱、磨床的液压进给系统等。

传动部件的作用是为加工过程提供一定的切削速度 v_c 和进给速度 v_f 等，并使之具有一定的调节范围，以适应工件的不同要求。传动部件提供的运动通过主轴、工作台等带动工件和刀具实现切削加工运动和辅助运动。

(3) 支承部件。支承部件用于安装和支承其他固定和运动的部件，承受其重力、切削力、惯性力等，保证各部件之间的位置精度和运动部件的运动精度，如机床的底座、床身、立柱、摇臂、横梁、导轨、工作台等。

(4) 工作部件。工作部件主要包括以下几种。

① 与最终实现切削加工的主运动和进给运动有关的执行部件，如主轴、工作台、刀架。

② 与工件和刀架安装和调整有关的部件或装置，如自动上下料装置、自动换刀装置、砂轮修整器等。

③ 与上述部件或装置有关的分度、转位、定位机构和操纵系统等。

(5) 控制系统。例如，机床的各种操纵机构、电气电路、调整机构、检测装置、数控系统等。控制系统的作用是根据输入工艺系统的工艺参数、几何参数等信息，实现对加工过程中机床的运动部件的有效控制，从而实现按预定的被加工零件形状、尺寸、精度要求进行加工。

(6) 辅助部件。例如，冷却润滑系统、排屑装置、自动测量装置等。

在不同的机床中，根据其功能、应用范围等的不同，上述组成部分可简可繁。

以车削加工系统中车床为例(图 3-1)，电动机是动力部分，它为车床提供克服车削加工抗

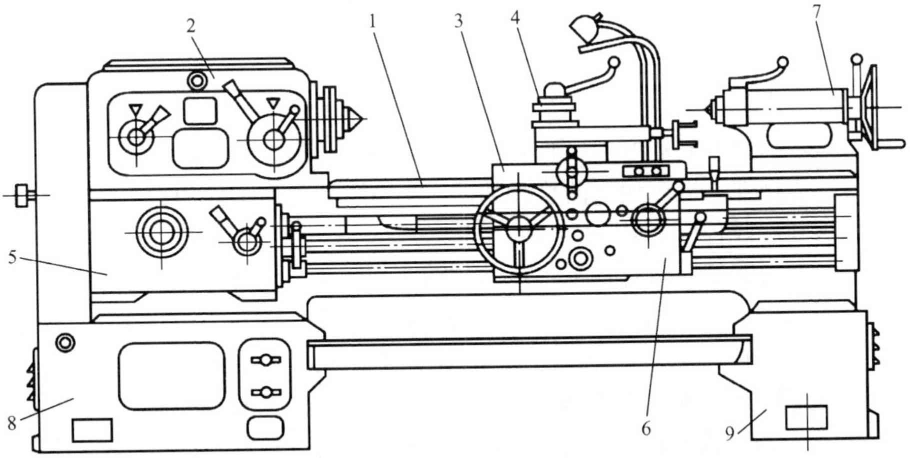

图 3-1　车床的组成

1—床身；2—主轴箱；3—床鞍；4—刀架；5—进给箱；6—溜板箱；7—尾座；8—前床腿；9—后床腿

力和运动阻力所需的动力，为液压润滑系统工作提供能源。主轴箱、进给箱、溜板箱等传动部件，保证了根据工艺参数所需的工件转速、刀具进给量的实现。床腿、床身、导轨等构成了支承部件，保证了工件和车刀的正确位置。通过主运动和进给运动变速机构，使车床可以根据不同加工要求在一定范围内改变运动参数。主运动和进给运动变速机构、换向机构、开、停机构、电气箱等构成了车床的控制部分，使车床可以实现启动、停止、变速、换向、运动方式转换等功能。

3.1.3 机床的传动

1. 机床的运动

(1)表面成形运动。在第 1 章中已经提到，表面成形运动可分为主运动和进给运动。按其组成情况不同，还可分为简单成形运动和复合成形运动。

如果一个独立的成形运动是由单独的旋转运动或直线运动构成的，则称此成形运动为简单成形运动。例如，用普通车刀车削外圆柱面时，工件的旋转运动和刀具的直线移动就是两个简单运动。

如果一个独立的成形运动，是由两个或两个以上的旋转运动或直线运动，按照某种确定的运动关系组合而成，则称此成形运动为复合成形运动。例如，在车削螺纹时，工件的等速旋转运动和刀具的等速直线移动之间彼此不能独立，必须保证严格的运动关系，即工件每转 1 转，刀具就均匀地沿工件轴线移动一个导程。

由复合成形运动分解的各个部分，虽然都是直线运动或旋转运动，与简单运动相似，但本质是不同的。前者是复合运动的一部分，各个部分必然保持严格的相对运动关系，是互相依存，而不是独立的。而简单运动之间是互相独立的，没有严格的相对运动关系。

(2)辅助运动。机床还具有一些与表面成形过程没有直接关系的运动，其作用是实现机床加工过程中所需的各种辅助动作。它的种类很多，一般包括切入运动、分度运动、操纵和控制运动、调位运动(调整刀具和工件之间的正确相对位置)以及各种空行程运动(如快进、快退等)。辅助运动虽然并不参与表面成形过程，但对机床整个加工过程是不可缺少的，同时对机床的生产率和加工精度往往也有很大影响。

2. 机床运动部分的组成

为了实现加工过程中所需要的各种运动，机床必须具备以下三个基本部分。

(1)执行件。执行件是机床运动的执行部件，其作用是带动工件和刀具，使之完成一定形式的运动并保持正确的轨迹，如机床主轴、刀架等。

(2)动力源。动力源是向执行件提供运动和动力的装置，如各种形式的电动机。

(3)传动装置。传动装置是传递运动和动力的装置，它把运动源的运动和动力传给执行件，并完成运动形式、方向、速度的转换等工作，从而在运动源和执行件之间建立起运动联系，使执行件获得一定的运动。传动装置有机械、电气、液压、气动等多种形式。机械传动装置有带传动、齿轮传动、齿轮齿条传动、链传动、蜗轮蜗杆传动、丝杠螺母传动等多种传动形式。

3. 机床传动链

利用机床的传动装置可以把动力源与执行件或执行件与执行件联系起来，使之保持某种确定的运动联系，称为传动联系。构成一个传动联系的一系列顺序排列的传动件，称为传动链。

按工作性质的不同，传动链可以分为外联系传动链和内联系传动链。外联系传动链是指联系动力源和机床执行件之间的传动链，它使执行件获得一定的速度和运动方向。外联系传动链传动比的变化只影响生产率或表面粗糙度，不影响表面的形状。因此在外联系传动链中可以有传动比不准确的传动副，如皮带传动。内联系传动链则是联系执行件和执行件之间的传动链，它决定着加工表面的形状和精度，对执行机构之间的相对运动有严格要求。因此，内联系传动链的传动比必须准确，不应有摩擦传动或瞬时传动比变化的传动副(如皮带传动和链传动)。如在卧式车床用螺纹刀车螺纹时，为了保证所加工的螺纹的导程，主轴每转一转，车刀必须移动一个导程，否则就会造成螺纹的导程误差。只有复合运动才有内联系传动链。

传动链中通常包括两类传动机构：一类是传动比和传动方向固定不变的传动机构，如定比齿轮副、丝杠螺母机构、蜗轮蜗杆传动机构等，称为定比传动机构；另一类是可变换传动比和传动方向的传动机构，如挂轮变速机构、滑移齿轮变速机构、离合器换向机构等，称为换置机构。

4. 机床传动原理图

为了便于分析机床的传动联系，常用一些简明的符号表达各执行件、动力源之间的传动原理和传动路线，这就是传动原理图。图 3-2 所示为卧式车床的传动原理图，其中，电动机、主轴、刀具以及丝杠螺母等均用简单的符号表示。由图可见，在车削螺纹时有两条主要传动链。一条是外联系传动链：电动机—1—2—u_v—3—4—主轴；另一条是内联系传动链：主轴—4—5—u_f—6—7—丝杠—刀具。数字与数字之间的虚线表示传动比不变的定比传动机构，而 2～3 和 5～6 之间的符号表示传动比可变的换置机构，其传动比分别用 u_v 和 u_t。调整 u_v 可以实现主轴变速和换向，调整 u_f 可以得到不同的螺纹导程。

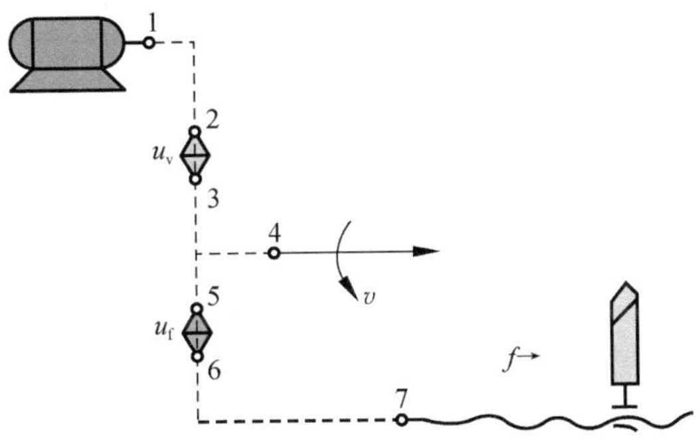

图 3-2　卧式车床传动原理图

3.1.4　刀具的类型

由于被加工工件的材质、形状、技术要求和加工工艺的多样性，客观上要求刀具应具有不同的结构和切削性能。因此，生产中所使用的刀具种类很多。通常按加工方式和用途进行分类，刀具分为车刀、孔加工刀具、铣刀、拉刀、螺纹刀具、齿轮刀具、自动线及数控机床刀具和磨具等几大类型。刀具还可以按其他方式进行分类。如按切削部分的材料可分为高速钢刀具、硬质合金刀具、陶瓷刀具等；按结构分为整体刀具、镶片刀具、机夹刀具和复合刀具等；按是否标准化可分为标准刀具和非标准刀具等。刀具的种类及其划分方式将随着科学技术的发展而不断变化。

1. 标准刀具

按照国家或部门制订的“刀具标准”制造的刀具，由专业化的工具厂集中大批量生产，它在工具的使用总量中占的比例很大，如可转位车刀、麻花钻、铰刀、铣刀、丝锥、板牙、插齿刀、齿轮滚刀等。

2. 非标准刀具

根据工件与具体加工条件的特殊要求设计与制造，或将标准刀具加以改制的刀具，主要由用户厂自行生产，如成形车刀、成形铣刀、拉刀、蜗轮滚刀等。

3.2 车床与车刀

3.2.1 车削的基本内容

车削是以工件旋转为主运动、车刀移动为进给运动的切削加工方法。车削的切削运动在车床上完成。

车床是机械制造业中使用很广泛的一类机床。车床类机床的共同工艺特征是：以车刀为主要切削工具，车削各种零件的外圆、内孔、端面及螺纹等。此外，在有些车床上还可以用孔加工刀具(钻头、铰刀)和螺纹刀具(丝锥、板牙)加工内孔和螺纹。图 3-3 所示为卧式车床的典型加工内容。

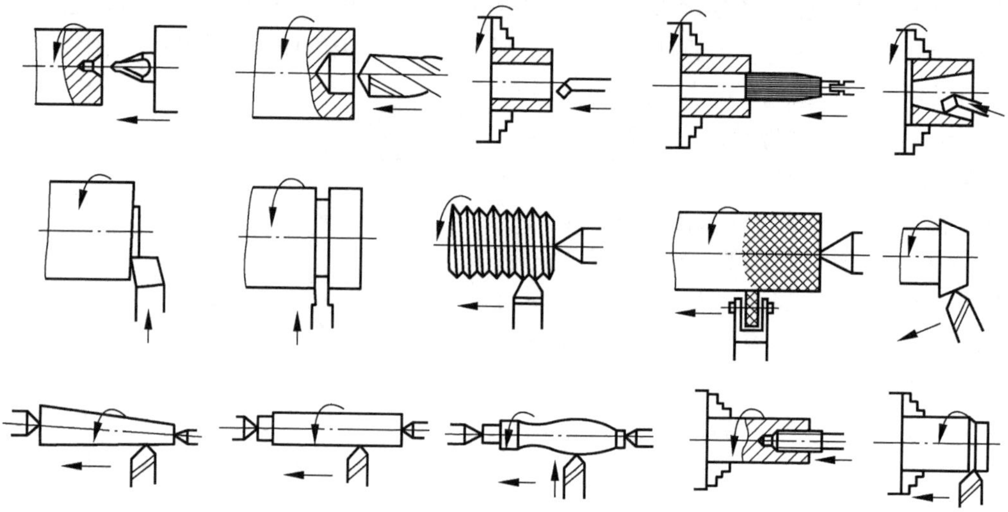

图 3-3 卧式车床的典型加工内容

由于大多数机械零件都具有回转表面，并且车床的万能性大，使用的刀具简单，所以一般机械工厂中车床在金属切削机床中所占的比重最大，占金属切削机床总台数的 20%～35%。

3.2.2 车床的类型与车刀

1. 车床的类型

车床按其不同的用途、性能和结构，又可分为卧式车床及落地车床、六角车床、立式车床、单轴自动车床、多轴自动及半自动车床、仿型及多刀车床、仪表车床等。此外还有许多专门化车床和大批量生产用的专用车床，如凸轮轴车床、曲轴车床、车轮车床、铲齿车床等。

2. 车刀

车刀按加工的表面特征分为外圆车刀、端面车刀、内孔车刀、切断车刀、切槽车刀、螺纹车刀等多种形式。常用车刀种类及用途如图 3-4 所示。

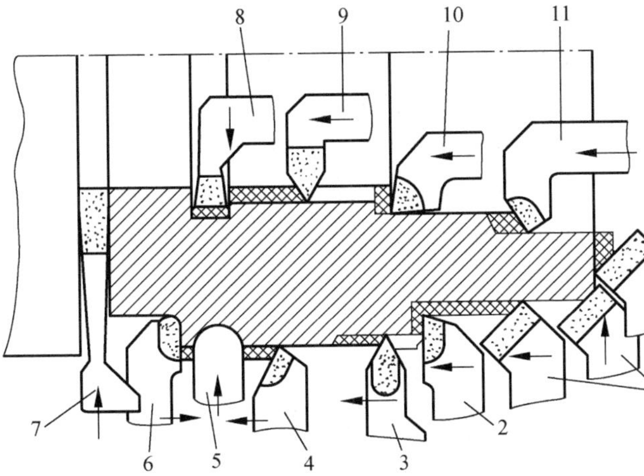

图 3-4 车刀的类型与用途

1—45°弯头车刀；2—90°外圆车刀；3—外螺纹车刀；4—75°外圆车刀；5—成形车刀；6—90°左切外圆车刀；7—割槽刀；8—内孔槽刀；9—内螺纹车刀；10—盲孔镗刀；11—通孔镗刀

车刀在结构上可分为整体式、焊接式、机夹重磨式和机夹可转位式，如图 3-5 所示。整体式车刀主要是整体高速钢车刀，整体车刀耗用刀具材料较多，一般只用于切槽、切断刀。焊接车刀是将硬质合金刀片用焊接的方法固定在普通碳钢刀体上。它的优点是结构简单、紧凑、刚性好、使用灵活、制造方便，缺点是由于焊接产生的应力会降低硬质合金刀片的使用性能，有的甚至会产生裂纹。机械夹固车刀简称机夹车刀，根据使用情况不同又分为机夹重磨车刀和机夹可转位车刀。机夹重磨车刀是采用普通硬质合金刀片，用机械夹固的方法将其夹持在刀柄上，切削刃用钝后可以重磨，经适当调整后仍可继续使用。机夹可转位车刀是采用机械夹固的方法将可转位刀片固定在刀体上。刀片制成多个刀刃，当一个刀刃用钝后，只需将刀片转位、重新夹固，即可使新的刀刃投入工作，机夹可转位车刀又称为机夹不重磨车刀。可转位车刀的刀片夹固机构应满足夹紧可靠、装卸方便、定位精确等要求。

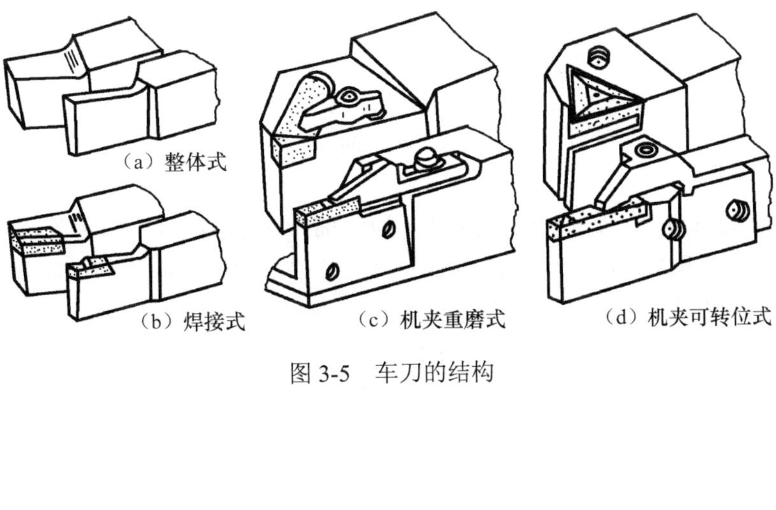

图 3-5 车刀的结构

成形车刀是用在普通车床、自动车床上车内、外回转体成形面的非标刀具，其刃形根据工件的廓形设计。用成形车刀加工，只要一次切削行程就能切出成形表面，操作简单，生产效率高，成形表面的精度主要取决于刀具切削刃的制造精度。但是刀具的设计和制造较复杂，成本高，故主要用在小型零件的大批量生产中。

常见的沿工件径向进给的成形车刀有平体、棱体、圆体三种形式(图 3-6)。平体成形车刀外形与普通车刀相似，刃形结构简单，容易制造，成本低。但可重磨次数不多，用于加工简单的外成形表面，如螺纹车刀和铲制成形铣刀的铲刀等。棱体成形车刀的棱柱体的刀头和刀杆分开制作，大大增加了沿前刀面的重磨次数，刀体刚性好，但比圆体成形车刀制造工艺复杂，刃磨次数少，且只能加工外成形表面。圆体成形车刀好似由长长的棱体车刀包在一个圆柱面上而形成。它允许重磨的次数最多，制造也比棱体成形车刀容易，且可加工零件上的内、外成形表面，因此一般用得较多。

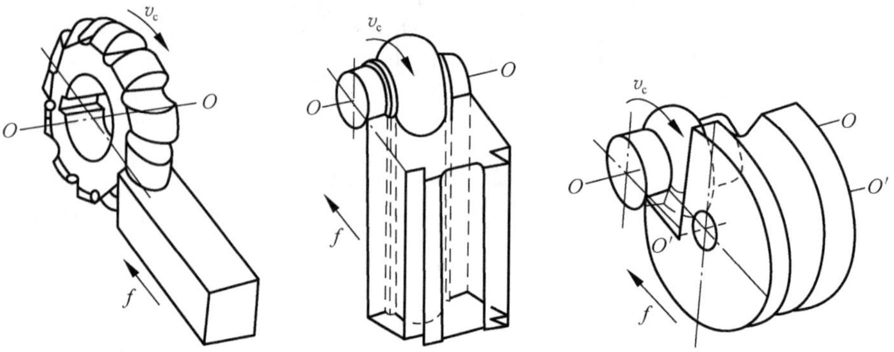

（a）平体成形车刀　（b）棱体成形车刀　（c）圆体成形车刀

图 3-6　成形车刀

3.2.3　CA6140 型卧式车床的结构特征

在各种车床中，以卧式车床应用最为广泛。在卧式车床中，又以 CA6140 普通车床最具有代表性，其加工范围较广，但结构较复杂而且自动化程度低，所以适用于单件、小批生产及修配车间。

1. 机床的总布局

图 3-7 所示为 CA6140 型卧式车床的外形图，其主要组成部件如下：

(1)床头箱 1。床头箱固定在床身 4 的左端。装在主轴箱中的主轴，通过卡盘等夹具装夹工件。主轴箱的功用是支承并传动主轴，使主轴带动工件按照规定的转速旋转，以实现主运动。

(2)床鞍和刀架部件 2。该部件位于床身 4 的中部，并可沿床身上的刀架导轨做纵向移动。刀架部件由几层刀架组成，它的功用是装夹车刀，并使车刀做纵向、横向或斜向运动。

(3)尾架 3。尾架装在床身 4 的尾架导轨上，并可沿此导轨纵向调整位置。尾架的功用是用后顶尖支承工件。在尾架上还可以安装钻头等孔加工刀具，以进行孔加工。

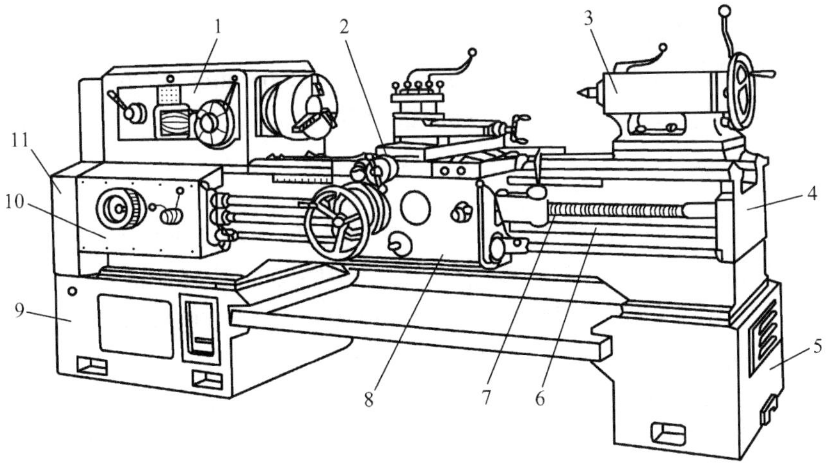

图 3-7　CA6140 型卧式车床的外形

1—床头箱；2—刀架；3—尾架；4—床身；5、9—床腿；6—光杠；7—丝杠；8—溜板箱；10—进给箱；11—挂轮变速机构

(4) 进给箱 10。进给箱固定在床身 4 的左前侧。进给箱是进给运动传动链中主要的传动比变速装置，其功用是改变被加工螺纹的导程或机动进给的进给量。

(5) 溜板箱 8。溜板箱固定在刀架部件 2 的底部，可带动刀架一起做纵向运动。溜板箱的功用是把进给箱传来的运动传递给刀架，使刀架实现纵向进给、横向进给、快速移动或车螺纹。在溜板箱上装有各种操纵手柄及按钮，工作时工人可以方便地操作机床。

(6) 床身 4。床身固定在左床腿 9 和右床腿 5 上。床身是车床的基本支承件。在床身上安装着车床的各个主要部件，工作时床身使它们保持准确的相对位置。

2. 机床的主要技术性能

床身上最大工件回转直径			400mm
最大工件长度(4 种规格)			750，1000，1500，2000mm
最大车削长度			650，900，1400，1900mm
刀架上最大工件回转直径			210mm
主轴内孔直径			48mm
主轴转速	正转 24 级		10～1400r/min
	反转 12 级		14～1580r/min
进给量	纵向进给量	64 级	0.028～6.33mm/r
	横向进给量	64 级	0.014～3.16mm/r
溜板及刀架纵向快移速度			4mm/min
车削螺纹范围			
米制螺纹	44 种		S=1～192mm
英制螺纹	20 种		a=2～24 牙/英寸
模数螺纹	39 种		m=0.25～48
径节螺纹	37 种		DP=1～96 牙/英寸
主电动机(功率，转速)			7.5kW，1450r/min

机床轮廓尺寸(长×宽×高)

对于最大工件长度为 1000mm 的机床为　　2668mm×1000mm×1190mm

机床净重　对于最大工件长度为 1000mm 的机床为　　2010kg

3. 机床的传动系统

为了便于了解和分析机床的传动情况，通常应用机床的传动系统图来论述。机床的传动系统图是表示机床全部运动传动关系的示意图，在图中用简单的规定符号代表各种传动元件，符号表示方法参见《机构运动简图符号》GB 4460—1984。机床的传动系统图画在一个能反映机床外形和各主要部件相互位置的投影面上，并尽可能绘制在机床外形的轮廓线内。在图中，各传动元件是按照运动传递的先后顺序，以展开图的形式画出来的。要把一个立体的传动结构展开并绘制在一个平面图中，有时不得不把其中某一根轴绘成用折断线连接的两部分，或弯曲成一定夹角的折线；有时，对于展开后失去联系的传动副，要用大括号或虚线连接起来以表示它们的传动联系。传动系统图只表示传动关系，并不代表各元件的实际尺寸和空间位置。在图中通常还须注明齿轮及蜗轮的齿数(有时也注明其编号或模数)、带轮直径、丝杠的导程和头数、电动机的转速和功率、传动轴的编号等。传动轴的编号，通常从动力源(如电动机等)开始，按运动传递顺序，顺次地用罗马数字Ⅰ，Ⅱ, Ⅲ, …表示。图 3-8 所示为 CA6140 型卧式车床的传动系统图。

在分析一台机床的传动系统时，首先按照机床的传动原理把机床的传动系统划分成一条条的传动链，然后再对每条传动链进行分析。分析一条传动链大致可按下列步骤进行：

(1) 确定传动链两端件(始端件、末端件)。

(2) 根据两端件的相对运动要求确定计算位移。计算位移指单位时间内两端件的相对位移量。

(3) 写出传动链的传动路线表达式。

(4) 列出运动平衡式。根据计算位移量以及相应传动链中各个传动环节的传动比列出。

对于外联系传动链，因始端件为动力源(电动机)，其转速已知，主要计算末端执行件的各级转速。对于内联系传动链，根据运动平衡式，导出该传动链的换置机构(通常为挂轮机构)的换置公式，计算所采用的挂轮齿数，或确定对其他变速机构的调整要求。现在来分析 CA6140 型卧式车床的传动系统。

1) 主运动传动链

主运动传动链的功用是将电动机的旋转运动及能量传递给主轴，使主轴以合适的速度带动工件旋转。卧式车床的主轴应能变速及换向。

主运动的传动路线是：运动由电动机经 V 形带传至主轴箱中的轴Ⅰ。在轴Ⅰ上装有双向多片式摩擦离合器 M_1，其作用是使主轴(轴Ⅵ)正转、反转或停止。离合器 M_1 左半部接合时，主轴正转；右半部分接合时，主轴反转；左右都不接合时，轴Ⅰ空转，主轴停止转动。轴Ⅰ的运动经 M_1—轴Ⅱ—轴Ⅲ，然后分成两条路线传给主轴：当轴Ⅳ上的滑移齿轮 Z_{50} 移至左边位置时，运动从轴Ⅲ经齿轮副 63/50 直接传给主轴Ⅵ，使主轴得到高转速；当滑移齿轮 Z_{50} 向右移，使齿轮式离合器 M_2 接合时，则运动经轴Ⅲ—Ⅳ—Ⅴ传给主轴Ⅵ，使主轴获得中、低转速。主运动传动路线表达式如下：

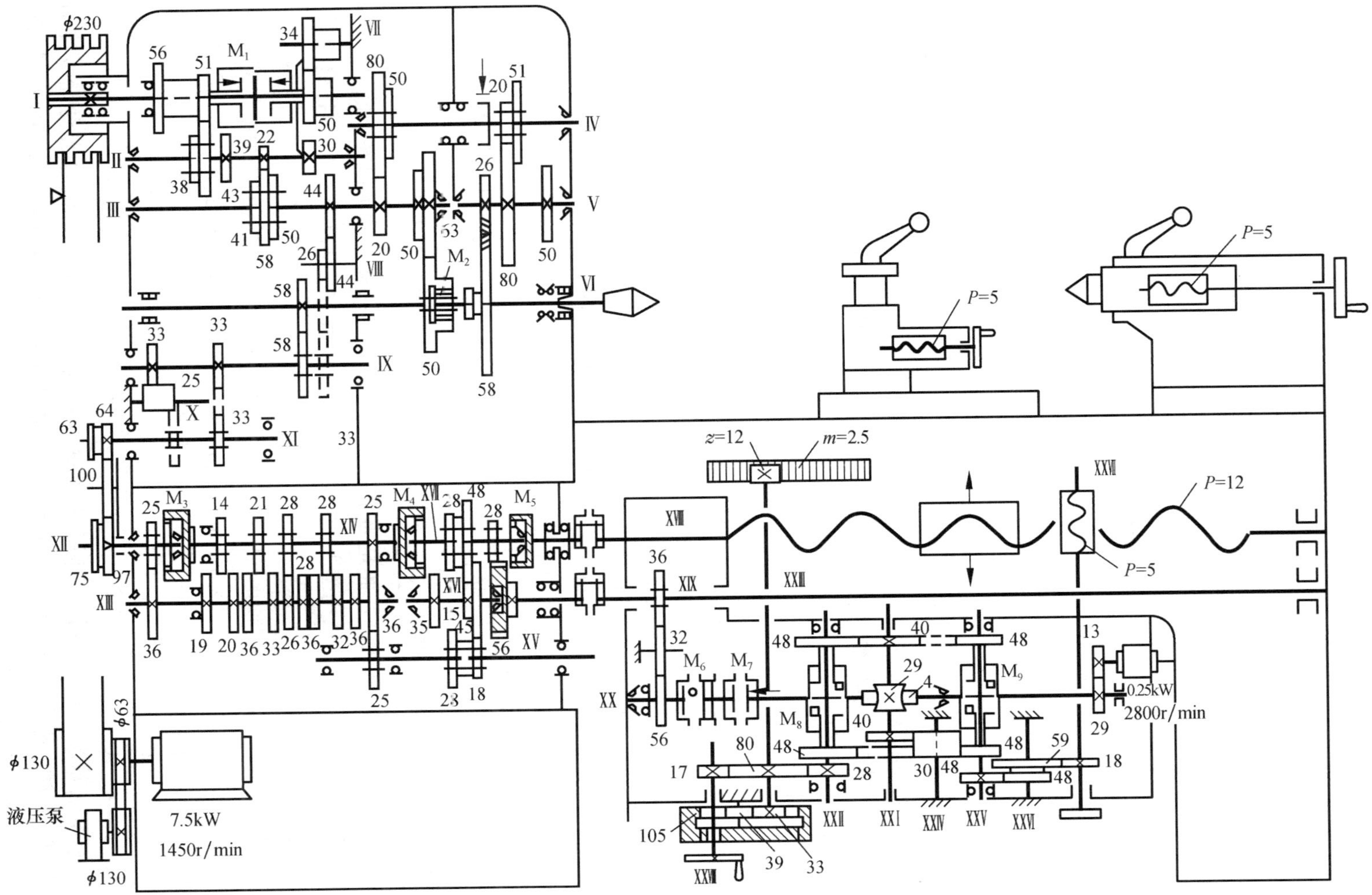

图 3-8　CA6140 型卧式车床的传动系统图

$$\text{电机}\begin{pmatrix}7.5\text{kW}\\1450\text{r/min}\end{pmatrix} - \frac{\phi130}{\phi230} - \text{I} - \begin{bmatrix} M_1\text{左} - \begin{bmatrix}\frac{56}{38}\\ \frac{51}{43}\end{bmatrix} \\ M_1\text{右} - \frac{50}{34} - \text{VII} - \frac{34}{30}\end{bmatrix} - \text{II} - \begin{bmatrix}\frac{39}{41}\\ \frac{30}{50}\\ \frac{22}{58}\end{bmatrix} - \text{III} - \begin{bmatrix} \begin{bmatrix}\frac{20}{80}\\ \frac{50}{50}\end{bmatrix} - \text{IV} - \begin{bmatrix}\frac{20}{80}\\ \frac{50}{51}\end{bmatrix} - \text{V} - \frac{26}{58} - M_2(\text{合}) \\ \frac{63}{50}\end{bmatrix} - \text{VI}(\text{主轴})$$

看懂传动路线是认识和分析机床的基础。通常的方法是“抓两端，连中间”。也就是说，在了解某一条传动链的传动路线时，首先应搞清楚此传动链两端的末端件是什么(“抓两端”)，然后再找它们之间的传动联系(“连中间”)，就可以很容易地找出传动路线。例如，要了解车床主运动传动链的传动路线时，首先应找出它的两个末端件——电动机和主轴；然后“连中间”，即从两末端件出发，从两端向中间，找出它们之间的传动联系。

主轴的转速 $n_{\text{主}}$可应用下列运动平衡式进行计算

$$n_{\text{主}} = n_{\text{电}} \times \frac{D}{D'} \times (1-\varepsilon) \times \frac{z_{\text{I-II}}}{z'_{\text{I-II}}} \times \frac{z_{\text{II-III}}}{z'_{\text{II-III}}} \times \frac{z_{\text{III-IV}}}{z'_{\text{III-VI}}} \tag{3-1}$$

式中，D、D'——主动、从动带轮直径；

ε——V 带的滑动系数，取$\varepsilon \approx 0.02$；

$z_{\text{I-II}}$、$z'_{\text{I-II}}$——轴 I 和轴 II 之间的主动齿轮和从动齿轮的齿数，其余类推。

应用上述运动平衡式可以计算出主轴的各级转速，即

主轴的最低转速 $n_{\text{主min}} = 1450 \times \frac{130}{230} \times 0.98 \times \frac{54}{43} \times \frac{22}{58} \times \frac{20}{80} \times \frac{20}{80} \times \frac{26}{58} = 10(\text{r/min})$

主轴的最高转速 $n_{\text{主max}} = 1450 \times \frac{130}{230} \times 0.98 \times \frac{56}{38} \times \frac{39}{41} \times \frac{63}{50} = 1400(\text{r/min})$

主轴反转通常不是用于切削，而是为了车螺纹时退刀。这样，就可以在不断开主轴和刀架间的传动链的情况下退刀，以免在下一次走刀时发生“乱扣”现象。为了节省退刀时间，所以主轴反转比正转的转速高。

由传动系统图可以看出，主轴正转时，利用各滑移、齿轮轴向位置的各种不同组合，理论上主轴可以得到 2×3×(1+2×2)=30 级不同的转速，但实际上主轴只能得到 2×3×(1+3)=6+18=24 级不同的转速。因为在轴III到轴 V 之间 4 条传动路线的传动比分别是

$u_1 = \frac{20}{80} \times \frac{20}{80} = \frac{1}{16}$； $u_2 = \frac{20}{80} \times \frac{51}{50} \approx \frac{1}{4}$； $u_3 = \frac{50}{50} \times \frac{20}{80} = \frac{1}{4}$； $u_4 = \frac{50}{50} \times \frac{51}{50} \approx 1$

其中 u_2 和 u_3 基本上相同，所以实际上只有 3 种不同的传动比。因此，由低速路线传动时，使主轴获得的有效的转速级数不是 2×3×4＝24 级，而是 $2 \times 3 \times (4-1) = 18$ 级。此外，主轴还可由高速路线传动获得 6 级转速，所以主轴共可得到 24 级转速。同理，主轴反转的传动路线可以有 3×(1+2×2)=15 条，但主轴反转的转速级数却只有 $3 \times [1 + (2 \times 2 - 1)] = 12$ 级。

2）螺纹进给传动链

CA6140 型卧式车床可以车削米制、英制、模数和径节四种标准螺纹。除此之外，还可以车削非标准和较精密螺纹。各种螺纹传动路线表达式如下：

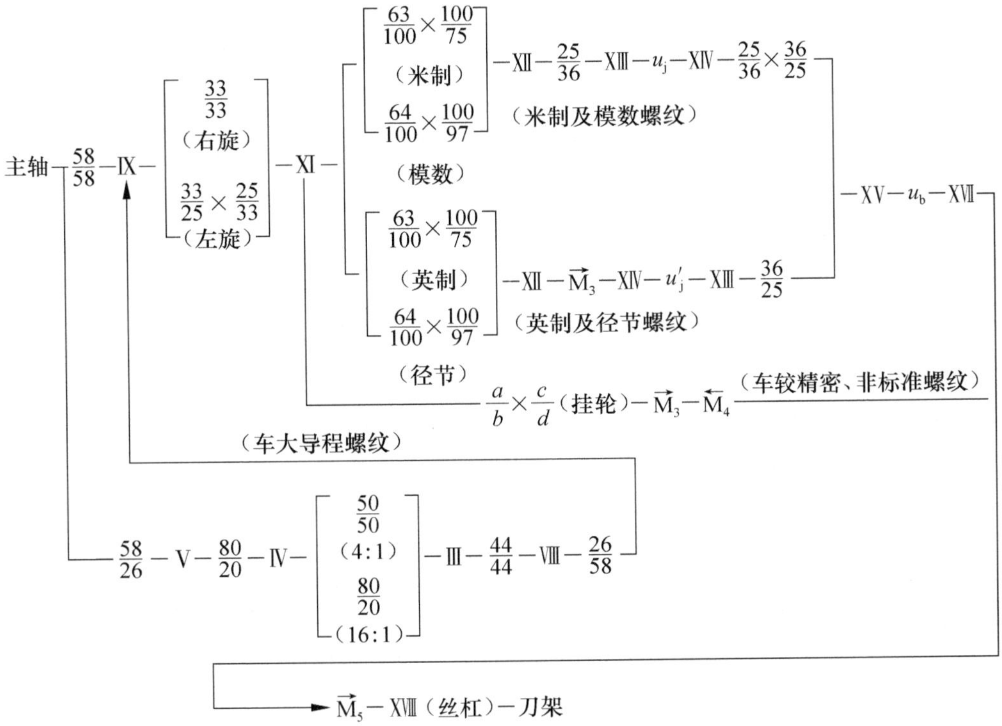

根据上述传动路线表达式，可以列出每种螺纹的运动平衡式，进行分析和计算。表达式中 u_j 代表轴 XIII 至轴 XIV 间的 8 种可供选择的传动比$\left(\frac{26}{28},\frac{28}{28},\frac{32}{28},\frac{36}{28},\frac{19}{14},\frac{20}{14},\frac{33}{21},\frac{36}{21}\right)$，称进给箱的基本变速组，简称基本组；$u_b$ 代表轴 XV 至轴 XVII 间的 4 种传动比$\left(\frac{28}{35}\times\frac{35}{28},\frac{18}{45}\times\frac{35}{28},\frac{28}{35}\times\frac{15}{48},\frac{18}{45}\times\frac{15}{48}\right)$，称增倍组。

车螺纹时的运动平衡式为

$$1_{(\text{主轴})}uS_{\text{丝}}=S \tag{3-2}$$

式中，u——从主轴到丝杠之间的总传动比；

$S_{\text{丝}}$——车床丝杠的导程(mm)；

S——被加工螺纹的导程(mm)。

车螺纹时，螺纹的螺距和导程要换算成以 mm 为单位的米制。模数制 $S_m=k\pi m$，m 为模数；英制 $S_a=25.4k/a$；径节制 $S_{DP}=25.4k\pi/DP$，a 和 DP 的单位是牙/英寸。

米制螺纹车削时，运动从主轴VI经过传动轴IX与轴XI之间的左、右螺纹换向机构及挂轮 $\frac{63}{100}\times\frac{100}{75}$ 传到进给箱上的轴XII，进给箱中的离合器 M_5 接合，M_3 及 M_4 均脱开。此时传动路线表达式如下：

$$\text{主轴 VI}-\frac{58}{58}-\text{IX}-\begin{bmatrix}\frac{33}{33}(\text{右旋螺纹})\\ \frac{33}{25}-\frac{25}{33}(\text{左旋螺纹})\end{bmatrix}-\text{XI}-\frac{63}{100}\times\frac{100}{75}-\text{XII}-\frac{25}{36}-\text{XIII}-u_j-\text{XIV}-\frac{25}{36}\times\frac{36}{25}-\text{XV}-u_b-\text{XVII}-\vec{M}_5-\text{XVIII(丝杠)}-\text{刀架}$$

车削米制螺纹时的运动平衡式为

$$1\times\frac{58}{58}\times\frac{33}{33}\times\frac{63}{100}\times\frac{100}{75}\times\frac{25}{36}\times u_j\times\frac{25}{36}\times\frac{36}{25}\times u_b\times 12=S=kP(\text{mm}) \tag{3-3}$$

式中，k——螺纹头数；

P——螺距。

化简后得

$$S=7u_ju_b \tag{3-4}$$

CA6140 型卧式车床，通过更换挂轮和调整进给箱中的离合器，可以加工各种螺纹。各种螺纹传动路线的主要特征见表 3-4，其中 $u_g=\frac{a}{b}\frac{c}{d}$。

表 3-4 各种螺纹传动路线的主要特征

传动特征 螺纹种类	螺距参数	导程 S/mm	挂轮	离合器			运动平衡式
				M_3	M_4	M_5	
米制	P 或 S/mm	kP	63/100 100/75	开	开	合	$S=7u_ju_b$
模数制	模数 m/mm	$k\pi m$	64/100 100/97	开	开	合	$S_m=\frac{7\pi}{4}u_ju_b$
英制	a(牙/英寸)	$25.4k/a$	63/100 100/75	合	开	合	$S_a=\frac{25.4\times4}{7}\times u_b/u_j$
径节制	DP(牙/英寸)	$25.4k\pi/DP$	64/100 100/97	合	开	合	$S_{DP}=\frac{25.4\pi}{7}u_b/u_j$
非标准和较精密螺纹	同上任一类	同上任一类	a/b c/d	合	合	合	$S_{fj}=12u_g$

3）纵、横向机动进给传动链

CA6140 纵向和横向机动进给传动链，从主轴至进给箱 XVII 的传动路线与加工螺纹的传动路线相同，其后经过齿轮副 $\frac{28}{56}$ 传至光杠 XIX，再由光杠经溜板箱中的传动元件，分别传至齿轮齿条机构和横向进给丝杠 XXVII，使刀架实现纵向或横向进给。其传动路线表达式如下：

$$\text{主轴(VI)}-\begin{bmatrix}\text{米制螺纹传动路线}\\ \text{英制螺纹传动路线}\end{bmatrix}-\text{XVII}-\frac{28}{56}-\text{XIX(光杠)}-\frac{36}{32}\times\frac{32}{56}-M_6-M_7-\text{XX}-\frac{4}{29}-\text{XXI}-\left\{\begin{array}{l}\begin{bmatrix}\frac{40}{48}-M_9\uparrow\\ \frac{40}{30}\times\frac{30}{48}-M_9\downarrow\end{bmatrix}-\text{XXV}-\frac{48}{48}\times\frac{59}{18}-\underset{\text{(丝杠)}}{\text{XXVII}}-\text{刀架(横向进给)}\\ \begin{bmatrix}\frac{40}{48}-M_8\uparrow\\ \frac{40}{30}\times\frac{30}{48}-M_8\downarrow\end{bmatrix}-\text{XXII}-\frac{28}{80}-\text{XXIII}-z_{12}-\underset{(m=2.5\text{mm})}{\text{齿条}}-\text{刀架(纵向进给)}\end{array}\right.$$

双向牙嵌式离合器 M_8 和 M_9 分别用于控制纵向进给和横向进给运动的方向。

CA6140 型卧式车床的纵向和横向进给量各有 64 种。纵向进给量的变换范围为 0.028～6.33mm/r；横向进给量为 0.014～3.165mm/r，这些进给量通过下面 4 条传动路线得到：

(1) 运动经由正常螺距的米制螺纹传动路线传动时，可得到 0.08～1.22mm/r 的 32 种进给量。

(2) 运动经由正常螺距的英制螺纹传动路线传动时，使用增倍组中 $\frac{28}{35}\times\frac{35}{28}$ 传动路线，可得到 0.86～1.59mm/r 的 8 种较大的进给量。而用增倍组中的其他传动路线时，得到的进给量较小，且与上述路线传动时的进给量重复。

(3) 运动经由扩大导程机构及英制螺纹传动路线传动，且主轴处于较低的 12 级转速时，可将进给量扩大 4 或 16 倍，得到 1.71～6.33mm/r 的 16 种加大的纵向进给量。

(4) 运动经由扩大导程机构及米制螺纹传动路线传动，且主轴以高速(450～1400r/min)运转时，增倍变速组使用 $\frac{18}{45}\times\frac{15}{48}$ 传动路线，可得到 0.028～0.054mm/r 的 8 种细进给量。

从传动路线表达式，可以分析出，当主轴箱及进给箱中的传动路线相同时，所得到的横向进给量是纵向进给量的一半，横向进给量的级数则与纵向的相同。

4) 刀架快速移动进给链

在刀架作机动进给或退刀的过程中，如需要刀架作快速移动时，则用按钮将溜板箱内的快速移动电机(0.25kW，2800r/min)接通，经齿轮 Z13、Z29 传至轴 XX，然后再经溜板箱内与机动工作进给相同的传动路线传至刀架，使其实现纵向和横向的快速移动。当快速电动机使传动轴 XX 快速旋转时，依靠齿轮 Z56 与轴 XX 间的超越离合器 M_6，可避免与进给箱传来的低速工作进给运动发生干涉而损坏传动机构。

4. 机床的主要结构

1) 主轴箱

主轴箱是用于支承主轴和传动机构，并使其实现旋转、启动、停止、变速和换向等功用。主轴箱中通常包含有主轴部件，传动机构，启动、停止以及换向装置，制动装置，操纵机构和润滑装置等。

(1) 主轴组件。主轴组件是主轴箱最重要的部件。图 3-9 是其主轴组件图。主轴的旋转精度、刚度和抗振性等对工件的加工精度和表面粗糙度有直接影响，因此，对主轴部件要求较高。

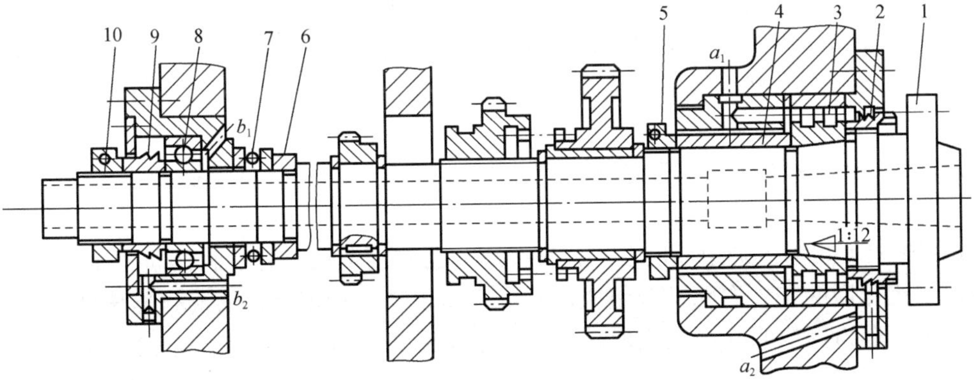

图 3-9　CA6140 卧式车床主轴组件

CA6140 型卧式车床的主轴是空心阶梯轴，其内孔是为了通过长棒料及气动、液压或电气等夹紧装置的管道、导线，也用于穿入钢棒以卸下顶尖。主轴前端的锥孔为莫氏 6 号锥度，用于安装顶尖或心轴，利用锥孔配合的摩擦力直接带动顶尖或心轴转动。主轴前端部采用短锥法兰式结构，用于安装卡盘或拨盘，如图 3-10 所示。拨盘或卡盘座 4 以主轴 3 的短圆锥面定位，卡盘、拨盘等夹具通过卡盘座 4，用四个螺栓 5 固定在主轴上，由装在主轴轴肩端面上的圆柱形端面键传递扭矩。安装卡盘时，只需将预先拧紧在卡盘座上的螺栓 5 连同螺母 6 一起，从主轴轴肩和锁紧盘 2 上的孔中穿过，然后将锁紧盘转过一个角度，使螺栓进入锁紧盘上宽度较窄的圆弧槽内，把螺母卡住(如图中所示位置)，接着再把螺母 6 拧紧，就可把卡盘等夹具紧固在主轴上。这种主轴轴端结构的定心精度高，连接刚度好，卡盘悬伸长度小，装卸卡盘也非常方便，因此得到了广泛的应用。

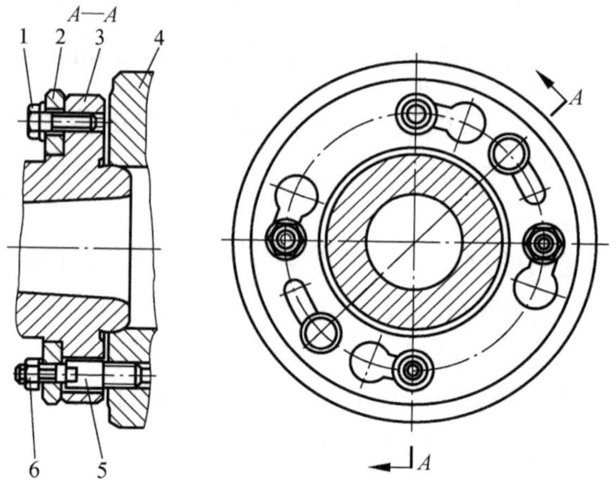

图 3-10　CA6140 主轴前端卡盘或拨盘的安装

1—螺钉；2—锁紧盘；3—主轴；4—卡盘座；5—螺栓；6—螺母

主轴支承轴承是主轴部件中的最重要的组件。其类型、精度、结构、配置方式、安装调整、润滑和冷却等状况，都直接影响主轴部件的工作性能。机床上常用的主轴轴承有滚动轴承、液体动压轴承、液体静压轴承、空气静压轴承等。主轴部件主支承常用的滚动轴承有角接触球轴承、双列短圆柱滚子轴承、圆锥滚子轴承、推力轴承、陶瓷滚动轴承等。

(2) 传动机构。主轴箱中的传动机构包括定比传动机构和变速机构两部分。定比传动机构仅用于传递运动和动力，一般采用齿轮传动副，变速机构一般采用滑移齿轮变速机构，其结构简单紧凑，传动效率高，传动比准确。但当变速齿轮为斜齿或尺寸较大时，则采用离合器变速。

(3) 开停和换向装置。开停装置用于控制主轴的启动和停止，换向装置用于改变主轴旋转方向。

CA6140 型卧式车床采用双向多片式摩擦离合器控制主轴的开停和换向，如图 3-11 (a) 所示。它由结构相同的左、右两部分组成，左离合器传动主轴正转，右离合器传动主轴反转。下面以左离合器为例说明其结构原理。多个内摩擦片 2 和外摩擦片 1 相间安装，内摩擦片 2 以花键与轴 I 相连接，外摩擦片 1 以其四个凸齿与空套双联齿轮相连接并空套在轴 I 上。内外摩擦片未被压紧时，彼此互不联系，轴 I 不能带动双联齿轮转动。当用拨叉 10 拨动滑套 9

至右边位置时，滑套将羊角形摆块 7 的右角压下，使它绕销轴 6 顺时针摆动，其下端的凸缘推动拉杆 8 向左，通过固定在拉杆左端的圆柱销 4，带动压套 5，将左离合器内外摩擦片压紧在止推片 11 和 12 上，通过摩擦片间的摩擦力，使空套双联齿轮与轴 I 连接，主轴正向旋转。右离合器的结构和工作原理同左离合器一样，只是内外摩擦片数量少一些；当拨动滑套 9 至左边位置时，压套 5 右移，将右离合器的内外摩擦片压紧，空套齿轮与轴 I 连接，主轴反转。滑套 9 处于中间位置时，左右两离合器的摩擦片都松开，主轴的传动断开，停止转动。

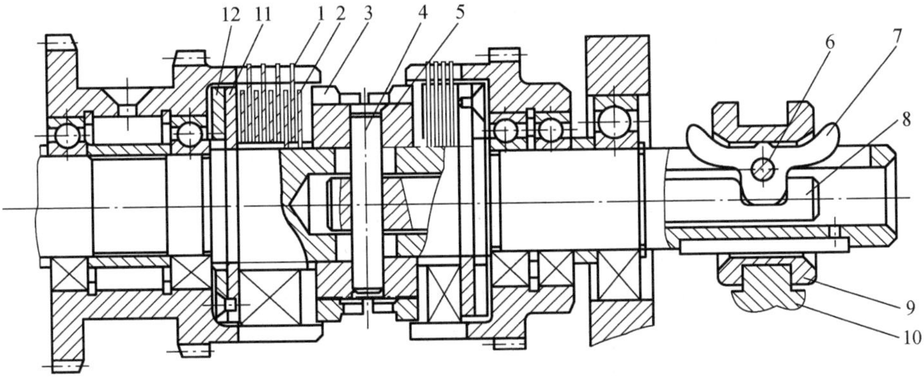

（a）双向片式摩擦离合器

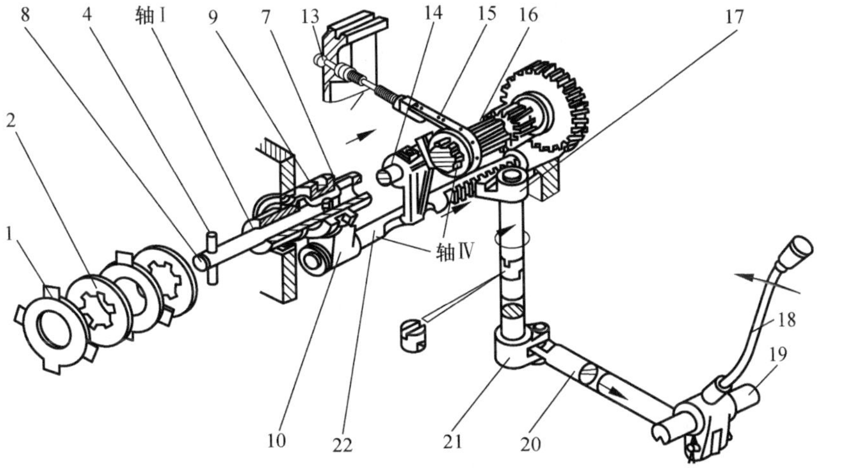

（b）制动器及操纵机构

图 3-11　双向片式摩擦离合器、制动器及其操纵机构

1—外摩擦片；2—内摩擦片；3—螺母；4—圆柱销；5—压套；6—销轴；7—羊角形摆块；8—拉杆；9—滑套；10—拨叉；11、12—止推片；13—调节螺钉；14—杠杆；15—制动带；16—制动盘；17—扇形齿轮；18—操纵手柄；19—操纵轴；20—杆；21—曲柄；22—齿条轴

摩擦离合器除了靠摩擦力传递运动和扭矩外，还能起过载保护作用。当机床过载时，摩擦片打滑，主轴停止转动，可避免损坏机床。摩擦片间的压紧力是根据离合器应传递的额定扭矩来确定的。当摩擦片磨损以后，压紧力减小，这时可通过向外旋装在压套 5 上的螺母 3 来调整。

离合器由手柄18操纵(图3-11(b))，18向上扳绕19逆时针摆动，杆20向外，曲柄21带动扇形齿轮17作顺时针转动(由上向下观察)，齿条22向右移动，带动拨叉10，10卡在滑套9的环槽内，滑套9的内孔两端为锥孔，中间为圆柱孔，拨叉10带动滑套9右移，滑套9右面迫使羊角形摆块7绕其装在轴Ⅰ上的销轴顺时针摆动，其下端的凸缘向左推动装在轴Ⅰ孔中的拉杆8向左移动(图3-11(a))，通过销4带动压套5向左压紧内外摩擦片，实现主轴正转。同理将手柄18扳至下端位置时，右离合器压紧，主轴反转。当手柄18处于中间位置时，离合器脱开，主轴停止转动，为了操纵方便，操纵轴19上装有两个操纵手柄18，分别位于进给箱的右侧和溜板箱的右侧。

(4)制动装置。制动装置的功用是在车床停车过程中克服主轴箱中各运动件的惯性，使主轴迅速停止转动，以缩短辅助时间。

制动器的工作原理如图3-11(b)所示，制动盘16是用花键装在轴Ⅳ上的一钢制件，周边围着制动带15。制动带是一钢带，内侧有一层酚醛石棉，以增加摩擦制动力矩。制动带的一端与杠杆14连接，另一端通过调节螺钉13等与箱体连接，为了操作方便和实现制动与接通传动链这两组动作的互锁，故采用同一操纵手柄18操纵。当离合器脱开时，齿条22处于中间位置，这时齿条轴22上的W形中凸部分接触杠杆14下端并推动杠杆14下端，使杠杆14逆时针摆动，杠杆14上端将制动带拉紧，实现制动。齿条22的W形凸起部的左右都是凹槽，左、右离合器任一结合实现主运动传动链接通时，杠杆14的下端处于凹槽中，没有力的作用14按顺时针方向摆动，使制动带放松。制动带的拉紧程度由调节螺钉13调整。调整后应检查在压紧离合器时制动带是否松开，确保制动时接不通传动链，接通传动链时决不实现制动。

(5)操纵机构。主轴箱中的操纵机构用于控制主轴启动、停止、制动、变速、换向以及变换左、右螺纹等。为使操纵方便，常采用集中操纵方式，即用一个手柄操纵几个传动件(滑移齿轮、离合器等)，以控制几个动作。

图3-12为CA6140型车床主轴箱中的一种变速操纵机构，它用一个手柄同时操纵轴Ⅱ、Ⅲ上的双联滑移齿轮和三联滑移齿轮，变换轴Ⅰ—Ⅲ的六种传动比。转动手柄时，通过链轮链条传动轴4，与轴4同时转动的有凸轮3和曲柄2，杠杆5一端的滚子插入凸轮3的槽中，另一端的销子拨动拨叉6，由于凸轮3上有一条封闭的曲线槽，由两段不同半径的圆弧和直线组成。凸轮上有6个变速位置，如图3-12所示。位置1、2、3对应杠杆5上端的滚子处于凸轮槽曲线的大半径圆弧处。杠杆5经拨叉6将轴Ⅱ上的双联齿轮移向左端位置。位置4、5、6对应杠杆5上端的滚子处于凸轮槽曲线的小半径圆弧处，将双联齿轮移向右端位置。轴4旋转同时带动曲柄2转动，曲柄2的销子带动拨叉1移动，拨叉拨动三联齿轮移动，手柄按图示逆时针转动时，凸轮处于大半径圆弧1、2、3位置，双联齿轮位于左边啮合，三联齿轮分别位于左、中、右啮合，手柄连续转动分别使凸轮处于小半径圆弧4、5、6位置，双联齿轮于右边啮合，而三联齿轮分别位于右、中、左三位置啮合，从而实现手柄旋转一周6个均布位置，对应齿轮啮合位置有6种组合，使Ⅲ轴得到6种转速。

(6)润滑装置。为了保证机床正常工作和减少零件磨损，对主轴箱中的轴承、齿轮、摩擦离合器等必须进行良好的润滑。CA6140型车床主轴箱采用油泵供油循环润滑的润滑系统。

2)进给箱

进给箱的功用是变换被加工螺纹的种类和导程，以及获得所需的各种机动进给量。

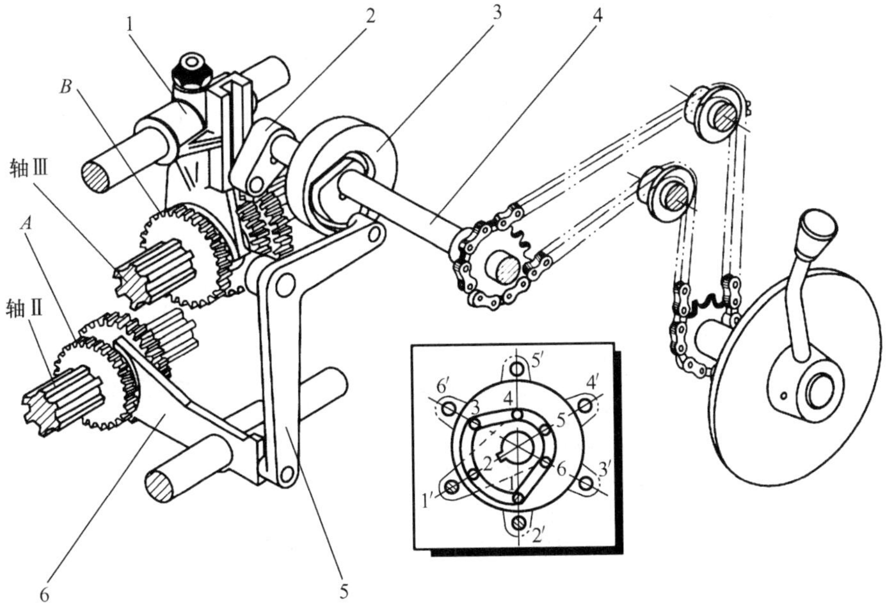

图 3-12　Ⅱ、Ⅲ轴滑移齿轮变速操纵结构

A—双联齿轮；*B*—三联齿轮；1、6—拨叉；2—曲轴；3—盘形凸轮；4—轴；5—杠杆

3) 溜板箱

溜板箱的主要功用是将丝杠或光杠传来的旋转运动转变为直线运动并带动刀架进给，控制刀架运动的接通、断开和换向；机床过载时控制刀架自动停止进给，手动操纵刀架时实现快速移动等。溜板箱主要由以下几部分组成：纵、横向机动进给和快速移动的操纵机构、开合螺母及操纵机构、互锁机构、超越离合器和安全离合器等。

(1) 纵、横向机动进给操纵机构。图 3-13 所示为 CA6140 型车床的机动进给操纵机构。它利用一个手柄集中操纵纵向、横向机动进给运动的接通、断开和换向，且手柄扳动方向与刀架运动方向一致，使用非常方便。向左或向右扳动手柄 1，使手柄座 3 绕着销轴 2 摆动时(销轴 2 装在轴向位置固定的轴 23 上)，手柄座下端的开口槽通过球头销 4 拨动轴 5 轴向移动，再经杠杆 11 和连杆 12 使凸轮 13 转动，凸轮上的曲线槽又通过圆销 14 带动轴 15 以及固定在它上面的拨叉 16 向前或向后移动，拨叉拨动离合器 M_8，使之与轴ⅩⅫ上两个空套齿轮之一啮合，于是纵向机动进给运动接通，刀架相应地向左或向右移动。

向后或向前扳动手柄 1，通过手柄座 3 使轴 23 以及固定在它左端的凸轮 22 转动时，凸轮上曲线槽通过圆销 19 使杠杆 20 绕销轴 21 摆动，再经杠杆 20 上的另一圆销 18，带动轴 10 以及固定在它上面的拨叉 17 向前或向后移动，拨叉拨动离合器 M_9，使之与轴ⅩⅩⅤ上两空套齿轮之一啮合，于是横向机动进给运动接通，刀架相应地向前或向后移动。

手柄 1 扳至中间直立位置时，离合器 M_8 和 M_9 均处于中间位置，机动进给传动链断开。当手柄扳至左、右、前、后任一位置时，如按下装在手柄 1 顶端的按钮 K，则快速电动机启动，刀架便在相应方向上快速移动。

(2) 开合螺母机构。开合螺母机构的结构如图 3-14 所示。开合螺母由上下两个半螺母 26 和 25 组成，装在溜板箱体后壁的燕尾形导轨中，可上下移动。上下半螺母的背面各装有一个圆销 27，它们分别插入槽盘 28 的两条曲线槽中。扳动手柄 6，经轴 7 使槽盘逆时针转动时(图 3-14(b))，曲线槽迫使两圆销互相靠近，带动上下半螺母合拢，与丝杠啮合，刀架便由丝杠螺母经溜板箱传动进给。槽盘顺时针转动时，曲线槽通过圆销使两半螺母相互分离，与丝杠脱开啮合，刀架便停止进给。槽盘 28 上的偏心圆弧槽接近盘中心部分的倾斜角比较小，使开合螺母闭合后能自锁。

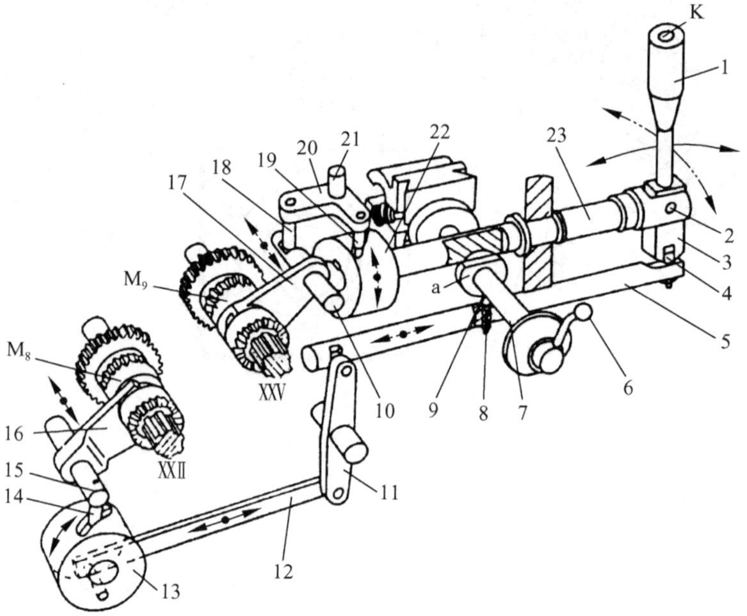

图 3-13　纵、横向机动进给操纵机构(CA6140)

1—手柄；2—销轴；3—手柄座；4—球头销；5、7、23—轴；6—手柄；8—弹簧销；9—球头销；10—拨叉轴；11—杠杆；12—连杆；13—凸轮；14—圆销；15—拨叉轴；16、17—拨叉；18、19—圆销；20—杠杆；21—销轴；22—凸轮

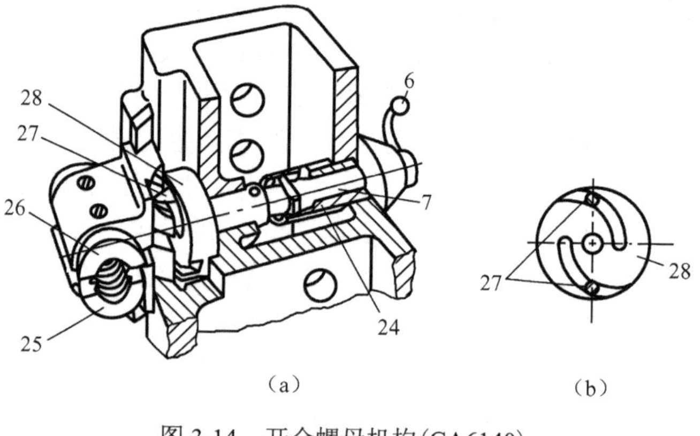

图 3-14　开合螺母机构(CA6140)

24—支承套；25—下半螺母；26—上半螺母；27—圆销；28—槽盘

(3) 互锁机构。机床工作时，如因操作失误同时将丝杠传动和纵、横向机动进给(或快速运动)接通，则将损坏机床。为了防止发生上述事故，溜板箱中设有互锁机构，以保证开合螺母合上时，机动进给不能接通；反之，机动进给接通时，开合螺母不能合上。

图 3-15 所示互锁机构是由开合螺母操纵轴 7 上的凸肩 a，轴 5 上的球头销 9 和弹簧销 8

以及支承套24(图3-13、图3-14)等组成。图3-13表示丝杠传动和纵横向机动进给均未接通的情况，此位置称中间位置。此时可扳动手柄1至前、后、左、右任意位置，接通相应方向的纵向或横向机动进给，或者扳动手柄6使开合螺母合上。

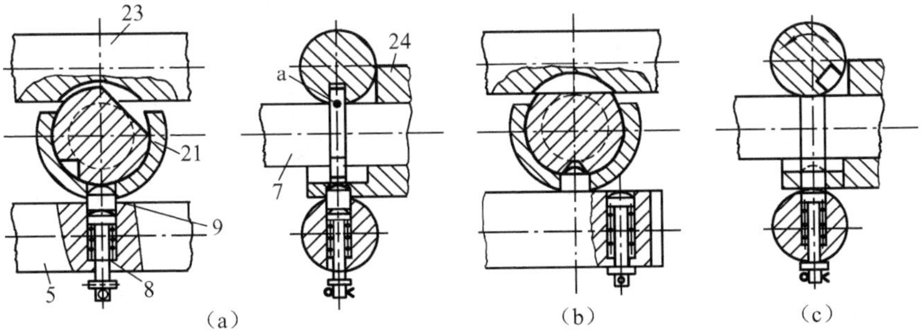

图3-15 互锁机构工作原理(CA6140)

5、7、23—轴；8—弹簧销；9—球头销；21—销轴；24—支承套

如果向下扳动手柄6使开合螺母合上，则轴7顺时针转过一个角度，其上凸肩a嵌入轴23的槽中，将轴23卡住使其不能转动。同时，凸肩又将装在支承套24横向孔中的球头销9压下，使它的下端插入轴5的孔中，将轴5锁住，使其不能左右移动(图3-15(a))。这时纵、横向机动进给都不能接通。如果接通纵向机动进给，则因轴5沿轴线方向移动了一定位置，其上的横向孔与球头销9错位(轴线不在同一直线上)，使球头销9不能往下移动，因而轴7被锁住而无法转动(如图3-15(b))。如果接通横向机动进给时，由于轴23转动了位置，其上的沟槽不再对准轴7的凸肩a，使轴7无法转动(如图3-15(c))，因此，接通纵向或横向机动进给后，开合螺母均不能合上。

(4)超越离合器。在蜗杆轴XX的左端与齿轮Z56之间装有超越离合器，以避免光杠与快速电动机同时传动轴XX。超越离合器的工作原理如图3-16所示。

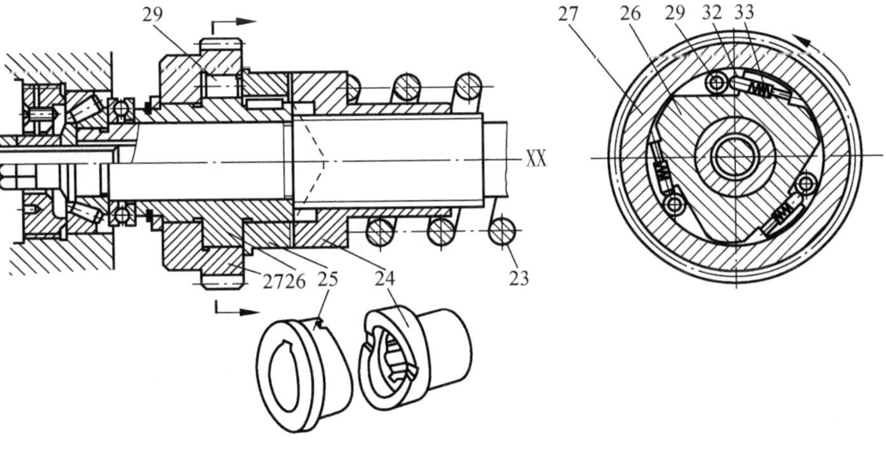

图3-16 超越离合器和安全离合器(CA6140)

23—弹簧；24—安全离合器右半部；25—安全离合器左半部；26—超越离合器星轮；

27—带齿的超越离合器外环；29—圆柱滚子；32—圆销；33—弹簧

机动进给时，由光杠传来的低速进给运动，使带齿的超越离合器外环27按图示逆时针方向转动。三个圆柱滚子29在弹簧33的弹力和外环与滚子之间的摩擦力作用下往窄隙方向滚移，从而楔紧在外环27与星形体26之间。外环27就可经滚子29带动星体26一起转动。由26通过键传动25，25通过其螺旋端齿传动24(称为安全离合器)，24传动轴XX。按下快速点动按钮，快速电动机启动经齿轮副13/29传动轴XX，若其转动方向与光杠传递的运动方向相同时，这时XX经安全离合器使星轮26得到一个与外环27转向相同但转速高得多的运动，这时星轮给滚子的摩擦力使滚子压销32和弹簧33，向楔形槽的宽端方向滚动，脱开了外环与星形体之间的联系。因此快速移动时可以不脱开进给传动链。

(5)安全离合器。机动进给时，当进给力过大或刀架移动受阻时，为了避免损坏传动机构，在进给传动链中设置了安全离合器即过载保护装置来自动地停止进给。安全离合器的结构如图3-16所示。

超越离合器的星体26空套在轴XX，安全离合器的左半25用键与星轮连接。安全离合器的右半24用花键与轴XX相连。运动经星轮26通过键传动25，再由25的端齿传动24，又由24的花键传动轴XX。安全离合器的工作原理，左半25与右半24端面齿啮合，啮合面之间为螺旋形端面齿。由于接触面是倾斜的，左半带动右半时两接触面之间产生的作用力为公法线方向上，此力可以分解成切向力和轴向力，切向力使24旋转，这个轴向力靠弹簧23来平衡。当进给力超过预定值后，其轴向力变大压缩弹簧23，使24产生轴向位移，从而使端齿脱开产生打滑。

在机床上可预先调节23的预压力，从而可调整安全离合器传递的额定工作扭矩。

3.3 磨床与砂轮

磨削是指用磨料、磨具切除工件上多余材料的加工方法。磨削可用来加工各种内、外表面和平面，也可加工螺纹、花键、齿轮等复杂成形表面。磨削加工应用范围很广，不仅作为零件(特别是淬硬零件)的精加工工序，可以获得很高的加工精度和表面质量，而且用于粗加工毛坯去皮加工，能获得较高的生产率和良好的经济性。

3.3.1 磨床

用磨料磨具(砂轮、砂带、油石、研磨料等)为工具对工件进行切削加工的机床，统称为磨床。磨床是利用高速旋转的砂轮等磨具加工工件表面的切削加工，其工艺范围非常广泛，磨床在机床总数中所占比例在工业发达的国家已达到30%～40%。

为了适应磨削各种加工表面、工件形状和生产批量的要求，磨床的种类很多，其中主要类型如下。

(1)外圆磨床：包括普通外圆磨床、万能外圆磨床、无心外圆磨床等。

(2)内圆磨床：包括内圆磨床、无心内圆磨床、行星式内圆磨床等。

(3)平面磨床：包括卧轴矩台平面磨床、立轴矩台平面磨床、卧轴圆台平面磨床、立轴圆台平面磨床等。

(4)工具磨床：包括工具曲线磨床、钻头沟槽磨床、丝锥沟槽磨床等。

(5)刀具刃磨磨床：包括万能工具磨床、拉刀刃磨床、滚刀刃磨床等。

(6)各种专门化磨床：专门用于磨削某一类零件的磨床，如曲轴磨床、凸轮轴磨床、轧辊磨床、叶片磨床、齿轮磨床、螺纹磨床等。

(7) 其他磨床：包括珩磨机、抛光机、超精加工机床、砂带磨床、研磨机、砂轮机等。

1. M1432A 型外圆磨床

M1432A 型万能外圆磨床是普通精度级万能外圆磨床。它适用于单件小批生产中磨削内外圆柱面、圆锥面、轴肩端面等，工件最大磨削直径为 320mm。图 3-17 所示为该磨床的外形图，床身 1 为机床的基础支承件，在它上面装有工作台、砂轮架、头架、尾座等部件，使它们在工作时保持准确的相对位置，其内部有油池和液压系统。工作台 3 能以液压或手轮驱动，在床身的纵向导轨上做进给运动。工作台由上、下两层组成，上工作台可相对于下工作台在水平面内回转一个不大的角度(±10°)以磨削长锥面。头架 2 固定在工作台上，用来安装工件并带动工件旋转。为了磨短的锥孔，头架在水平面内可转动一个角度。尾座 7 可在工作台的适当位置上固定，以顶尖支承工件。滑鞍 6 上装有砂轮架 5 和内圆磨头 4，转动横向进给手轮 9，通过横向进给机构能使滑鞍和砂轮架做横向运动。砂轮架也能在滑鞍上调整一定角度(±30°)，以磨削锥度较大的短锥面。为了便于装卸工件及测量尺寸，滑鞍与砂轮架还可以通过液压装置做一定距离的快进或快退运动。将内圆磨头 4 放下并固定后，就能启动内圆磨具电机，磨削夹紧在卡盘中的工件的内孔，此时电气联锁装置使砂轮架不能做快进或快退运动。

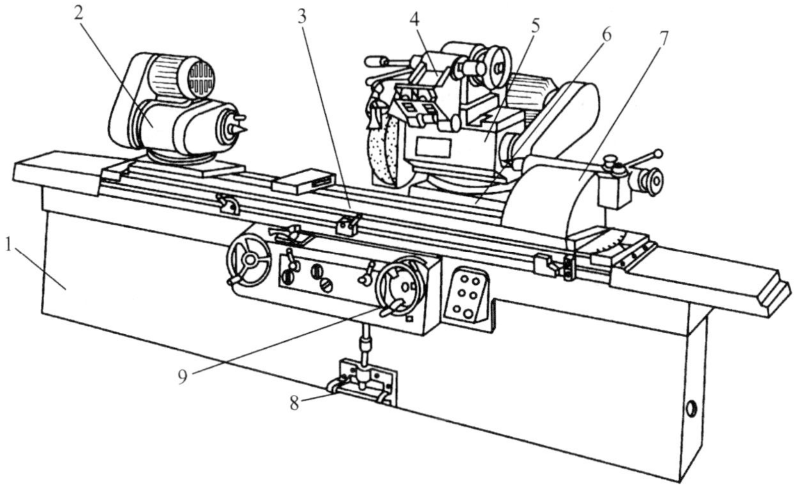

图 3-17 M1432A 型万能外圆磨床

1—床身；2—头架；3—工作台；4—内圆磨头；5—砂轮架；6—滑鞍；7—尾座；8—脚踏操纵板；9—手轮

图 3-18 所示为万能外圆磨床的几种典型加工示意图。可以看出外圆磨床可用以磨削内外圆柱面、圆锥面。其基本磨削方法有两种：纵向磨削法和切入磨削法。

纵向磨削法(图 3-18(a)、(b)、(d))是使工作台做纵向往复运动磨削的方法，用这种方法加工时，表面成形共需要三个运动：①砂轮的旋转运动 n_t 为主运动；②工件纵向进给运动 f_a；③工件旋转运动也称圆周进给运动 v_w。

切入磨削法(图 3-18(c))是用宽砂轮进行横向切入磨削的方法。表面成形运动只需要两个运动：①砂轮的旋转运动 n_t；②工件的旋转运动 v_w。

机床除上述表面成形运动外，还有砂轮架的横向进给运动 f_r(纵磨法单位为 mm/双行程或 mm/单行程，切入磨法单位为 mm/min)和辅助运动(如砂轮架的快进、快退，尾架套筒的伸缩等)。

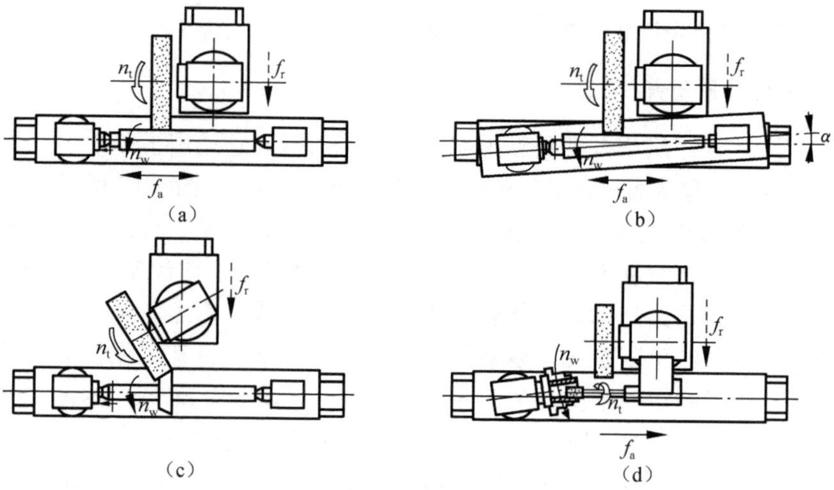

图 3-18 万能外圆磨床加工示意图

2. 无心外圆磨床

无心外圆磨削是外圆磨削的一种特殊形式。磨削时，由于工件不用顶尖定心和支撑，而是置于砂轮和导轮之间靠托板支撑，并由工件被磨削的外圆面作为定位面，所以称为无心磨削。

无心外圆磨床的主参数是最大磨削工件的直径，其工作原理如图 3-19 所示。该机床没有床头箱和尾架，而是由托板和导轮支撑工件，用砂轮进行磨削。砂轮和导轮的旋转方向相同，但由于砂轮的圆周速度大(为导轮的 70～80 倍)，通过切向切削力带动工件旋转，但导轮(用摩擦系数较大的树脂或橡胶作黏结剂制成的刚玉砂轮)则依靠摩擦力限制工件旋转，使工件的圆周线速度基本上等于导轮的线速度，从而在砂轮和工件间形成很大速度差产生磨削作用。改变导轮的转速，便可以调节工件的圆周进给速度。

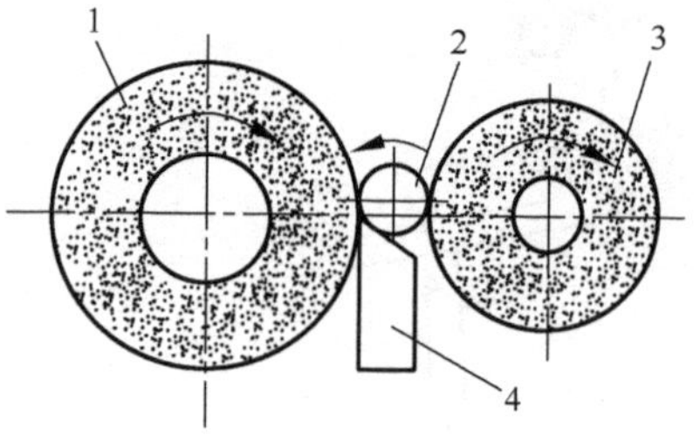

图 3-19 无心外圆磨削原理示意图

1—磨削砂轮；2—工件；3—导轮；4—托板

托板的上表面倾斜 30°～50°，使工件靠切削力紧紧压在导轮上，导轮轴线相对于砂轮轴线有一倾斜角度α(1°～5°)。导轮低速转动靠摩擦力带动工件旋转。由于倾斜角的存在，导轮与工件接触点处的速度 $V_{导}$方向是斜的，它可分为两个速度分量：一个是 $V_{工}$使工件旋转，另一个是 $V_{进}$，使工件产生轴向进给运动。

$$V_{进} = V_{导}\sin\alpha$$

$$V_{工} = V_{导}\cos\alpha$$

式中，$V_{导}$——导轮的圆周速度(m/s)；

$V_{工}$——工件的圆周速度(m/s)；

$V_{进}$——工件的轴向进给速度(m/s)。

由于导轮轴线与砂轮轴线有一倾斜角α，工件与导轮不是线接触。为使工件与导轮保持线接触，导轮的形状就不应是圆柱形，而应将其做成双曲面形。为此在修整砂轮时，金刚石笔的运动应根据角α加以调整。由于无心外圆磨床磨削工件时不用顶尖支撑，所以工件磨削长度不受顶尖限制，又因磨削时工件被支持在导轮和砂轮之间，不会被磨削力顶弯，所以可磨削细长工件。无心磨削生产效率高，易于实现自动化，因此，多用于成批大量生产中磨削销轴等小零件或磨削细长光轴。无心磨床不能磨削断续表面(如有长键槽的圆柱面)，因为这样导轮就无法使工件旋转。

无心外圆磨床有两种磨削方式，如图 3-20 所示。

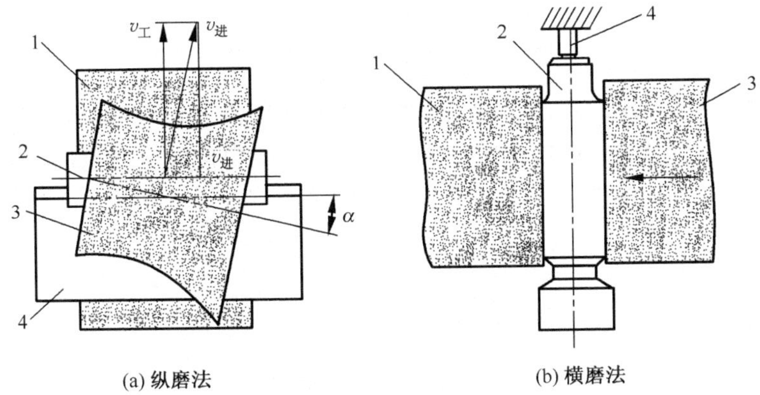

图 3-20　无心外圆磨削的两种方法

1—砂轮；2—工件；3—导轮；4—托板

(1) 纵磨法(贯穿磨削法)(图 3-20(a))。将工件 2 从前面放在托板 4 上，推入磨削区域后，砂轮 1 对工件进行磨削，导轮 3 带着工件 2 旋转同时又带着工件沿轴线向前移动，从机床的另一端出去就磨削完毕。而另一个工件可相继进入磨削区，这样就可以一件接一件地连续加工。工件的轴向进给是由于导轮 3 的中心线在竖直平面内向前倾斜了α角度所引起的。这种磨削方法适用于磨削不带台阶的圆柱形工件。

(2) 横磨法(切入磨削法)(图 3-20(b))。将工件 2 放在托板和导轮之间，然后使砂轮 1 横向切入进给来磨削工件表面。由于导轮的轴心线仅倾斜很小的角度(约 30′)，对工件有微小的轴向推力，使它靠住挡块 4，得到可靠的轴向定位。这种磨削方法适用于磨削具有台阶或成形回转表面的工件。

为了避免磨削出棱圆形工件，工件的中心应高于砂轮和导轮的中心连线(一般高出被磨削工件直径的 15%～25%)，使工件和导轮、砂轮的接触相当于是在假想的 V 形槽中转动。由于工件的凸起部分和 V 形槽两侧的接触不可能对称，这样使工件在多次转动中被逐步磨圆。

3. 平面磨床

平面磨床主要用于磨削各种平面。根据磨削方法和机床布局，平面磨床主要有四种类型，其磨削方式如图 3-21 所示。其中，图 3-21(a)为卧轴矩台型；图 3-21(b)为卧轴圆台型；图 3-21(c)为立轴矩台型；图 3-21(d)为立轴圆台型。

矩形工作台与圆形工作台相比较，前者的加工范围较宽，但有工作台换向的时间损失；后者为连续磨削，生产率较高，但不能加工较长的或带台阶的平面。

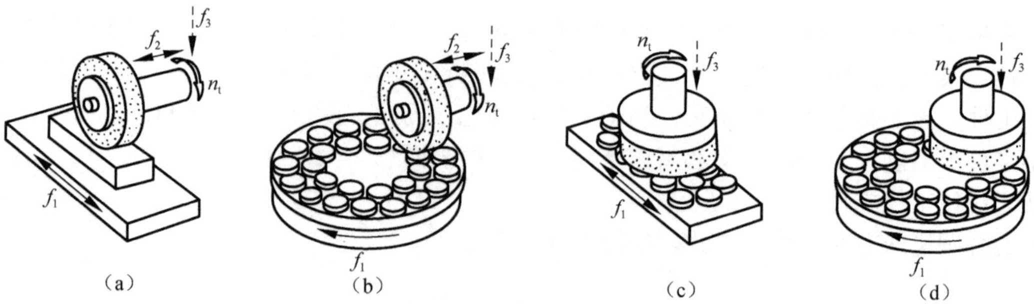

图 3-21　平面磨床的加工示意图

砂轮端面磨削与周边磨削相比，端面磨削的生产率较高，但因砂轮和工件接触面积大，冷却困难，且切屑不易排除，所以加工精度较低，表面粗糙度较大；而周边磨削时由于砂轮和工件接触面较小，发热量少，冷却和排屑条件较好，可获得较高的加工精度和较小的表面粗糙度。

3.3.2　砂轮

砂轮是磨削加工使用的切削工具，它是用结合剂将磨粒黏结在一起经烧结而成的多孔体。它由磨料、结合剂、气孔三要素组成。决定砂轮特性的五个要素分别是：磨料、粒度、结合剂、硬度和组织。

(1)磨料。磨料是砂轮的主要成分，磨料应具有很高的硬度，耐热性、耐磨性和相当的韧性，还应有比较锋利的棱角。常用的磨料有氧化物系、碳化物系和超硬磨料系三类。氧化物系磨料的主要成分为氧化铝(Al_2O_3)。碳化物系磨料的主要成分有碳化硅(SiC)、碳化硼(B_4C)。超硬磨料系主要有人造金刚石(TR)和立方氮化硼(CBN)等。常用磨料的特性及适用范围见表 3-5。

表 3-5　磨料的特性及使用范围

系列	磨料名称	代号	显微硬度 HV	特　　性	适用范围
氧化物系	棕刚玉	A	2200～2280	棕褐色。硬度高，韧性大，价格便宜	磨削碳钢、合金钢、可锻铸铁及硬青铜
	白刚玉	WA	2200～2300	白色。硬度比棕刚玉高，韧性较棕刚玉低	磨削淬硬的高碳钢、合金钢、高速钢，磨削薄壁零件、成形零件
碳化物系	黑碳化硅	C	2840～3320	黑色，有光泽。硬度比白刚玉高，性脆而锋利，导热性和导电性良好	磨削铸铁、黄铜、铝、耐火材料及非金属材料
	绿碳化硅	GC	3280～3400	绿色。硬度和脆性比黑碳化硅高，具有良好的导热性和导电性	磨削硬质合金、宝石、陶瓷、玉石、玻璃、非铁金属等材料
超硬磨料系	人造金刚石	MBD 等	6000～10000	无色透明或淡绿色、黑色。硬度最高，耐热性差	磨削硬质合金、宝石、花岗岩、光学玻璃、陶瓷等材料
	立方氮化硼	CBN	6000～8500	黑色或淡白色。硬度仅次于金刚石，耐磨性和导电性好，发热量小	磨削高性能高速钢，不锈钢，耐热钢及其他难加工材料

(2)粒度。粒度表示磨料颗粒尺寸的大小。GB/T 2481.1—1998 和 GB/T 2481.1—2009 规

定，粗磨粒粒度 F4～F220 用筛分法区别，F 后面的数字大致为每英寸筛网长度上筛孔的数目；微粉粒度 F230～F2000 用沉降法区别，主要用光电沉降仪区分。

粒度选择的原则是：粗磨使用颗粒较粗的磨料(粒度号小的磨料)制作的砂轮，以提高生产率；精磨使用颗粒较细的磨料(粒度号大的磨料)制作的砂轮，以减小加工表面粗糙度。当工件材料较软、塑性大或磨削接触面积大时，为避免砂轮堵塞或发热过大而引起工件表面烧伤，也常采用颗粒较粗的磨料制作的砂轮。常用磨料的粒度及应用范围见表 3-6。

表 3-6　常用粒度及适用范围

类别	粒　度　号		应 用 范 围
磨粒	粗粒	F4, F5, …, F22, F24	荒磨
	中粒	F30, F36, F40, F46	一般磨削。加工表面粗糙度可达 Ra0.8m
	细粒	F54, F60, F70, F80, F90, F100	精磨，精密磨，超精磨，成形磨，刀具刃磨，珩磨
	微粒	F120, F150, F180, F220	
微粉	F230, F240, F280, F320, F360, F400, F500, F600, F800, F1000, F1200, F1500, F2000		精磨，精密磨，超精磨，珩磨，螺纹磨，超精密磨，镜面磨，精研，加工表面粗糙度可达 Ra0.05～0.012μm

(3)结合剂。砂轮中用以黏结磨料的物质称结合剂。砂轮的强度、抗冲击性、耐热性及抗腐蚀能力主要取决于结合剂的性能。常用的结合剂有陶瓷结合剂、树脂结合剂、橡胶结合剂和金属结合剂，它们的性能及适用范围见表 3-7。

表 3-7　结合剂的种类及适用范围

结合剂	代号	性　　能	使 用 范 围
陶瓷	V	耐热、耐蚀，气孔率大，强度较高，弹性差	最常用，适用于各类磨削加工
树脂	B	强度较 V 高，弹性好，耐热性差	适用于高速磨削，切断、开槽等
橡胶	R	强度较 B 高，更富有弹性，气孔率小，耐热性差	适用于磨轴承沟道砂轮，切割用薄片砂轮及作无心磨的导轮
青铜	J	强度最高，型面保持性好，磨耗少，自锐性差	适用于金刚石砂轮

(4)硬度。砂轮的硬度是指在砂轮的磨粒磨削时从砂轮表面脱落的难易程度。硬度高，磨粒不易脱落。砂轮软，磨粒容易脱落。砂轮的硬度取决于结合剂的黏结能力与其在砂轮中所占比例的大小，而与磨料的硬度无关。同一种磨料，可以做出不同硬度的砂轮。

磨削时，若砂轮太硬，则磨钝了的磨料不能及时脱落，会使磨削温度升高而造成工件烧伤；若砂轮太软，则磨料脱落过快而不能充分发挥磨料的磨削效能。

工件材料硬度较高时应选用较软的砂轮，工件材料硬度较低时应选用较硬的砂轮；磨削薄壁件及导热性差的工件时，选用较软的砂轮；精磨与成形磨时，应选用硬些的砂轮，以利于保持砂轮的廓形。

砂轮硬度等级名称及代号见表 3-8，机械加工中，最常使用的砂轮硬度等级是软 H 至中 N。

表 3-8　砂轮的硬度等级名称及代号

等级	超软			软			中软		中		中硬			硬		超硬
代号	D	E	F	G	H	J	K	L	M	N	P	Q	R	S	T	Y
选择	磨未淬硬钢选用 L～N，磨淬火合金钢选用 H～K，高表面质量磨削时选用 K～L，刃磨硬质合金刀具选用 H～J															

(5)组织。砂轮组织表示砂轮中磨料、结合剂、气孔三者之间的体积比例关系。磨粒在砂轮总体积中所占比例愈大，孔隙愈小，砂轮的组织愈紧密，反之，则组织疏松。

砂轮组织级别分为紧密、中等、疏松三大类(图 3-22 和表 3-9)。砂轮组织紧密时，排屑困难，砂轮易被堵塞，但砂轮单位面积上磨粒数目多，易保持形状，并可获得较小的表面粗糙度，适用于成形磨削和精密磨削。磨削区面积大的(如端磨)或薄壁件磨削时，应选择组织疏松的砂轮，因为其容屑空间大，砂轮不易堵塞，工件表面不容易烧伤，也不易变形。常用的砂轮组织号为 5。

图 3-22　砂轮的组织

表 3-9　砂轮的组织级别

组织号	0	1	2	3	4	5	6	7	8	9	10	11	12
磨料率/%	62	60	58	56	54	52	50	48	46	44	42	40	38
疏密程度	紧密				中等				疏松				

在砂轮的端面上一般都印有标志，用以表示砂轮的特性。例如：1-300×50×75-AF60L5V-35m/s，1 表示该砂轮为平面砂轮，其余则分别表示：外径为 300mm，厚度为 50mm，内径为 75mm，磨料为棕刚玉(A)，粒度号为 F60，硬度为中软(L)，组织号为 5，结合剂为陶瓷(V)，最高圆周速度为 35m/s。

3.3.3　磨削过程及其特征

1. 磨料切削刃的形状特征

磨削时砂轮表面上有许多磨料参与磨削工作，磨粒在磨具上排列的间距和高低都是随机分布的。磨粒是一个多面体，其每个棱角都可看成是一个切削刃，如图 3-23 所示。与通常的刀具相比，砂轮表面微小磨料的切削刃的几何形状是不确定的(前角为–60°～–85°，刃口的楔角大多为 80°～145°，刃尖的钝圆半径为 3～28μm)，而且切削刃的排列(凹凸、刃距)是随机分布的，磨削厚度非常薄，在几个微米以下；磨削速度高达 1000～7000m/min，磨削点的瞬时温度可达 1000℃以上，使去除相同体积的材料所消耗的能量达到车削时的 10～30 倍。

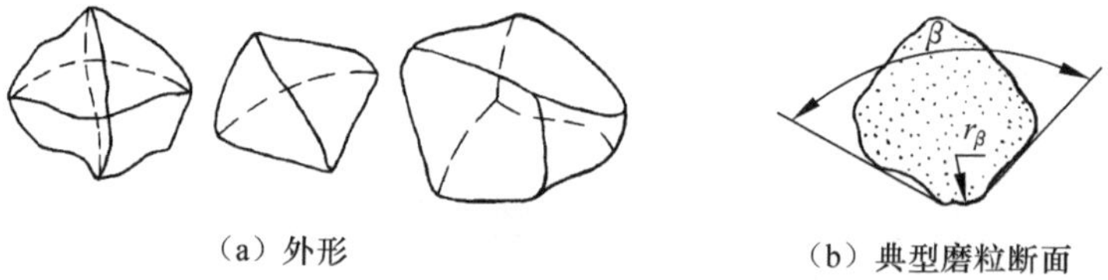

(a) 外形　　(b) 典型磨粒断面

图 3-23　砂轮上磨粒的形状

2. 磨屑的形成过程

磨屑的形成过程大致可分为三个阶段，如图 3-24 所示。

(1) 滑擦阶段。由于磨料以大的负前角和钝圆半径对工件进行切削，磨削深度小；且砂轮结合剂及工件和磨床系统的弹性变形，使磨料开始接触工件时产生退让。这样，磨料仅在工件表面滑擦而过，不能切入工件，仅在工件表面产生热应力。

(2) 刻划阶段。随着磨削深度的增加，磨料已能逐渐刻划入工件，工件表面由弹性变形逐步过渡到塑性变形，磨粒的前方及两侧出现表面隆起现象，工件表面出现刻痕(耕犁现象)，但磨料前刀面上没有磨屑流出。此时除磨料与工件的相互摩擦外，更主要是工件材料内部发生摩擦。磨削表层不仅有热应力，而且有因弹性和塑性变形所产生的应力。

(3) 切削阶段。当磨料的磨削深度、被切处材料的切应力和温度都达到某一临界值，因此材料明显地沿剪切面滑移从而形成切屑由前刀面流出。这一阶段工件的表层也产生热应力和变形应力。

以上仅是单颗磨料的磨削过程，当砂轮工作表面上随机排列的每颗磨料与工件在整个接触过程中都完成了上述过程时，磨削过程也就完成了。

3. 磨削力

外圆纵磨时，磨削力 F 可分为相互垂直的三个分力：主磨削力(沿砂轮切向的切向磨削力)F_c、背向力(沿砂轮径向的径向磨削力)F_p 和进给力 F_f(沿砂轮回转轴线方向的轴向磨削力)，如图 3-25 所示。

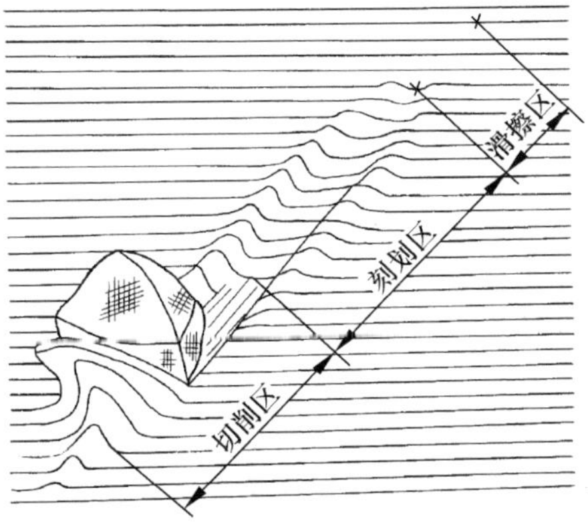

图 3-24 磨料的切削过程

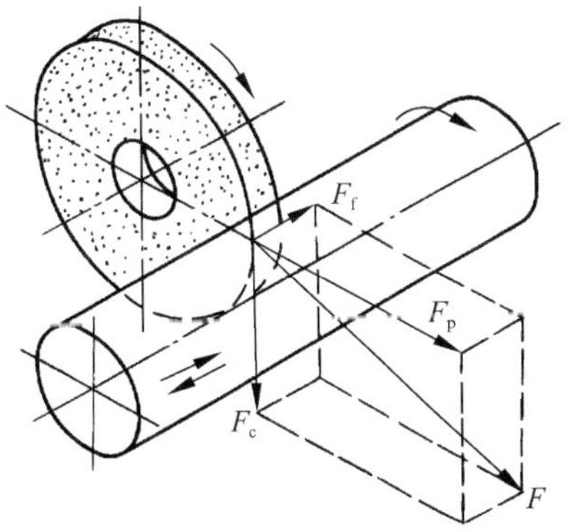

图 3-25 磨削受力分析

磨削力有以下主要特征：

(1) 单位磨削力值 K_c 很大。由于磨料几何形状的随机性和几何参数的不合理，单位磨削力值 K_c 可达 70kN/mm^2 以上，远远高于其他切削加工的单位切削力。

(2) 三项磨削分力中背向力 F_p 最大。在正常的磨削条件下，F_p/F_c 的比值为 2.0～2.5。

(3) 磨削力随不同的磨削阶段而变化。由于 F_p 较大，使工艺系统产生弹性变形，在开始几次进给中，实际径向进给量远小于名义进给量。随着进给次数的增加，实际进给量逐渐加大，直至达到名义进给量，这个阶段称为粗磨阶段。之后磨削进入稳定阶段，实际进给量与名义进给量相等。当余量即将磨完时，进行光磨(无进给磨削)，靠工艺系统的弹性变形恢复，磨削至尺寸要求。

4. 磨削功率

磨削功率与砂轮线速度关系可表示为

$$P_c = F_c v_c (W) \tag{3-5}$$

式中，P_c——主运动所消耗的功率；

F_c——主磨削力(N)；

v_c——砂轮线速度(m/s)。

通常砂轮硬度较高时，功率消耗大些；同一种工件材料，硬度较高时，功率消耗小些，硬化钢与软钢相比，F_c小 30%，因而磨削功率较小。

5. 磨削用量

(1)砂轮线速度 v_c。砂轮线速度一般比车削速度大 10～15 倍，但 v_c 太高时，可能会产生振动或工件表面烧伤。一般 v_c=25～35m/s，内圆磨、工具磨等因砂轮直径小，允许再低一些；高速磨削时，可用 v_c=45～100m/s 或更高些。

(2)工件圆周速度 v_w。工件圆周速度 v_w 一般取 20～30m/min。外圆磨时，速比 $q=v_c/v_w$=60～150；内圆磨时，q=40～80。工件加工精度高时可取较低的速度，反之取较高的速度。v_w 太低时工件易烧伤；v_w 太高时磨床可能产生振动。

(3)磨削深度 a_p。粗磨时，可取 a_p=0.015～0.05mm；精磨时，可取 a_p=0.005～0.01mm。

(4)砂轮轴向进给量 f_a。砂轮轴向进给量 f_a 是指工件每转一转或每一往复时砂轮的轴向位移量(mm)，设砂轮宽度为 b(mm)，则粗磨时，取 f_a=(0.3～0.8)b；精磨时，取 f_a=(0.1～0.3)b。

6. 磨削温度

由于磨削时消耗的能量很大，这些能量在磨削中迅速转变为热能，使磨料磨削点和砂轮磨削区的温度急剧升高。而磨削温度对加工表面质量影响很大，必须设法控制。

影响磨削温度的主要因素有磨削用量、工件材料和砂轮特性等。v_c 增大、a_p 增大均会使磨削温度升高；而 v_w 增大虽然也使磨削温度升高，但有助于防止工件表面层产生磨削烧伤和磨削裂纹。工件材料导热性越差，磨削区温度越高。砂轮硬度越大，自锐性越差，磨削温度越高。磨粒越细，砂轮工作面上的磨粒越多，磨削温度越高。

3.4 齿轮加工机床与齿轮刀具

齿轮加工机床是加工齿轮轮齿的机床。齿轮加工机床按加工对象的不同，分为圆柱齿轮加工机床和锥齿轮加工机床两大类。圆柱齿轮加工机床主要有滚齿机、插齿机等；锥齿轮加工机床有加工直齿锥齿轮的刨齿机、铣齿机、拉齿机和加工弧齿锥齿轮的铣齿机；用于精加工齿轮齿面的有研齿机、剃齿机、珩齿机和磨齿机等。

3.4.1 齿轮加工方法

齿轮加工机床种类较多，加工方式各异，但按齿形加工原理，齿轮加工方法可分为成形法和展成法(范成法)两种(表 1-4)。成形法所用刀具的切削刃形状与被加工齿轮的齿槽形状相同，这种方法有成形铣齿、成形磨齿、拉齿等。其中成形铣齿可以在普通铣床上进行，但其加工精度和生产率都较低，仅在单件小批生产中采用。而成形磨齿是近年来在硬齿面加工方面得到广泛应用的高效精加工方法。展成法是将齿轮啮合副中的一个齿轮转化为刀具，另一个齿轮转化为工件，齿轮刀具做切削主运动的同时，以内联系传动链强制刀具与工件做严格的啮合运动(展成运动)，于是刀具切削刃就在工件上加工出所要求的齿形表面来。用展成法加工齿轮的优点是，所用刀具切削刃的形状相当于齿条或齿轮的齿廓，只要刀具与被加工齿轮的模数和压力角相同，一把刀具可以加工同一模数不同齿数的齿轮。而且，生产率和加工精度都比较高。在齿轮加工中，展成法应用最为广泛。

3.4.2 齿轮加工机床

滚齿机是齿轮加工机床中应用最广的一种，主要用来加工直齿和斜齿外啮合圆柱齿轮以及蜗轮。用其他非渐开线齿形的滚刀还可在滚齿机上加工花键轴、链轮等。

1)滚齿传动原理

(1)加工直齿圆柱齿轮的传动原理。图 3-26 所示为滚切直齿圆柱齿轮的传动原理图。其成形运动必须包括形成渐开线齿廓的范成运动和形成直线形齿线的运动，因此需要三条传动链。

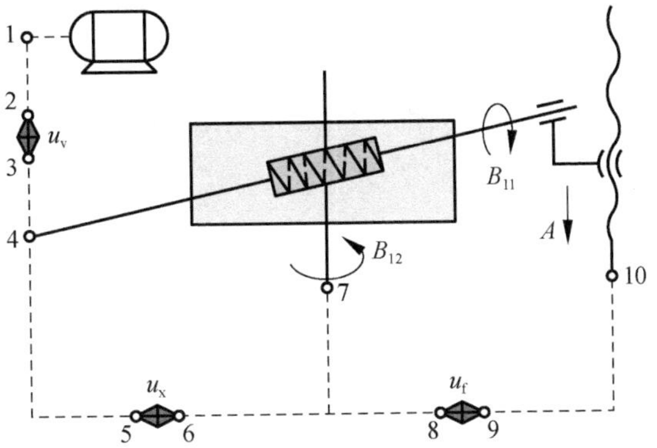

图 3-26　滚切直齿圆柱齿轮的传动原理图

① 范成运动传动链：滚刀—4—5—u_x—6—7—工件。靠滚刀的旋转运动 B_{11} 和工件的旋转运动 B_{12} 组成的复合运动渐开线齿廓，属于内联传动链，即滚刀转过 1/K 转，工件应相应地转过一个齿(1/$Z_{工}$转)；u_x 是用来调整渐开线成形运动的轨迹参数的，它影响渐开线的形状。

② 主运动传动链：电动机—1—2—u_v—3—4—滚刀，属于外联传动链。其中 u_v 是用来调整渐开线成形运动的速度参数的。

③ 轴向进给运动传动链：工件—7—8—u_f—9—10—刀架升降丝杠—刀架，属于外联传动链。由于工件转速和刀架移动快慢之间的相对关系会影响到齿面粗糙度，故通常把工件(回转工作台)作为间接动力源带动刀架做轴向移动，调整 u_f 得到所需要的轴向进给量。

(2)加工斜齿圆柱齿轮的传动原理。斜齿圆柱齿轮的端面上齿廓是渐开线，沿齿轮的齿长方向是一条螺旋线，它与直齿圆柱齿轮的差别仅在于导线的形状不同。图 3-27(b)所示为滚切斜齿圆柱齿轮的传动原理图。在滚切斜齿圆柱齿轮时，除了需要范成运动、主运动和轴向进给运动外，为了形成螺旋齿线，在滚刀做轴向运动时工件还应做附加旋转运动 B_{22}。其传动链是：刀架—12—13—u_y—14—15—［合成］—6—7—8—9—工作台，属内联系传动链，即滚刀移动一个工件螺旋线导程时，工件应准确地附加转过一转。由此看出，滚刀的轴向进给运动 A_{21} 和工件的附加转动 B_{22} 是形成螺旋齿线所必需的运动，这是一个独立的复合运动。

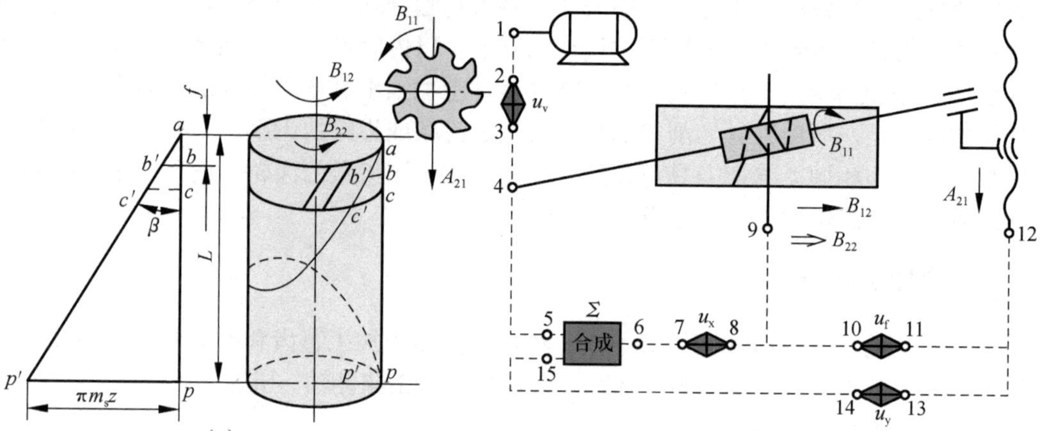

(a)　　(b)

图 3-27　滚切斜齿圆柱齿轮的传动原理图

对此可用图 3-25(a)来说明。设工件为右旋。当滚刀从 a 点移到 b 点时，为了能切出螺旋线齿线，应使工件的 b' 点转到 b 点，即在原来 B_{12} 的基础上再多转个 bb'。同理，当滚刀进给到 c 点时，工件应附加转动 cc'。以此类推，当滚刀进给到 p 点时，工件上的 p' 点转到 p 点，即工件应附加转一转。

2)滚刀的安装

安装滚刀时必须使滚刀的螺旋线方向与工件齿长方向一致，因此，加工前必须正确调整滚刀的安装角。图 3-28 所示为滚切直齿圆柱齿轮时滚刀的安装角。其中，滚刀位于工件前面，滚刀的螺旋升角为 ω。滚刀的安装角为

$$\delta = \omega \tag{3-6}$$

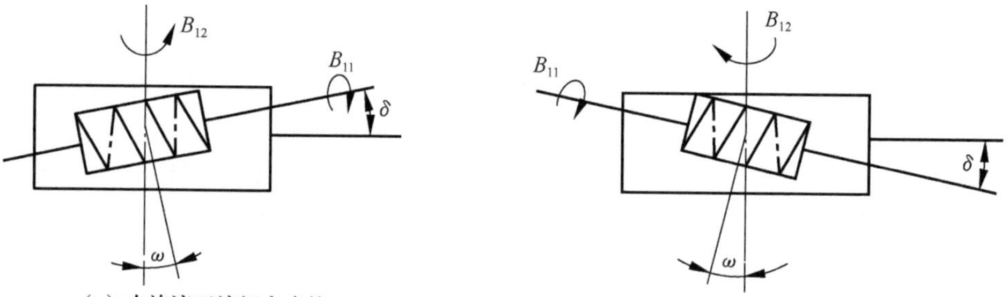

(a) 右旋滚刀滚切直齿轮　　(b) 左旋滚刀滚切直齿轮

图 3-28　滚切直齿圆柱齿轮时滚刀的安装角

角度的偏转方向与滚刀的螺旋线方向有关。用滚刀加工斜齿圆柱齿轮时，由于滚刀和工件的螺旋方向都有左、右方向之分，因此就有四种不同的组合，如图 3-29 所示。那么

$$\delta = \beta \pm \omega \tag{3-7}$$

式中，β——被加工齿轮的螺旋角。

当滚刀与被加工的斜齿轮的螺旋线方向相反时取“+”号，方向相同时取“−”号。

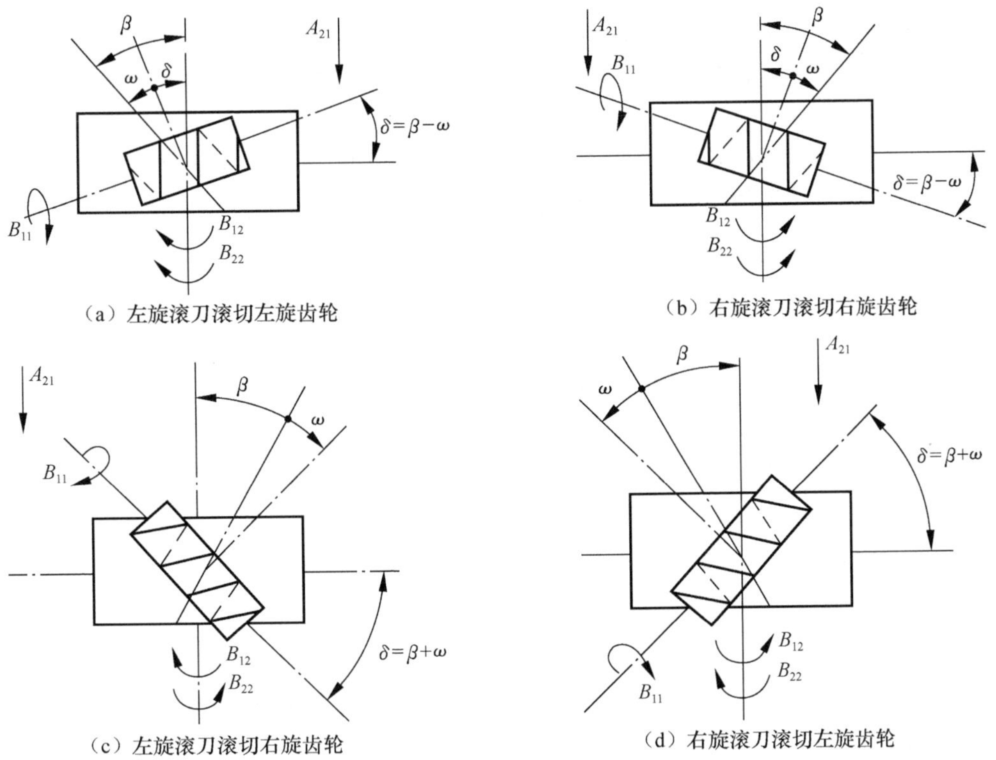

（a）左旋滚刀滚切左旋齿轮

（b）右旋滚刀滚切右旋齿轮

（c）左旋滚刀滚切右旋齿轮

（d）右旋滚刀滚切左旋齿轮

图 3-29　滚切斜齿圆柱齿轮时滚刀的安装角

3) Y3150E 型滚齿机

Y3150E 型滚齿机外形如图 3-30 所示。立柱 2 固定在床身 1 上，刀架溜板 3 可沿立柱 2 上的导轨做垂直方向的直线移动(轴向进给运动)。安装滚刀的刀杆 4 固定在刀架体 5 中的刀具主轴上，刀架体能绕自身轴线倾斜一个角度，这个角度称为滚刀安装角，其大小与滚刀的螺旋升角大小及旋向有关。工件安装在工作台的心轴 7 上并随工作台一起旋转。后立柱 8 和

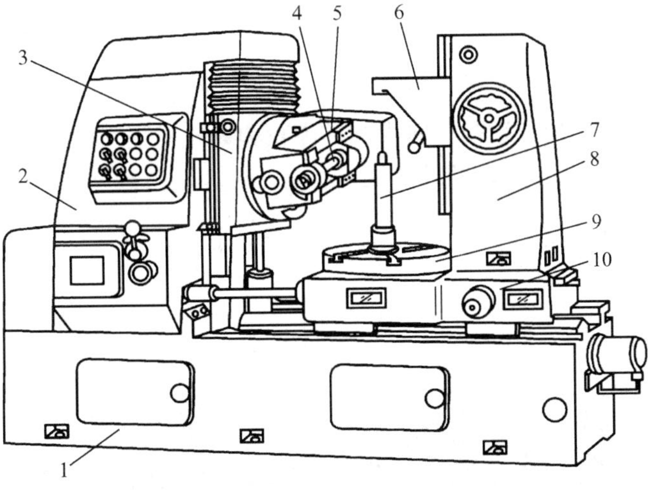

图 3-30　Y3150E 型滚齿机

1—床身；2—立柱；3—刀架溜板；4—刀杆；5—刀架体；6—支架；7—心轴；8—后立柱；9—工作台；10—床鞍

工作台 9 连成一体，可沿床身的导轨做水平移动，用于调整工件与滚刀间的径向位置以适应不同直径的工件或加工蜗轮时作径向进给运动。支架 6 可用轴套或顶尖支承工件心轴 7，以增加心轴的刚性。

(1) 主运动传动链。图 3-31 为 Y3150E 型滚齿机的传动系统图。机床的主运动传动链在加工直齿、斜齿圆柱齿轮和加工蜗轮时是相同的，即电动机——滚刀主轴，由图 3-31 可写出它的传动路线表达式为：

$$\underset{\left(\begin{array}{c}4\text{kW}\\1430\text{r/min}\end{array}\right)}{\text{主电动机}} - \frac{\phi115}{\phi165} - \text{I} - \frac{21}{42} - \text{II} - \begin{bmatrix}\frac{31}{39}\\ \frac{35}{35}\\ \frac{27}{43}\end{bmatrix} - \text{III} - \frac{A}{B} - \text{IV} - \frac{28}{28} - \text{V} - \frac{28}{28} - \text{VI} - \frac{28}{28} - \text{VII} - \frac{20}{80} - \text{VIII}(\text{滚刀主轴})$$

其运动平衡式为

$$1430(\text{r / min}) \times \frac{115}{165} \times \frac{21}{42} \times u_{\text{II-III}} \times \frac{A}{B} \times \frac{28}{28} \times \frac{28}{28} \times \frac{28}{28} \times \frac{20}{80} = n_{刀} \tag{3-8}$$

化简上式，得到主运动传动链的换置公式为

$$u_{\text{v}} = u_{\text{II-III}} \times \frac{A}{B} = \frac{n_{刀}}{124.583} \tag{3-9}$$

式中，$u_{\text{II-III}}$——轴 II、III间的传动比。

在 II 轴和III轴之间，用滑移齿轮可以得到 3 个传动比$\frac{35}{35}$、$\frac{31}{39}$、$\frac{27}{43}$。滚刀转速 $n_{刀}$可根据切削速度和滚刀外径确定，然后再利用换置公式确定$u_{\text{II-III}}$的值和挂轮齿数 A、B。挂轮$\frac{A}{B}$的值也有 3 种：$\frac{44}{22}$、$\frac{33}{33}$、$\frac{22}{44}$。由$u_{\text{II-III}}$和$\frac{A}{B}$的组合，机床上共有转速范围为 40～250r/min 的 9 种主轴转速可供选用。

(2) 范成运动传动链。加工直齿、斜齿圆柱齿轮和蜗轮时使用同一条范成运动传动链，其末端件为滚刀主轴和工作台，传动路线表达式为：

$$\begin{array}{l}\text{IV} - \frac{28}{28} - \text{V} - \frac{28}{28} - \text{VI} - \frac{28}{28} - \text{VII} - \frac{80}{20} - \text{VIII}(\text{滚刀主轴})\\ \text{IV} - \frac{42}{56} - \text{IX} - \text{合成机构} - \text{X} - \frac{e}{f} - \begin{bmatrix}\text{XI} - \frac{36}{36}\\ \text{—}\end{bmatrix} - \text{XII} - \frac{a}{b}\frac{c}{d} - \text{XIII} - \frac{1}{72} - \text{工作台(工件)}\end{array}$$

运动平衡式为

$$1转_{(滚刀)} \times \frac{80}{20} \times \frac{28}{28} \times \frac{28}{28} \times \frac{28}{28} \times \frac{42}{56} \times u_{合成} \times \frac{e}{f} \times \frac{a}{b} \times \frac{c}{d} \times \frac{1}{72} = \frac{K}{Z}转_{(工件)} \tag{3-10}$$

式中，$u_{合成}$——运动合成机构的传动比。

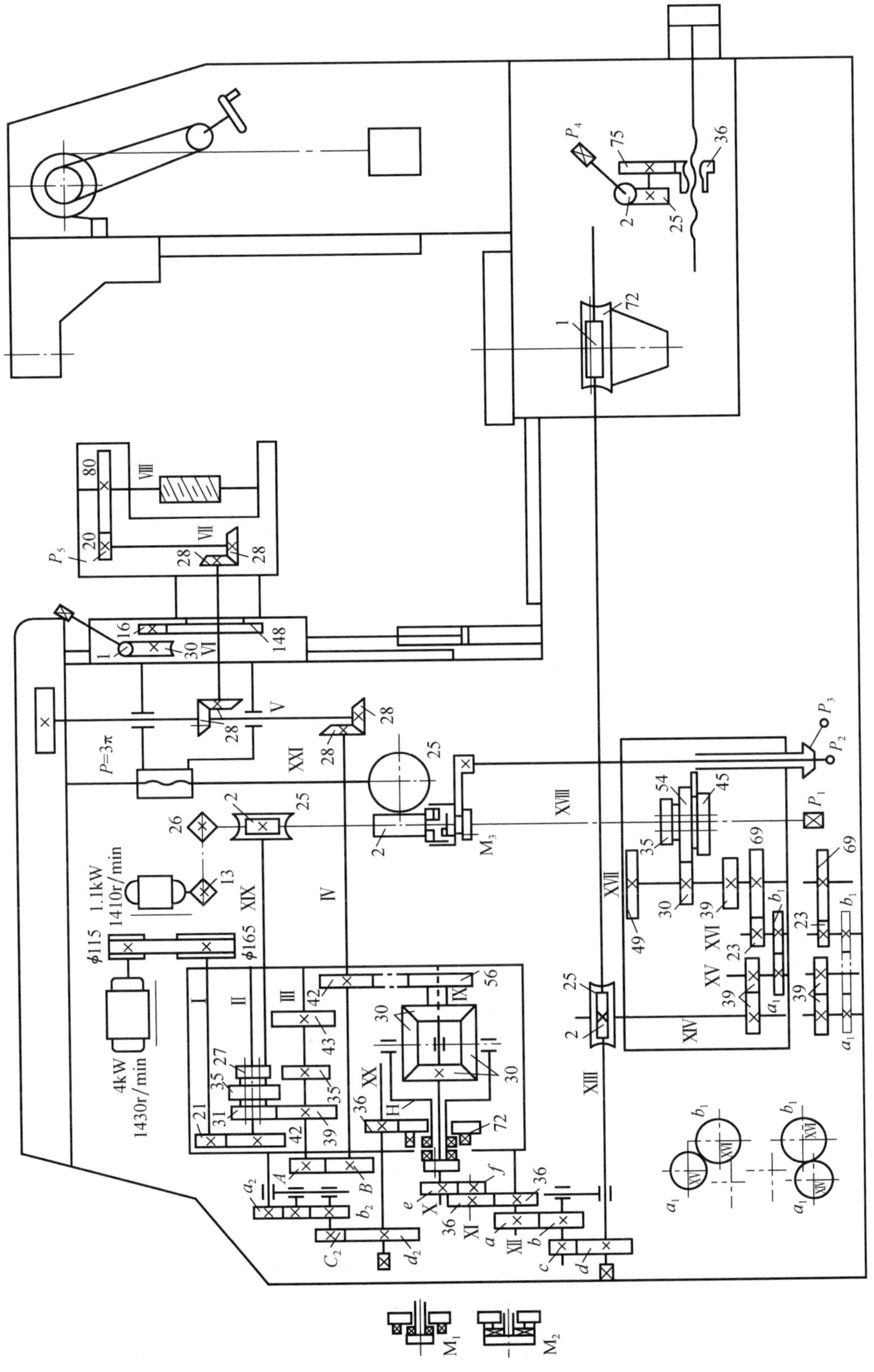

图 3-31 Y3150E 型滚齿机传动系统图

Y3150E 型滚齿机使用周转轮系作为运动合成机构。滚切直齿圆柱齿轮或用径向切入法滚切蜗轮时，用短齿离合器 M_1 将转臂 H(即合成机构的壳体)与轴Ⅸ联成一体。此时，附加运动链没有运动输入，齿轮 Z_{72} 空套在转臂上，运动合成机构相当于一个刚性联轴器，将齿轮 Z_{56} 与挂轮 e 作刚性连接，合成机构的传动比 $u_{合成}=1$。滚切斜齿圆柱齿轮时，用长齿离合器 M_2 将转臂与齿轮 Z_{72} 联成一体，附加运动由 XX 轴传入。设转臂为静止的，则 Z_{56} 与挂轮 e 的转速大小相等，方向相反，$u_{合成}=-1$。若不计传动比的符号，则两种情况下，经过合成机构的传动比相同，将运动平衡式化简，得到展成运动传动链的换置公式

$$u_x=\frac{a}{b}\times\frac{c}{d}=\frac{f}{e}\times\frac{24K}{Z} \tag{3-11}$$

换置公式中的挂轮 e、f 用于调整 u_x 的数值，以便在工件齿数变化范围很大的情况下，挂轮的齿数 a、b、c、d 不至相差过大，这样能使结构紧凑。并便于选取挂轮。e、f 的选择有 3 种情形：当 $5\leqslant\frac{Z}{K}\leqslant 20$ 时，取 $\frac{e}{f}=\frac{48}{24}$；当 $21\leqslant\frac{Z}{K}\leqslant 142$ 时，取 $\frac{e}{f}=\frac{36}{36}$；当 $\frac{Z}{K}\geqslant 143$ 时，取 $\frac{e}{f}=\frac{24}{48}$。

滚切斜齿圆柱齿轮时，安装分齿挂轮 a、b、c、d 应按照机床说明书的要求使用惰轮，以使展成运动的方向正确。

(3) 轴向进给运动传动链。轴向进给运动传动链的末端件为工作台和刀架，传动路线表达式为：

$$\text{工作台}-\frac{72}{1}-\mathrm{XIII}-\frac{2}{25}-\mathrm{XIV}-\begin{bmatrix}\frac{39}{39}-\mathrm{XV}-\\ -\end{bmatrix}-\frac{a_1}{b_1}-\mathrm{XVI}-\frac{23}{69}-\mathrm{XVII}-\begin{bmatrix}\frac{39}{45}\\ \frac{30}{54}\\ \frac{49}{35}\end{bmatrix}-\mathrm{XVIII}-M_3-\frac{2}{25}-\mathrm{XXI}(\text{刀架轴向进给丝杆 } P=3\pi)$$

运动平衡式为

$$1\text{转}_{(\text{工件})}\times\frac{72}{1}\times\frac{2}{25}\times\frac{39}{39}\times\frac{a_1}{b_1}\times\frac{23}{69}\times u_{\mathrm{XVII-XVIII}}\times\frac{2}{25}\times 3\pi=f\text{mm} \tag{3-12}$$

化简后得的轴向进给运动传动链的换置公式

$$u_f=\frac{a_1}{b_1}\times u_{\mathrm{XVII-XVIII}}=\frac{f}{0.4608\pi} \tag{3-13}$$

式中，$u_{\mathrm{XVII-XVIII}}$——轴 XVII—XVIII 之间的三联滑移齿轮的三种传动比：$\frac{49}{35}$、$\frac{30}{54}$、$\frac{39}{45}$。

选择合适的挂轮 a_1、b_1 与三联滑移齿轮相组合，可得到工件每转时刀架的不同轴向进给量。在 XIV 到 XVI 之间，设有惰轮来变换进给运动的方向。

(4) 附加运动传动链。附加运动传动链为从刀架开始到工作台，传动路线表达式为：

$$\begin{matrix}\text{I}\\ \text{刀架 XXI}\end{matrix} - \frac{25}{2} - M_3 - \text{XVIII} - \frac{2}{25} - \text{XIX} - \begin{bmatrix} \frac{\text{惰轮}}{b_2} - \frac{a_2}{\text{惰轮}} \\ \frac{a_2}{b_2} \end{bmatrix} - \frac{c_2}{d_2} - \text{XX} - \frac{36}{72}$$

$$- [\text{合成}] - \text{X} - \frac{e}{f} - \begin{bmatrix} \text{XI} - \frac{36}{36} \\ — \end{bmatrix} - \text{XII} - \frac{a}{b} - \frac{c}{d} - \text{XIII} - \frac{1}{72} - \text{工作台}$$

运动平衡式为

$$S_{(\text{刀架})} \times \frac{1}{3\pi} \times \frac{25}{2} \times \frac{2}{25} \times \frac{a_2}{b_2} \times \frac{c_2}{d_2} \times \frac{36}{72} \times u_{\text{合成}} \times \frac{e}{f} \times u_x \times \frac{1}{72} = 1\text{转}_{(\text{工件})} \tag{3-14}$$

滚切斜齿圆柱齿轮时，使用长齿离合器 M_2 将转臂与空套齿轮 Z_{72} 联成一体后，附加运动自 XX 轴上的 Z_{36} 传入，设Ⅸ轴上的中心轮 Z_{56} 固定不动，对于此附加运动轮系，转臂转一转时，中心轮 e 转两转，故 $u_{\text{合成}}=2$，式中 $S=\dfrac{\pi m_n z}{\sin\beta}$（其中 S 是被加工斜齿轮螺旋线导程，m_n 表示齿轮的法向模数，β 为齿轮的螺旋角），又在展成运动传动链中求得 $u_x=\dfrac{a}{b}\times\dfrac{c}{d}=\dfrac{f}{e}\times\dfrac{24K}{Z}$，代入上式并简化，得到换置公式

$$u_y = \frac{a_2}{b_2} \times \frac{c_2}{d_2} = 9\frac{\sin\beta}{m_n K} \tag{3-15}$$

附加运动是形成斜齿轮螺旋线的内联系传动链，其传动比数值的精确度影响工件轮齿的齿向精度，所以挂轮传动比应配算准确。但换置公式 $\sin\beta$ 是无理数，这使得挂轮传动比必然存在误差。对于 8 级精度的斜齿轮，要精确到小数点后第四位数字（小数点后第五位数字才允许有误差）。对于 7 级精度的斜齿轮，要精确到小数点后第五位数字，才能保证不超过精度标准中规定的齿向允差。

从附加运动传动链的调整公式可以看出，其中不含工件齿数 Z，这是由于附加运动传动链与展成运动传动链有一共用段（轴Ⅸ—Ⅹ—XIII）的结果。因为附加挂轮 a_2、b_2、c_2、d_2 的选择与工件齿数无关，在加工一对斜齿齿轮时，尽管其齿数不同，但它们的螺旋角大小可加工得完全相等而与计算 u_y 时的误差无关，这样能使一对斜齿齿轮在全齿长上啮合良好。另外，由于刀架用导程为 3π 的单头模数螺纹丝杠传动，可使调整公式中不含常数π，也简化了计算过程。与展成运动传动链一样，在配装附加运动挂轮时，也应根据工件齿的旋向，参照机床说明书的要求使用惰轮，以使附加转动方向正确无误。

(5) 刀架快速移动传动链。滚齿加工前刀架趋近工件或两次走刀之间刀架返回的空行程运动，应以较高的速度进行，以缩短空行程时间。Y3150E 型滚齿机上的空行程刀架快速传动链，其传动路线为：快速电机（1410r/mm，1.1kW）$-\dfrac{13}{26}-M_3-\dfrac{2}{25}-$ XXI —刀架。刀架快速移动的方向由电机的旋向来改变。启动快速运动电机之前，轴 XVIII 上的滑移齿轮必须处于空挡位置，即轴向进给传动链应在轴 XVII 和 XVIII 之间断开，以免造成运动干涉。在机床上，通过电气联锁装置实现这一要求。

用快速电机使刀架快速移动时，主电机转动或不转动都可以进行，但附加运动传动链未断开，以保证滚刀沿着原来的螺旋线轨迹退回，避免“乱牙”。

工作台及工件在加工前后，也可以快速趋近或离开刀架，这个运动由床身右端的液压缸来实现。若用手柄经蜗轮副及齿轮$\frac{2}{25}\times\frac{75}{36}$传动与活塞杆相连的丝杠上的螺母，则可实现工作台及工件的径向切入运动。

3.4.3 齿轮刀具

齿轮刀具是用来加工齿形的。为满足各种齿轮加工需要，齿轮刀具种类很多，结构复杂。按照齿轮齿形的形成原理，齿轮刀具可分为成形法切齿刀具和展成法切齿刀具两大类。

(1)成形法切齿刀具。这类刀具切削刃的廓形与被切齿槽形状相同或近似相同，结构简单，制造容易，可在普通铣床上使用。但是加工精度和效率较低，主要用于单件、小批量生产和修配。

常用的成形齿轮刀具主要有以下几种：

① 盘形齿轮铣刀。如图 3-32(a)所示，它是一把铲齿成形铣刀，可加工直齿、斜齿圆柱齿轮和齿条等。切齿过程中刀具旋转，沿齿槽方向进给，铣完一个齿槽后需分度。

② 指形齿轮铣刀。如图 3-32(b)所示，它是成形立铣刀，可做成铲齿或尖齿结构。切齿过程中工件沿齿向做进给运动，铣完一个齿后，用分度头分度铣第二个齿。这种铣刀适合加工人字齿轮及加工大模数(m=10～100mm)的直齿、斜齿圆柱齿轮。

除上述两种成形齿轮刀具外，还有用于大批量生产的专用成形齿轮拉刀、成形齿轮切割刀盘、成形砂轮等。

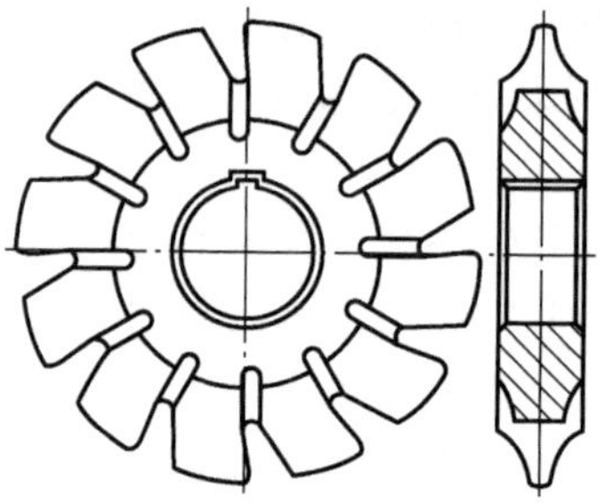

(a) 盘形齿轮铣刀

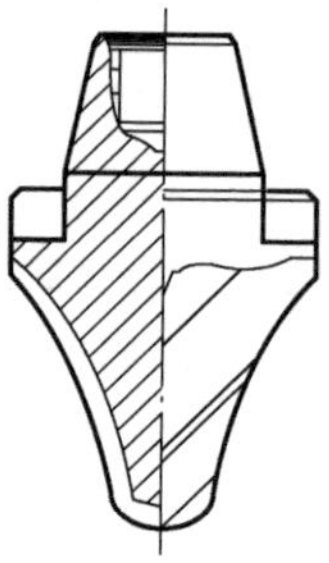

(b) 指形齿轮铣刀

图 3-32 成形齿轮铣刀

(2)展成法切齿刀具。

这类刀具是以展成的方法加工齿轮的刀具。用展成法加工齿轮齿形的刀具有许多种，在生产中最常用的有齿轮滚刀、插齿刀、剃齿刀等，如图 3-33 所示。刀具本身相当于一个齿轮，切齿时刀具与工件之间有相对的啮合运动又称展成运动。被加工齿轮的齿形由于刀具切削刃在展成过程中多次切削包络而成，因而刀具的齿形不同于被切齿轮任何截面中的形状。一把刀具可加工模数相同而齿数不同的齿轮，这是展成法切齿的主要优点。加工精度和生产率都较高，广泛地应用于成批和大量生产中。

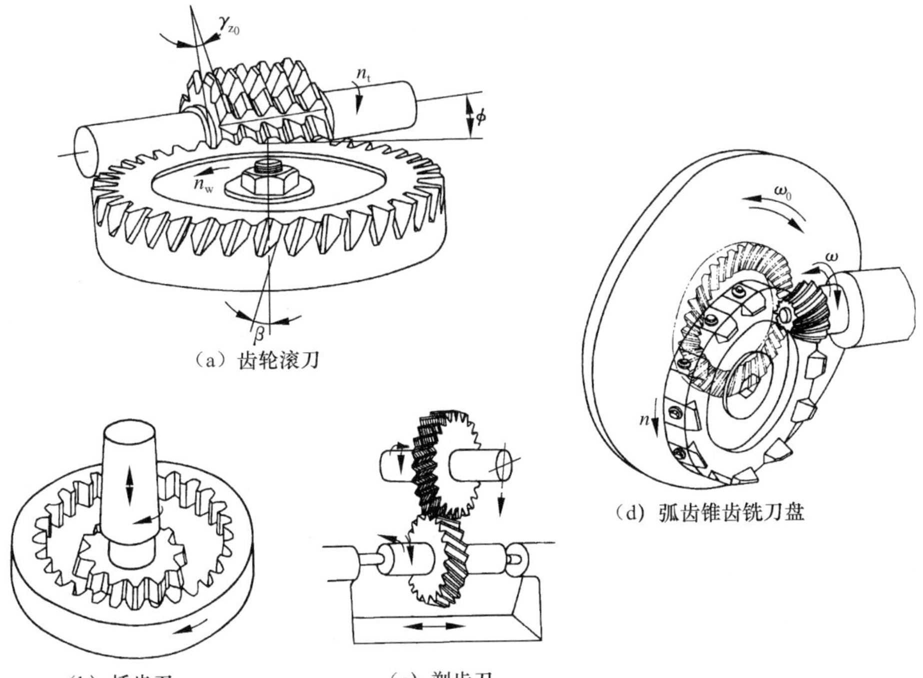

（a）齿轮滚刀　（b）插齿刀　（c）剃齿刀　（d）弧齿锥齿铣刀盘

图 3-33　展成法切齿刀具

3.5　其他常见类型的机床与刀具简介

3.5.1　孔加工机床与刀具

1. 钻床

钻床是一种孔加工机床，其主要加工方法是用钻头在实心材料上钻孔，一般用于直径不大、精度不高的孔。在车床上钻孔时，工件旋转，刀具做进给运动。而在钻床上加工时，工件不动，刀具做旋转主运动，同时沿轴向移动做进给运动。故钻床适用于加工没有对称回转轴线的工件上的孔，尤其是多孔加工，如：加工箱体、机架等零件上的孔。除钻孔外在钻床上还可完成扩孔、铰孔、锪平面以及攻螺纹等工作，如图 3-34 所示。

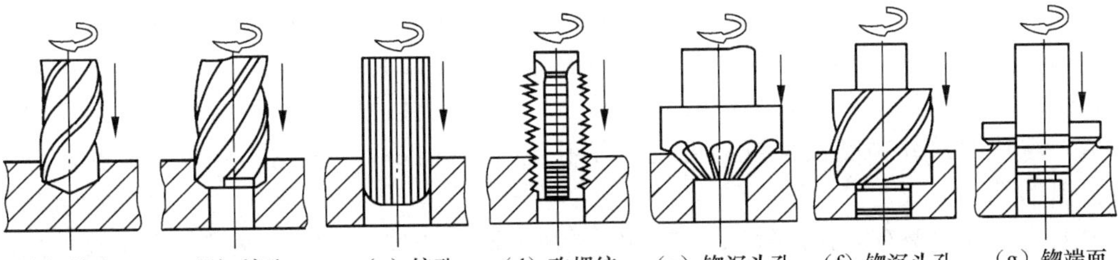

（a）钻孔　（b）扩孔　（c）铰孔　（d）攻螺纹　（e）锪沉头孔　（f）锪沉头孔　（g）锪端面

图 3-34　钻床的加工方法

钻床主要类型有台式钻床、立式钻床、摇臂钻床、中心孔钻床等。

图 3-35 为立式钻床的外形。它由底座 1、工作台 2、主轴箱 3、立柱 4 等部件组成。主轴箱内有主运动及进给运动的传动与换置机构，刀具安装在主轴的锥孔内，由主轴带动做旋转主运动，主轴套筒可以手动或机动作轴向进给。工作台可沿立柱上的导轨做调位运动。工件用工作台上的虎钳夹紧，或用压板直接固定在工作台上加工。立式钻床的主轴中心线是固定的，必须移动工件使被加工孔的中心线与主轴中心线对准。所以，立式钻床只适用于在单件、小批生产中加工中、小型工件。

图 3-36 为摇臂钻床的外形。它的主要部件有底座 1、内立柱 2、外立柱 3、摇臂 4、主轴箱 5、主轴 6 和工作台 7。加工时，工件安装在工作台或底座上。内立柱固定在底座上，外立柱连同摇臂和主轴箱可绕内立柱旋转摆动，摇臂可沿外立柱升降以便于加工不同高度的工件，主轴箱能在摇臂的导轨上做径向移动，使主轴与工件孔中心对正，然后用夹紧装置将内外立柱、摇臂与外立柱、主轴箱与摇臂间的位置分别固定。主轴的旋转运动及主轴套筒的轴向进给运动的开停、变速、换向、制动机构，都布置在主轴箱内。摇臂钻床广泛应用于在单件和中小批生产中加工大、中型零件。

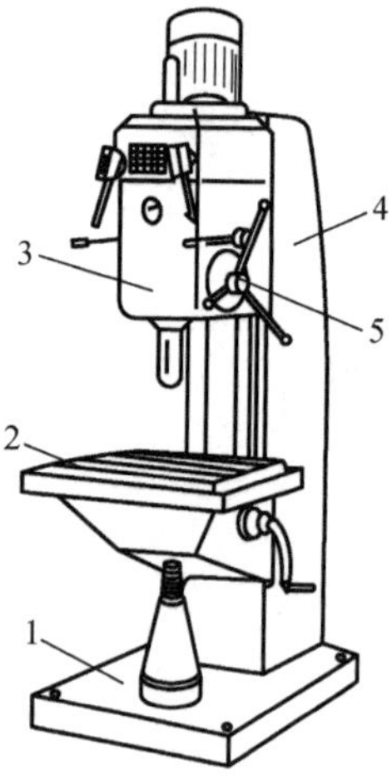

图 3-35　立式钻床

1—底座；2—工作台；3—主轴箱；4—立柱；5—手柄

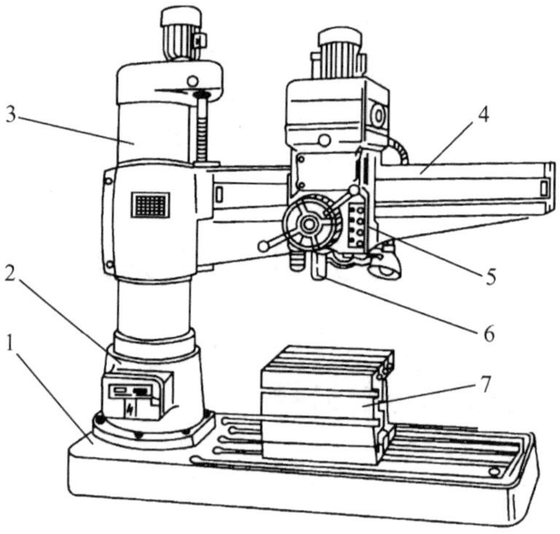

图 3-36　摇臂钻床

1—底座；2—外立柱；3—内立柱；4—摇臂；5—主轴箱；6—主轴；7—工作台

2. 镗床

镗床是一种主要用镗刀加工有预制孔的工件的机床，通常，镗刀旋转为主运动，镗刀或工件的移动为进给运动。它适合加工各种复杂和大型工件上的孔，特别是分布在不同表面上、孔距和位置精度要求较高的孔，尤其适合于加工直径较大的孔以及内成形表面或孔内环槽。镗孔的尺寸精度及位置精度均比钻孔高。镗孔以前的预制孔可以是铸孔，也可以是粗钻出的孔。

镗床的主要类型有卧式铣镗床、金刚镗床和坐标镗床等，以卧式铣镗床应用最广泛。卧式铣镗床的工艺范围很广，除了镗孔以外，还可以车端面、车外圆、车螺纹、车沟槽、钻孔、铣平面等，如图 3-37 所示。

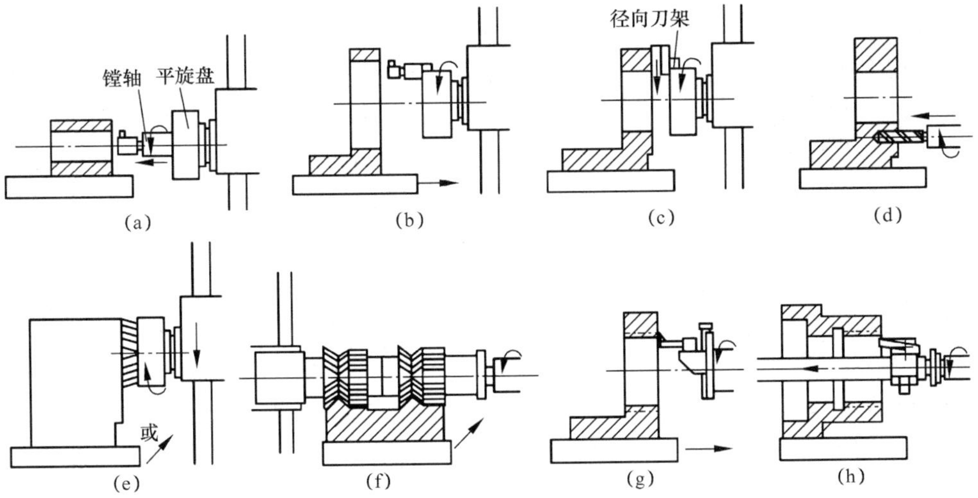

图 3-37　卧式铣镗床的主要加工应用

卧式铣镗床以镗轴的直径为主参数。卧式铣镗床的外形如图 3-38 所示，图中 10 为床身，其上固定有前立柱 7。主轴箱 8 可沿前立柱上的导轨上、下移动，主轴箱内有主轴部件，以及主运动、轴向进给运动、径向进给运动的传动机构和相应的操纵机构。主轴前端的镗轴 7 上可以装刀具或镗杆，镗杆上安装刀具，由镗轴带动做旋转主运动，并可做轴向的进给运动(由后尾筒 9 内的轴向进给机构完成)。主轴前面的平旋盘 5 上也可以安装端铣刀铣削平面，平旋盘的径向刀架 6 上装的刀具可以一边旋转一边做径向进给运动，车削孔端面。后立柱 2 可沿床身导轨移动，后支架 1 能在后立柱的导轨上与主轴箱做同步的升降运动，以支承镗杆的后端，增大其刚度。工作台 3 用于安装工件，它可以随上滑座 12 在下滑座 11 的导轨上做横向进给，或随下滑座在床身的导轨上做纵向进给，还能沿上滑座的圆导轨在水平面内旋转一定角度，以加工斜孔及斜面。

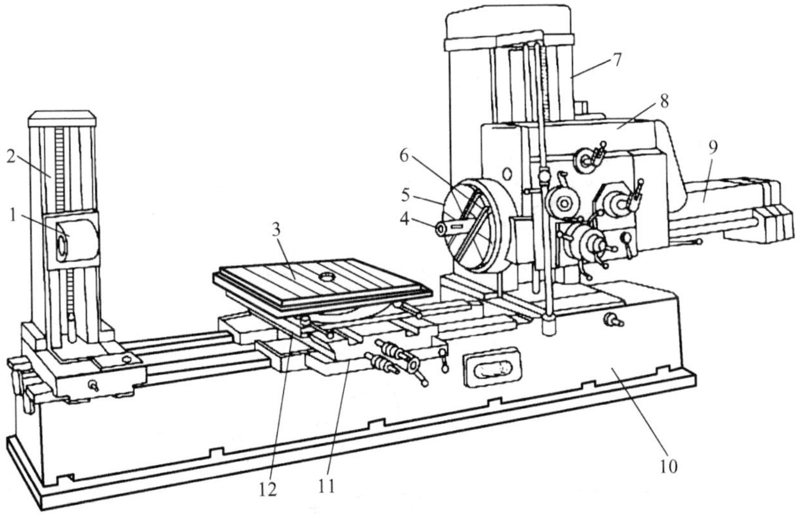

图 3-38　卧式铣镗床

1—后支架；2—后立柱；3—工作台；4—镗轴；5—平旋盘；6—径向刀架；7—前立柱；
8—主轴箱；9—后尾筒；10—床身；11—下滑座；12—上滑座

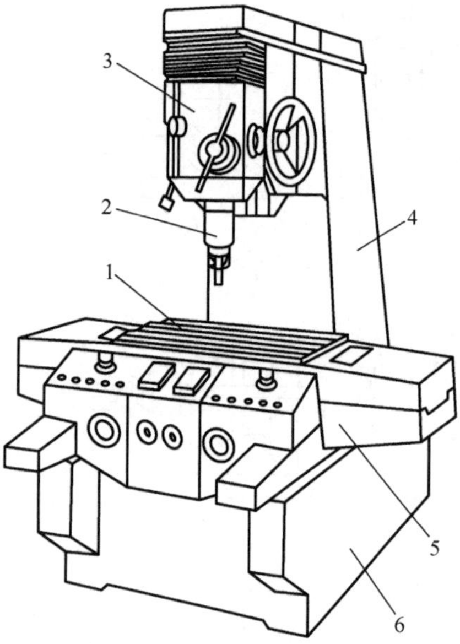

图 3-39 立式单柱坐标镗床

1—工作台；2—主轴；3—主轴箱；4—立柱；5—床鞍；6—床身

坐标镗床是指具有精密坐标定位装置的镗床，是一种用途较为广泛的精密机床。它主要用于镗削尺寸、形状及位置精度要求比较高的孔系，如钻模、镗模等的孔系。坐标镗床还可以钻孔、扩孔、铰孔、锪平面、铣平面和沟槽等。此外，还可以做精密刻度、样板划线、孔间距及直线尺寸的精密测量，所以坐标镗床是一种万能性很强的精密机床。坐标镗床上有坐标位置的精密测量装置，其种类很多，如精密丝杠测量装置，光屏—金属刻线尺光学坐标测量装置、光栅坐标测量装置、激光干涉测量等。

坐标镗床有立式的，也有卧式的。立式坐标镗床适于加工轴线与安装基面（底面）垂直的孔系和铣削顶面；卧式坐标镗床适于加工与安装基面平行的孔系和铣削侧面。立式坐标镗床还有单柱和双柱两种形式。图 3-39 为立式单柱坐标镗床。

3. 孔加工刀具

孔加工刀具种类很多，按其用途可分为两大类：一类是在实心材料上加工孔的刀具，如麻花钻、中心钻、扁钻和深孔钻等；另一类是对工件上已有孔进行再加工的刀具，如扩孔钻、锪钻、铰刀和镗刀等。

1）麻花钻

麻花钻是应用最广泛的孔加工刀具，一般用于实心材料的粗加工。标准麻花钻的结构如图 3-40（a）所示，其柄部是钻头的夹持部分，并用来传递扭矩；钻头柄部有直柄与锥柄两种，前者用于小直径（$d_0 \leqslant 12$mm）钻头，后者用于大直径（$d_0 > 12$mm）钻头。颈部供制造时磨削柄部退砂轮用，也是钻头打标记的地方，为制造方便直柄麻花钻一般不设颈部。工作部分包括切削部分和导向部分，切削部分担负着主要切削工作，导向部分起导向作用，也是切削部分的备磨部分。切削部分如图 3-40（b）、图 3-41 所示，由两个螺旋形前刀面，两个经刃磨获得

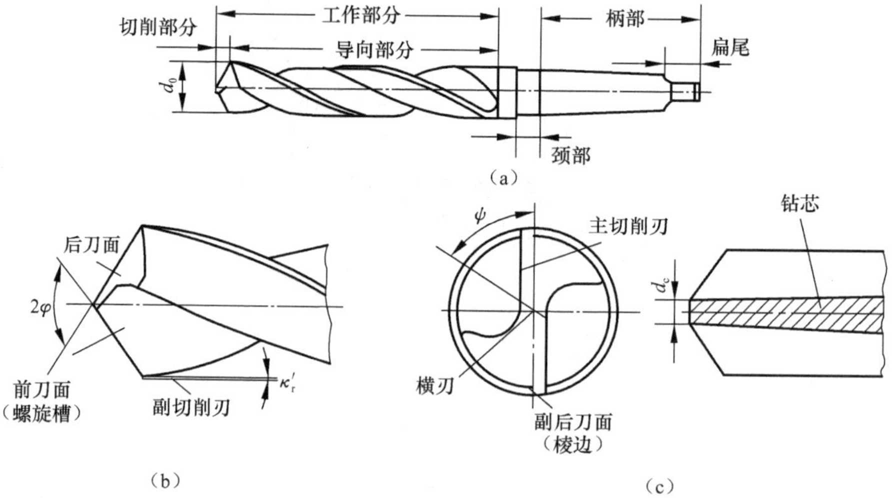

图 3-40 标准麻花钻

的后刀面、两个圆柱形的副后刀面(棱边)组成。前刀面与后刀面的交线形成两条主切削刃，前刀面与棱边交线形成两条副切削刃，两后刀面交线形成横刃。导向部分有两条对称的螺旋槽和刃带，螺旋槽用来形成切削刃和前角，并起排屑和输送切削冷却液作用；刃带起导向和修光孔壁的作用；刃带有很小的倒锥，由切削部分向柄部每 100mm 长度上直径减小 0.03～0.12mm，以减小钻头与孔壁的摩擦。麻花钻的两个刃瓣由钻芯连接在一起，为了增加钻头的强度和刚度，钻芯制成正锥如图 3-40(c)所示。

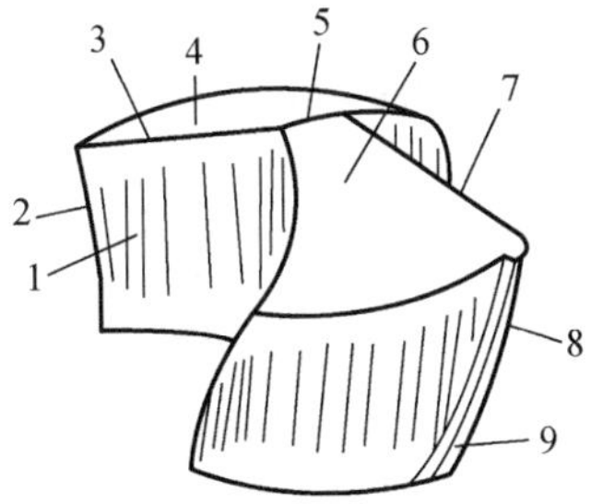

图 3-41　麻花钻的切削部分组成

1—前面；2、8—副切削刃(棱边)；3、7—主切削刃；4、6—后面；5—横刃；9—副后面

麻花钻的主要几何参数有：螺旋角β、顶角 2φ(主偏角$\kappa_r \approx \varphi$)、前角γ_o、后角α_o、横刃长度 b_ψ、横刃斜角ψ等。横刃斜角ψ指的是端面投影图中主切削刃投影与横刃的夹角。麻花钻磨损时只需修磨两个后刀面，控制顶角 2φ，主切削刃外缘处的后角α_f和横刃斜角ψ。

由于标准麻花钻的结构所限，使它存在着许多问题。如前角变化太大，从外缘处的+30°到钻芯处减至−30°，横刃前角约为−60°；副后角为零，加剧了钻头与孔壁间的摩擦；主切削刃长，切屑较宽，排屑困难；横刃长，定心困难，轴向力大，切削条件很差等。因此在使用时经常要进行修磨，以改变标准麻花钻切削部分的几何形状，提高钻头的切削性能。麻花钻常用的修磨的方法有：修磨双重顶角、修磨横刃、修磨棱边、磨出分屑槽等。

2)扩孔钻

扩孔钻是对工件已有孔进行再加工，以扩大孔径和提高加工质量的加工工具。扩孔钻的刀齿一般有 3～4 个，故导向性好，切削平稳；由于扩孔余量较小，容屑槽较浅，刀体强度和刚性较好；扩孔钻没有横刃，改善了切削条件。因此，大大提高了切削效率和加工质量。

扩孔钻的主要类型有高速钢整体式(图 3-42(a))、和镶齿套式(图 3-42(b))及硬质合金可转位式(图 3-42(c))等。整体式扩孔钻的扩孔范围为ϕ10～ϕ32mm；套式扩孔钻的扩孔范围为ϕ25～ϕ80mm。

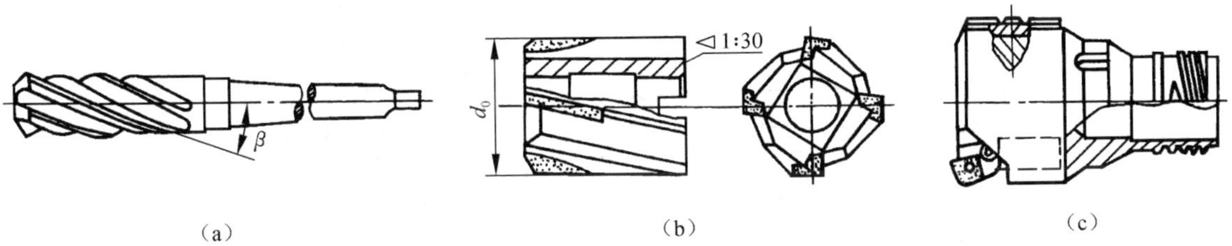

图 3-42　扩孔钻

3)锪钻

锪钻用于加工各种沉头螺钉沉孔、锥孔和凸台平面，如图 3-43 所示。图 3-43(a)为锪圆柱形沉头孔；图 3-43(b)、图 3-43(c)为锪圆锥形沉头孔(锥角 2φ 有 60°、90°、120°三种)；图 3-43(d)为锪孔端面的凸台平面。锪钻上带有定位导柱 d_1，是用来保证被锪孔或端面与原来孔的同轴度或垂直度。导柱应尽可能做成不拆卸的，以便于刀具的制造和刃磨。根据锪钻直

径的大小，可做成带柄锪钻或套式锪钻，既可用高速钢制造，也可镶焊硬质合金刀片。其中以硬质合金锪钻应用较广。

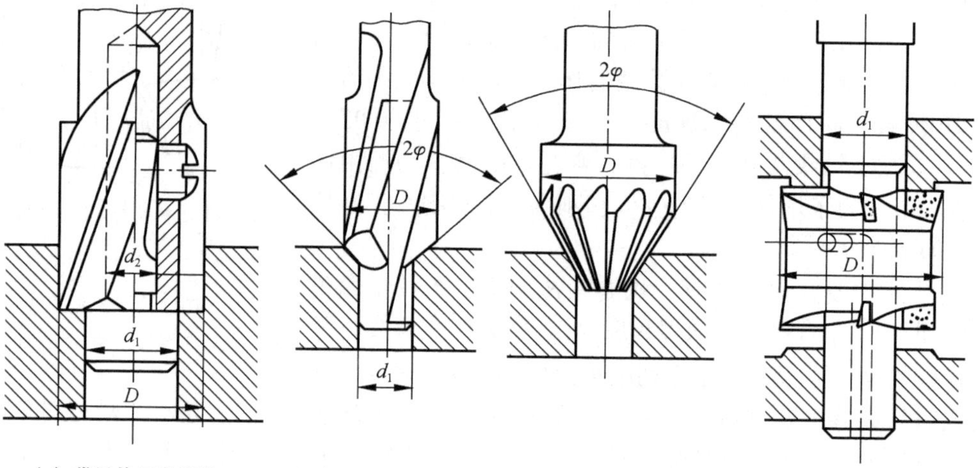

（a）带导柱平底锪钻　（b）带导柱90°锥面锪钻　（c）不带导柱锥面锪钻　（d）端面锪钻

图 3-43　锪钻

4）铰刀

铰刀用于中小直径孔的半精工与精加工。因铰削加工余量小，铰刀齿数多，铰刀刚性和导向性好，故工作平稳，加工精度可达 IT7～IT6，表面粗糙度达 Ra0.4～1.6μm。

铰刀一般分为手用铰刀及机用铰刀两种，如图 3-44 所示。机用铰刀可分为带柄的（图 3-44(a)）(加工直径为ϕ1～ϕ20mm 用直柄，加工直径为ϕ10～ϕ32mm 用锥柄）和套式的（图 3-44(b)）。手用铰刀柄部为直柄，工作部分较长，导向作用较好。手用铰刀的加工直径范围一般为ϕ1～ϕ50mm。铰刀形式有直槽式和螺旋槽式两种（图 3-44(c)）两种。铰刀不仅可加工圆形孔，也可用锥度铰刀加工锥孔。铰制锥孔时由于铰制余量大，锥铰刀常分粗铰刀的精铰刀，一般做成 2 把或 3 把一套（图 3-44(d)）。

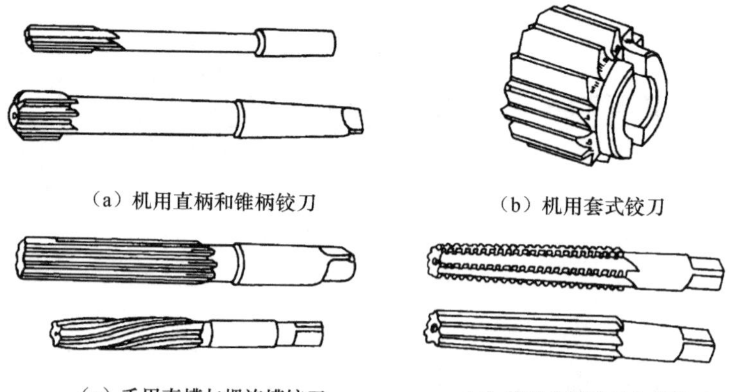

（a）机用直柄和锥柄铰刀　（b）机用套式铰刀

（c）手用直槽与螺旋槽铰刀　（d）锥孔的粗铰刀与精铰刀

图 3-44　铰刀

铰刀由工作部分、颈部及柄部组成。工作部分又分为切削部分与校准（修光）部分，如图 3-45

所示。铰刀切削部分的主偏角κ_r对孔的加工精度、表面粗糙度和铰削时轴向力的大小影响很大。κ_r值过大，切削部分短，铰刀的定心精度低，还会增大轴向力；κ_r值过小，切削宽度增宽，不利于排屑；手用铰刀κ_r值一般取为0.5°～1.5°，机用铰刀κ_r值取为5°～15°。校准部分起校准孔径、修光孔壁及导向作用，增加校准部分长度，可提高铰削时的导向作用，但这会使摩擦增大，排屑困难。对于手用铰刀，为增加导向作用，校准部分应做得长些；对于机用铰刀，为减少摩擦，校准部分应做得短些。校准部分包括圆柱部分和倒锥部分，被加工孔的加工精度和表面粗糙度取决于圆柱部分的尺寸精度和形位精度等；倒锥部分的作用是减少铰刀与孔壁的摩擦。

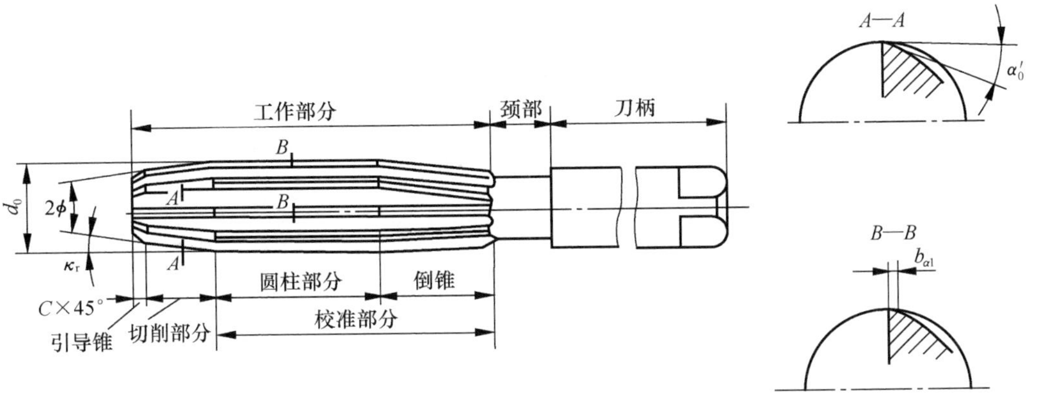

图 3-45　铰刀的结构

5) 镗刀

镗刀的种类很多，一般可分为单刃镗刀与多刃镗刀两大类。

(1) 单刃镗刀。单刃镗刀结构简单，制造容易，通用性好，故使用较多。单刃镗刀一般均有尺寸调节装置。如图3-46所示。在精镗机床上常采用微调镗刀以提高调整精度，如图3-47所示。

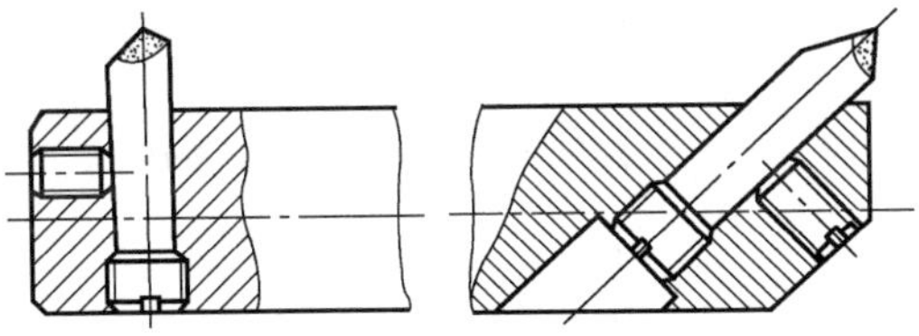

图 3-46　单刃镗刀

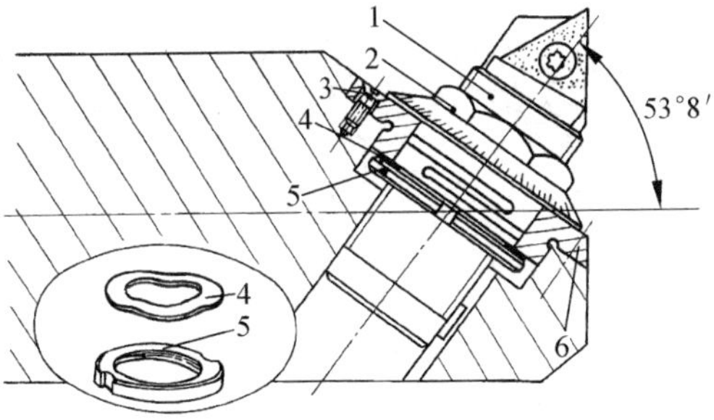

图 3-47　微调镗刀

1—镗刀头；2—微调螺母；3—螺钉；4—波形垫圈；

5—调节螺母；6—固定座套

(2) 双刃镗刀(图3-48)。双刃镗刀两边都有切削刃，工作时可以消除径向力对镗杆的影响，工件的孔径尺寸与精度由镗刀径向尺寸保证。图3-48(a)所示固定式镗刀块因尺寸不可调，适用于粗镗、半精镗。图 3-48(b)所示滑槽可调镗刀尺寸可调广泛用于数控机床。图 3-48(c)所示可调浮动镗刀上的两个刀片径向位置可以调整，装入镗杆的孔槽中不夹紧，依靠作用在两个切削刃上的径向力自动平衡其位置，可提高孔的加工精度，但不能纠正孔的直线性误差和位置误差。双刃浮动镗应在单刃镗之后进行，适用于精加工。

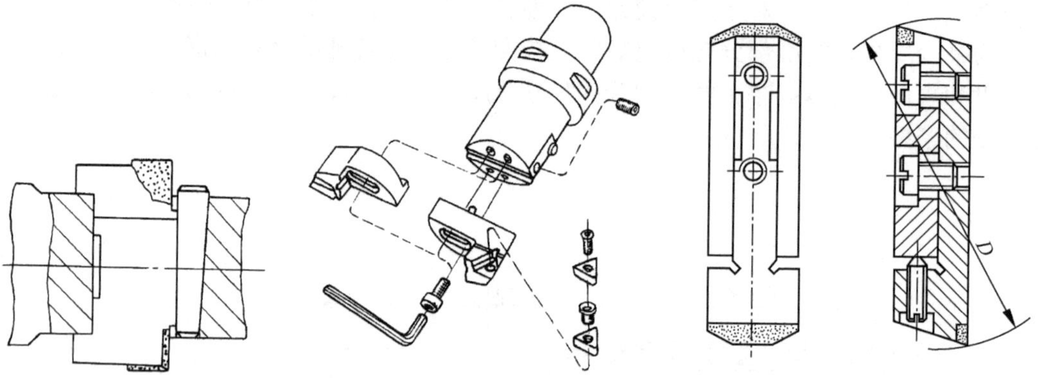

（a）固定式镗刀块　　（b）滑槽可调镗刀　　（c）可调浮动镗刀

图 3-48　双刃镗刀

3.5.2　铣床与铣刀

1. 铣床

铣床的用途广泛，可以加工各种平面、沟槽、齿槽、螺旋形表面、成形表面等(图 3-49)。铣床上用的刀具是铣刀，通常铣削的主运动是铣刀的旋转，以相切法形成加工表面，同时有多个刀刃参加切削，因此生产率较高。但多刃刀具断续切削容易造成振动而影响加工表面的质量，所以对机床的刚度和抗振性有较高的要求。

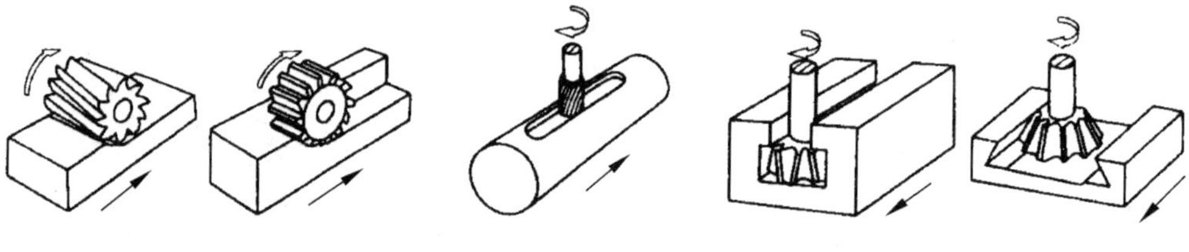

（a）铣平面　　（b）铣台阶　　（c）铣键槽　　（d）铣T形槽　　（e）铣燕尾槽

（f）铣齿　　（g）铣螺纹　　（h）铣螺旋槽　　（i）铣外曲面　　（j）铣内曲面

图 3-49　铣床加工的典型表面

铣床的主要类型有：卧式升降台铣床、立式升降台铣床、龙门铣床、工具铣床、仿形铣床和各种专门化铣床。

(1) 卧式升降台铣床。卧式升降台铣床又称卧铣，是一种主轴水平布置的升降台铣床，如图 3-50 所示。工件安装在工作台 4 上，工作台 4 安装在床鞍 5 的水平导轨上，工作台可沿垂直于主轴 3 的轴线方向纵向移动。床鞍 5 装在升降台 7 的水平导轨上，可沿主轴的轴线方向横向移动。升降台 7 安装在床身 1 的垂直导轨上，可上下垂直移动。这样，工件便可在三个方向上进行位置调整或做进给运动。床身 1 固定在底座 8 上，床身内部装有主传动机构，顶部导轨上装有悬梁 2，悬梁上装有安装铣刀心轴 3 的悬梁支架 6，铣刀安装在铣刀轴 3 上。在工作台上还可安装由主轴驱动的立铣头附件。

万能卧式升降台铣床的结构与一般卧式升降台铣床基本相同，只是在工作台 4 与床鞍 5 之间增加了一层转台。转台可相对于床鞍在水平面内调整一定角度(通常允许回转的范围是 ±45°)，使工作台的运动轨迹与主轴成一定的夹角，以便加工螺旋槽等表面。

(2) 立式升降台铣床。立式升降台铣床又称立铣，是一种主轴为垂直布置的升降台铣床，如图 3-51 所示。主轴 2 上可安装立铣刀、端铣刀等刀具。铣刀旋转为主运动，立铣头 1 可绕水平轴线扳转一个角度以便于铣斜面。除立铣头部分外它的主要组成部件与卧式升降台铣床相同。

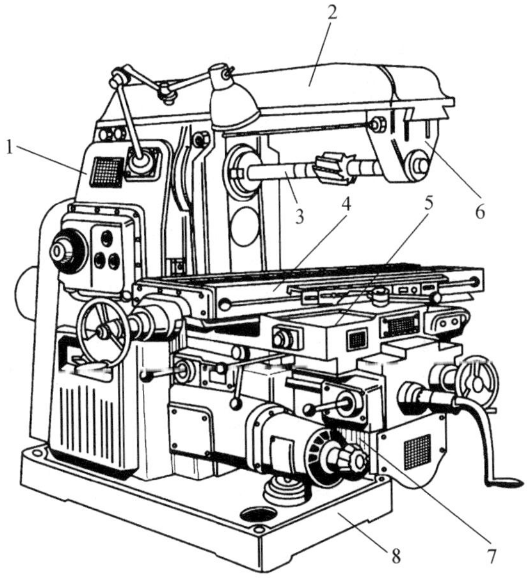

图 3-50　卧式升降台铣床

1—床身；2—悬梁；3—铣刀轴；4—工作台；5—床鞍；6—悬梁支架；7—升降台；8—底座

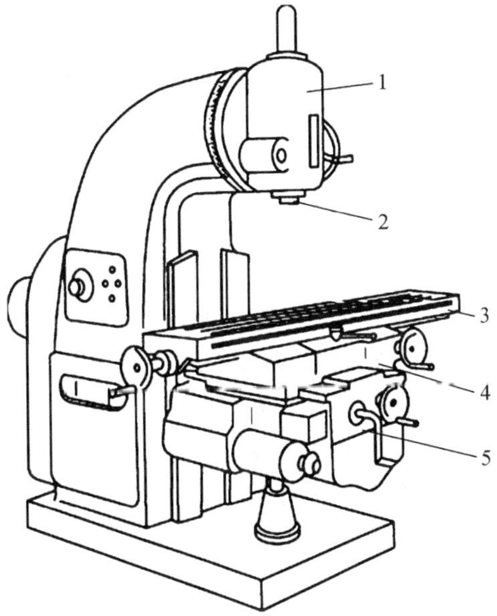

图 3-51　立式升降台铣床

1—立铣头；2—主轴；3—工作台；4—床鞍；5—升降台

2. 铣刀

铣刀为多齿回转刀具，其每一个刀齿都相当于一把车刀固定在铣刀的回转面上。铣刀种类很多，结构不一，应用范围很广，按其用途可分为加工平面用铣刀、加工沟槽用铣刀、加工成形面用铣刀等三大类。通用规格的铣刀已标准化，一般均由专业工具厂生产。

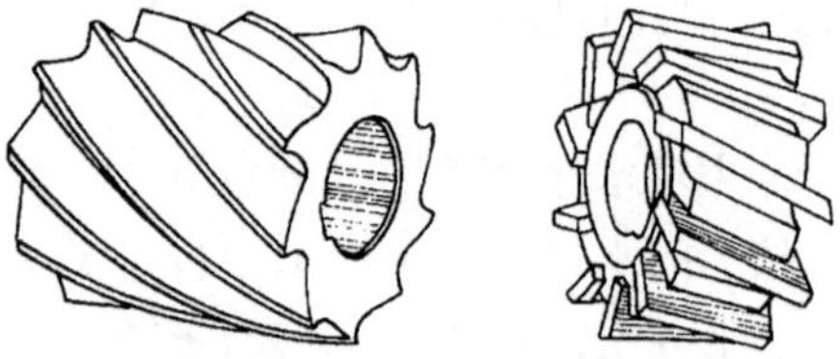

（a）整体式　　（b）镶齿式

图 3-52　圆柱铣刀

(1)圆柱铣刀。圆柱铣刀如图 3-52 所示。它一般都是用高速钢制成整体的，螺旋形切削刃分布在圆柱表面上，没有副切削刃，螺旋形的刀齿切削时是逐渐切入和脱离工件的，所以切削过程较平稳。主要用于卧式铣床上加工宽度小于铣刀长度的狭长平面。

根据加工要求不同，圆柱铣刀有粗齿、细齿之分，粗齿的容屑槽大，用于粗加工，细齿用于精加工。铣刀外径较大时，常制成镶齿的。

(2)面铣刀。面铣刀如图 3-53 所示，主切削刃分布在圆柱或圆锥表面上，端面切削刃为副切削刃，铣刀的轴线垂直于被加工表面。主要用在立式铣床或卧式铣床上加工台阶面和平面，特别适合较大平面的加工，主偏角为 90°的面铣刀可铣底部较宽的台阶面。用面铣刀加工平面，同时参加切削的刀齿较多，又有副切削刃的修光作用，使加工表面粗糙度值小，因此可以用较大的切削用量，生产率较高，应用广泛。

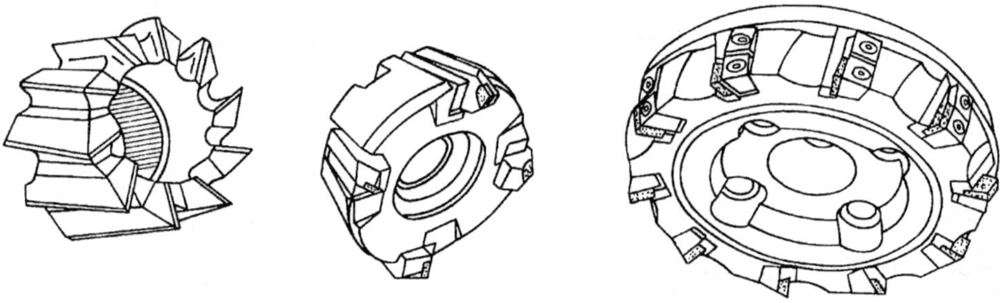

（a）整体式　　（b）镶焊接式硬质合金刀片式　　（c）机械夹固式可转位硬质合金刀片式

图 3-53　面铣刀

(3)立铣刀。如图 3-54 所示，立铣刀一般由 3～4 个刀齿组成，主要用于加工凹槽，台阶面以及利用靠模加工成形面。圆柱面上的切削刃是主切削刃，端面上分布着副切削刃。图 3-54(a)中立铣刀端面切削刃不通过中心，工作时不能沿铣刀轴线方向做进给运动。国内外许多工厂生产有 1～2 个端面切削刃通过中心的立铣刀(图 3-54(b))，可以进行轴向进给或钻浅孔，特别适合模具加工。

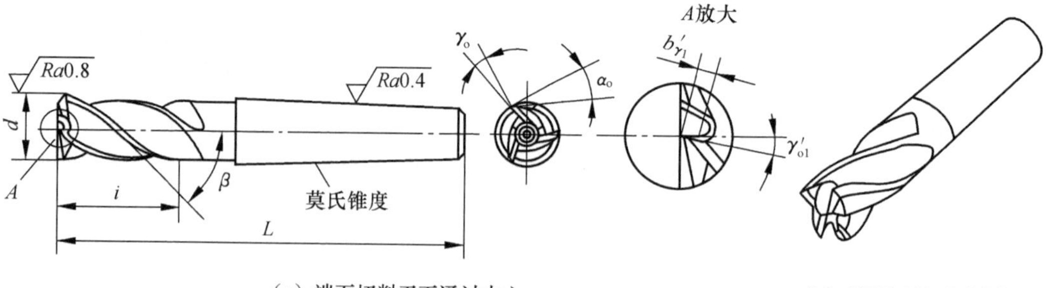

（a）端面切削刃不通过中心　　（b）端面切削刃通过中心

图 3-54　立铣刀

(4)键槽铣刀。图 3-55 所示键槽铣刀的外形与立铣刀相似，不同的是它在圆周上只有两个螺旋刀齿，且端面刀齿的刀刃延伸至中心，因此在铣两端不通的键槽时，可以做适量的轴向进给。它主要用于加工圆头封闭键槽，使用时，要做多次垂直进给和纵向进给才能完成键槽加工。

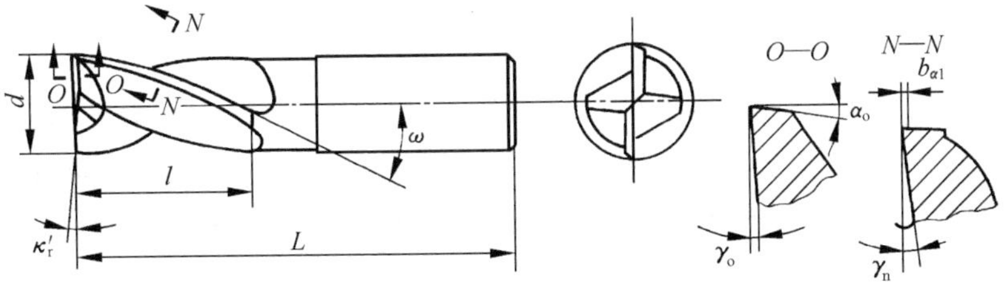

图 3-55　键槽铣刀

(5) 三面刃铣刀。图 3-56 所示的三面刃铣刀有直齿和错齿两种，主要用在卧式铣床上加工台阶面和一端或两端贯穿的浅沟槽。三面刃铣刀除圆周具有主切削刃外，两侧面也有副切削刃，从而改善了切削条件，提高了切削效率，减小了表面粗糙度值。但重磨后宽度尺寸变化较大，镶齿三面刃铣刀可解决这一问题。

（a）直齿　（b）错齿　（c）镶齿

图 3-56　三面刃铣刀

(6) 其他铣刀。除了前面介绍的几种铣刀外，还有角度铣刀、成形铣刀、锯片铣刀、模具铣刀、T 形槽铣刀、燕尾槽铣刀等，如图 3-57 所示。

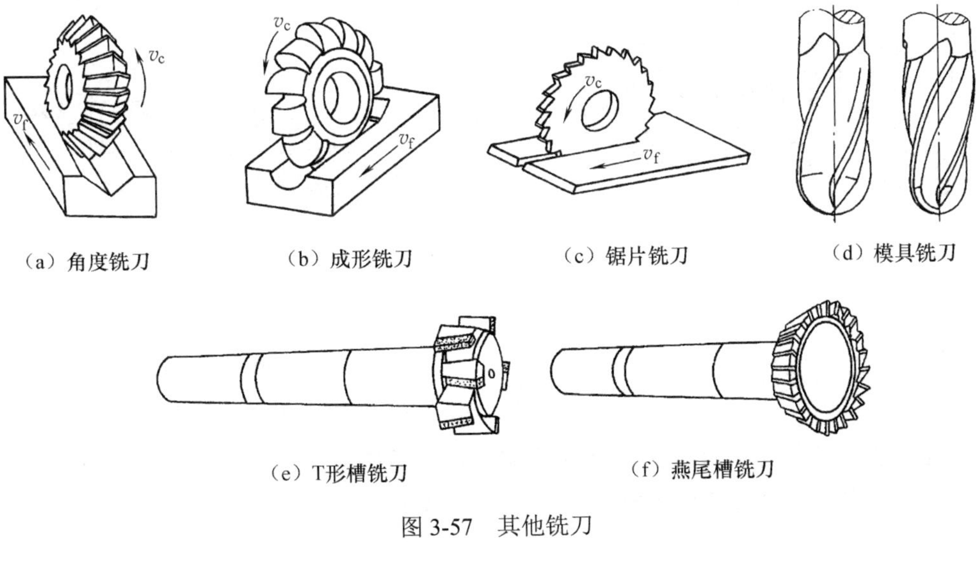

（a）角度铣刀　（b）成形铣刀　（c）锯片铣刀　（d）模具铣刀

（e）T形槽铣刀　（f）燕尾槽铣刀

图 3-57　其他铣刀

3.5.3 刨床

刨床类机床的主运动是刀具或工件所做的直线往复运动。进给运动由刀具或工件完成，其方向与主运动方向相垂直，它是在空行程结束后的短时间内进行的，因而是一种间歇运动。

刨床类机床由于所用刀具结构简单，在单件小批量生产条件下，加工形状复杂的表面比较经济，且生产准备工作省时。此外，用宽刃刨刀以大进给量加工狭长平面时的生产率较高，因而在单件小批量生产中，特别在机修和工具车间，是常用的设备。但这类机床由于其主运动反向时需克服较大的惯性力，限制了切削速度和空行程速度的提高，同时还存在空行程所造成的时间损失，因此在多数情况下生产率较低，在大批大量生产中常被铣床和拉床所代替。

刨床类机床主要有牛头刨床、龙门刨床和插床三种类型。牛头刨床的主参数是最大刨削长度，而龙门刨床的主参数是最大刨削宽度。

牛头刨床主要用于加工小型零件，如图 3-58 所示，底座上装有床身 1，滑枕 2 带着刀架 3 做往复主运动。工件装在工作台 4 上，工作台 1 在横梁 5 上做横向进给运动，进给是间歇运动。横梁 5 可在床身上升降，以适应加工不同高度的工件。牛头刨床多用于加工与安装基面平行的面。

龙门刨床主要用于中、小批生产及修理车间加工大平面，尤其是长而窄的平面，如导轨面和沟槽。也可在工作台上同时安装几个工件进行加工。图 3-59 为龙门刨床的外形，其布局与龙门铣床相似，但工作台带着工件做主运动，速度远比龙门铣床工作台的速度高；横梁上及左、右立柱上的 4 个刀架内没有类似于龙门铣床铣头箱中的主运动传动机构，并且每个刀架在空行程结束后沿导轨做水平或垂直方向的进给，而龙门铣床的铣头在加工过程中是不移动的。

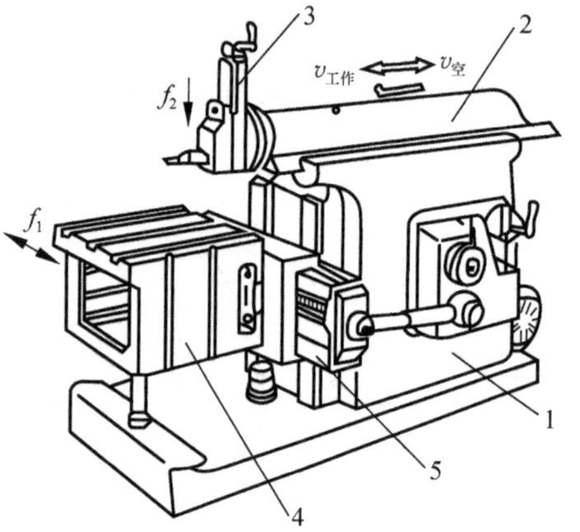

图 3-58　牛头刨床

1—床身；2—滑枕；3—刀架；4—工作台；5—横梁

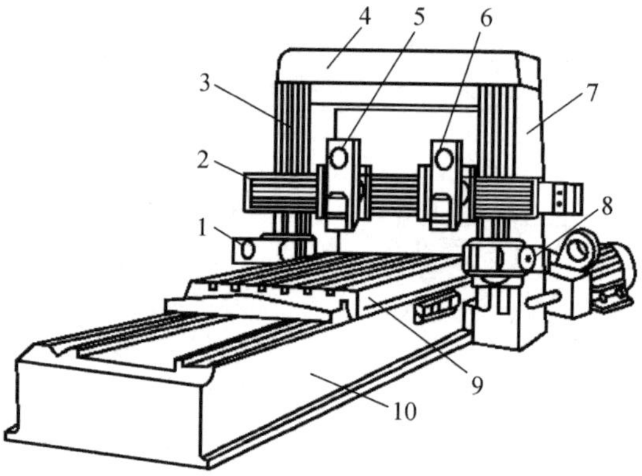

图 3-59　龙门刨床

1、5、6、8—刀架；2—横梁；3、7—立柱；4—顶梁；9—工作台；10—床身

大型龙门刨床往往还附有铣头和磨头等部件，以便使工件在一次安装中完成刨铣及磨平面等工作。这种机床又称为龙门刨铣床或龙门刨铣磨床。

案 例 研 究

一说到车床，人们马上就会想到亨利·莫兹利(Henry Maudslay)，因为他享有“车床之父”之誉。其实莫兹利并非是世界上最先发明车床的人。究竟莫兹利对车床做了哪些“惊天动地”的事情？

看看如今的卧式车床，您是否发现：大多数卧式车床上既有光杠又有丝杠，而有些卧式车床上仅有光杠，可现代数控车床上却只有丝杠。为什么？

习题与思考题

3-1 举例说明通用机床、专门化机床和专用机床的主要区别是什么，它们的适用范围怎样？

3-2 指出下列机床型号中各位字母和数字代号的具体含义。

CM6132，Z3040×16，XK5040，B2021A，MG1432B。

3-3 举例说明何谓内联系传动链？何谓外联系传动链？其本质区别是什么？

3-4 在 CA6140 型车床上车削下列螺纹：

(1) 米制螺纹 $P = 5$mm；

(2) 英制螺纹 $a = 11$ 牙/in(1in ≈ 25.4mm)；

(3) 米制螺纹 $P = 8$mm，$k = 3$；

(4) 模数螺纹 $m = 12$mm，$k = 2$。

试写出传动路线表达式，并说明车削这些螺纹时可采用的主轴转速范围。

3-5 进给传动系统中，主轴箱和溜板箱中各有一套换向机构，它们的作用有何不同？能否用主轴箱中的换向机构来变换纵、横向机动进给的方向？为什么？

3-6 为什么卧式车床溜板箱中要设置互锁机构？丝杠传动与纵向、横向机动进给能否同时接通？纵向和横向机动进给之间是否需要互锁？为什么？

3-7 CA6140 型车床主传动链中，能否用双向牙嵌式离合器或双向齿轮式离合器代替双向多片式摩擦离合器实现主轴的开停及换向？在进给传动链中，能否用单向摩擦离合器代替齿轮式离合器 M_3、M_4、M_5 为什么？

3-8 卧式车床进给传动系统中，为什么既有光杠又有丝杠来实现刀架的直线运动？可否单独设置丝杠或光杠？为什么？

3-9 在 CA6140 型车床上车削 S=10mm 的米制螺纹，试指出能够加工这一螺纹的传动路线有哪几条？

3-10 CA6140 型车床的主轴转速 450～1400r/min(其中 500r/min 除外)时，为什么能获得细进给量？在进给箱中变速机构调整情况不变的条件下，细进给量与常用进给量的比值是多少？

3-11 常用的车刀有哪几类？各有什么特点？

3-12 在万能外圆磨床上用纵向磨削法磨削外圆时，需要的主运动和进给运动各是什么？

3-13 试分析卧轴矩台平面磨床和立轴圆台平面磨床在磨削方法、加工质量、生产率等方面有何不同？

3-14 砂轮的硬度与磨粒的硬度有何不同？怎样合理选择？

3-15　各类机床中，可用来加工外圆表面、内孔、平面和沟槽的各有哪些机床？它们的适用范围有何区别？

3-16　在滚齿机上用展成法加工直齿圆柱齿轮和斜齿圆柱齿轮，需要配换哪些挂轮？

3-17　滚齿机在滚切直齿圆柱齿轮和斜齿圆柱齿轮时，各需要调整哪几条传动链？其中哪些传动链是内联系传动链？哪些是外联系传动链？为什么？

3-18　在滚齿机上滚切斜齿圆柱齿轮所产生的螺旋角误差与哪些因素有关？如何保证一对相互啮合的斜齿轮的螺旋角相等？

3-19　在 Y3150E 型滚齿机上，采用单头右旋滚刀，滚刀直径为 55mm，切削速度 $v=22\text{m/min}$，轴向进给量 $f=1\text{mm/r}$，加工右旋斜齿圆柱齿轮，齿数 $Z=80$，螺旋角 $\beta=12°17'9''$，模数 $m_n=2\text{mm}$，8 级精度，试列出加工时各传动链的运动平衡式，确定其挂轮齿数。

3-20　标准麻花钻由哪几部分组成？其切削部分包括哪些几何参数？

3-21　麻花钻、扩孔钻、铰刀、镗刀，使用场合和加工精度各有什么不同？

3-22　试分析在铣床上可以使用哪些类型的刀具分别可以完成哪些不同类型的表面的加工。

第 4 章　机械加工工艺规程设计

4.1　工艺规程制订概述

4.1.1　机械加工工艺规程及其作用

1. 机械加工工艺规程的概念

达到一种产品或零、部件设计要求的制造方案往往不止一个，但在具体生产条件下总会存在一个相对最优的制造方案。把这种制造产品或零部件方案下的工艺过程和操作方法等内容以图、表、文字的形式规定下来的工艺文件称为工艺规程。规定零件机械加工工艺过程和操作方法等的工艺文件称为机械加工工艺规程。

2. 机械加工工艺规程的格式

机械加工工艺规程一般包括：机械加工工艺过程卡；机械加工工序卡；标准零件或典型零件工艺过程卡；自动或半自动机床调整卡；机械加工工序操作指导卡；检验卡等。在我国，各机械制造企业所采用的机械加工工艺规程表格形式也不尽一致，但是其基本内容是相同的。单件小批生产一般只编写机械加工工艺过程卡(表 4-1)；对于中批生产，除了编写工艺过程卡外，还要编写机械加工工艺卡片(表 4-2)；在大批大量生产中，因其生产组织严密，分工细致，工艺规程要尽量详细，要求各工序都要有机械加工工序卡(表 4-3)。

表 4-1　机械加工工艺过程卡片

<table>
<tr><td rowspan="4">(工厂名)</td><td rowspan="4">机械加工工艺过程卡片</td><td colspan="2">产品名称及型号</td><td></td><td colspan="2">零件名称</td><td></td><td colspan="2">零件图号</td><td colspan="2"></td></tr>
<tr><td rowspan="3">材料</td><td>名称</td><td></td><td rowspan="2">毛坯</td><td>种类</td><td></td><td rowspan="2">零件重量/kg</td><td>毛重</td><td></td><td>第　页</td></tr>
<tr><td>牌号</td><td></td><td>尺寸</td><td></td><td>净重</td><td></td><td>共　页</td></tr>
<tr><td>性能</td><td></td><td colspan="3">每料件数</td><td>每台件数</td><td></td><td>每批件数</td><td></td></tr>
</table>

<table>
<tr><td rowspan="2">工序号</td><td rowspan="2">工序内容</td><td rowspan="2">加工车间</td><td rowspan="2">设备名称及编号</td><td colspan="3">工艺装备名称及编号</td><td rowspan="2">技术等级</td><td colspan="2">时间定额/min</td></tr>
<tr><td>夹具</td><td>刀具</td><td>量具</td><td>单件</td><td>准备—终结</td></tr>
<tr><td></td><td></td><td></td><td></td><td></td><td></td><td></td><td></td><td></td><td></td></tr>
<tr><td rowspan="3">更改内容</td><td colspan="9"></td></tr>
<tr><td colspan="9"></td></tr>
<tr><td colspan="9"></td></tr>
</table>

<table>
<tr><td>编制</td><td></td><td>抄写</td><td></td><td>校对</td><td></td><td>审核</td><td></td><td>批准</td><td></td></tr>
</table>

表 4-2　机械加工工艺卡片

(工厂名)	机械加工工艺卡片	产品名称及型号			零件名称			零件图号			
		材料	名称		毛坯	种类		零件重量/kg	毛重		第　页
			牌号			尺寸			净重		共　页
			性能		每料件数			每台件数		每批件数	

工序	安装	工步	工序内容	同时加工零件数	切削用量				设备名称及编号	工艺装备名称及编号			技术等级	工时定额/min	
					背吃刀量/mm	切削速度/(m/min)	主轴转速/(r/min或双行程数/min)	进给量/(mm/r或mm/min)		夹具	刀具	量具		单件	准备—终结

更改内容	

编制		抄写		校对		审核		批准	

表 4-3　机械加工工序卡片

(工厂名)	机械加工工序卡片	产品名称及型号	零件名称	零件图号	工序名称	工序号	第　页
							共　页
(画工序简图处)			车间	工段	材料名称	材料牌号	力学性能
			同时加工件数	每料件数	技术等级	单件时间/min	准备—终结时间/min
			设备名称	设备编号	夹具名称	夹具编号	工作液
			更改内容				

工步号	工步内容	计算数据/mm			走刀次数	切削用量				工时定额/min			刀具量具及辅助工具				
		直径或长度	进给长度	单边余量		背吃刀量/mm	进给量/(mm/r或mm/min)	切削速度/(r/min或双行程数/min)	切削速度/(m/min)	基本时间	辅助时间	工作地点服务时间	工步号	名称	规格	编号	数量

编制		抄写		校对		审核		批准	

3. 机械加工工艺规程的作用

(1)用于组织和指导生产。机械加工车间的生产计划、调度、工人的操作、质量检查等都是以机械加工工艺规程为依据，一切生产人员都要严格贯彻执行。用它指导生产有利于稳定生产秩序，保证产品质量。

(2) 作为各项生产准备工作的依据。在新产品投入生产以前，需要根据工艺规程进行有关的生产准备和技术准备工作。例如，原材料和毛坯的供应，工艺装备的设计、制造及选购，新设备的购置或旧设备的改造，关键工序的分析与研究等，都需要根据机械加工工艺规程来进行。

(3) 作为新建或扩建工厂(或车间)的基本资料。在新建或扩建工厂(或车间)时，根据工艺规程可以确定生产所需机床的种类与数量、车间面积、所需工人的工种、技术等级和数量、各辅助部门的安排等。

(4) 便于技术交流和推广。工艺规程是机械制造工艺师经验和智慧的结晶，体现了一个企业的工艺技术水平。已有的工艺规程可作为以后制订类似零件工艺规程时的参考资料。随着技术的进步，工艺规程经过不断的修改与补充以适应技术的发展。

4.1.2 制订机械加工工艺规程的原则以及所需的原始资料

1. 制订机械加工工艺规程的原则

(1) 必须可靠地保证零件图纸上所有技术要求。

(2) 在保证零件加工质量的前提下，应使工艺过程具有较高的生产率和较低的工艺成本。

(3) 充分利用现有生产条件，尽可能做到均衡生产。

(4) 创造文明、清洁的劳动环境，尽量减轻工人的劳动强度，保障生产安全。

(5) 积极采用先进工艺技术，力争节能减排。

2. 制订机械加工工艺规程所需的原始资料

(1) 产品的整套装配图和零件图。

(2) 产品的生产纲领和生产类型。

(3) 产品的质量验收标准。

(4) 毛坯生产情况。

(5) 本厂的生产条件和技术水平。

(6) 各种相关手册和技术资料。

(7) 国内外先进制造工艺的发展与应用情况。

4.1.3 机械加工工艺规程制订的步骤及其内容

1. 分析研究产品装配图和零件图

通过分析研究产品装配图，明确各零件的相互装配位置及其作用，了解各项技术要求制定的依据，从而找出其主要技术要求和关键技术问题，以便在拟订工艺规程时采取适当措施加以保证。在审查由设计人员提交的产品装配图和零件图时，应注意：

(1) 审查图纸的完整性和正确性。审查视图是否完整、正确，尺寸、公差和技术要求是否标注齐全等。如果有错误或遗漏，应提出修改意见。

(2) 审查零件技术要求的合理性。由图 4-1(a) 所示汽车板簧与吊耳的装配关系可知，其内侧面的表面粗糙度 *Ra*3.2 不合理，如果改为 *Ra*25，不仅不会影响装配要求，而且有助于提高铣削效率。又如图 4-1(b)所示的方头销，材料为 T8A，但从图面技术要求看，加工不成问题。可事实上却会造成$\phi 2$ 孔配作时难以加工的后果。请问问题何在？应如何改进？

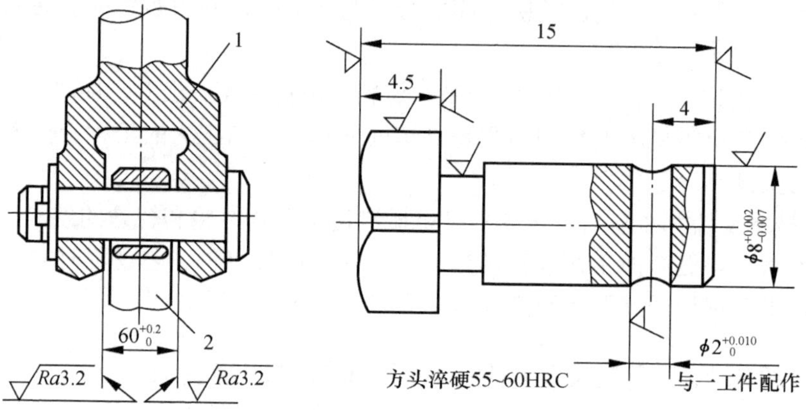

（a）吊耳1与板弹簧2装配示意图　（b）方头销简图

图 4-1　零件技术要求的合理性分析示例

(3) 审查零件的结构工艺性是否合理。零件的结构工艺性是指在满足零件使用要求的前提下制造的可行性和经济性。所谓良好的结构工艺性是指这种结构能用高效、节约资源和低成本的方法制造出来。

表 4-4 列举了在常规工艺条件下零件结构工艺性分析的例子，供零件结构设计和工艺性分析时参考。

表 4-4　零件结构工艺性举例

序号	零件结构			
	结构工艺性不好		结构工艺性好	
1	被加工孔离箱体壁太近，与辅具(或主轴)干涉，无法进刀	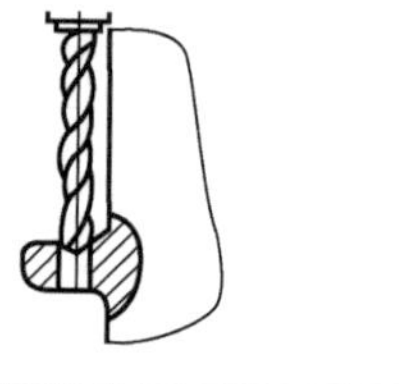	加大被加工孔与壁之间的距离，或取消进刀方向的立壁，以方便进刀	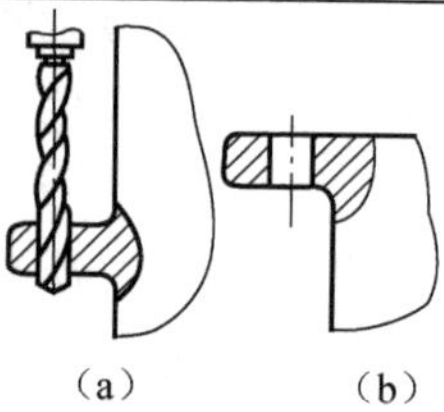 (a)　(b)
2	无退刀槽，攻丝无法加工，车螺纹时易打刀	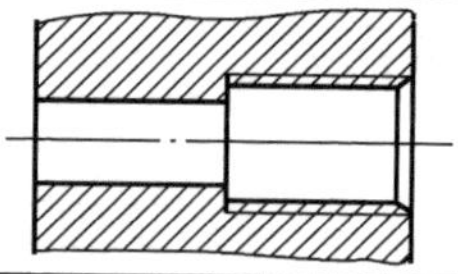	设计退刀槽以便螺纹加工	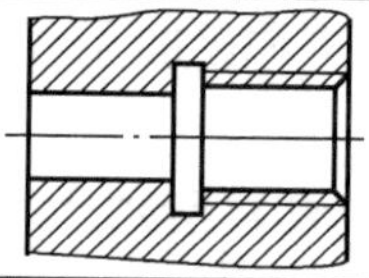
3	无退刀槽，刀具工作环境恶劣	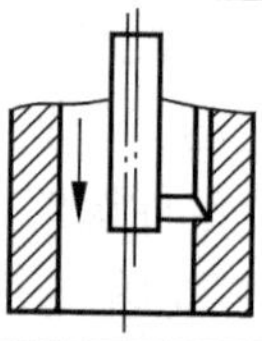	设计退刀孔槽，可以改善刀具工作环境	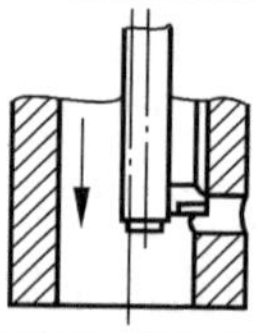
4	台阶尺寸太小，加工键槽时，易划伤左端孔表面	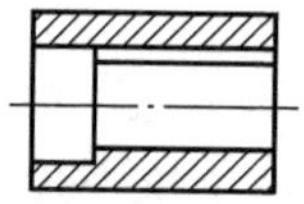	加大尺寸 h，可以避免划伤左端孔	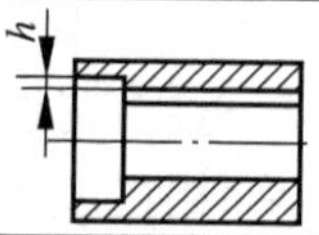

序号	零 件 结 构			
	结构工艺性不好		结构工艺性好	
5	无退刀槽，小齿轮无法加工	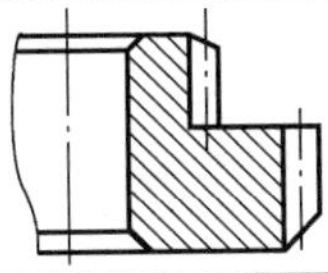	设计退刀槽，可以方便小齿轮加工	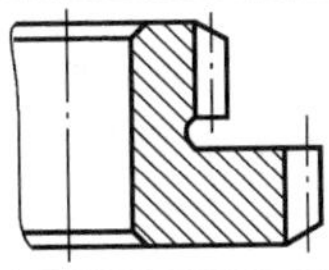
6	无退刀槽，两端轴颈磨削时无法清根	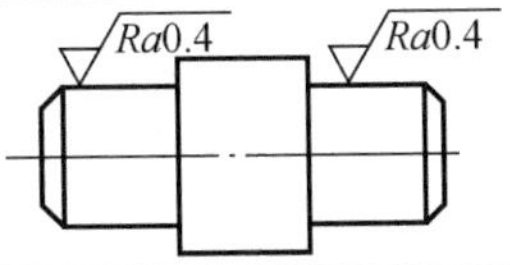	设计退刀槽，可以方便两端轴颈磨削清根	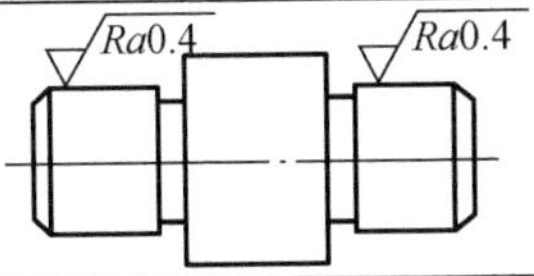
7	孔口设计成斜面，钻孔加工时，刀具易引偏或折断	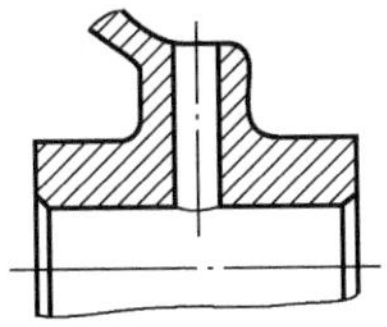	孔口设计平台，可以方便钻孔加工时刀具进刀	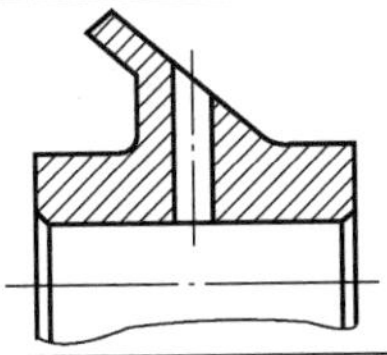
8	退刀槽尺寸不一，增加刀具种类和换刀次数	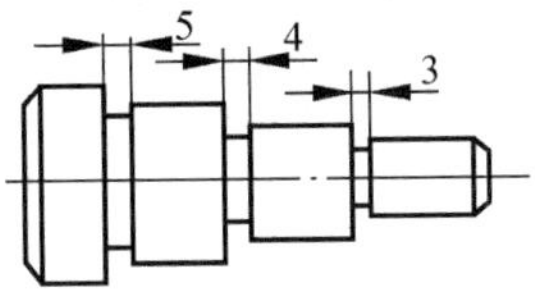	统一退刀槽尺寸，可以减少刀具种类和换刀次数	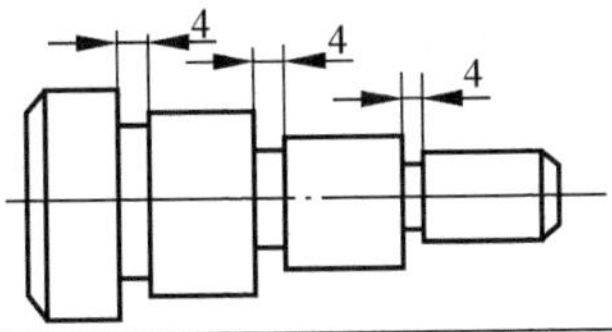
9	螺纹孔尺寸接近但不同，增加刀具种类	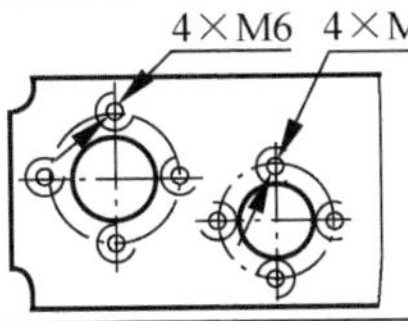	螺纹孔尺寸统一，可以减少刀具种类和换刀次数	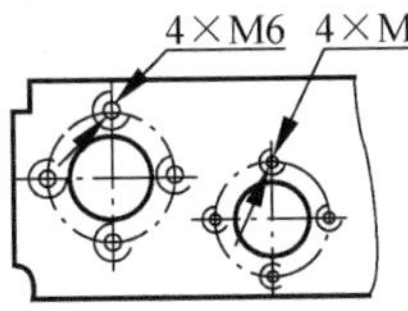
10	平面太大，增加加工量，平面度也不便保证	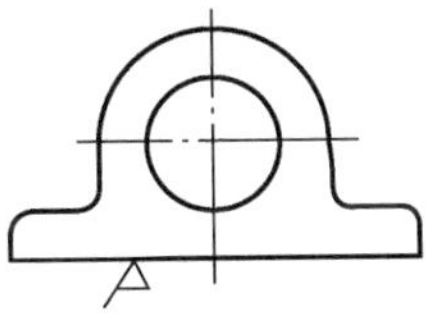	减小加工面面积，可以减少加工量，方便保证平面度	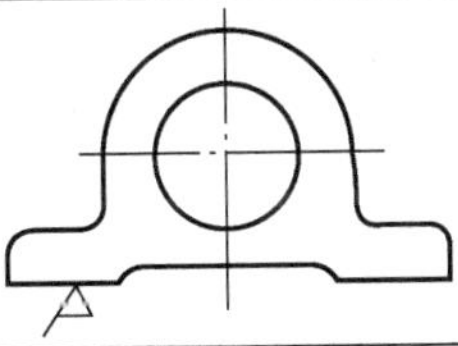
11	外圆和内孔无法在一次安装中加工，不便保证外圆和内孔的同轴度	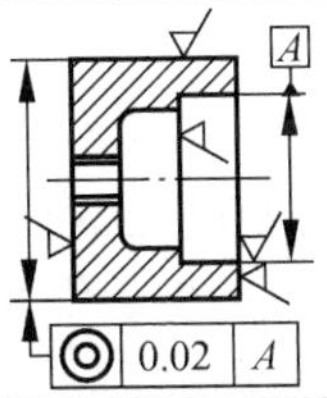	在外圆上设计台阶，可以方便保证外圆和内孔的同轴度	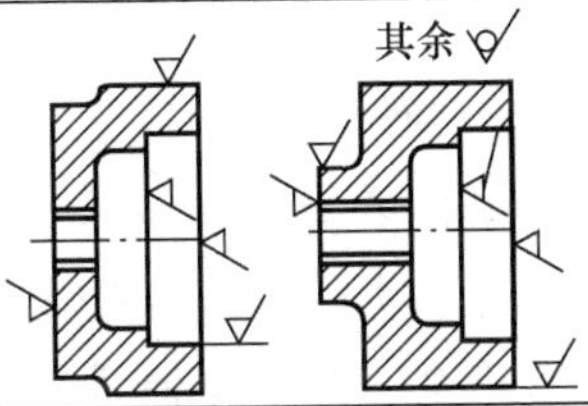
12	孔出口处余量偏置，钻头易引偏或折断	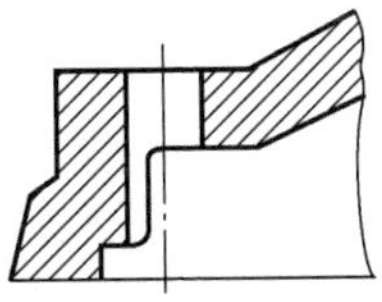	孔出口处设计平坦，孔加工方便	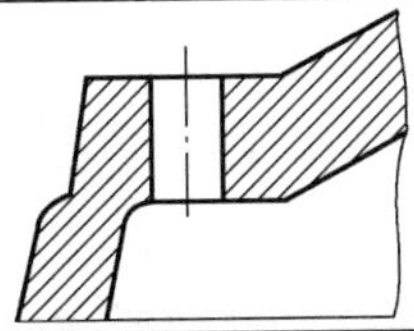
13	加工 *B* 面时，*A* 面太小，定位不方便	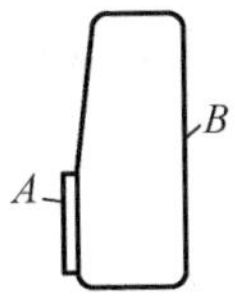	设计两个工艺凸台，可以方便 *B* 面加工时的定位，加工后可以再将凸台去处	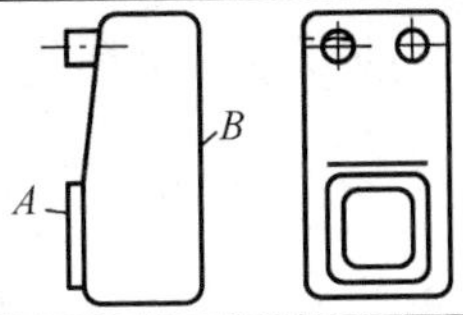

续表

序号	零件结构			
	结构工艺性不好		结构工艺性好	
14	键槽分布在不同方向，无法一次安装中加工出来	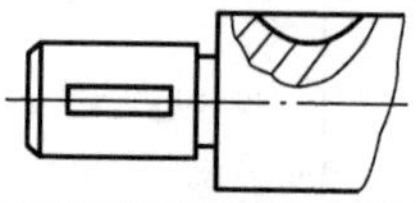	将键槽设计在同一方向，可以一次安装中加工出来	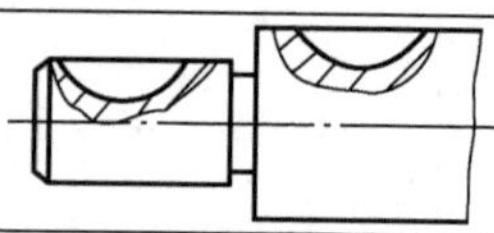
15	孔太深，深孔加工有困难	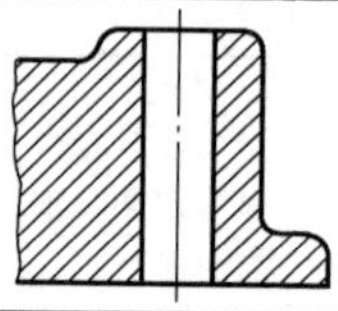	减小孔深度，可以方便加工	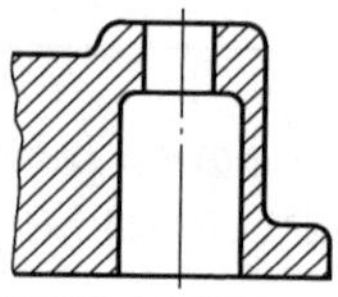
16	锥面需要磨削，锥面和圆柱面交接处无法清根	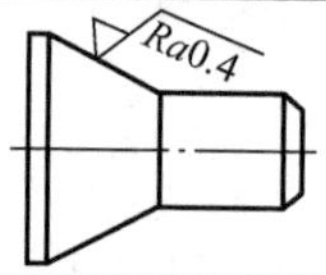	锥面和圆柱面交接处设计成台肩，可以方便锥面磨削	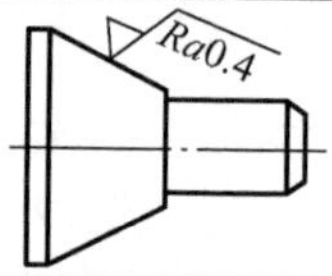
17	装配面设计在腔体内部，不便加工和装配	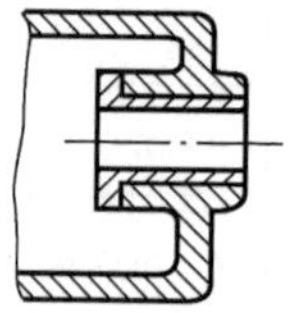	装配面设计在腔体外部可以方便加工和装配	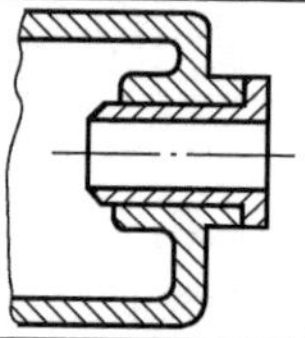
18	台阶面不等高，加工时需要两次安装或调刀	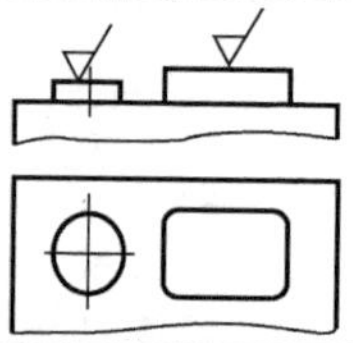	台阶面设计成等高，可以减少辅助时间	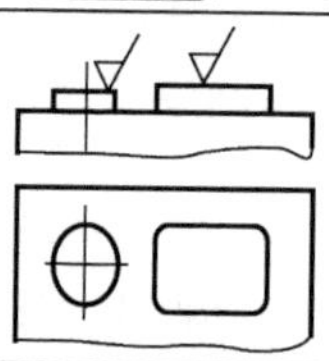
19	孔内壁设计沟槽，加工不方便	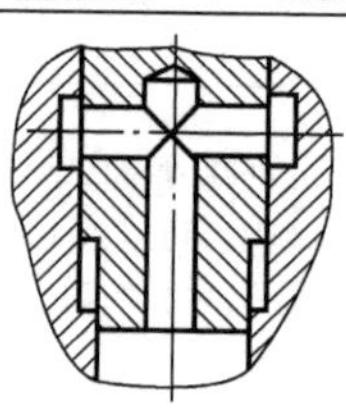	将沟槽设计在装配件外圆柱面上，以便于加工	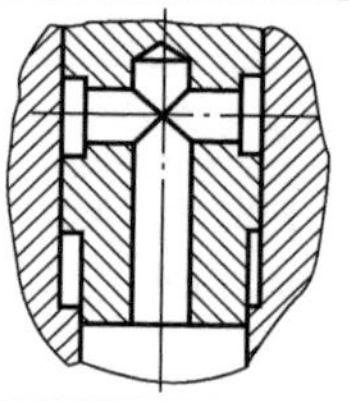

2. 确定毛坯

毛坯的种类和质量对零件的加工质量、材料消耗、生产率、成本均有影响，而且还会影响零件的力学性能和使用性能。常用的毛坯种类有铸件、锻件、型材、焊接件、冲压件以及粉末冶金、成形轧制件等。在制订机械加工工艺规程之前，首先要熟悉毛坯的特点。如果是铸件，要了解其分型面、浇口、冒口的位置以及铸件公差和拔模斜度等。选择毛坯种类和制造方法时，必须首先满足零件的力学性能和使用性能要求，同时希望毛坯与成品零件尽可能接近，以节约材料、提高加工效率、降低加工成本。但这样又会造成毛坯制造难度增加、成本提高。为合理解决这个矛盾，选择毛坯时应重点考虑以下几个问题：零件的生产纲领；零件的性能要求；毛坯的制造方法及其工艺特点；零件形状与尺寸；现有生产条件。

3. 拟订机械加工工艺路线

这是机械加工工艺规程设计的核心部分。主要内容有：选择定位基准，确定加工方法，划分加工阶段，决定工序的集中与分散，安排加工顺序以及安排热处理、检验和其他辅助工序等。机械加工工艺路线的拟订不仅影响加工质量和生产率，而且还影响到工人的劳动强度、车间面积以及生产成本等。因此，必须在充分调查研究的基础上，提出几个工艺方案并加以分析比较，最终确定出一个最经济合理的工艺方案。

4. 确定各工序所采用的设备和工艺装备

工艺装备包括刀具、夹具、量具、辅具等。设备和工艺装备的选择要与零件的生产类型、加工质量、结构特点相匹配，对需要改装和重新设计的专用设备和工艺装备应在进行经济性分析和论证的基础上提出设计任务书。

5. 确定主要工序的技术要求和质量验收标准

6. 确定各工序的余量，计算工序尺寸和公差

7. 确定各工序的切削用量

在单件、小批生产中，为简化工艺文件和生产管理，一般不明确规定具体的切削用量，而由操作者结合具体生产情况自行决定。在中、大批生产，特别是在大批大量生产时，为了保证生产节拍和加工质量，在工艺规程中对切削用量有明确的规定，并且不得随意改动。

8. 确定时间定额

9. 技术经济分析

10. 填写工艺文件

4.2 定位基准的选择

拟订机械加工工艺路线的第一步是选择定位基准。选择定位基准的首要目的是为了保证加工后零件各表面的位置精度，同时还要考虑对各工序余量、工艺流程、夹具结构的影响，以及流水线和自动线加工的需要。

在选择定位基准时，需要同时考虑两个问题：

(1) 究竟选择零件上的哪一个(组)表面作为精基准可以有效保证零件的精度要求？是否有个别工序需要第二个(组)表面作为精基准？

(2) 要加工上述的精基准，应选择哪一个(组)毛坯面作为粗基准？

由于粗、精基准的用途不同，因此在选择时考虑的侧重点也不同。

4.2.1 精基准的选择原则

选择精基准时应重点考虑如何减少定位误差，保证加工精度，并使工件装夹准确、可靠、方便。具体选择原则如下。

1. 基准重合原则

尽量选择被加工面的工序基准(或设计基准)作为定位基准称为基准重合原则。采用这一原则可以避免因基准不重合而产生的定位误差，这在工序加工精度要求较高的场合显得尤为重要。

由图 4-2(a)所示零件图可知，2×ϕ18 孔的设计基准为ϕ30 孔的中心线。在加工 2×ϕ18 孔时，分别采用了图 4-2(b)和(c)两种定位方案。试比较这两种定位方案的优劣，并说明理由。

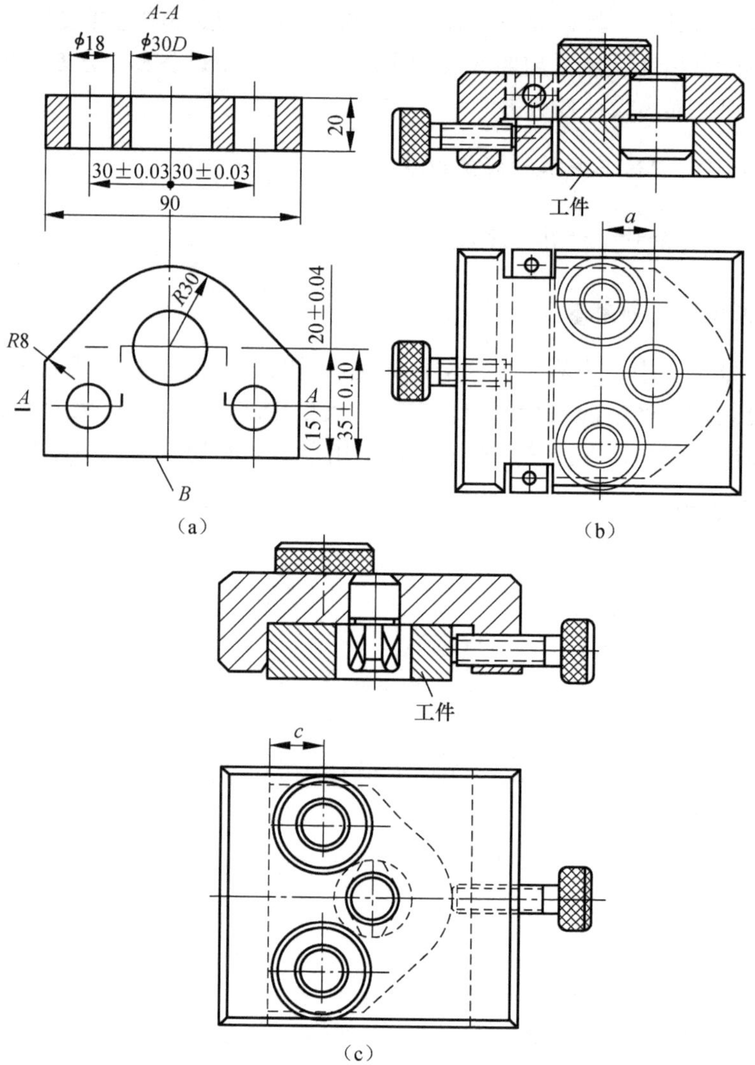

图 4-2　基准重合原则示例

2. 基准统一原则

当工件以某一组表面作为精基准定位，可以比较方便地在各工序中加工大多数(或所有)其他表面，则应尽早地把这一组基准面加工出来，并达到一定精度，以后工序均以它为精基准加工其他表面。这就称为“基准统一”原则，即尽量选用同一组精基准定位，加工工件上大多数乃至所有其他表面的工艺原则。

基准统一的好处很多，①可以有效避免因基准转换过多而产生的误差；②有可能在一次安装中加工许多表面，有利于保证表面间的位置精度，还可以减少安装误差和装卸工件的辅助时间；③可简化夹具设计，实现夹具的统一；④可减少工件搬动和翻转的次数，有利于工件的流水作业或自动化加工。

应当指出，采用基准统一原则常常会带来基准不重合问题。此时，需要针对具体问题进行分析。在能够保证加工精度的前提下，一般采用基准统一原则。在实际生产中，基准统一原则被广泛使用。如：轴类零件常使用两顶尖孔定位；箱体类零件常使用一面两孔定位；盘类零件常使用端面和内孔定位等。

3. 互为基准原则

对于某些位置精度要求很高的表面，采用互为基准，反复加工的方法来保证其位置精度，这就是“互为基准”原则。

如图 4-3 所示，精密齿轮的精加工通常是在齿面淬硬以后再磨齿面及内孔，因齿面淬硬较薄，磨齿余量应力求小而均匀，所以就必须先以齿面为基准磨内孔，然后再以内孔为基准磨齿面。这样，不但可以做到磨齿余量小而均匀，而且还能保证轮齿基圆对内孔有较高的同轴度。

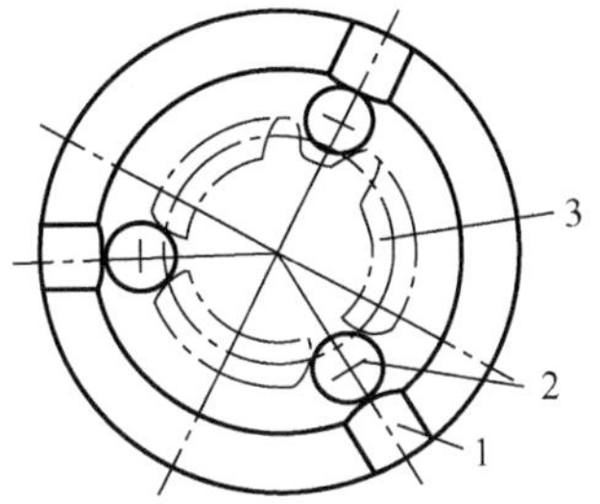

图 4-3　齿轮精加工互为基准示例

1—卡盘；2—滚柱；3—齿轮

4. 自为基准原则

在精加工或光整加工工序中，为保证加工面有很小且均匀的余量，常用加工表面本身作为精基准进行加工，这就是“自为基准”原则。精铰孔、拉孔、浮动镗刀镗孔、床身导轨的精磨等，加工时均以被加工面自身定位。

5. 便于装夹原则

所选择的精基准，尤其是主要定位面，应有足够大的面积和精度，以保证定位准确可靠，同时还应使夹紧机构简单，操作方便。

4.2.2　粗基准的选择原则

粗基准选择考虑的重点是如何保证非加工面与加工面的位置关系以及保证各加工表面应有足够的加工余量。粗基准的选择原则如下。

1. 优先保证表面间相互位置要求的原则

如果首先要求保证零件上非加工表面与加工表面之间的相互位置要求，则应选择该非加工表面作为粗基准。当零件上有多个不加工表面时，应选择其中与加工表面有较高位置精度要求的不加工表面为粗基准。

如图 4-4(a)所示的铸件，外圆表面 1 为不加工表面，为保证孔加工后壁厚均匀，应采用外圆表面 1 作为粗基准；再如图 4-4(b)所示的拨杆，虽然不加工面很多，但由于要求ϕ22H9 孔与ϕ40mm 外圆同轴，因此在钻ϕ22H9 孔时应选择ϕ40mm 外圆作为粗基准，利用三爪自定心夹紧机构使ϕ40mm 外圆与钻孔中心同轴，如图 4-4(c)所示。

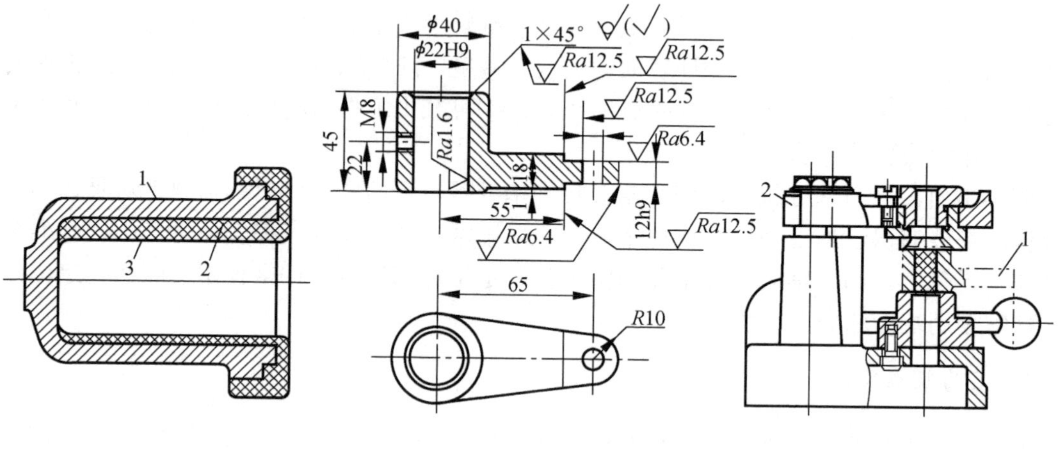

（a）　　　　　　（b）　　　　　　（c）

图 4-4　位置要求对粗基准选择的影响

2. 优先保证加工余量原则

如果首先保证工件重要表面余量小而均匀时，应选择该加工表面为粗基准。车床床身导轨面是最重要的表面，不仅精度要求高，而且要求导轨面有均匀的金相组织和较高的耐磨性，因此希望加工时导轨面的加工余量要小而且均匀。如图 4-5 所示车床床身导轨面加工中，有两种定位方案。图 4-5(a)以导轨面为粗基准，先加工床腿底面，然后再以床腿底面为精基准加工导轨面；图 4-5(b)的加工顺序与(a)方案相反。试分析这两种方案中，哪一种正确？不正确的定位方案会导致什么问题？

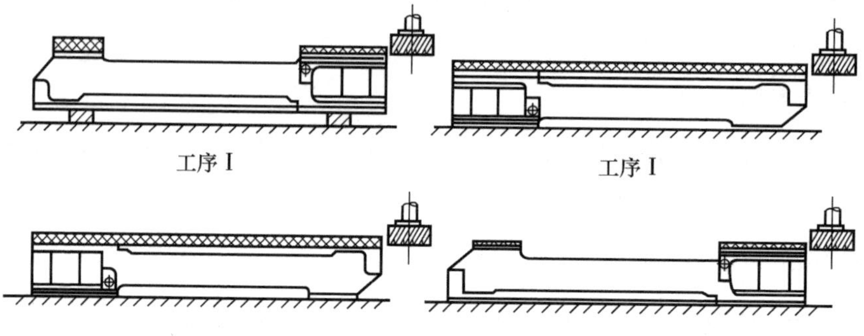

（a）　　　　　　（b）

图 4-5　床身加工中的粗基准选择

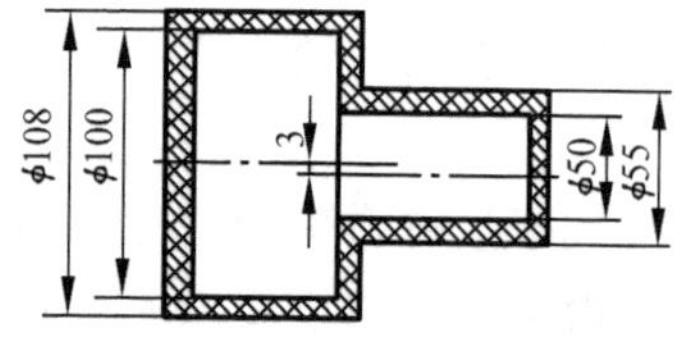

图 4-6　各个表面都需要加工时粗基准的选择

如果零件上各个表面都需要加工，究竟该选择哪个表面作为粗基准呢？图 4-6 所示零件的毛坯大小头的余量分别为 8mm、5mm，其同轴度误差为 0～3mm，若以ϕ108mm 大头外圆为粗基准，先车小头，此时当毛坯大小头同轴度误差大于 2.5mm 时，则小头的加工余量不足而导致废品；反之若以ϕ55mm 小头为粗基准，先车大头，则可避免出现废品。

3. 可靠定位原则

为了保证定位准确，夹紧可靠，尽量选用平整、光洁和有足够大面积的表面作为粗基准，不应选择有锻造飞边、铸造浇、冒口或其他缺陷的表面作为粗基准。

4. 不重复使用原则

有了精基准尽量使用精基准，粗基准在同一尺寸方向上一般不应被重复使用。这是因为毛坯的定位面一般质量都很差，如果在两次装夹中重复使用同一粗基准，就会造成相当大的定位误差。

如图 4-7(a)所示零件，其内孔、端面及 3×ϕ7mm 孔都需要加工。如果按图 4-7(b)、(c)所示工艺方案，即第一道工序以ϕ30mm 外圆为粗基准车端面、镗孔；第二道工序仍以ϕ30mm 外圆为粗基准钻 3×ϕ7mm 孔，这样就可能使钻出的孔轴线与端面不垂直。如果用图 4-7(b)、(d)所示工艺方案，就可以避免上述问题。

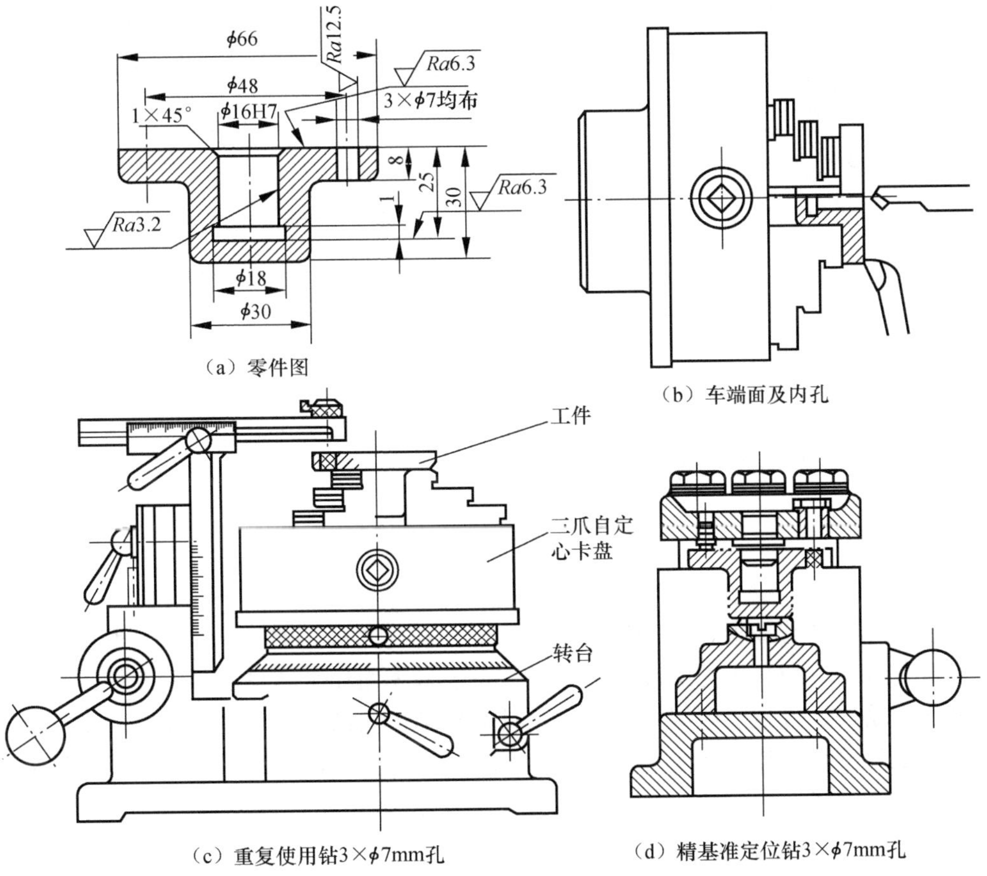

(a) 零件图

(b) 车端面及内孔

(c) 重复使用钻3×ϕ7mm孔

(d) 精基准定位钻3×ϕ7mm孔

图 4-7　粗基准不重复使用示例

【讨论】谈谈你对以下说法的看法。

(1)粗基准绝对不允许重复使用。

(2)粗基准只允许在第一道工序使用一次。

值得指出的是，对粗基准不重复使用原则不要滥用。例如在图 4-8(a)所示的零件图中，第一道工序加工ϕ15H7 孔和端面时，用法兰台肩面和外形定位，第二道工序钻 2–ϕ6mm 孔时，除了用ϕ15H7 孔和端面作精基准定位外，仍需用外形粗基准来限制绕ϕ15H7 孔轴线的回转自由度，如图 4-8(b)所示。此时，粗基准的重复使用并不影响两道工序加工面之间的位置精度要求，这时的粗基准重复使用是允许的。

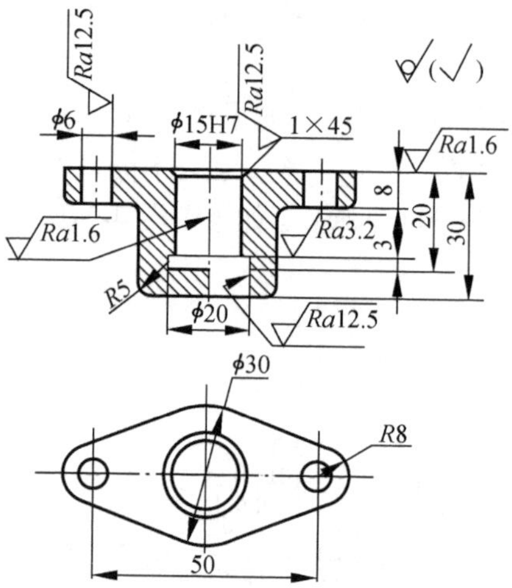

（a） 工件简图

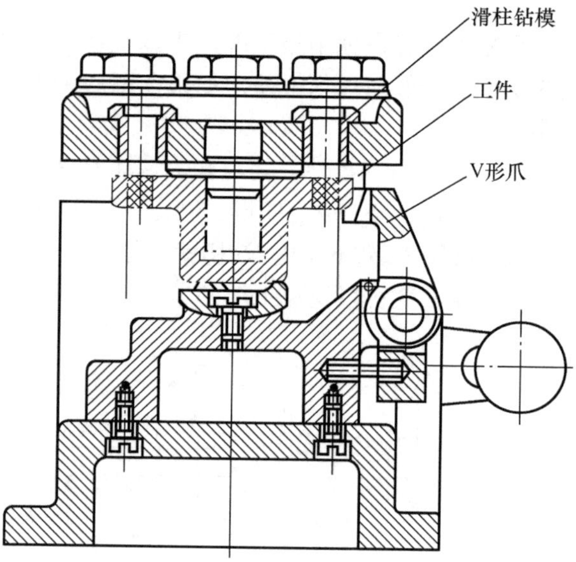

（b） 加工简图

图 4-8　粗基准重复使用举例

粗、精基准选择原则中的每一条原则都只说明一个方面的问题，有时两个原则是相互矛盾的，难以同时兼顾。因此在实际应用中，必须根据具体情况来分析和运用这些原则，正确选择定位基准，确保零件加工精度。

4.3　工艺路线的拟订

如前所述，工艺路线拟订是制订机械加工工艺规程的核心部分，它包含内容很多。在正确选择定位基准后，拟订工艺路线的主要任务是选择表面加工方法及所用设备、安排工序顺序、划分加工阶段、确定工序组织原则等。具体拟订工艺路线时，往往要拟定几个工艺路线方案，然后通过分析比较，从中选出一条适合本厂生产条件、能够保证优质、高效和低成本加工的最佳工艺路线。

4.3.1　表面加工方法与使用设备的选择

1. 加工方法的选择

1)各种加工方法的经济加工精度和粗糙度

不同加工方法，如车削、铣削、刨削、磨削、钻削、镗削、拉削等，所能达到的加工精度和表面粗糙度也大不相同。即使是同一种加工方法，在不同的加工条件下所达到的加工精度和表面粗糙度也不相同，这是因为影响加工质量的因素有很多，如工人的技术水平、切削用量、刀具的刃磨质量、机床的调整质量等。任何一种加工方法，只要仔细刃磨刀具、调整机床，选择合理的切削用量，精心操作，就能获得较高的加工精度。但因耗时多，效率低，会使加工成本增加。于是就产生这样一个问题，即对某种加工方法来说，用于加工哪一精度等级的零件才经济合理？这就是经济加工精度和粗糙度的概念(为方便起见，简称经济加工精度)。

经济加工精度指在正常加工条件下(采用符合质量标准的设备和工艺装备，使用标准技术等级工人，不延长加工时间)，一种加工方法所能保证的加工精度和表面粗糙度。

统计表明，任何一种加工方法的加工精度(或加工误差Δ)与加工成本 C 之间存在如图 4-9 所示关系。由图看出，加工成本 C 随着加工误差Δ的减小而增大，但在不同的误差范围内，加工成本增大的比率不同。加工精度的提高有一定极限，过 A 点后(A 点左侧曲线)，即使再增加成本，加工精度提高也很少。同样，加工成本下降也有一定极限，过 B 点后(B 点右侧曲线)，成本基本不变。由此可见，只有当加工误差等于曲线 AB 段对应的误差值时，采用相应的加工方法加工才是经济的，该误差值所对应的精度即为该加工方法的经济加工精度。因此，经济加工精度是指一个精度范围而不是一个值。

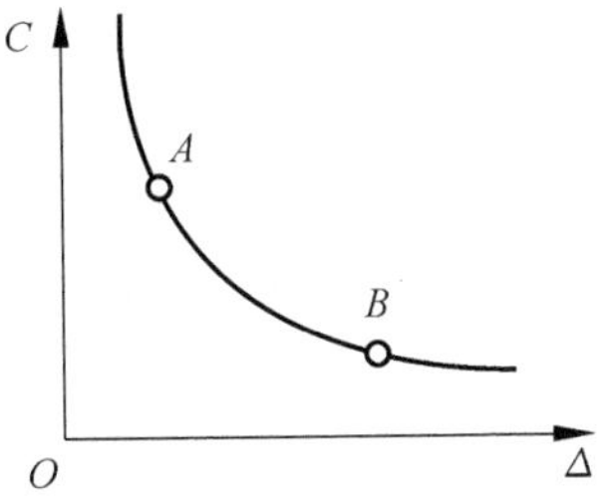

图 4-9　加工误差Δ与加工成本 C 的关系

2) 加工方法和加工方案的选择

(1) 首先根据被加工表面的技术要求，确定与之相符合的经济加工精度对应的加工方法。满足要求的加工方法可能不止一种，还需结合其他条件，最后确定一种。选择零件表面的加工方案必须在保证零件达到图纸要求方面是稳定、可靠的，并在生产率和加工成本方面是最经济合理的。

外圆、内孔和平面是构成零件的典型表面，占有构成零件表面的绝大部分。在长期的生产实践中，针对这些表面形成了一些比较成熟的加工方案，熟悉这些表面的加工方案对编制工艺路线有很大指导意义。表 4-5～表 4-7 分别列出了外圆表面、内孔、平面的较常用的加工方案及其所能达到的经济精度和表面粗糙度。

表 4-5　外圆面加工路线及其工艺特点

加工方案	经济精度	表面粗糙度/μm	工艺特点
粗车 └→ 半精车 └→ 精车 └→ 滚压（或抛光）	IT11～13 IT8～9 IT7～8 IT6～7	Ra50～100 Ra3.2～6.3 Ra0.8～1.6 Ra0.08～0.20	应用广泛，适用于非淬火工件的加工
粗车→半精车→磨削 └→ 粗磨 → 精磨 └→ 超精磨	IT6～7 IT5～7 IT5	Ra0.40～0.80 Ra0.10～0.40 Ra0.012～0.10	主要用于淬火钢，不适宜加工有色金属
粗车 → 半精车 → 精车 → 金刚石车	IT5～6	Ra0.025～0.40	主要用于有色金属
粗车→半精车→粗磨 → 精磨 → 镜面磨 └→ 精车 → 精磨 → 研磨 └→ 粗研→抛光	IT5 以上 IT5 以上 IT5 以上	Ra0.025～0.20 Ra0.05～0.10 Ra0.025～0.40	主要用于要求高质量的表面加工

表 4-6 孔加工路线及其工艺特点

加工方案	经济精度	表面粗糙度/μm	工艺特点
钻孔	IT11～13	$Ra \geqslant 50$	用于加工未淬火实心毛坯的小直径孔，加工有色金属时，表面粗糙度稍大
钻孔→扩孔	IT10～11	Ra25～50	
钻孔→扩孔→铰孔	IT8～9	Ra1.6～3.2	
钻孔→扩孔→粗铰→精铰	IT7～8	Ra0.8～1.6	
钻孔→铰孔	IT8～9	Ra1.6～3.2	
钻孔→粗铰→精铰	IT7～8	Ra0.8～1.6	
钻孔→（扩孔）→拉孔	IT7～8	Ra0.80～1.60	适合大批量生产
粗镗（或扩）	IT11～13	Ra25～50	用于非淬火材料，已有毛坯孔的加工
粗镗（或扩）→半精镗（或精扩）	IT8～9	Ra1.6～3.2	
粗镗（或扩）→半精镗（或精扩）→精镗（或铰）	IT7～8	Ra0.80～1.6	
粗镗（或扩）→半精镗（或精扩）→精镗（或铰）→浮动镗	IT6～7	Ra0.20～0.40	
粗镗（或扩）→半精镗→磨	IT7～8	Ra0.20～0.80	主要用于加工淬火钢，不适合有色金属
粗镗（或扩）→半精镗→粗磨→精磨	IT6～7	Ra0.10～0.20	
粗镗→半精镗→精镗→金刚镗	IT6～7	Ra0.05～0.20	用于位置精度要求较高的孔
钻孔→（扩）→粗铰→精铰→珩磨（或研磨）	IT6～7	Ra0.01～0.20	用于表面质量要求高的孔加工
钻孔→（扩）→拉孔→珩磨（或研磨）	IT6～7	Ra0.01～0.20	
粗镗→半精镗→精镗→珩磨（或研磨）	IT6～7	Ra0.01～0.20	

表 4-7 平面加工路线及其工艺特点

加工方案	经济精度	表面粗糙度/μm	工艺特点
粗车	IT11～13	$Ra \geqslant 50$	用于加工工件端平面
粗车→半精车	IT8～9	Ra3.2～6.3	
粗车→半精车→精车	IT7～8	Ra0.80～1.60	
粗车→半精车→磨	IT6～7	Ra0.20～0.80	
粗铣→拉	IT6～9	Ra0.20～0.80	适合小平面大批量生产
粗刨（或粗铣）	IT11～13	$Ra \geqslant 50$	适于非淬火平面加工
粗刨（或粗铣）→精刨（或精铣）	IT7～9	Ra1.6～6.3	
粗刨（或粗铣）→精刨（或精铣）→刮研	IT5～6	Ra0.10～0.80	
粗刨（或粗铣）→精刨（或精铣）→磨	IT6～7	Ra0.20～0.80	用于加工精度要求较高的平面
粗刨（或粗铣）→精刨（或精铣）→粗磨→精磨	IT5～6	Ra0.025～0.40	
粗刨（或粗铣）→精刨（或精铣）→宽刀精刨	IT6～7	Ra0.20～0.80	适合较大批量、大平面加工
粗铣→精铣→磨→研磨	IT5～6	Ra0.025～0.20	用于高质量平面加工
粗铣→精铣→磨→研磨→抛光	IT5 以上	Ra0.025～0.10	

(2) 确定加工方法时要考虑被加工材料的性质。如淬火钢需要用磨削加工，而有色金属一般采用金刚镗或高速精车、高速精铣加工。

(3) 选择加工方法时应考虑零件的生产类型。所选择加工方法应与生产类型相适应。大批大量生产时应选用高生产率的加工方法，如内孔、内键槽、内花键等可以采用拉削方法；当批量不大时则可以选用钻、扩、铰、镗、插削等方法。

(4) 选择加工方法时还要考虑本厂现有技术水平、生产条件等。应该充分利用企业现有资源，挖掘企业潜力，对原有设备进行技术改造，创造经济效益。

此外，选择加工方法时还应考虑其他一些因素，如工件的几何形状、重量以及加工方法所能达到的表面物理机械性能等。

【讨论】某零件上有一孔，孔的精度为 IT7，表面粗糙度 *Ra*0.8。根据表 4-6，可以查得四种加工方案：

① 钻→扩→粗铰→精铰；

② 粗镗→半精镗→精镗；

③ 粗镗→半精镗→粗磨→精磨；

④ 钻(扩)→拉。

试确定这四种加工方案各适宜于何种情况。

2. 加工设备的选择

机床设备的选择除考虑现有生产条件外，还要考虑以下因素：

(1) 机床的加工尺寸范围应与被加工零件的外轮廓尺寸相适应，以便充分发挥机床的使用性能。

(2) 机床的精密度应与被加工零件要求的加工精度相适应。机床精度过低，不能达到零件的加工要求；机床精度过高则会造成不必要的浪费。

(3) 机床的生产率应与被加工零件的生产类型相适应。大批大量生产时宜采用高效率机床、专用机床、组合机床；单件小批生产时应选用通用机床、数控机床。

(4) 机床的功率、刚度以及工作参数应能满足最合理切削用量的要求。粗加工时机床的功率和刚度应足够；精加工时机床应具有足够的刚度和一定的转速范围。

4.3.2 加工阶段的划分

为了保证零件的加工质量，零件的加工一般要分阶段进行。一般精度的零件常分成粗加工、半精加工、精加工三个加工阶段；对于毛坯余量特别大、表面特别粗糙的零件，在粗加工之前可安排去皮加工阶段，即荒加工阶段；表面粗糙度要求很小的零件则需要在精加工之后特意安排光整加工阶段。不同加工阶段有不同的任务和目的。

(1) 粗加工阶段尽量从毛坯表面上切除大部分余量，为后续加工准备定位精基准。该阶段需要解决的主要问题是如何最大限度地提高生产率。

(2) 半精加工阶段需要兼顾生产率和加工精度两方面的问题，一要完成次要表面的终加工；二要为后续精加工做好准备。

(3) 精加工阶段主要是保证零件的尺寸、形状、相互位置精度和表面粗糙度。除少数需要进行光整加工的表面外，大多数表面至此加工完毕。

(4) 光整加工阶段只从被加工表面上切除极少的加工余量，主要是为了得到很高的尺寸精度和很低的表面粗糙度，一般不用以纠正形状精度和位置精度。

划分加工阶段的原因如下：

(1) 有利于保证零件的加工质量。粗加工阶段的加工余量大，因而产生的切削力和切削热都较大。粗、精加工阶段分开，有助于后续阶段逐步修正粗加工引起的各种变形，同时各加工阶段之间的时间间隔相当于自然失效，有助于消除工件的内应力，从而保证零件的加工质量。另外，精加工工序安排在最后，有利于保护精加工后的表面不受损伤。

(2)粗加工工件各表面大部分余量后，可以及早发现毛坯缺陷，及时采取补救措施或报废，避免不必要的人力、物力浪费。

(3)便于合理安排加工设备和操作工人。粗、精加工阶段分开，有助于充分发挥粗、精加工机床各自的性能特点，可分别安排适合各自要求的设备和操作工人，有利于延长精加工设备的使用寿命。

(4)便于安排必要的热处理工序。

应当指出，尽管划分零件加工阶段有很多好处，但并非所有零件加工都要这样去做。例如加工重型工件时，不必划分加工阶段。由于不便于多次装夹和运输，可在粗加工后松开工件，让其充分变形，再夹紧工件进行精加工，以提高加工的精度。另外，如果工件的加工质量要求不高、工件的刚度足够、毛坯的质量较好而切除的余量不多，则可不必划分加工阶段。

4.3.3 工序集中与工序分散

工序集中和工序分散是拟订工艺路线的两个不同组织原则。工序集中是指在每道工序中安排有较多的加工内容，而多刀同时加工的集中称为工艺集中，多刀或多面依次加工的集中称为组织集中。工序集中的极端情况是一个零件只有一道工序。工序分散则相反，零件各表面的加工分得很细，工序多，工艺路线长，而每道工序包含的加工内容很少。工序分散的极端情况是一道工序只有一个工步。

1. 工序集中的特点

(1)可减少零件安装次数，既有利于提高生产率，又有利于保证各加工表面之间的位置精度；

(2)便于采用高效专用设备和工艺装备，以提高生产率；

(3)减少了工序数目，有利于生产组织和管理；

(4)减少了机床和工人，占用生产面积小；

(5)机床结构复杂，调整维护都不方便，生产准备工作量大。

2. 工序分散的特点

(1)机床和工艺装备简单，易调整；

(2)有利于采用合理的切削用量；

(3)生产准备工作量小，容易适应产品更换；

(4)工序数目多，设备数量大，占地面积大，使用的工人数量多，生产组织工作较复杂。

在确定工序集中或分散的问题上，主要根据生产规模、零件的结构特点、技术要求和设备等具体生产条件综合考虑后确定。

在单件小批生产中，一般采用通用设备和工艺装备，尽可能在一台机床上完成较多的表面加工，尤其是对重型零件的加工，为减少装夹和往返搬运的次数，多采用工序集中的原则。

在成批生产中，尽可能采用效率高的通用机床(如六角车床)和专用机床，使工序集中。

在大批、大量生产中：①常采用高效率的设备和工艺装备，如多刀自动机床、组合机床及专用机床等，使工序集中，以便提高生产率和保证加工质量。②但因工件特殊结构关系，各个表面不便于集中加工。如活塞、连杆等可采用效率高、结构简单的专用机床和工艺装备，按工序分散的原则进行生产。

4.3.4 工序顺序的安排

1. 切削加工工序的安排

(1) 基面先行。即加工一开始，总是先安排精基面的加工，然后以该精基面定位加工其他表面。如果精基面不止一个，则应该按照基面转换的顺序和逐步提高加工精度的原则来安排基面和主要表面的加工。应当注意：此原则不仅仅指在工艺路线的开头这么做，而且在精加工阶段开始时也应先对精基面进行精加工，以提高定位精度，然后再安排其他表面的精加工。

(2) 先粗后精。即先安排各表面的粗加工，后安排精加工。该原则不仅适合于一个表面的加工，而且对整个工艺路线来讲，精度要求高的零件也应划分加工阶段。

(3) 先主后次。即先安排各主要表面的加工，然后根据次要表面与主要表面之间的位置关系，并参考基面先行和先粗后精的原则，将次要表面的加工穿插安排在主要表面的前后。切记不能一味理解成“先加工主要表面，后加工次要表面”。

(4) 先面后孔。该原则实质上是基面先行原则的特例，主要应用于箱体和支架类零件的加工。由于这类零件上一般既有平面又有孔，因此无论从定位角度还是从保证孔与平面的位置精度考虑，都应先加工平面，再以该平面定位，加工零件上的孔。

2. 热处理工序的安排

热处理的目的不外乎三种：改善材料的力学性能；改善材料的切削加工性能；消除内应力。热处理在零件加工工艺路线中的安排主要取决于零件材料以及热处理的目的。

(1) 预备热处理。如退火、正火，一般安排在粗加工之前，主要以改善材料切削加工性能、消除毛坯制造时产生的内应力为目的。

(2) 最终热处理。一般安排在半精加工之后精加工之前，目的是提高材料的强度、表面硬度和耐磨性。常用的方法有调质、淬火、渗碳淬火、渗氮等。由于调质能使材料组织得到细致均匀的回火索氏体，所以有时也用作预备热处理。考虑到调质温度较高，会引起零件产生较大的变形，故一般安排在粗加工之后为宜。至于淬火、渗碳淬火，一般均安排在精加工之前。采用渗氮可以获得比渗碳淬火更高的表面硬度、耐磨性和抗蚀性。由于渗氮层较薄，故渗氮后磨削余量不能太大，一般安排在粗磨之后、精磨之前进行。

(3) 去应力热处理。如退火、时效，一般应安排在容易产生内应力的工序(毛坯制造、粗加工)之后。考虑到零件运输工作量，对于精度要求一般的零件，常把退火、时效安排在粗加工之前。但对于精度要求高的零件，可能在工序间安排多次去应力退火或人工时效。

此外，以改善表面外观、提高表面耐蚀性和耐磨性为目的的表面处理工序一般都安排在工艺过程的最后进行。

常用热处理在工艺过程中的位置如图 4-10 所示。

3. 辅助工序的安排

辅助工序包括内容较多，如检验、去毛刺、清洗、去磁等。其中检验工序是主要的辅助工序，它是保证零件加工质量合格的关键工序之一。在工艺过程中，除了各工序操作工人自行检验外，还必须在下列情况下单独安排检验工序：①粗加工阶段结束之后；②车间转换前后，尤其是热处理前后；③关键工序的前后；④特种性能(如磁力探伤、密封性等)检验之前；⑤零件全部加工结束之后。

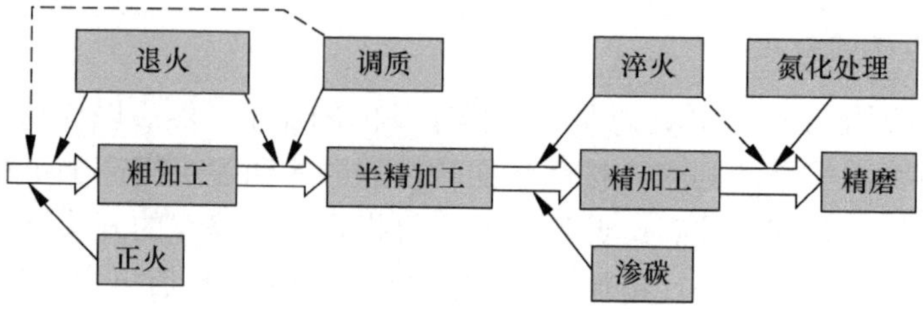

图 4-10　常用热处理在工艺过程中的位置

此外，特种检验，如超声波探伤、X 射线检查，应安排在工艺过程的开始；用于检验工件表面质量的磁力探伤、荧光检验等，应安排在精加工之后；动、静平衡试验、密封性试验、重量检验等，通常安排在工艺过程最后进行。

除检验工序外，其他辅助工序也不能忽视。就拿去毛刺和清洗来讲，如果缺少或要求不严，将会给装配工作带来麻烦，甚至影响机器的质量。因此零件在检验、装配之前应安排去毛刺和清洗工序；在抛光、研磨、磁粉探伤、荧光检验等工序之后均要安排清洗工序；在用磁力夹紧的工序之后，应安排去磁处理，以免带有磁性的零件进入装配线。

4.4　加工余量的确定

4.4.1　加工余量的概念

1. 加工总余量与工序余量

为了保证零件加工质量，从某一表面上所切除的金属层厚度称为加工余量。某一表面从毛坯到最后成品所切除的金属层总厚度称为总余量，它等于毛坯尺寸与零件设计尺寸之差。在一道工序中从某一表面上所切除的金属层厚度称为工序余量，它等于相邻两道工序的工序尺寸之差，如图 4-11 所示。

工序余量有单边余量和双边余量之分。对于平面等非对称表面，其加工余量一般为单边余量(图 4-11(a)、(b))；回转表面(内、外圆柱面等)和某些对称平面(键槽等)的加工余量为双边余量(图 4-11(c)、(d))。

对于被包容面(图 4-11(a))：　　$Z_b = a - b$

对于包容面(图 4-11(b))：　　$Z_b = b - a$

式中，Z_b——本道工序的工序余量；

b——本道工序的基本尺寸；

a——上道工序的基本尺寸。

【讨论】对于图 4-11(c)、(d)所示内、外圆柱面，列出本道工序的工序余量的计算式。

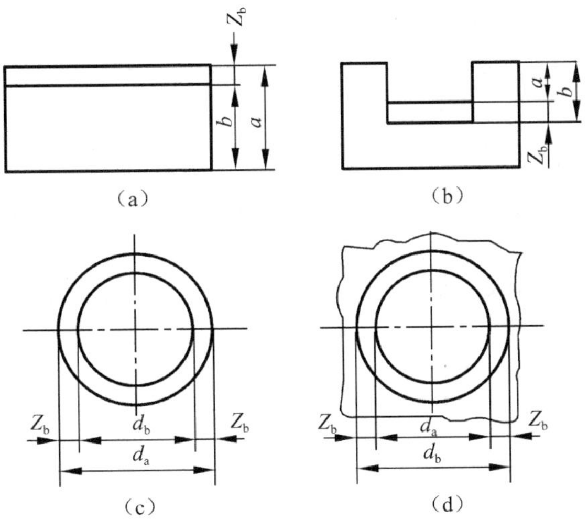

图 4-11　加工余量

总加工余量与工序余量的关系为

$$Z_0 = \sum_{i=1}^{n} Z_i$$

式中，Z_0——总加工余量；

Z_i——第 i 道工序的工序余量；

n——工序数量。

2. 基本余量、最大余量、最小余量、余量公差

由于工序尺寸在加工时有偏差，实际切除的余量值也必然是变化的。故加工余量有基本(或公称)余量 Z、最大余量 Z_{max} 和最小余量 Z_{min} 之分。对于图 4-12 所示的被包容面，有

$$Z = L_a - L_b$$

$$Z_{min} = L_{amin} - L_{bmax}$$

$$Z_{max} = L_{amax} - L_{bmin}$$

式中，L_a——上工序基本尺寸；

L_b——本工序基本尺寸；

L_{amax}、L_{amin}——上工序最大、最小尺寸；

L_{bmax}、L_{bmin}——本工序最大、最小尺寸。

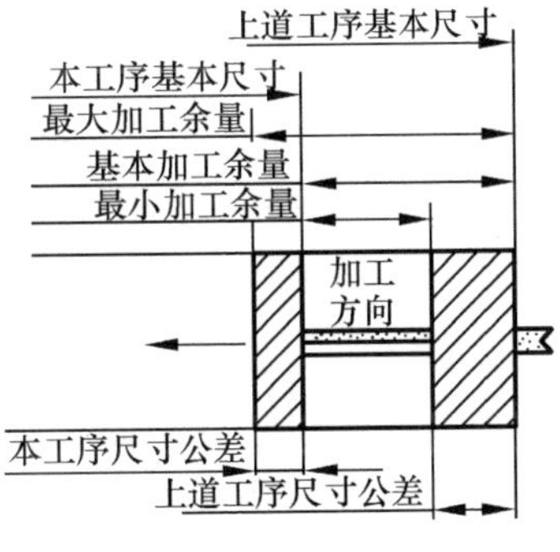

图 4-12　加工余量及其公差

公称余量的变化范围(余量公差) T_z 等于本道工序工序尺寸公差 T_b 与上道工序工序尺寸公差 T_a 之和，即

$$T_z = Z_{max} - Z_{min} = T_b + T_a$$

工序尺寸极限偏差一般按“入体原则”标注。对被包容面，如轴上偏差为零，基本尺寸即最大极限尺寸；对包容面，如孔下偏差为零，基本尺寸则是最小极限尺寸，如图 4-13 所示。毛坯尺寸两极限偏差一般采用双向标注。计算总余量只计算毛坯入体部分余量。但在第一道工序计算背吃刀量 a_p 时，必须考虑毛坯出体部分偏差，否则影响粗加工的走刀次数的安排，此时就要用最大加工余量。

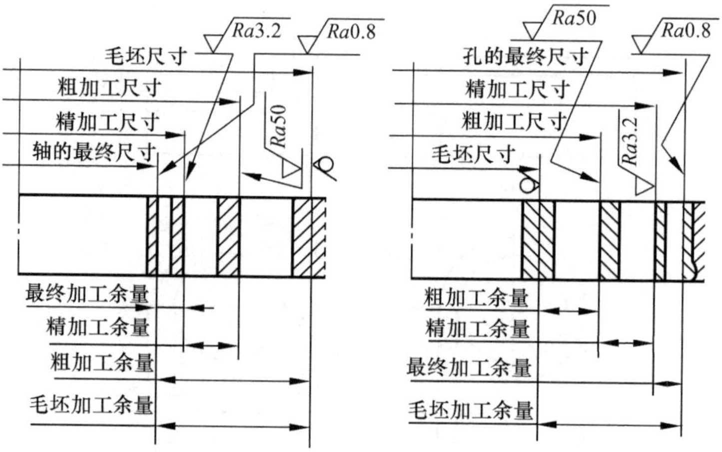

图 4-13　加工余量和工序尺寸分布

4.4.2　影响加工余量的因素

加工余量的大小对零件加工质量和生产率均有较大的影响。加工余量过大会增加加工工时以及材料、工具和电力的消耗，使加工成本升高，有时还会把零件上最耐磨的表面层切去。加工余量过小，则不能完全切除上工序留下的各种表面缺陷和误差，甚至造成废品。确定加工余量的基本原则是：在保证加工质量的前提下尽可能选择最小的加工余量。那么，在选择加工余量时应该考虑哪些因素呢？影响工序余量(公称余量)的因素有以下几个方面。

(1)上工序留下的表面粗糙度 Ra 和表面缺陷层 Ha。如图 4-14 所示，为使加工后的表面不留下上一工序的痕迹，本工序必须去除上工序留下的表面粗糙度 Ra 和表面缺陷层 Ha。

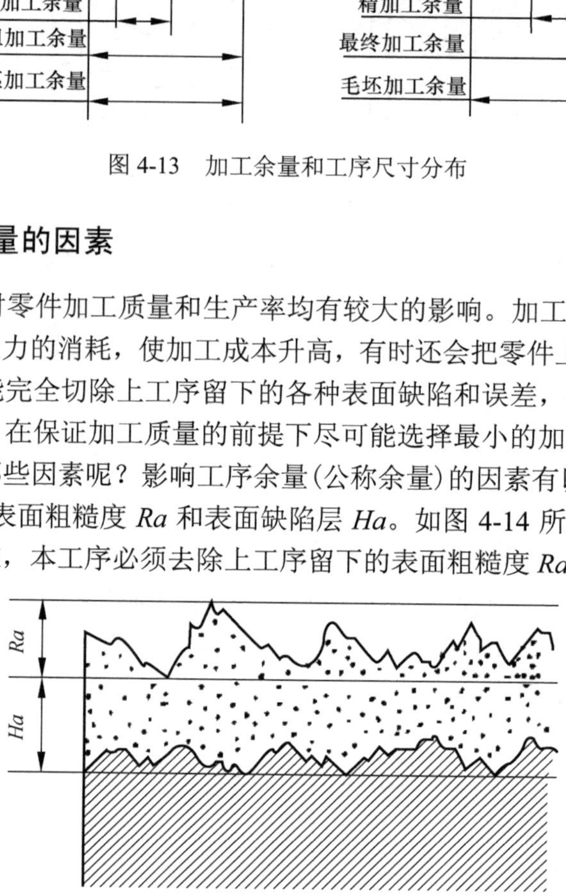

图 4-14　加工表面的粗糙度和缺陷层

(2)上工序的尺寸公差 T_a。为了使上工序产生的误差在本工序中得到纠正，本工序加工余量中必须包含 T_a。T_a 的数值可从机械加工工艺手册中按加工经济精度查得。

(3)上工序留下的需要单独考虑的空间误差 ρ_a。ρ_a 是指工件上有些不包括在尺寸极限偏差范围内的形位误差，如图 4-15 所示的轴。由于前工序轴线有直线度误差 δ，本工序加工余量需增加 2δ 才能保证该轴在加工后无弯曲。

(4)本工序的安装误差 ε_b。安装误差包括定位误差和夹紧误差。如图 4-16 所示，用三爪卡盘夹持工件外圆磨内孔时，由于三爪卡盘本身定位不准确，使工件中心和机床主轴回转中心偏移了一个 e 值，为了加工出内孔就需使磨削余量增大 $2e$ 值。

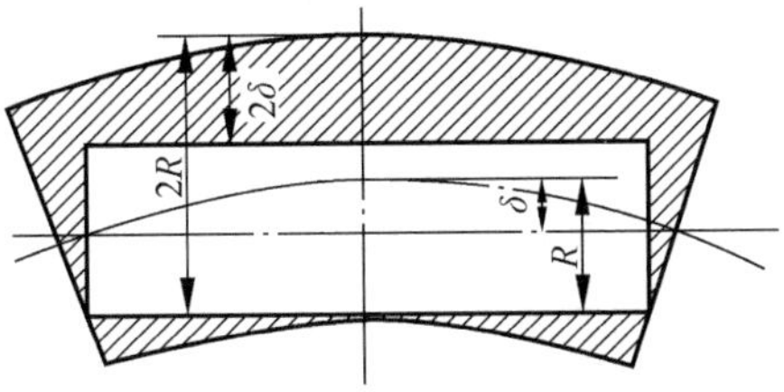

图 4-15　空间误差对加工余量的影响

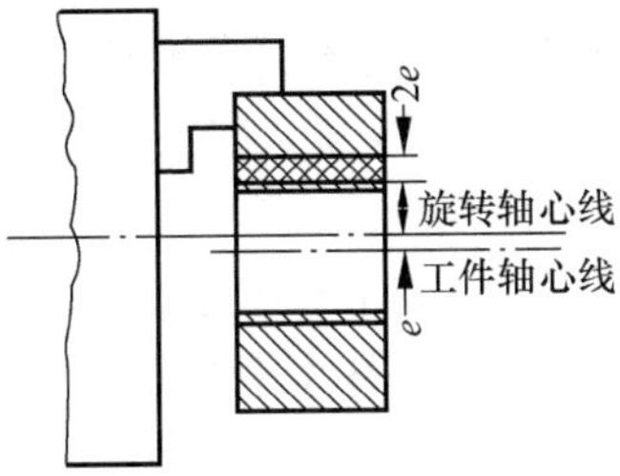

图 4-16　安装误差对加工余量的影响

由于空间误差和安装误差在空间具有方向性，因此它们的合成应为向量和。

综上所述，加工余量的计算公式如下。

对于单边余量：$Z_{\min}=T_{\mathrm{a}}+Ra+Ha+\left|\overrightarrow{\rho_a}+\overrightarrow{\varepsilon_b}\right|$。

对于双边余量：$Z_{\min}=T_{\mathrm{a}}/2+Ra+Ha+\left|\overrightarrow{\rho_a}+\overrightarrow{\varepsilon_b}\right|$。

以上是两个基本计算式，实际应用时可根据具体加工条件加以简化。如在无心磨床上磨轴时，安装误差 ε_{b} 可忽略不计；用浮动铰刀或用拉刀拉孔时空间误差 ρ_{a} 对加工余量无影响，且无安装误差 ε_{b}；研磨、超精加工、抛光等加工方法，主要是降低表面粗糙度值，因此加工余量只需要去掉上工序的表面粗糙度 *Ra* 就行了。

4.4.3　确定加工余量的方法

(1) 计算法。该方法能确定比较科学合理的加工余量，但必须有可靠的实验数据资料。目前应用很少，有时在大批量生产中的重要工序中应用。

(2) 经验估计法。加工余量是由一些有经验的工程技术人员或工人根据经验确定的。为了防止工序余量不够而产生废品，所估余量一般偏大，此法只用于单件小批生产。

(3) 查表法。此法是以在生产实际情况和试验研究积累的有关加工余量的资料数据的基础上制定的各种表格为依据，再结合实际情况加以修正。此法简便，比较接近实际，在生产中应用最广。

4.5　工序尺寸及其公差的确定

4.5.1　概述

在机械加工中，每道工序应保证的尺寸称为工序尺寸，其允许的变动量即为工序尺寸公差。工序尺寸往往不能直接采用零件图上的尺寸，而需要另行计算。计算工序尺寸及其公差是制订工艺规程的一项重要工作。工序尺寸的计算要根据零件图上的设计尺寸、已确定的各工序的加工余量以及定位基准的转换关系来进行，通常有以下两种情形：

1. 工序基准与设计基准重合时工序尺寸的计算

对于简单的工序尺寸，如外圆及孔的直径等，在决定了各工序的加工余量以及所能达到的经济精度之后，就可以计算各工序尺寸及其公差。其计算方法采用的是“逆推法”，即由最后一道工序开始逐步向前推算，直至毛坯为止。具体过程如下：

(1) 根据图样规定的要求拟订该加工表面的工艺路线，确定工序及工步；

(2) 根据加工总余量，按工序用分析计算法或查表法求出其加工余量，并核对第一道工序的加工余量是否合理；

(3) 从表面的最后一道工序（设计尺寸）开始至第一道工序逐次加上（对被包容面）或减去（对包容面）各工序的基本余量，便可得到各工序的基本尺寸；

(4) 各中间工序尺寸的尺寸精度按加工方法的经济精度确定，并按“入体原则”标注其两极限偏差；最后一道工序的工序尺寸及偏差，按图样标注。

例 4-1 某箱体孔的设计尺寸为$\phi98_{0}^{+0.035}$mm，$Ra0.8\mu m$，孔长度为 45mm，毛坯为铸件，在成批生产条件下，其加工工艺过程为：粗镗—半精镗—精镗—浮动镗。试计算各工序尺寸及其公差。

解 (1) 确定总余量和各工序余量。查有关工艺手册得：$Z_{毛坯}=6mm$，$T_{毛坯}=\pm1.2mm$；各工序余量分别为$Z_{浮动镗}=0.25mm$，$Z_{精镗}=1mm$，$Z_{半精镗}=1.4mm$，则粗镗余量为

$$Z_{粗镗}=Z_{毛坯}-\sum Z_{工序}=6-0.25-1-1.4=3.35(mm)$$

(2) 确定各工序的经济精度。根据有关工艺手册的推荐，各工序的经济加工精度和粗糙度为：

粗镗 (IT13) $T_{粗镗}$=0.54mm，$Ra5\mu m$；

半精镗 (IT10) $T_{半精镗}$=0.14mm，$Ra3.2\mu m$；

精镗 (IT8) $T_{精镗}$=0.054mm，$Ra1.6\mu m$；

浮动镗 (IT7) $T_{浮动镗}$=0.035mm，$Ra0.8\mu m$。

(3) 作孔加工余量和工序尺寸及其极限偏差分布图（图 4-17），将上述数据填入。

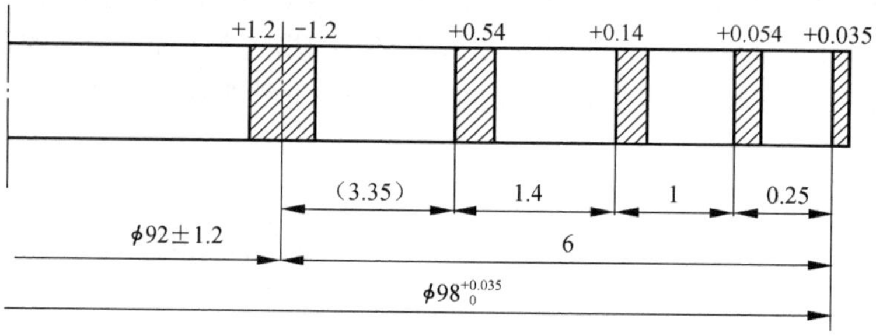

图 4-17　孔加工余量和工序尺寸分布图

(4) 从最后一道工序向前推算，求出各工序尺寸和极限偏差（单位：mm）。

浮动镗$\phi98_{0}^{+0.035}$，精镗$\phi(98-0.25)_{0}^{+0.054}=\phi97.75_{0}^{+0.054}$，半精镗$\phi(97.75-1)_{0}^{+0.14}=\phi96.75_{0}^{+0.14}$，粗镗$\phi(96.75-1.4)_{0}^{+0.54}=\phi95.35_{0}^{+0.54}$，毛坯$\phi(98-6)\pm1.2=\phi92\pm1.2$。

2. 基准不重合或工序基准需要多次转换时工序尺寸的计算

这种情况下工序尺寸的计算比较复杂，需要运用尺寸链原理进行分析和计算。尺寸链原理是分析和计算工序尺寸的有效工具，在制订机械制造工艺过程中有着非常重要的作用。下面就“工艺尺寸链及其应用”问题展开讨论。

4.5.2 工艺尺寸链

1. 尺寸链的定义和特征

在零件的加工或机器的装配过程中，经常能遇到一些互相联系的尺寸组合。如图 4-18(a)所示套筒零件，A_0、A_1 为零件图上已标注的尺寸。加工时，尺寸 A_0 不便直接测量，但可以通过直接控制 A_2 的大小来间接保证 A_0 的要求。于是这三个有关尺寸 A_0—A_1—A_2 构成了一个封闭的尺寸组合。又如图 4-19(a)所示的孔与轴的装配图。装配要求 A_0 时通过控制 A_1、A_2 间接保证的，三者也构成一个封闭组合。这种由一组互相联系的尺寸按一定顺序首尾相接排列成的封闭图形，称为尺寸链。其中，由单个零件在工艺过程中的有关尺寸所组成的尺寸链称为工艺尺寸链(图 4-18(b))，在机器的装配过程中，由有关的零(部)件上的有关尺寸所组成的尺寸链，称为装配尺寸链(图 4-19(b))。

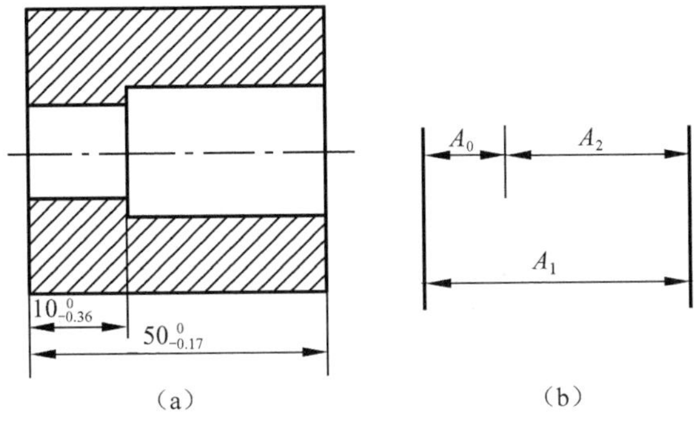

图 4-18　套筒零件工艺尺寸链

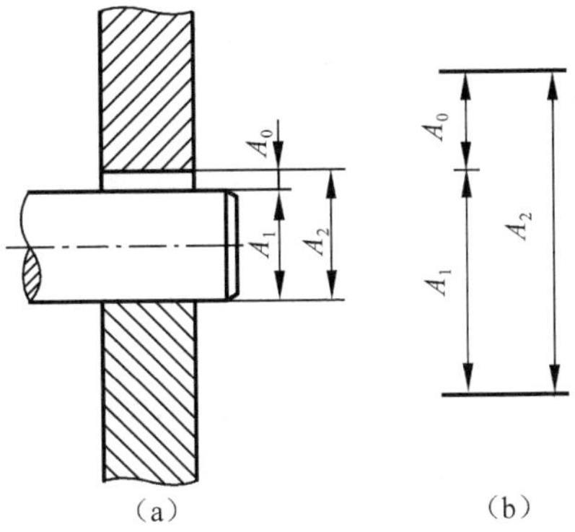

图 4-19　装配尺寸链

由尺寸链定义可知，尺寸链有以下两个特征：

(1)封闭性。尺寸链必须是一组有关尺寸首尾相接构成的尺寸封闭图形。其中，应包含一个间接保证的尺寸和若干个对此有影响的直接保证的尺寸。

(2)联系性。尺寸链中间接保证的尺寸的大小和精度，是受这些直接保证尺寸的精度所支配的，彼此间具有特定的函数关系，即 $A_0 = f(A_1, A_2)$，并且间接保证尺寸的精度必然低于直接保证尺寸的精度。

2. 尺寸链的组成和尺寸链图的绘制方法

尺寸链中各尺寸称为环。根据环的性质，这些环可分为：

(1)封闭环。尺寸链中间接保证的尺寸称为封闭环，用 A_0 表示。图 4-18 和图 4-19 中的 A_0 即为封闭环。

(2)组成环。尺寸链中除封闭环以外的其他环均为组成环。按它们对封闭环的影响不同又分成两类：

① 增环——尺寸链中其余组成环不变，该环的变动(增大或减小)引起封闭环同向变动(增大或减小)的环，用 A_p 表示。图 4-18 中的 A_1 和图 4-19 中的 A_2 为增环。

② 减环——尺寸链中其余组成环不变，该环的变动(增大或减小)引起封闭环反向变动(减小或增大)的环，用 A_q 表示。图 4-18 中的 A_2 和图 4-19 中的 A_1 为减环。

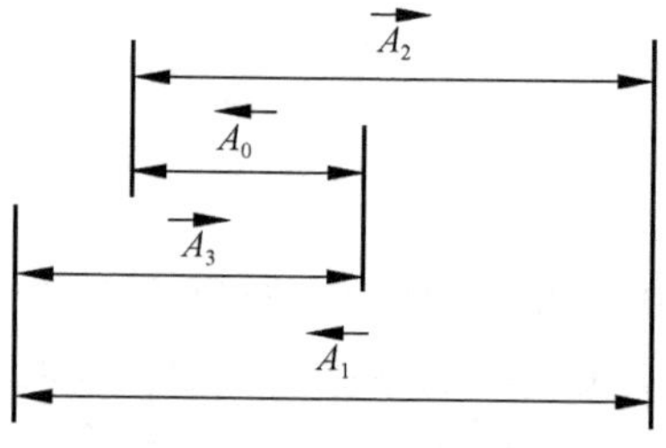

图 4-20　尺寸链增减环判别

对于环数较少的尺寸链，可以用增减环的定义来判别组成环的增减性质，但对环数较多的尺寸链，用定义来判别增减环就很费时且易弄错。为了能迅速准确地判别增减环，可在绘制完尺寸链图后，在封闭环字母上方画一单向箭头，再按此方向依据尺寸链的走向在其余各环字母上方也画一单向箭头(图 4-20)，凡是箭头方向与封闭环箭头方向相反者为增环，相同者为减环。图 4-20 中，A_0 为封闭环，A_2、A_3 为增环，A_1 为减环。

绘制尺寸链图对于正确进行尺寸链计算相当重要。现以图 4-18 为例说明尺寸链图的具体绘制方法。图 4-18(a)中所示的轴向尺寸为设计尺寸，对于大孔深度没有明确的精度要求，只要上述两个尺寸加工合格即可。但在实际加工中，往往先加工外圆、车端面，再钻孔、镗孔、切断，然后调头装夹，车另一端面，保证全长要求。由于尺寸 10 的测量比较困难，所以总是用深度游标卡尺直接测量大孔深度。这样，$10^{0}_{-0.36}$ 就是间接保证的尺寸，即为工艺尺寸链的封闭环 A_0。

由此例可将工艺尺寸链图的绘制方法归纳为：

(1)根据工艺过程或加工方法，找出间接保证的尺寸作为封闭环。

(2)从封闭环两端开始，按照零件上表面之间的联系，依次画出有关的直接获得的尺寸(组成环)，形成一个封闭图形。应当指出，必须使组成环环数达到最少。

(3)按照各尺寸首尾相接的原则，顺着一个方向在各尺寸线符号上方画箭头。凡是箭头方向与封闭环箭头方向相同的尺寸均为减环，反之均为增环。

这里还应注意以下三点：

(1)工艺尺寸链的构成完全取决于工艺方案和具体的加工方法。

(2)封闭环的确定对尺寸链计算至关重要。封闭环确定错了，将前功尽弃。

(3)一个尺寸链只能解一个封闭环或一个组成环。

3. 尺寸链的分类

尺寸链按其功能不外乎有两大类，即工艺尺寸链和装配尺寸链。而按尺寸链中各环的几何特征和所处的空间位置可分为四种形式：直线尺寸链、角度尺寸链、平面尺寸链和空间尺寸链。

(1)直线尺寸链。各环都位于同一平面的若干平行线上，如图 4-18、图 4-19 所示的尺寸链。这种尺寸链在机械制造中用得最多，是尺寸链最基本的形式。

(2)角度尺寸链。各环均为角度尺寸的尺寸链称为角度尺寸链，如图 4-21 所示。由平行度、垂直度等位置关系构成的尺寸链也是角度尺寸链。角度尺寸链的表达形式和计算方法均与直线尺寸链相同。

(3)平面尺寸链。平面尺寸链由直线尺寸和角度尺寸组成，且各尺寸均处于同一或彼此相互平行的平面内。如图 4-22 所示的尺寸链即为平面尺寸链。在该尺寸链中，参与组成的尺寸不仅有直线尺寸(X、Y_1、Y_2、L_0)，还有角度尺寸(α_0 以及各坐标尺寸之间的夹角)。

(4)空间尺寸链。指组成环位于几个不平行平面内的尺寸链。

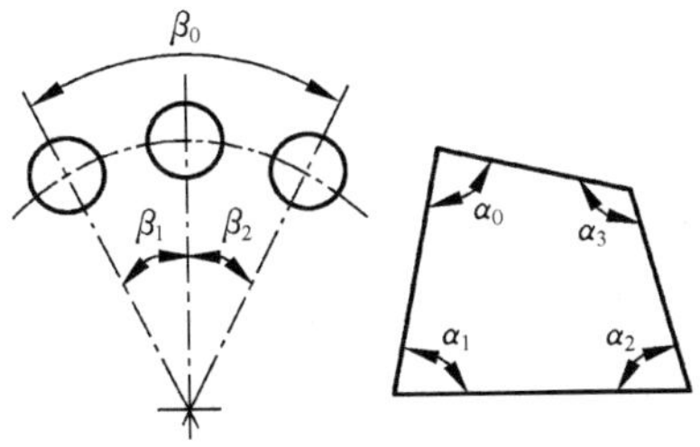

图 4-21　角度尺寸链

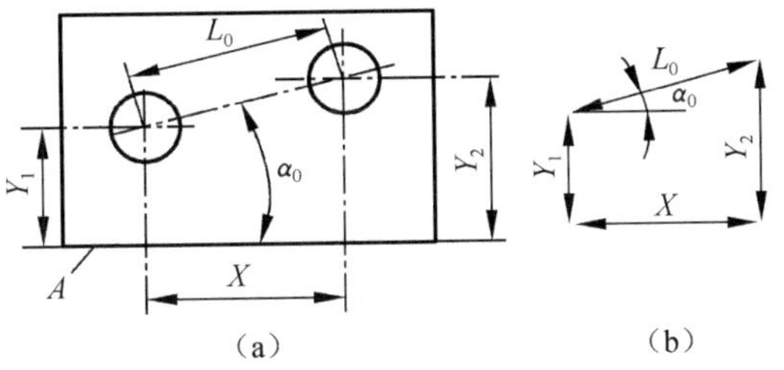

图 4-22　平面尺寸链

4.5.3　尺寸链的基本计算公式

1. 尺寸链的计算方法

尺寸链的计算方法有极值法(极大极小法)和概率法两种。用极值法解尺寸链是按各组成环均处于极值条件下去分析计算封闭环与组成环之间的关系。概率法是以概率论理论为基础来解算尺寸链，该方法将在第 7 章中讲述。

2. 尺寸链的计算形式

(1) 正计算。已知各组成环尺寸及其极限偏差，求解封闭环的尺寸及其极限偏差。这种情况主要用于验算，而并非真正意义上的尺寸链计算。

(2) 反计算。已知封闭环的尺寸及其极限偏差，求解各组成环的尺寸和极限偏差。这种情况计算麻烦，需要做大量的试凑工作，答案并不唯一。

(3) 中间计算。已知封闭环的尺寸及极限偏差和部分组成环的尺寸及极限偏差，求解某一组成环的尺寸和极限偏差。这种情况是反计算的特例，它可使试凑工作大大简化。此种方法广泛应用于各种尺寸链计算。

3. 尺寸链的基本计算公式(极值法)

一个具有 m 个增环的 n 环尺寸链可以用图 4-23 所示的尺寸链图来表示。根据尺寸链的联系性，可以写出尺寸链的基本计算公式。

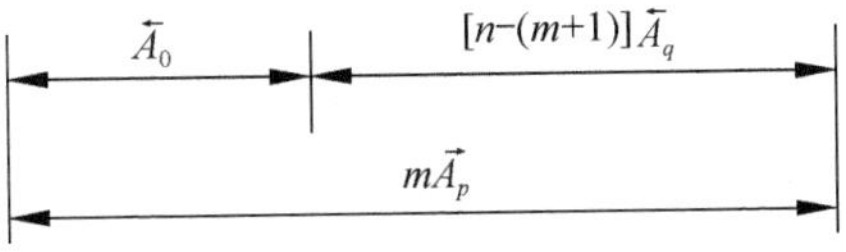

图 4-23　n 环尺寸链

1) 封闭环的基本尺寸

根据尺寸链的封闭性，封闭环的基本尺寸等于所有增环基本尺寸之和减去所有减环基本尺寸之和，即

$$A_0 = \sum_{p=1}^{m} A_p - \sum_{q=m+1}^{n-1} A_q \tag{4-1}$$

2) 封闭环的极限尺寸

根据增、减环的定义，如果组成环中的增环均为最大极限尺寸，减环均为最小极限尺寸，则封闭环的尺寸必然是最大极限尺寸，即

$$A_{0\max} = \sum_{p=1}^{m} A_{p\max} - \sum_{q=m+1}^{n-1} A_{q\min} \tag{4-2a}$$

同理

$$A_{0\min}=\sum_{p=1}^{m}A_{p\min}-\sum_{q=m+1}^{n-1}A_{q\max} \tag{4-2b}$$

即封闭环的最大极限尺寸等于所有增环最大极限尺寸之和减去所有减环最小极限尺寸之和；封闭环最小极限尺寸等于所有增环最小极限尺寸之和减去所有减环最大极限尺寸之和。

3)封闭环的上、下偏差

根据上、下偏差的定义，利用式(4-2a)、式(4-2b)可推导出

$$ESA_{o}=\sum_{p=1}^{m}ESA_{p}-\sum_{q=m+1}^{n-1}EIA_{q} \tag{4-3a}$$

$$EIA_{o}=\sum_{p=1}^{m}EIA_{p}-\sum_{q=m+1}^{n-1}ESA_{q} \tag{4-3b}$$

式中，ESA_p 和 EIA_p——增环的上、下偏差；

ESA_q 和 EIA_q——减环的上、下偏差。

4)封闭环的公差

用式(4-2a)减去式(4-2b)，或用式(4-3a)减去式(4-3b)，可得

$$\begin{gathered}A_{0\max}-A_{0\min}=\left(\sum_{p=1}^{m}A_{p\max}-\sum_{p=1}^{m}A_{p\min}\right)+\left(\sum_{q=m+1}^{n-1}A_{q\max}-\sum_{q=m+1}^{n-1}A_{q\min}\right)\\ TA_{0}=\sum_{p=1}^{m}TA_{p}+\sum_{q=m+1}^{n-1}TA_{q}=\sum_{i=1}^{n-1}TA_{i}\end{gathered} \tag{4-4}$$

式中，TA_0——封闭环公差；

TA_p 和 TA_q——增、减环公差；

TA_i——组成环公差。

即封闭环公差等于所有组成环公差之和。上面的公式是用极值法计算尺寸链时所用的基本公式。

在尺寸链的反计算法中，会遇到如何将封闭环的公差值合理地分配给各组成环的问题。解决这类问题的方法有三种：

①“等公差”原则。将封闭环公差平均分配给各组成环，即

$$TA_{i}=\frac{TA_{0}}{n-1} \tag{4-5}$$

②“等公差等级”原则。即各组成环的公差根据其基本尺寸的大小按比例分配，或是按照公差表中的尺寸分段及所选定的公差等级规定组成环公差，并使各组成环的公差满足下列条件

$$\sum_{i=1}^{n-1}TA_{i}\leqslant TA_{0}$$

然后再作适当调整。从工艺上讲这种方法比较合理。

③“复合”原则。即先按等公差原则进行分配，然后再视具体情况，如加工难易、尺寸大小等进行调整。

4.5.4 工艺尺寸链的应用

1. 测量基准与设计基准不重合时工序尺寸的确定

例 4-2 如图 4-18(a)所示套类零件。设其余表面均已加工好，本道工序镗大孔时，要求保证设计尺寸$10^{0}_{-0.36}$mm。加工时因该尺寸不便直接测量，要通过直接测量孔深尺寸A_2间接保证。试求工序尺寸A_2及其极限偏差。

解 (1)分析建立尺寸链。

由题意知，封闭环$A_0 = 10^{0}_{-0.36}$mm，尺寸链图如图 4-18(b)所示，其中$A_1 = 50^{0}_{-0.17}$mm是增环，A_2是减环。

(2)代入尺寸链计算公式求A_2。

由$A_0 = A_1 - A_2$得

$$A_2 = A_1 - A_0 = 50 - 10 = 40(\text{mm})$$

由$ESA_0 = ESA_1 - EIA_2$得

$$EIA_2 = 0\text{mm}$$

同理得出

$$ESA_2 = +0.19\text{mm}$$

所以

$$A_2 = 40^{+0.19}_{0}\text{mm}$$

(3)“假废品”分析。

计算结果说明，只要加工中控制大孔深度为 40～40.19mm，该零件就是合格品。但在加工中经测量发现有些零件的A_2不在此范围内，如A_2=40.36mm 和A_2=39.83mm，这些零件是否合格？对此问题，可用图 4-24 所示的公差带图解法来分析。

由图 4-24 可知，上述那些工序上认为不合格的零件，仍有可能是合格品。故将图中的Ⅰ区称为合格品区(安全区)，Ⅱ区称为“假废品”区(是非区)，而Ⅱ区两边的区域一定是废品区(禁区)。此例说明，当测量基准与设计基准不重合而进行工序尺寸换算时，确实存在工序尺寸超差而零件仍然合格的假废品区。凡是工序尺寸落在该区中的零件，都要进行复检。只要工序尺寸的超差量不大于其余组成环的公差之和，则有可能是假废品。

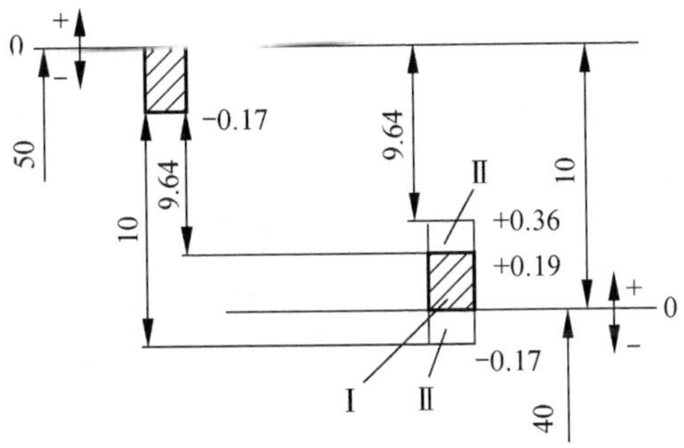

图 4-24 公差带图解

2. 定位基准与设计基准不重合时的工序尺寸计算

例 4-3 如图 4-25(a)所示箱体零件，已知表面 A、B、C 均已加工好。本道工序镗孔时，以 A 面为定位基准，并按工序尺寸L_3进行加工。显然，孔的设计基准 C 面与定位表面 A 不重合。为保证孔中心到 C 面的距离满足图纸规定的要求，试求L_3。

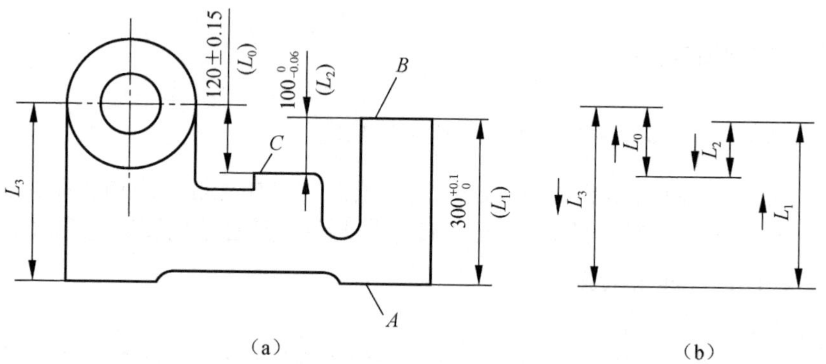

图 4-25 箱体零件工艺尺寸链

解 (1)画工艺尺寸链图，如图 4-25(b)所示。其中 L_0 为封闭环，L_3、L_2 为增环，L_1 为减环。(2)代入尺寸链计算公式求 L_3。

$$L_0 = L_3 + L_2 - L_1$$
$$L_3 = 300 + 120 - 100 = 320(\text{mm})$$
$$ESL_0 = ESL_3 + ESL_2 - EIL_1$$
$$ESL_3 = 0.15 + 0 - 0 = +0.15(\text{mm})$$
$$EIL_3 = +0.01(\text{mm})$$

则

$$L_3 = 320^{+0.15}_{+0.01}\ \text{mm}$$

试想，若直接用设计基准 C 面定位镗孔，L_3=？对零件加工会产生什么影响？

3. 多尺寸同时保证时工艺尺寸链计算

在零件的加工中，有些加工表面的工序基准是一些有待继续加工的表面。当加工这些基面时，不仅要保证该加工表面的一些精度要求，同时还要保证对原加工表面的要求，即一次加工后要同时保证两个尺寸的要求。因此需要进行工艺尺寸换算。

例 4-4 图 4-26(a)所示为一具有键槽的内孔简图，其设计要求已在图中标出。内孔及键槽的加工顺序为：

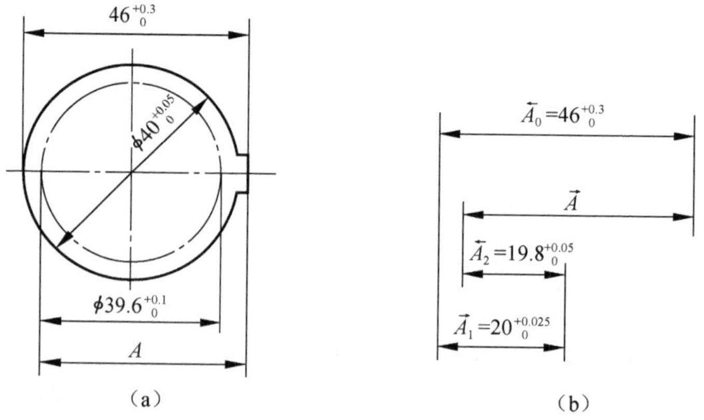

图 4-26 键槽内孔简图

① 镗孔至 $\phi39.6^{+0.1}_{0}$ mm；②插键槽至尺寸 A；③热处理；④磨内孔至 $\phi40^{+0.05}_{0}$ mm，同时保证键槽深度 $46^{+0.3}_{0}$ mm。试计算插键槽的工序尺寸 A 及其偏差。

解 (1) 画尺寸链图(图 4-26(b))，其中 $A_0 = 46^{+0.3}_{0}$ mm 是封闭环。

插键槽尺寸 A 和磨孔后的半径尺寸 $20^{+0.025}_{0}$ mm 是增环；而镗孔后的半径尺寸 $19.8^{+0.05}_{0}$ mm 是减环。

(2) 代入尺寸链计算公式得

$$A = 46 - 20 + 19.8 = 45.8(\text{mm})$$

$$ESA = 0.3 - 0.025 + 0 = +0.275(\text{mm})$$

$$EIA = +0.05\text{mm}$$

$$A = 45.8^{+0.275}_{+0.05}\text{mm}$$

按“入体”原则标注尺寸，并对第三位小数取四舍五入，可得工序尺寸及极限偏差为

$$A = 45.85^{+0.23}_{0}\text{mm}$$

4. 表面处理工序的工艺尺寸链计算

表面处理是指表面渗碳、渗氮等渗入类以及镀铬、镀锌等镀层类的处理。渗入类表面处理工序要求在精加工前渗入一定厚度的材料，在加工后能获得图样规定的渗入层厚度，显然，设计要求的渗入层厚度是最后自然形成的，即为封闭环。镀层类表面处理通常是通过控制电镀工艺条件来保证镀层厚度的，且镀层后一般不再进行加工，故工件电镀后形成的尺寸则是封闭环。

例 4-5 图 4-27(a) 所示的偏心轴，表面 P 要求渗碳处理，渗碳层深度为 0.5～0.8mm，为了保证对该表面提出的加工要求，其工艺路线安排如下：

① 半精车 P 面，保证直径 $\phi38.4^{\ 0}_{-0.1}$ mm；②渗碳处理，控制渗碳层深度；③精磨 P 面，保证直径 $\phi38^{\ 0}_{-0.016}$ mm，同时保证渗碳层深度为 0.5～0.8mm。问：渗碳处理时渗碳层的深度应控制在多大的范围内？

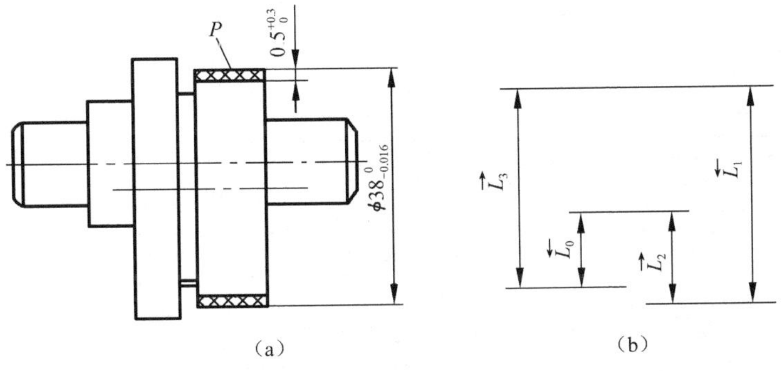

图 4-27 渗碳层工艺尺寸链

解 (1) 画尺寸链图，如图 4-27(b) 所示。其中 L_0 代表磨后的渗碳层深度 0.5～0.8mm，是封闭环，$L_1 = 19.2^{\ 0}_{-0.05}$ mm 是减环，$L_3 = 19^{\ 0}_{-0.008}$ mm 和 L_2 是增环。

(2) 代入尺寸链计算公式(5-1)和(5-2)可得

$$L_2 = 0.7^{+0.25}_{+0.008}\text{mm}$$

即渗碳处理时渗碳层的深度应控制为 0.708～0.95mm。

4.6 计算机辅助工艺过程设计

4.6.1 概述

1. 基本概念

如前所述，工艺规程设计是机械制造过程中一项重要的技术准备工作，是产品设计和制造之间的中间环节。但是传统的工艺设计工作存在不少问题，如工艺设计的质量在很大程度上取决于工艺人员的经验；工艺设计效率低，难以适应产品不断更新换代的要求；大量的事务性工作影响工艺人员从事创造性、开拓性工作等等。计算机辅助工艺过程设计(Computer Aided Process Planning，CAPP)可以从根本上改变上述状况，它是通过向计算机输入被加工零件的几何信息(如尺寸、形状、表面质量等)和加工工艺信息(如材料、热处理等)，由计算机自动进行编码、编程直至最后输出经过优化的零件工艺规程。

2. 计算机辅助工艺过程设计的内容与步骤

计算机辅助工艺过程设计的内容与步骤如图 4-28 所示。

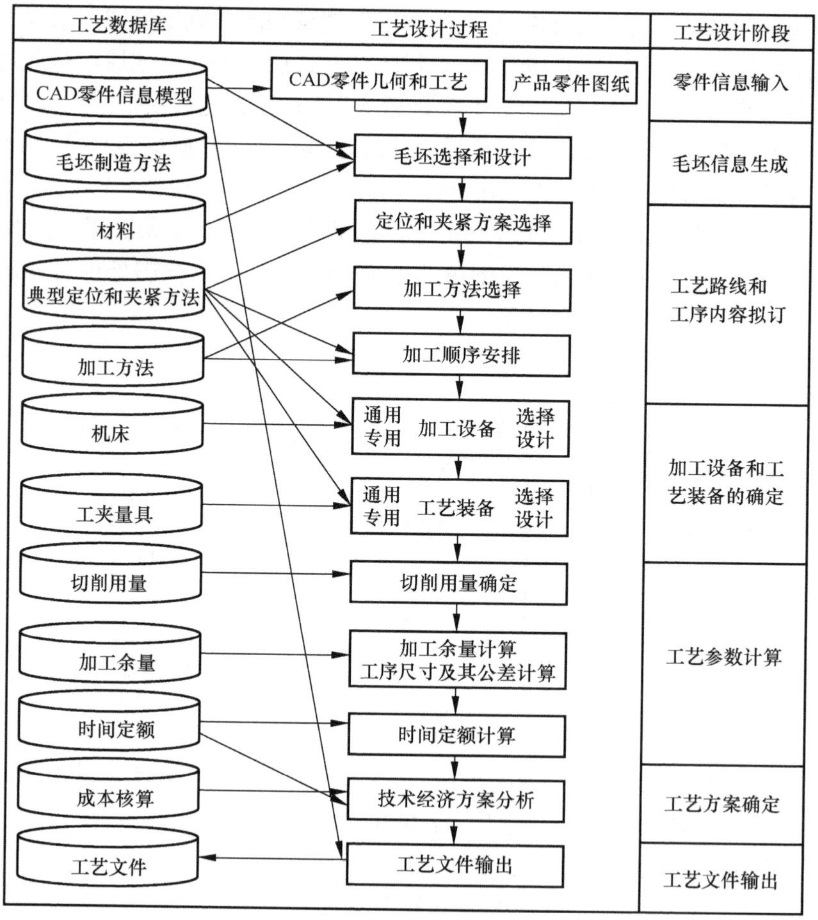

图 4-28　CAPP 的内容与步骤

4.6.2 计算机辅助工艺过程设计(CAPP)系统

CAPP 系统的主要功能包括：检索工艺文件；选择加工方法，安排工艺路线；确定工序尺寸及其公差；选择机床与工艺装备；确定切削用量、工时定额和加工费用；绘制工序图；NC 编程以及加工过程仿真等。

根据其工作原理，CAPP 系统可分为五种类型：交互型、派生型、创成形、综合型(半创成形)和智能型。不同的 CAPP 系统具有不同的特点和适用范围，但都具有制定工艺路线、工序设计以及生成工艺文件的基本功能。本节主要介绍派生型和创成形两种系统。

1. 派生型 CAPP 系统

1) 基本原理

大多数派生型 CAPP 系统均采用成组技术(GT)的零件分类编码系统。派生型 CAPP 系统将零件按其制造特征分为若干零件组，为每一零件组设计一个标准工艺规程，将标准工艺规程存入计算机数据库中。在利用计算机设计一个新零件的工艺规程时，先对要编工艺规程的零件进行分类编码，当把零件编码输入计算机后，便将检索出相应零件组的标准工艺规程。当待编工艺规程零件的技术要求与标准工艺规程范围不同时，要对标准工艺规程进行编辑修改。因此，派生型 CAPP 系统也叫检索式或变异式 CAPP 系统。

由于派生型 CAPP 系统结构简单，易于实现，故当前应用仍较广。

2) 派生型 CAPP 系统的工作过程

图 4-29 所示为派生型 CAPP 系统的工作流程。

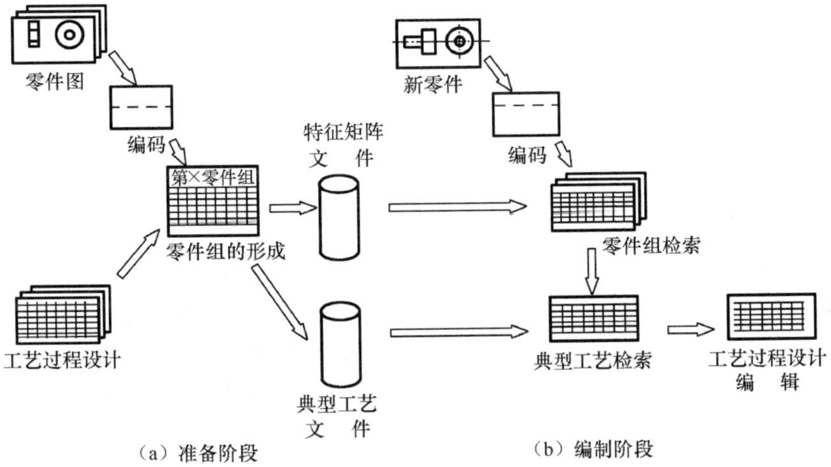

图 4-29 派生型 CAPP 系统的工作流程

(1) 系统的开发与设计过程。

① 根据产品的特点，选择合适的编码系统或自行设计编码系统，对大量的零部件进行编码，建立零件特征矩阵。

零件分类编码系统可直接采用公开的系统，如 OPITZ 系统，KK-3 系统或 JLBM-1 系统等，也可以是企业自行设计开发的分类编码系统。对于图 4-30(a)所示的零件，查阅 OPITZ 编码系统可知该零件的代码为 04100 3072。用两维数组表示即为 1 •0，2 •4，3 •1，4 •0，5 •0，

6•3，7•0，8•7，9•2。其中第一维数组表示码位，第二维数组表示码值，相应的特征矩阵如图 5-41(b)所示。同理可得其他零件的代码和特征矩阵。

② 对零件分类成组，建立零件组特征矩阵。

③ 设计主样件，编制标准工艺规程。

④ 将各零件组特征矩阵和相应的标准工艺规程输入计算机，并编制检索和修改的有关程序，建立系统。

工件	代码
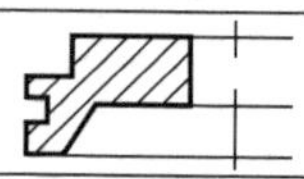	04100 3072

（a）零件及代码

码值＼码位	1	2	3	4	5	6	7	8	9
0	×			×	×		×		
1			×						
2									×
3						×			
4		×							
5									
6									
7								×	
8									
9									

（b）特征矩阵

图 4-30 零件代码和特征矩阵

(2)工艺信息的数字化处理。

为了便于计算机的识别、储存和调用，必须把各种工艺信息数字化，在设计系统时首先建立这些数字与各种名称之间的对应关系。

一、	二、	三、	四、
工序号	工序的工步号	加工的形面代码	所属工序或工步的总编码

（a）矩阵内容

1	1	0	1
1	2	50	25
1	3	10	19
1	4	15	17
2	1	0	1
2	2	50	25
2	3	10	19
2	4	13	32
3	1	15	41
4	1	0	3

（b）矩阵示例

图 4-31 工艺路线矩阵表示

① 零件形面的数字化。零件形面的数字化就是用数码代表各种特征形面。例如，15 表示外圆柱面，13 表示圆锥面，33 表示外螺纹，10 表示中心孔，50 表示端面，42 表示键槽等。

② 典型工艺路线的数字化。典型工艺路线是按零件组的主样件来制定的。如果各种工序和工步的名称及内容也用数码来表示，就可以用一个矩阵来表示零件的加工工艺和各工序工步的内容。

图 4-31 所示为某零件组典型工艺路线的矩阵表示。矩阵中每一行表示一个工步。每一行中第一列为工序的序号；第二列为工序中工步的序号；第三列为该工步所加工表面的形面编码，如果该工步为非加工形面操作，则用“0”表示；第四列为该工步名称编码。由图 4-31 中第一二列可知，该工艺路线

由四道工序组成，其中一二工序都有四个工步，在第三列中“0”表示该工步不是加工形面的(如装夹、检验等)，15 表示外圆柱面，13 表示外圆，10 表示中心孔，50 表示端面。

综上所述，图 4-31 所示矩阵表示的工艺路线是：①装夹，车端面，钻顶尖孔，粗车外圆面。②调头装夹，车端面，钻顶尖孔，车外圆锥面。③磨外圆面。④检验。

2. 创成形 CAPP 系统

在一个 CAPP 系统中没有预先存入“标准工艺规程”，直接向系统输入零件信息后，系统依靠存储的知识、规则、逻辑推理和决策算法，在无人工干预的情况下自动生成一个新的工艺规程。故称之为创成式 CAPP 系统。

创成形 CAPP 系统的输入信息应是全面且准确的零件设计信息，输出信息是零件的工艺规程。创成形 CAPP 系统需要在数据库和工艺知识库的支持下，经过建立在系统内部的一系列逻辑决策模型及计算程序进行工艺过程决策。系统数据库中存储的主要是有关各种加工方法的加工能力、各种机床的适用范围、切削用量等基本工艺知识数据。系统的工艺知识库中存放的是设计工艺过程中要遵循的工艺原则和知识，如选择加工方法的原则、确定定位基准的原则、确定热处理工序位置的原则、尺寸链计算方法等。工艺过程决策后的输出结果可以是选择好的加工方法，也可以是零件的加工工艺路线，包括详细的工序设计内容，还可包括工序图。

理论上，创成形 CAPP 系统是一个完备的、高级的系统，它拥有工艺设计所需要的全部信息，在其软件系统中包含着全部决策逻辑，因此使用极为方便。但是，由于工艺过程的设计因素很多，开发完全自动生成工艺规程的创成形系统还存在着许多技术上的困难。目前，许多 CAPP 系统的设计都采用以派生法为主、创成法为辅的综合法，它具有两种类型系统的优点。我国自行开发的 CAPP 系统大多为这种类型。

4.6.3 计算机辅助工艺过程设计的关键技术

1. 零件信息描述方法与输入

CAPP 系统获取零件信息的方法有许多。但按其实现的基本方式可归为两种：基于工程图纸的交互式输入和直接由 CAD 模型获取信息。

1) 基于工程图纸的交互式输入

(1) 零件编码描述法。基于成组技术的零件分类编码对零件的一些主要设计制造特征进行描述。其特点是输入操作简单，但输入的信息量少，适用于只需要确定工艺路线的场合，此时不需要知道零件全部设计信息就可进行工艺决策。对于要求给出详细工艺规程和采用创成原理实现的 CAPP 系统，很难依据这样的零件设计信息做出工艺决策。

(2) 零件特征描述法。这种描述法是将组成零件的各种特征逐个地并按一定顺序输入到计算机中，在计算机内构成零件的数学表达。一般采用人机交互的形式把零件表面的数据输入到计算机内。

图 4-32 所示零件由五个特征组成：外倒角(Ⅰ)，外圆柱面(Ⅱ)，外圆柱面(Ⅲ)、外圆柱面(Ⅳ)和锪窝(Ⅴ)。为了将零件的轴向尺寸输入，并能加以识别，需要将零件的端面进行编号。编号时要先外表面后内表面，外表面由右到左，内表面由左到右。按此规定，可将图 4-32 的零件以图右方所示矩阵格式输入(WD、WY、HW 分别表示外圆倒角面、外圆柱面、锪窝表面)。

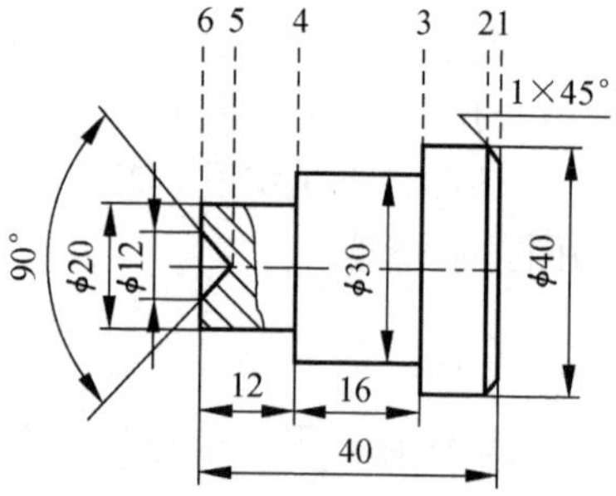

序号	表面元素	轴向尺寸	直径尺寸	起止端面	备注
Ⅰ	WD	1.0	40.0	2 1	0
Ⅱ	WY	14.0	40.0	2 3	0
Ⅲ	WY	16.0	30.0	3 4	0
Ⅳ	WY	12.0	20.0	4 6	0
Ⅴ	HW	6.0	12.0	6 5	-90

图 4-32 圆柱零件特征描述

无论是零件编码描述法还是零件特征描述法，它们都是作为独立开发的 CAPP 系统中的一个交互式输入模块而存在的，与其他系统之间没有信息交换关系，尤其是它们均不能提供自动获取 CAD 系统已有零件原始信息的途径。不仅造成重复工作，也使基于这些输入方法的 CAPP 系统无法实现与 CAD 系统的集成。

2) 直接由 CAD 模型获取产品零件信息

CAPP 与 CAD 集成是指 CAPP 与 CAD 之间信息的提取、交换、共享和处理。已经有一些 CAPP 系统在一定程度上实现了与 CAD 的集成。采用的方法有以下三种。

(1) 特征提取与模式识别。如果 CAD 系统采用传统的实体造型方法时，为从 CAD 几何模型中分离出 CAPP 需要的特征信息，可以在 CSG 和 B-rep 模型基础上进行特征识别。例如，基于 B-rep 模型识别加工特征时，可用属性邻接图 AAG 来表达有曲面围成的槽、腔等特征。

特征识别与提取方法的缺点是必须要求三维 CAD 软件开放其内部数据结构，以便由所给出的 B-rep 数据创建 AAG 图，从而得到特征信息。但这对许多商品 CAD 软件来说是难以满足要求的。此外，这种方法较适于识别单一特征。对于组合特征、特征交差以及复杂零件上的不规则特征等则很难分离出来，在实用上受到一定限制。

(2) 基于数据标准或自定义数据格式的特征表达。随着数据标准如初始图形交换标准 IGES 等的出现，一些 CAPP 系统利用 CAD 软件生成的 IGES 文件格式实现产品信息的传递，如清华大学开发的 THCAPP 系统等。虽然 IGES 是因几何数据交换的需要而发展起来的数据规范，主要应用于在 CAD 系统之间进行信息传递，但在该标准中已经有了关于特征及工艺信息的实体定义，这就使从该标准数据中获取特征信息成为可能。

(3) 基于 STEP 的特征造型系统。产品模型数据交换标准 STEP 的宗旨是支持产品全生命周期内全部信息的完整表示。产品模型数据中不仅包括像曲线、曲面、实体、形状特征等在内的几何信息，还包括许多非几何信息，如公差、材料、表面粗糙度等。可适应产品全生命周期中的各个环节，如设计、制造、质量控制、检测、维护等。STEP 标准独立于各种计算机辅助系统，它为各系统提供了产品数据及其共享、交换的一种中性表达。这些特点使 STEP 成为了建立 CAD/CAPP/CAM 统一数据模型的基础。

2. 工艺决策逻辑

工艺决策包括了工艺知识的收集、整理与计算机表达，以及工艺计划决策模型和算法。开发创成形 CAPP 系统，其核心在于建立各种工艺决策逻辑模型和相应的算法。决策树和决策表是最常用的表示决策逻辑的方法，它们容易用程序语言进行描述和实现。

(1) 决策树。决策树由根、节点和分枝组成。树的分枝表示条件，节点处表示动作。图 4-33 所示是选择加工方法的决策树，图中 E 表示条件，如 E_1 表示“表面是孔”，E_2 表示槽，E_6 表示位置度>0.25mm 等；A 表示根据条件得出的决策行动，如 A_1 表示用坐标镗加工等。

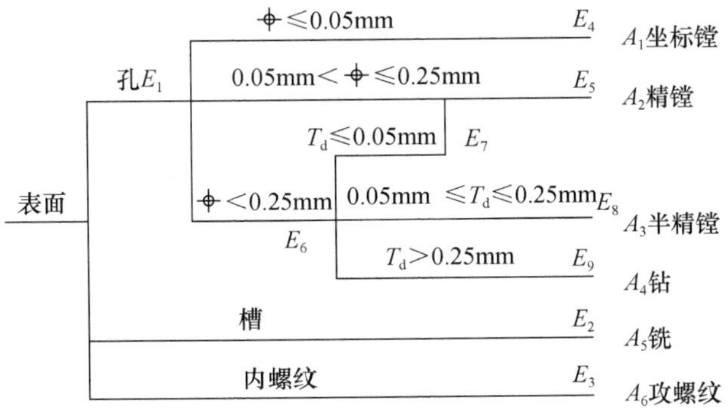

图 4-33　加工方法选择决策树

(2) 决策表。决策表是描述事件之间逻辑依存关系的一种表格，如表 4-8 所示。用双线将表划分为四个部分：上部为决策条件，左上角列出种种可能的条件；右上角表示条件状态，列出了可能的条件组合：满足条件时，取值为 T(真)；不满足时，取值为 F(假)。条件状态也可以用空格表示，说明这一条件是真是假与该规则无关。决策表的下部为决策行动，左下角是决策项目，列举了各种可能的决策行动；右下角表示对应各条规则采取的决策行动，阿拉伯数字表示动作顺序。如表中第九列表示孔径大于ϕ12mm 时，选择的加工方法为钻—半精镗—精镗—坐标镗。

表 4-8　加工方法选择决策表

直径≤12mm	T	T	T	T					
12mm<直径≤25mm					T	T	T	T	T
位置度≤0.05mm			T	T					T
0.05mm<位置度≤0.25mm							T	T	
0.25mm<位置度	T	T			T	T			
公差≤0.05mm		T		T				T	T
0.05mm<公差≤0.25mm			T			T	T		
0.25mm<公差	T				T				
钻孔	1	1	1	1	1	1	1	1	1
铰孔		2							
半精镗				2		2		2	2
精镗			2	3			2	3	3
坐标镗			3	4					4

4.7　工艺过程的经济性分析

4.7.1　生产率与经济性

在机械制造过程中，劳动生产率是指单位劳动时间内生产的合格产品的数量。如一个机械加工的工人在一个班内所加工的合格零件的数量。

经济性是指产品生产成本的高低。生产成本不仅要计算工人直接参加产品生产所消耗的劳动，还要计算设备、工具等的折旧，以及材料、动力等的消耗和各种管理费用。

在一定的生产条件下要提高劳动生产率，一方面要求提高产品的质量，另一方面要降低生产产品的成本。因此，“高产”与“低耗”在某种意义上来讲是一致的。但由于成本来自于方方面面，要提高劳动生产率，就要增大设备投资，增加设备、工具等的磨损和消耗等，从而使二者相互抵触。对工艺方法来说，生产率高的方法往往设备投资大，且调整、维护较麻烦，因而最高生产率的方法往往并不是最经济的方法。批量小的零件采用高效专用设备加工是不经济的，同样，批量大的零件采用普通机床加工也是不可取的。

一般情况下，人们是把经济性放在第一位的。但在特殊情况下，如遇到特殊紧急任务时，则优先考虑的是如何实现“高产”，而不是“低耗”问题。

大多数情况下，提高工人劳动生产率和提高设备生产率是一致的。但随着数控机床等高度自动化设备的出现以及工人技术水平的提高，这种观念已经发生了变化。工人从看管单台机床到看管多台机床，可从设备生产率不变的情况下提高工人的劳动生产率。

4.7.2 时间定额的确定

时间定额是指在一定生产条件下规定生产一件产品或完成一道工序所消耗的时间。时间定额是工艺规程的重要组成部分。

时间定额主要是利用经过实践而积累的统计资料以及进行部分计算来确定的。合理的时间定额有助于促进工人生产技能和技术熟练程度的不断提高，发挥他们的主观能动性和创造性，进一步推动生产的发展。因此，时间定额确定得必须合理，应该具有平均先进水平。规定得过紧，会影响工人的劳动积极性和创造性，并容易诱发忽视产品质量的倾向；规定得过松就起不到指导生产和促进生产发展的积极作用。

完成零件一道工序所需的时间称为单件时间，它由以下几部分组成：

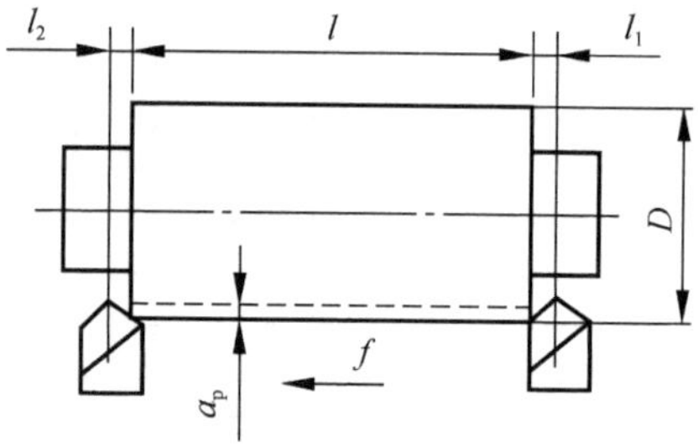

图 4-34　车削加工的机动时间计算

(1)基本时间 T_j。直接改变生产对象的尺寸、形状、性能和相对位置关系所消耗的时间称为基本时间。对于切削加工而言，基本时间就是切除金属所花费的机动时间，图 4-34 所示车削加工的机动时间计算公式为

$$T_j = \frac{l + l_1 + l_2}{f \cdot n} \cdot i$$

式中，i——走刀次数，$i=Z/a_p$，其中 Z 为加工余量(mm)，a_p 为背吃刀量(mm)；

n——机床主轴转速(r/min)，$n=1000v/\pi D$，其中 v 为切削速度(m/min)，D 为工件直径(mm)；

l——工件加工计算长度(mm)；

l_1——刀具的切入长度(mm)；

l_2——刀具的切出长度(mm)；

f——进给量(mm/r)。

(2)辅助时间 T_f。在一道工序中为完成基本工作所作各种辅助动作而消耗的时间，称为辅

助时间；例如，装卸工件、开停机床、改变切削用量、测量加工尺寸、进刀或退刀等动作所花费的时间。辅助时间可以通过实测来确定，也可以用基本时间的百分比来估算。

基本时间与辅助时间的和称为作业时间。

(3) 布置工作地时间 T_b。为使加工正常进行，工人照管工作地(例如更换刀具、润滑机床、清理切屑、收拾工具等)所消耗的时间，称为布置工作地时间，又称工作地服务时间。一般按作业时间的 2%～7%估算。

(4) 休息和生理需要时间 T_x。工人在工作班内为恢复体力和满足生理需要所消耗的时间，称为休息和生理需要时间。一般按作业时间的 2%计算。

(5) 准备与终结时间 T_z。在成批生产中，工人在加工一批工件前，需要熟悉工艺文件，领取毛坯材料，领取和安装刀具和夹具，调整机床及工艺装备等；在加工完一批工件后，需拆下和归还工艺装备，送交成品等。工人为生产一批工件进行准备和结束工作所消耗的时间，称为准备与终结时间 T_z。

设一批工件数为 m，则分摊到每个工件上的准备与终结时间为 T_z/m。可以看出，当 m 很大时，T_z/m 就可以忽略不计。

综上所述，单件时间为

$$T_d = T_j + T_f + T_b + T_x$$

对于成批生产，单件计算时间为

$$T_{dj} = T_d + T_z / m$$

对于大量生产，单件计算时间为

$$T_{dj} = T_d$$

制定时间定额的方法有以下几种：

(1) 由工时定额员、工艺人员和工人相结合，在总结经验的基础上，参考有关资料查表后估算确定。

(2) 以同类产品的时间定额为依据，通过分析对比来确定。

(3) 通过对实际操作时间的测定和分析确定。

4.7.3 工艺方案的经济性分析

在制订零件机械加工工艺规程时，能够满足零件技术要求和产品交货期的工艺方案往往不止一个。其中有些方案的生产准备周期短，生产效率高，但设备投资较大；而有些方案的设备投资较少，但生产效率偏低。为了选择在给定生产条件下最为经济合理的工艺方案，必须对各种不同的工艺方案进行技术经济分析。

所谓技术经济分析就是通过比较各种不同工艺方案的生产成本，选出其中最为经济的加工方案。生产成本包括两项费用：一项费用与工艺过程直接有关，另一项费用与工艺过程无直接关系(如行政人员工资等)。与工艺过程直接有关的费用称为工艺成本，占生产成本的70%～75%。在工艺方案经济分析时，一般只需考虑工艺成本即可。

1. 工艺成本的组成及计算

工艺成本由可变费用与不变费用两部分组成。可变费用与零件的年产量有关，它包括材料费、机床操作工人工资、通用机床和通用工艺装备维护折旧费。不变费用与零件年产量无关，它包括调整工人的工资、专用机床、专用工艺装备的维护折旧费等。

若零件的年产量为 N，则零件全年工艺成本 C_n(元/年)为

$$C_n = VN + S$$

单件工艺成本 C_d(元/年)为

$$C_d = V + S / N$$

式中，V——零件的可变费用(元/件)；

S——全年的不变费用(元/年)。

图 4-35、图 4-36 分别给出了全年工艺成本 C_n、单件工艺成本 C_d 与年产量 N 的关系图。

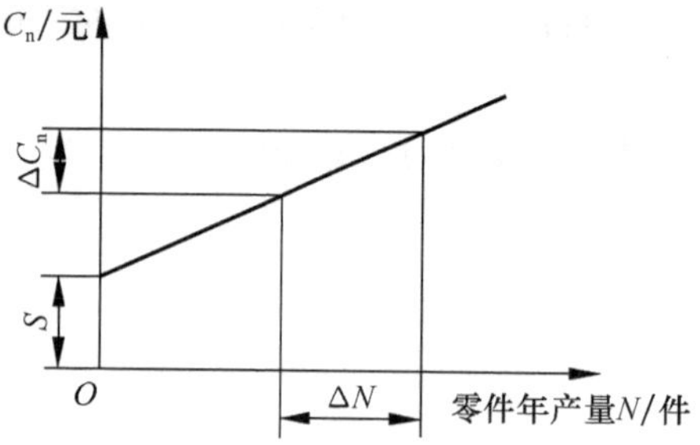

图 4-35　全年工艺成本与年产量 N 的关系

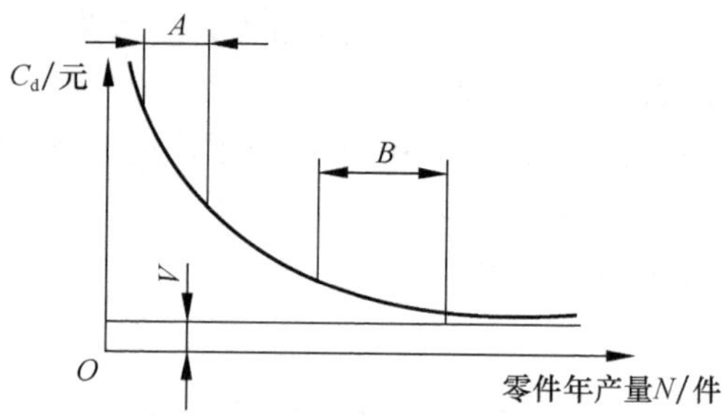

图 4-36　单件工艺成本与年产量 N 的关系

C_n 与 N 呈直线变化关系(图 4-35)，全年工艺成本的变化量 ΔC_n 与年产量的变化量 ΔN 呈正比。C_d 与 N 呈双曲线变化关系(图 4-36)，A 区相当于单件小批生产情况，N 略有变化，C_d 值变化很大；而在 B 区，情况则不同，即使 N 变化很大，C_d 值变化却不多；不变费用 S 对 C_d 的影响很小，这相当于大批大量生产的情况。

2. 工艺方案的技术经济评比

对几种不同工艺方案进行技术经济评比时，有以下两种不同情况。

(1) 当需评比的工艺方案均采用现有设备或其基本投资相近时，可用工艺成本评比其优劣。

① 当两加工方案中少数工序不同，多数工序相同时，可比较少数不同工序的单件工艺成本 C_{d1} 与 C_{d2}。

$$C_{d1} = V_1 + S_1 / N$$

$$C_{d2} = V_2 + S_2 / N$$

当产量 N 一定时，由上式直接算出 C_{d1} 与 C_{d2}。如果 $C_{d1} > C_{d2}$，则选择第 2 方案。当产量 N 为一变量时，则利用上式作图进行比较，如图 4-37 所示。当产量 N 小于临界产量 N_k 时，方案 2 为优选方案；当产量 N 大于 N_k 时，方案 1 为优选方案。

② 当两加工方案中多数工序不同，少数工序相同时，则以该零件全年工艺成本 C_{n1} 与 C_{n2} 进行比较，如图 4-38 所示。

$$C_{n1} = NV_1 + S_1$$

$$C_{n2} = NV_2 + S_2$$

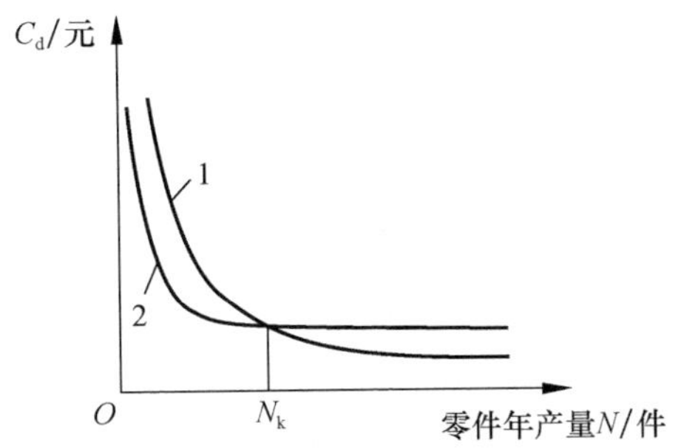

图 4-37　单件工艺成本比较

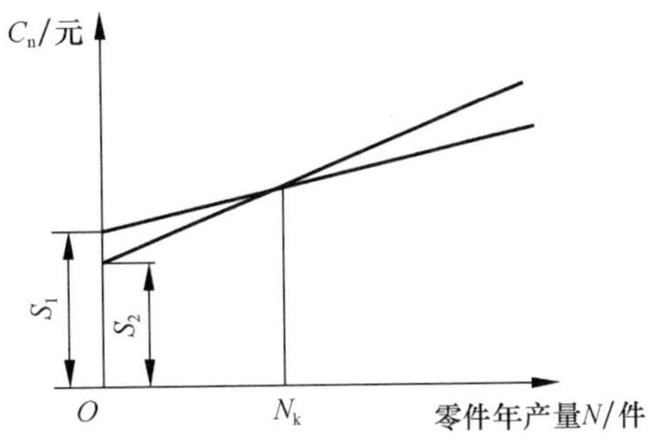

图 4-38　全年工艺成本比较

当年产量 N 一定时，可由上式直接算出 C_{n1} 及 C_{n2}。如果 $C_{n1} > C_{n2}$，则选第 2 方案。当年产量 N 为一变量时，可利用上式作图比较，如图 4-38 所示。由图可知，当 $N < N_k$ 时，第 2 方案的经济性好；当 $N > N_k$ 时，第 1 方案的经济性好。当 $N = N_k$ 时，$C_{n1} = C_{n2}$，即

$$N_k V_1 + S_1 = N_k V_2 + S_2$$

$$N_k = (S_2 - S_1) / (V_1 - V_2)$$

(2) 两种工艺方案的基本投资差额较大时，则在考虑工艺成本的同时，还要考虑基本投资差额的回收期限。

如果第 1 方案采用了价格较贵的先进专用设备，基本投资 K_1 大，工艺成本 C_1 较低。但生产准备周期短，产品上市快；第 2 方案采用了价格较低的一般设备，基本投资 K_2 少，工艺成本 C_2 较高，但生产准备周期长，产品上市慢；这时如单纯比较其工艺成本是难以全面评定其经济性的，必须同时考虑不同加工方案基本投资差额的回收期限。投资回收期 τ 可用下式求得

$$\tau = \frac{K_1 - K_2}{C_2 - C_1 + \Delta Q} = \frac{\Delta K}{\Delta C + \Delta Q}$$

式中，ΔK——基本投资差额；

ΔC——全年工艺成本节约额；

ΔQ——由于采用先进设备促使产品上市快，工厂从产品销售中取得的全年增收总额。

投资回收期必须满足以下要求：

① 回收期限应小于专用设备或工艺装备的使用年限；

② 回收期限应小于该产品的市场寿命(年)；

③ 回收期限应小于国家所规定的标准回收期。采用专用工艺装备的标准回收期为 2～3 年，采用专用机床的标准回收期为 4～6 年。

4.8　连杆机械加工工艺过程的制定与分析

4.8.1　连杆的技术要求分析

1. 连杆的功用与结构特点

连杆是发动机中最重要的零部件之一。其大头孔与曲轴连接，小头孔通过活塞销与活塞连接。工作时，连杆将作用于活塞的气体膨胀压力传给曲轴，把活塞的直线运动转变为曲轴

的旋转运动。连杆承受着较高的周期性冲击力、惯性力，以及拉、压和弯曲应力，因此要求连杆既要重量轻，又要有较高的强度、韧性和抗疲劳性能。

图 4-39 所示为连杆零件简图。连杆由连杆体和连杆盖组成，连杆体和连杆盖用螺栓、螺母连接。大头孔和小头孔内分别安装轴瓦和铜套。连杆杆身为工字形截面。

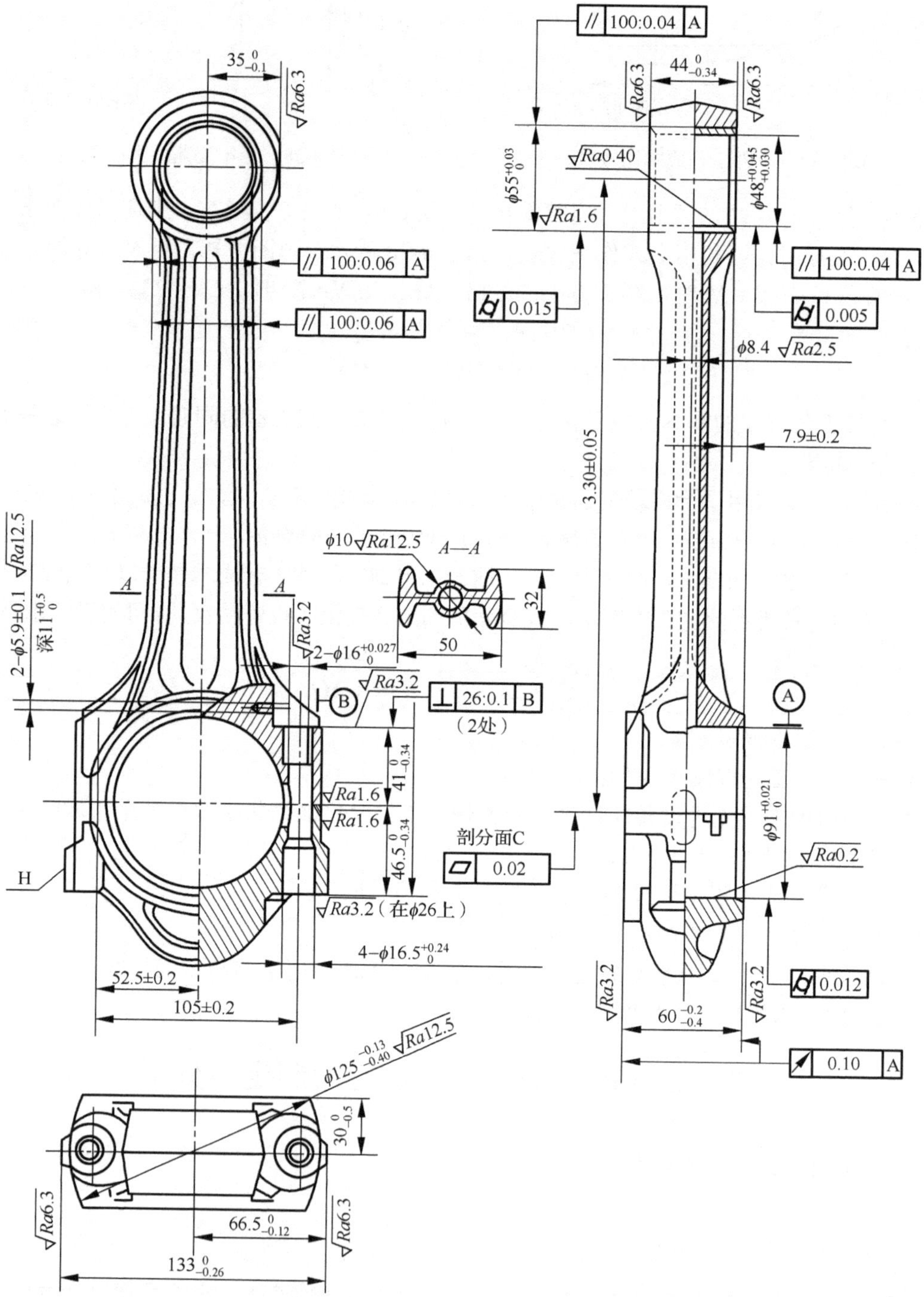

图 4-39　连杆零件简图

2. 连杆的主要技术要求

(1) 小头孔尺寸精度为 IT7，表面粗糙度为 Ra1.6μm，圆柱度为 0.015mm。小头铜套孔尺寸精度为 IT6，表面粗糙度为 Ra0.4μm，圆柱度为 0.005mm。

(2) 大头孔尺寸精度为 IT6，表面粗糙度为 Ra0.8μm，圆柱度为 0.012mm。

(3) 大、小头孔中心线在垂直面内的平行度为 0.04mm/100mm；在水平面内的平行度为 0.06mm/100mm。

(4) 大、小头孔中心距极限偏差为±0.05mm。

(5) 大头孔两端面对大头孔中心线的垂直度为 0.1mm，表面粗糙度为 Ra3.2μm。

(6) 两螺栓孔中心线对大头孔剖分面 C 的垂直度为 0.15/100mm。

3. 连杆的材料和毛坯

图 4-39 所示连杆的材料为 45 钢，经调质处理后，硬度为 217～289HBS。毛坯采用整体模锻，其大头孔为椭圆形。

4. 连杆的工艺特点

连杆外形复杂，粗基准定位困难；杆身细长，刚性差；尺寸精度、形状精度和位置精度及表面粗糙度要求很高。因此在确定连杆的加工工艺时应注意定位基准的选择，以减少定位误差；夹紧力方向和夹紧点的选择要有利于减少夹紧变形；对于主要表面应粗、精加工分开进行，以减少切削力和切削热引起的变形。

4.8.2 连杆的加工工艺过程

表 4-9 为图 4-39 所示连杆的机械加工工艺过程。

表 4-9 连杆加工工艺过程(大批生产)

工序号	工序名称	工序内容	定位基准
1	粗铣	粗铣连杆两端面	大头外形和杆身
2	精铣	精铣连杆两端面	同上
3	扩孔	扩小头孔	端面，大头孔和小头外圆
4	倒角		
5	拉孔	拉小头孔	小头端面和小头孔
6	铣大头	铣大头两侧定位面	端面、小头孔和大头外圆
	铣小头	铣小头侧面定位面	端面、小头孔和大头侧面
7	铣开	切开连杆体与盖	大端面和侧面，小头孔
8	镗孔	粗镗、半精镗大头孔	端面、小头孔和大头侧面
9	粗锪	锪连杆盖上两个凸台面	连杆盖端面、剖分面 C 和侧面
10	磨平面	磨剖分平面 C	杆身：大端平面和侧面，小头孔 杆盖：端平面和侧面，凸台平面
11	钻孔	钻、扩、铰螺栓孔	端面、小头孔和大头侧面
12	粗锪	锪杆身上两个凸台面	剖分面 C 和两个螺栓孔
13	扩孔	扩杆身上的两个螺栓孔	剖分面 C 和两个螺栓孔
14	倒角		
15	钻孔	钻两个止转销孔	杆身螺栓凸台面和两个螺栓孔

续表

工序号	工序名称	工序内容	定位基准
16	拉孔	拉杆身和杆盖的两个螺栓孔	杆身螺栓凸台面和两个螺栓孔
17	钻孔	钻ϕ10mm 孔	端面、小头孔和大头侧面
18	钻孔	钻ϕ8.4mm 孔	端面、小头孔和大头侧面
19	精锪	精锪凸台面	剖分面 C 和两个螺栓孔
20	清洗		
21	检验		
22	装配	装配连杆和连杆盖	
23	磨平面	磨大端一平面	端面和小头孔
		磨大端另一平面	端面和小头孔
24	精镗	精镗大头孔	大头端面、侧面和小头孔
25	倒角		
26	精车	精车大头侧面	大头端面、侧面和小头孔
27	金刚镗	金刚镗大头孔	大头端面、侧面和小头孔
28	珩磨	珩磨大头孔	大头端面、侧面和小头孔
29	金刚镗	金刚镗小头孔	大头端面和孔、小头侧面
30	清洗—检验		
31	压入铜套		
32	金刚镗	金刚镗小头铜套孔	大头端面和孔、小头侧面
33	清洗—检验		
34	拆分	拆开连杆体和连杆盖	
35	铣槽	铣轴瓦槽	端面、侧面
36	称重、分组		
37	检验		
38	配对	连杆体和连杆盖配对	
39	装配	装配连杆体和连杆盖	

4.8.3 连杆的加工工艺过程分析

1. 定位基准的选择与转换

连杆加工工艺过程的大部分工序都采用同一组定位精基准(基准统一)：一个端面、小头孔及工艺凸台。选择端面和小头孔作为定位基准也符合基准重合原则。

由于连杆的外形不规则，为了定位需要，在连杆两侧面处作出工艺凸台作为辅助定位基准。

由于连杆大头端面与同侧小头端面不在一个平面上，当用这样的不等高面作定位基准，必然会产生定位误差。制订工艺时，可先把大、小头加工成一样的厚度。这样不但避免了上述缺点，而且由于定位面积加大，使得定位更加可靠。这个阶梯面直到最后的精加工阶段再加工出来。有时，即使零件图上的大、小头端面厚度一样，在最后精镗大、小头孔时，只用大头端面定位。定位面大固然可使定位可靠，但如果定位面制造不准确，也会增加加工误差。

为了保证大、小头孔的相互位置精度，精加工阶段普遍采用互为基准原则，即以大头孔定位加工小头孔，再以小头孔定位加工大头孔。

2. 工艺路线安排

由图 4-39 可以看出，连杆的加工精度要求很高。由于连杆的刚性差，切削加工时易产生变形，因此在安排工艺路线时，应把各主要表面的粗、精加工工序分开。这样，粗加工产生的变形就可以在半精加工中得到修正；半精加工中产生的变形可以在精加工中得到修正，最后达到零件的技术要求。

从表 4-8 可以看出，工序 10 之前为粗加工阶段，主要完成了大部分表面的粗加工，同时，也为后续加工准备好了精基准。工序 10 到工序 22 为半精加工阶段，完成了大部分次重要表面的终加工。工序 22 之后为精加工阶段，主要完成重要表面的加工，使其达到设计精度要求。

在工序安排上充分体现了“基面先行”、“先主后次”、“先面后孔”的工艺路线安排原则。如端面加工的铣、磨工序放在加工过程的前面，然后再加工孔，符合“先面后孔”的安排原则。

由于连杆刚性差，因此工艺路线安排采用工序分散原则。大部分工序用高生产率的组合机床和专用机床，并且广泛使用气动、液动夹具，以提高生产率，满足大批量生产的需要。

3. 典型工艺和工装

(1) 金刚镗削工艺。金刚镗削工艺在大批量生产的汽车、拖拉机等行业中应用很广，主要用于加工连杆、活塞、气缸等零件上的精密孔。金刚镗床是一种高速精密镗床，因以前采用金刚石镗刀而得名。即使现已广泛使用硬质合金刀具，但这种镗床依然称为金刚镗床。这种机床的加工特点是切削速度很高，而切削深度和进给量极小，加工精度可达 IT5～IT6，表面粗糙度为 *Ra*0.63～0.08μm。为了确保连杆大、小头孔的尺寸精度和位置精度，大、小头孔均采用了金刚镗加工，图 4-40 为金刚镗小头孔的液性塑料定心夹具。由于液性塑料心轴的定心夹紧作用，可以消除大头孔与心轴的配合间隙，从而消除基准位移误差，最大限度地保证大、小头孔的尺寸、位置精度。

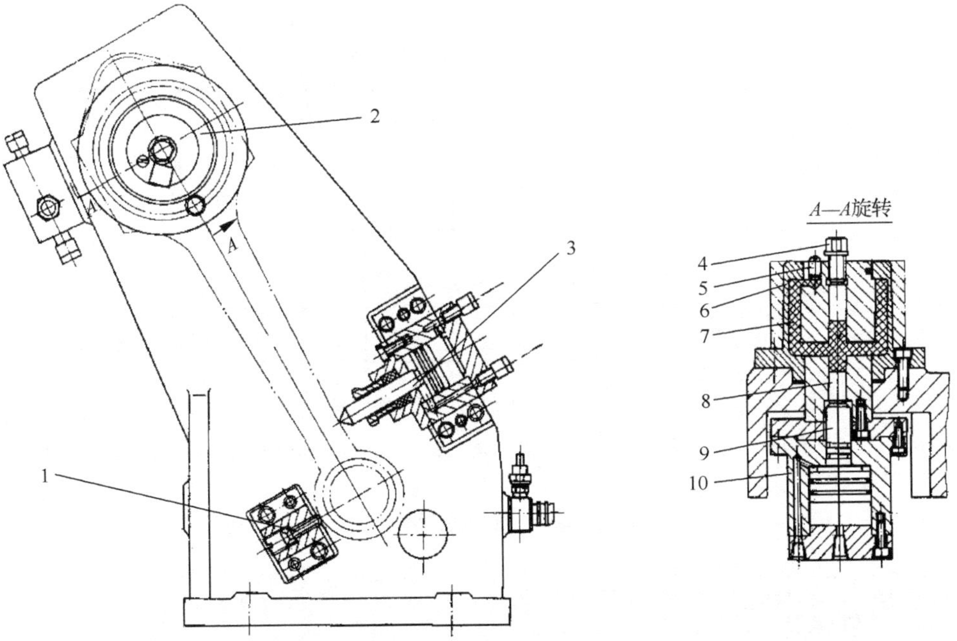

图 4-40　金刚镗小头孔的液性塑料定心夹具

1—可调支承；2—液性塑料心轴；3—辅助夹紧活塞杆；4—调整螺钉；5—排气螺钉；6—弹性套筒；7—液性塑料；8—柱塞；9—活塞杆；10—油缸

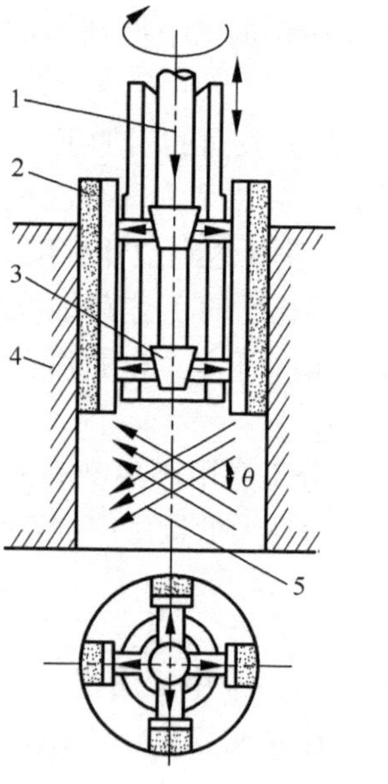

图 4-41　珩磨加工原理图

1—机械或液压力；2—油石条；3—顶杆；4—工件；5—珩磨纹路

由于液性塑料心轴是利用弹性套筒的均匀变形实现定心夹紧的，对工件定位基准孔有较高的加工质量要求。为此，在金刚镗小头孔之前，先对大头孔进行了金刚镗和珩磨加工。

(2)珩磨工艺。珩磨是一种常用的孔精加工方法。用细粒度油石条组成珩磨头，加工时工件不动，珩磨头同时作回转和往复运动。通常，4～8 根数量不等的油石条均匀分布在珩磨头圆周上，靠机械或液压作用，以一定的切削压力作用在工件表面上。珩磨后，细微的磨粒在工件表面上留下交叉网纹，这有利于存储润滑油。珩磨精度与前道工序的精度有关。因此，珩磨前安排了金刚镗加工。在珩磨时，应使用充分的切削液冷却工件和冲洗切屑，以便获得高的表面质量(表面粗糙度可达 $Ra0.04\mu m$)。珩磨可以在一定程度上修正前面工序产生的形状误差，但却不能修正相互位置误差。图 4-41 是珩磨加工原理图。

图 4-42 是珩磨连杆大头孔的专用夹具。为保证珩磨加工的自定位要求，工件连同定位、夹紧装置相对于夹具体可以浮动，以适应珩磨头的位置变化。

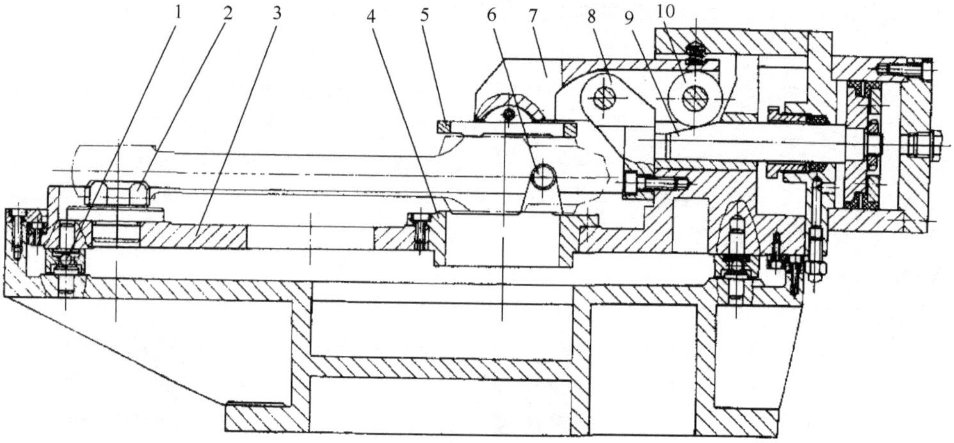

图 4-42　连杆大头孔珩磨夹具

1—钢球；2—圆柱销；3—浮动板；4—支承套；5—压板；6—可调支承；7—压板；8—铰链支承；9—带斜楔的活塞杆；10—滚轮

案 例 研 究

在成批生产的条件下，加工图 4-43 所示零件，其工艺路线如下：

(1)粗、精刨底面。

(2)粗、精刨顶面。

(3)在卧式镗床上镗孔。①粗镗、半精镗、精镗孔；②将工作台准确地移动(80±0.03) mm 后粗镗、半精镗、精镗 ϕ60H7 孔。

试分析上述工艺路线有何不合理之处，并提出改进方案。

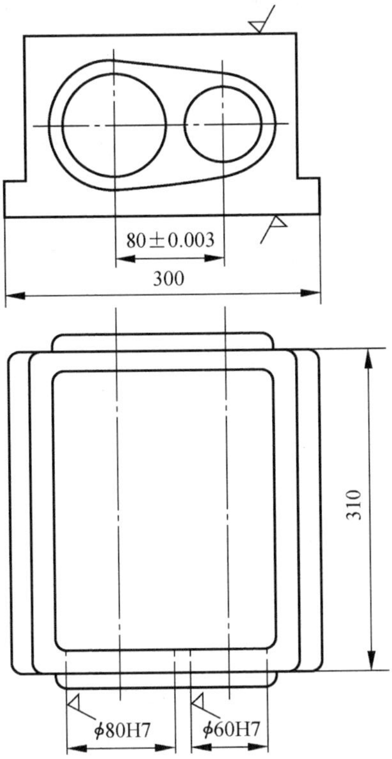

图 4-43

习题与思考题

4-1　图 4-44 所示零件，毛坯为ϕ35mm 棒料，批量生产时其机械加工工艺过程为：

①在锯床上下料；②车一端面钻中心孔；③调头，车另一端面钻中心孔；④将整批工件靠螺纹一边都车至ϕ30mm；⑤调头车削整批工件的ϕ18mm 外圆；⑥车ϕ20mm 外圆；⑦在铣床上铣两平面，转 90°后铣另外两平面；⑧车螺纹、倒角。试分析其工艺过程的组成。

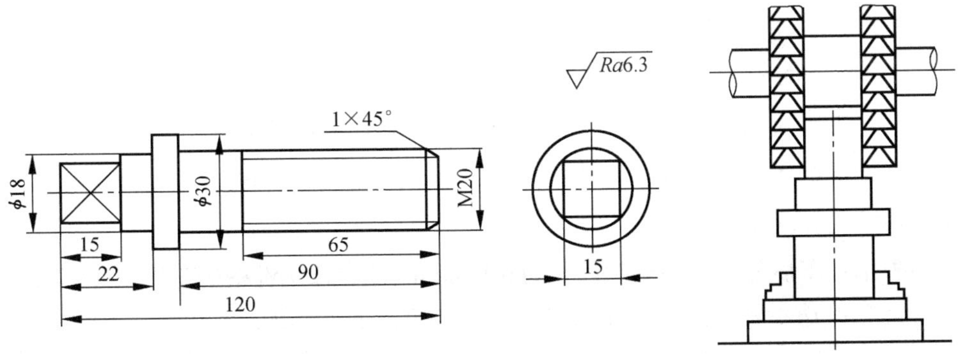

图 4-44

4-2　粗、精定位基准的选择原则各有哪些？如何分析这些原则之间出现的矛盾？

4-3　试分别选择图 4-45 所示零件的精、粗基准。其中图 4-45(a)为飞轮简图，图 4-45(b)为主轴箱体简图，毛坯均为铸件。

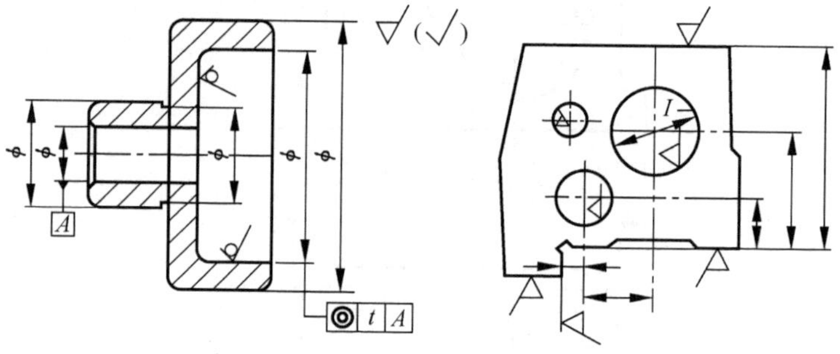

图 4-45

4-4　零件表面加工方法的选择原则是什么？

4-5　制定机械加工工艺规程时，为什么要划分加工阶段？

4-6　切削加工顺序安排的原则是什么？

4-7　影响工序余量的因素是什么？

4-8　什么叫工艺成本？工艺成本评比时，如何区分可变费用与不可变费用？

4-9　加工图 4-46 所示套筒零件，要求保证尺寸 6±0.1mm，由于该尺寸不便测量，只好通过测量尺寸 L 来间接保证。试求测量尺寸 L 及其偏差。

4-10　加工套筒零件，其轴向尺寸及有关工序简图如图 4-47 所示，试求工序尺寸 L_1 和 L_2 及其偏差。

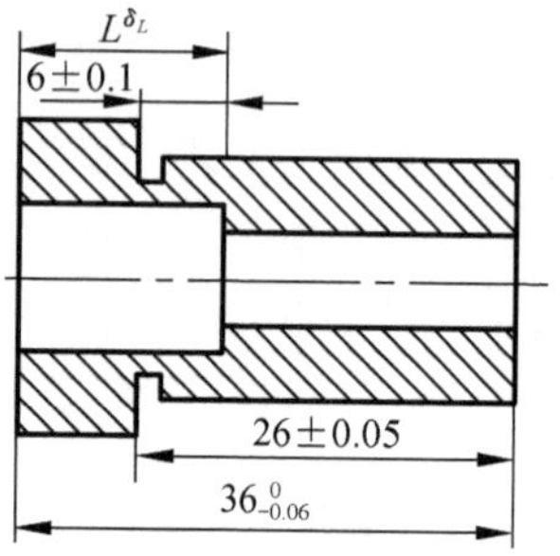

图 4-46

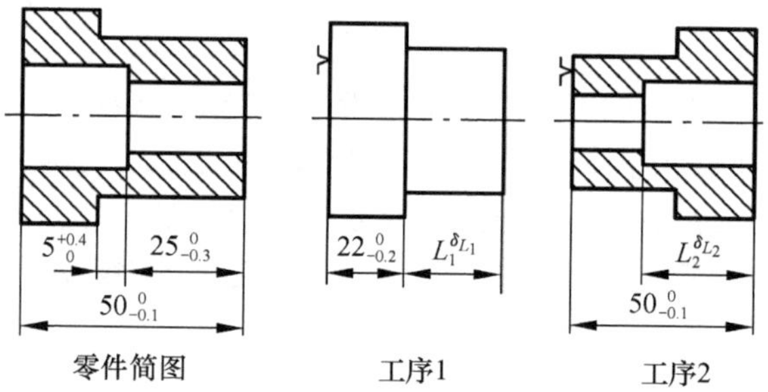

图 4-47

4-11　加工图 4-48 所示轴颈时，设计要求尺寸分别为 $\phi 28_{+0.008}^{+0.024}$ mm 和 $t = 4_{0}^{+0.16}$ mm，有关工艺过程：①车外圆至 $\phi 28.5_{-0.10}^{0}$ mm；②在铣床上铣键槽，键槽深尺寸为 H；③淬火热处理；④磨外圆至尺寸 $\phi 28_{+0.008}^{+0.024}$ mm。

若磨后外圆和车后外圆的同轴度误差为 $\phi 0.04$mm，试计算铣键槽的工序尺寸 H 及其偏差。

4-12　图 4-49 所示套筒零件，除缺口 B 外，其余表面均已加工。

试分析加工缺口 B 保证尺寸 $8_{0}^{+0.2}$ mm 时，有几种定位方案？计算出各种定位方案的工序尺寸及其偏差？并说明哪个方案最好？哪个方案最差？为什么？

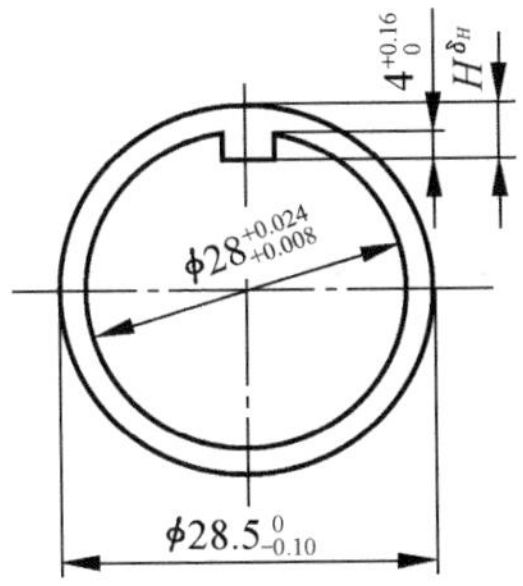

图 4-48　轴颈

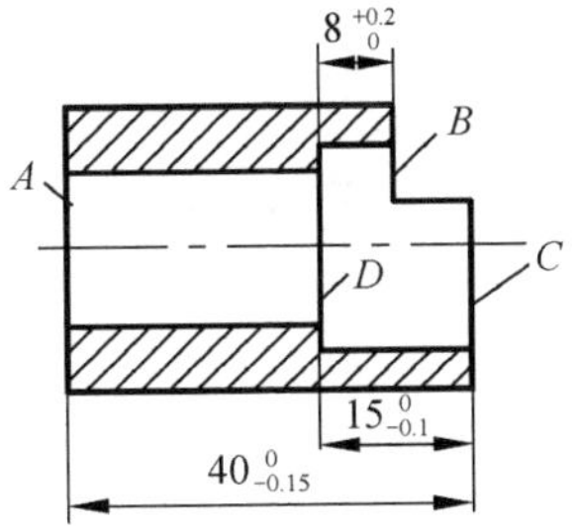

图 4-49　套筒

4-13　图 4-50 所示底座零件的 M、N 面及 $\phi 25H8$ 孔均已加工，试求加工 K 面时便于测量的测量尺寸，将求出的数值标注在工序草图上，并分析这种标注对零件的工艺过程有何影响。

4-14　图 4-51 所示为轴套零件，在车床上已加工好外圆、内孔及各面，现欲在铣床上铣出右端槽，并保证尺寸 $5^{0}_{-0.06}$mm 及 26±0.2mm，求试切调刀时的度量尺寸 H、A 及其上下偏差。

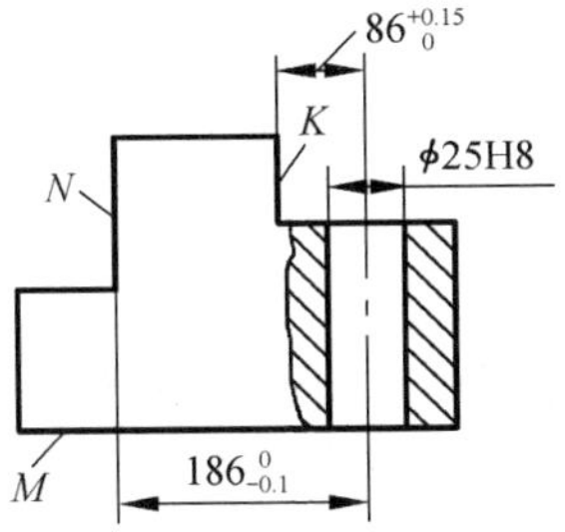

图 4-50

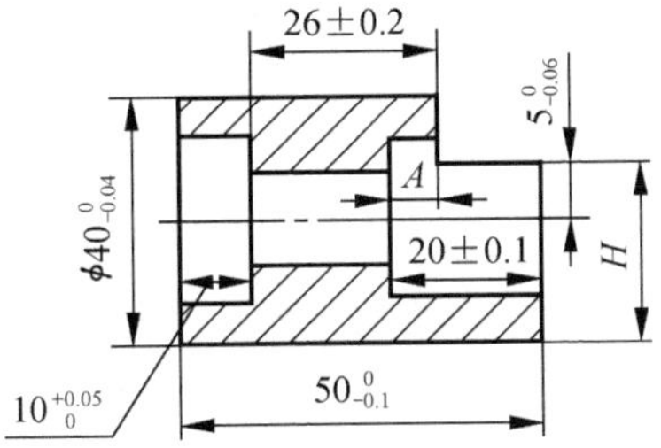

图 4-51

4-15　试述派生法 CAPP 的方法步骤。

第 5 章　机床夹具设计原理

5.1　机床夹具概述

凡是用来对工件进行定位和夹紧的工艺装备统称为夹具。夹具广泛应用于工件的焊接、热处理、机械加工、检测、装配等环节，因此就有焊接夹具、热处理夹具、机床夹具、检验夹具、装配夹具等夹具名称。作为夹具，在设计原理上存在着共性，如均具有定位元件，一般也有夹紧装置等。但由于使用场合不同，它们在设计中也有各自的特殊性。例如，检验夹具和机床夹具对定位精度要求较高，其他夹具对定位精度要求一般较低。本章主要介绍机床夹具及其设计原理。

5.1.1　机床夹具及其分类

在机床上用来确定工件位置并将其夹紧的工艺装备称为机床夹具(简称夹具)。研究机床夹具分类的目的是为了更好地了解各类夹具的不同特点和应用范围，进而掌握各类夹具设计中的普遍性原理和特殊性问题。机床夹具一般按专门化程度、使用的机床和夹紧动力源进行分类。

1. 按专门化程度分类

(1) 通用夹具。指具有较高通用性的夹具，其结构尺寸已经系列化。这类夹具一般由专门厂家生产制造，有些已经作为机床附件随机床一起供应。例如，三爪卡盘、四爪卡盘、虎钳等。通用夹具均具有适应性强、成本低、可缩短生产准备周期的优点；但其效率较低、定位精度较差也是不容忽视的。因此，通用夹具多用于加工精度要求不高、中小批和单件生产的场合。

(2) 专用夹具。针对某一工件的某一工序的加工精度要求而专门设计、制造的夹具称为专用夹具。由于具有非常高的针对性，所以其效率很高，结构紧凑，定位精度较高；但制造周期较长，成本较高，不具有通用性。同时，高的针对性也决定了专用夹具一般由使用单位自行设计、制造。专用夹具多用于生产批量较大场合；小批量生产中，当工件加工精度较高或加工困难时也采用专用夹具。

(3) 可调夹具。通过更换和调整夹具上的个别元件，就可满足相同或相似类型、但具有不同结构尺寸工件装夹需要的一类夹具称为可调夹具。可调夹具又分为通用可调夹具和成组夹具两种。通用可调夹具是指具有一定通用性的可调夹具，如：滑柱钻模；成组夹具是专门应用于成组工艺的夹具，要求夹具在同组工件装夹中能够可调。

(4) 组合夹具。由预先制造好的标准元件、合件组装而成的夹具，组成夹具的元件、合件可多次拆装，重复利用。组合夹具的特点就是夹具组装极快；可减少夹具品种，降低夹具的保管、维护费用；可降低工件的加工成本。因此，组合夹具非常适合于新产品的开发试制和单件、小批生产类型。

(5) 随行夹具。随行夹具是指在自动线加工中，可随同工件按加工工艺需要一起移动的夹具。随行夹具必须要与固定安装在各加工工位的工位夹具配套使用。随行夹具不同于一般夹具的地方就是具有两套定位基准，一套用于对工件进行定位，另一套用于在工位夹具上对其本身定位。加工时，先将工件装夹在随行夹具上，然后随行夹具带着工件沿自动线依次完成在各工位的装夹和加工。随行夹具适用于被加工工件无可靠定位基准或无可靠输送基面的情况。

2. 按使用的机床分类

根据所使用的机床，夹具可分为车床夹具、铣床夹具、钻床夹具、镗床夹具、拉床夹具、齿轮加工机床夹具等。

3. 按夹紧动力源分类

根据夹具所使用的夹紧动力源，夹具可分为手动夹具、电动夹具、气动夹具、液压夹具、电磁夹具、真空夹具等。

5.1.2 机床夹具的功用

(1) 可以稳定保证工件的加工精度。采用夹具装夹工件，工件相对于刀具及机床的位置精度由夹具保证，不受工人技术水平的影响，使一批工件的加工精度趋于一致。

(2) 可以减少辅助时间，提高劳动生产率。采用夹具后，可以省去对工件的逐个找正和对刀，使辅助时间显著减少；另外，用夹具装夹工件，比较容易实现多件、多工位加工，以及使机动时间与辅助时间重合等；当采用机械化、自动化程度较高的夹具时，可进一步减少辅助时间，从而可以大大提高劳动生产率。

(3) 可以扩大机床的使用范围，实现一机多能。在机床上配备专用夹具，可以使机床使用范围扩大。例如，在车床床鞍上或在摇臂钻床工作台上安放镗模后，可以进行箱体孔系的镗削加工，使车床、钻床具有镗床的功能。

(4) 可以改善工人的劳动条件，降低劳动强度。

5.1.3 机床夹具的组成

欲在一批量生产的盘状零件上钻—铰 3—ϕ6H9 均布孔，该孔距右端面为 36±0.1mm，且与大孔ϕ40 中心线的垂直度为 0.1mm、位置度为 0.2mm。现采用图 5-1 所示的钻床夹具来加工。工件 2 以内孔ϕ40 和右端面在心轴 1 及其台肩面上定位；采用螺母 11 和开口垫圈 10 可实现对工件的快速夹紧和装卸；通过对定销 5 实现工件回转分度，以加工 3×ϕ6H9 孔，回转分度完成后，可以通过手柄螺母 7 对定位心轴 1 实现锁紧固定；钻套 9 用来引导钻头，以保证加工孔的位置尺寸要求。

由此可见，被加工孔的尺寸精度(ϕ6H9)直接由定尺寸刀具(钻头、铰刀)保证，孔的位置尺寸 36±0.1mm 以及其他要求均由钻套相对于有关定位元件的位置精度来保证，而 3×ϕ6H9 孔的相互位置则由夹具上设置的分度装置保证。

尽管夹具的种类繁多，夹具结构形式各异，但夹具一般由下列几部分组成：

(1) 定位元件。定位元件指与工件定位表面相接触或配合，用以确定工件在夹具中准确位置的元件。如图 5-1 中的定位心轴 1。

(2)夹紧装置。夹紧装置用以夹紧工件，防止加工中其他作用力对工件已定好位的破坏。如图 5-1 中的螺母 11 和开口垫圈 10。

(3)对刀、引导元件。对刀、引导元件用来保证刀具相对于夹具或工件之间准确位置的元件。如图 5-1 中的钻套 9。此外，铣床夹具中的对刀块和镗床夹具中的镗套也属此类元件。

(4)连接元件。连接元件用以确定夹具相对于机床之间准确位置，并将夹具紧固在机床上的元件。如夹具与机床工作台之间连接用 T 形槽螺栓。

(5)其他元件和装置。为了满足工件装卸和加工中其他需要所设置的元件及装置。例如，为提高工件局部刚度的辅助支承，装卸工件用的上下料装置，顶出器；为实现多分布面加工用的分度装置，为了让刀的抬起装置等。如图 5-1 中的对定销 5 及相关元件。

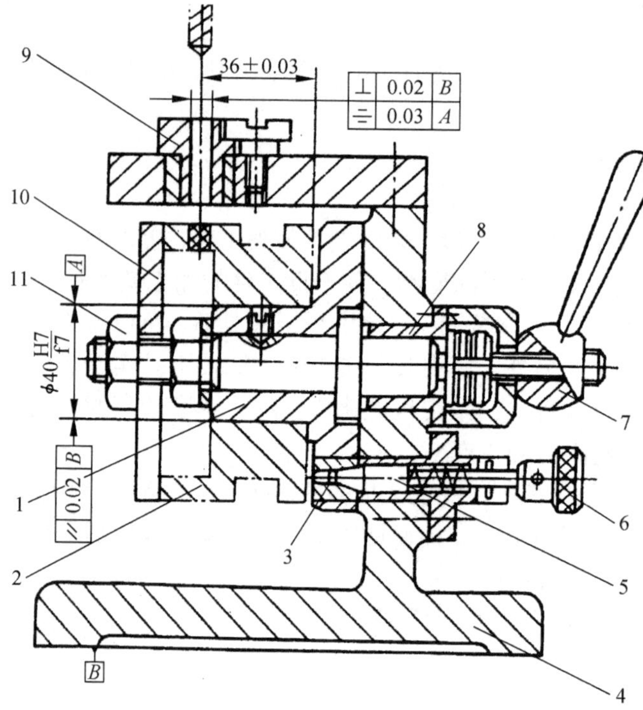

图 5-1 钻 3×ϕ6H9 孔的钻床夹具

1—定位心轴；2—工件；3—对定套；4—夹具体；5—对定销；6—把手；7—手柄螺母；8—衬套；9—钻套；10—开口垫圈；11—螺母

(6)夹具体。夹具体是用来连接夹具其他各部分使之成为一个有机整体的基础件。一般情况下，夹具体是夹具中最大的一个元件。如图 5-1 中的件 4。

在夹具中，定位元件和夹紧机构是必有的，其他各组成部分并不是每一夹具所必需的。

5.2 工件在夹具中的定位

工序加工时，必须先要保证工件相对于机床或夹具的正确几何位置关系，这一操作过程称为“定位”。定位的目的是为了保证工序的加工精度(位置尺寸精度和位置精度)要求。要解决工件在夹具中的定位问题，必须首先搞清楚下列几个问题：工件在空间有几个自由度，如何限制这些自由度？工件的工序加工精度与自由度限制有什么关系？如何限制工件的自由度？对工件自由度的限制有什么要求？

5.2.1 工件定位原理

1. 六点定位原理

工件在夹具中定位的实质就是解决工件相对于夹具应占有的准确几何位置问题。在定位前，工件相对于夹具的位置是不确定的，正如自由刚体在空间直角坐标系中一样。

而一个自由刚体在空间直角坐标系中有六个独立活动的可能性。其中有三个是沿坐标轴方向的移动，另外三个是绕坐标轴的转动(正反方向的活动均认为是一个活动)，这种独立活动的可能性称为自由度，活动可能性的个数就是自由度的数目。

工件可以看成是一个自由刚体，它在空间直角坐标系中有六个自由度，其中有三个是沿坐标轴 x、y、z 方向的移动自由度，分别用 $\vec{x}$ 、 $\vec{y}$ 、 $\vec{z}$ 表示；另外三个是绕坐标轴 x、y、z 的转动自由度，分别用 $\widehat{x}$ 、 $\widehat{y}$ 、 $\widehat{z}$ 表示，这就是工件在空间的六个自由度。如图 5-2 所示。

要使工件在某方向具有确定的位置，就必须在该方向上对工件施加约束。当工件的六个自由度均被限制后，工件在空间的位置就唯一地被确定下来。而每个自由度可以用相应的支承点来加以限制。对于图 5-2 所示的工件，如果按图 5-3 所示那样布置六个支承点，工件的三个面分别与这些点保持接触，工件的六个自由度就都被限制了。这些用来限制工件自由度的支承点，称为定位支承点。

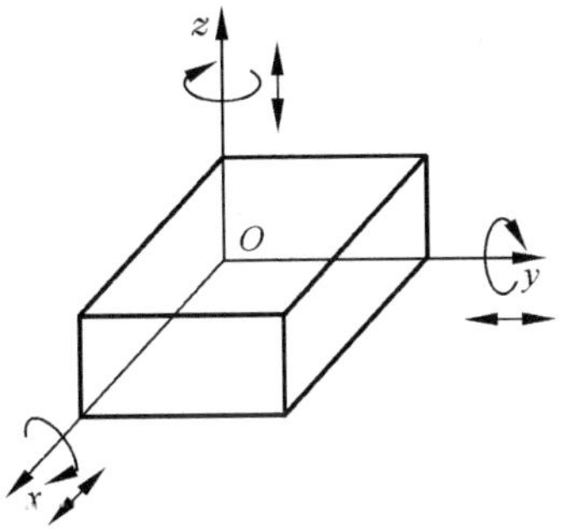

图 5-2 自由刚体在空间的六个自由度

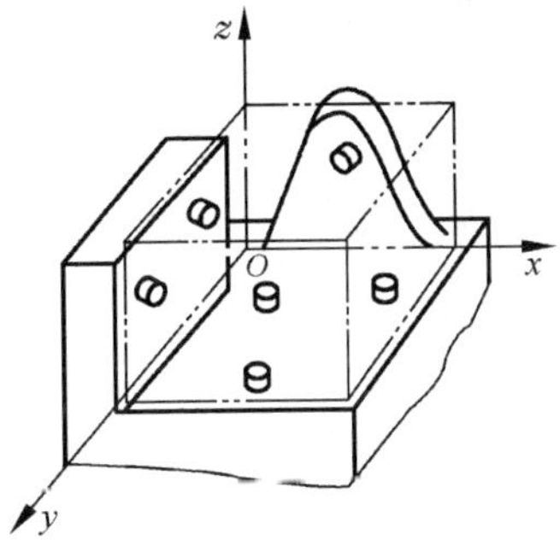

图 5-3 工件的六点定位

用合理分布的六个定位支承点限制工件的六个自由度，使工件在空间得到唯一确定的位置的方法，称为工件的六点定位原理。

在夹具设计中，定位支承点是由具体的定位元件来体现的。一个定位元件究竟相当于几个支承点，要视定位元件的具体工作方式及其与工件接触范围的大小而论。图 5-3 中位于底面的三个支承点在实际的夹具结构中可能是一个大的平板，或是两块狭长平板，或是三个支承钉。因此在运用六点定位原理分析工件的定位问题时，必须从定位元件实际上能够限制的自由度数来分析判断。当一个较小的支承平面与尺寸较大的工件相接触时，只相当于一支承点，因此只能限制一个自由度；一个窄长平面支承在某一方向上并与工件有较大范围的接触，就相当于两个支承点或一条线，可以限制两个自由度。一个与工件内孔的轴向接触长度较短的圆柱定位销相当于两个支承点，限制两个自由度；而一个与工件内孔在轴向接触长度较长的圆柱销则相当于四个支承点，可以限制四个自由度等。

2. 加工要求决定必须限制的自由度

工件在夹具中定位的目的是为了保证工件的工序加工精度要求，所以影响工件工序加工精度的自由度必须加以限制。但有些不影响工序加工精度要求的自由度在夹具设计时也需要加以限制。

因此，需要限制的自由度有两类：第一类自由度是指影响工件的工序加工精度要求必须要限制的自由度；第二类自由度是指为了抵消切削力、夹紧力等其他方面要求而需要限制的自由度。

在分析限制工件第一类自由度时，工件的工序尺寸和位置精度往往几项并存，应逐一分析每项加工要求所需限制的第一类自由度，然后加以综合，剔除重复限制的自由度，从而确定必须限制的第一类自由度数目。如果已分析限制的第一类自由度数目达到六个，就不需再分析第二类自由度的限制；如果第一类自由度数目少于六个，就要根据具体加工情况考虑是否需要限制第二类自由度。事实上，工件的六个自由度不一定都要加以限制，那些对工件加工精度要求及其他要求不产生影响的自由度可以不限制。

3. 工件在夹具中的几种定位方式

根据夹具定位元件限制工件自由度的情况，将工件在夹具中的定位分为下列几种定位方式。

(1)完全定位。工件的六个自由度均被夹具定位元件所限制，使工件在夹具中处于完全确定的位置。这种定位方式显然是合理的。图 5-4 所示为几种不同工件的完全定位。

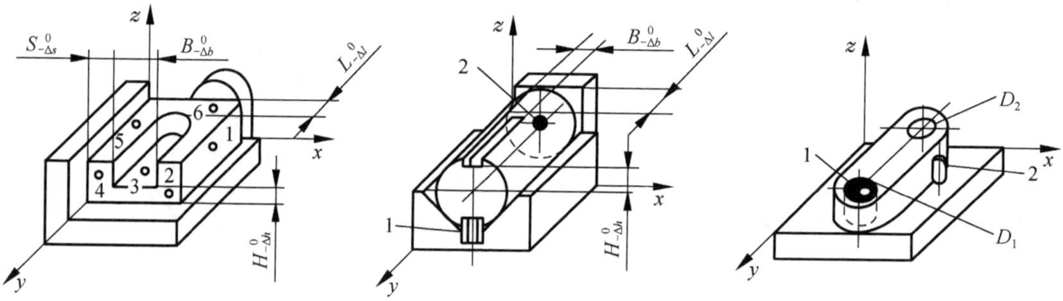

（a）板类零件的完全定位　（b）轴类零件的完全定位　（c）杆类零件的完全定位

图 5-4　完全定位示例

(2)不完全定位。根据工件加工精度要求不需限制的自由度没有被夹具定位元件限制或没有被全部限制的定位。这种定位虽然没有完全限制工件的六个自由度，但保证加工精度的自由度已全部限制，因此也是合理的定位，在实际夹具定位中普遍存在。如图 5-5 所示为几种不完全定位方式。

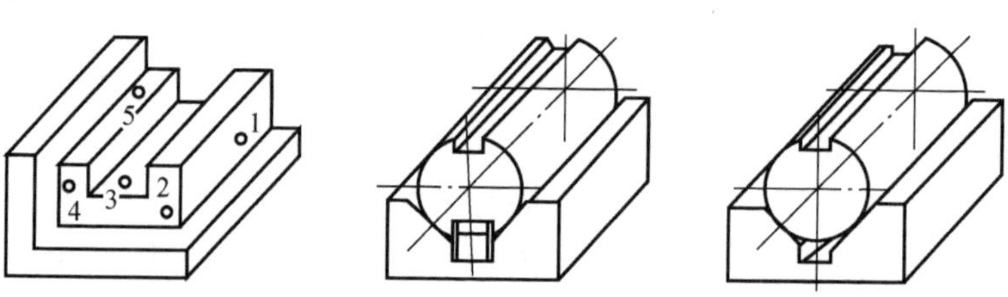

（a）限制五个自由度　（b）限制五个自由度　（c）限制四个自由度

图 5-5　不完全定位示例

(3) 欠定位。根据工件加工精度要求需要限制的自由度而未加限制的定位。这种定位显然不能保证工件的加工精度要求，在工件加工中是绝对不允许的。如图 5-4 中沿 y 轴移动的自由度不限制的话，则出现欠定位，就无法保证尺寸 L 的要求。

(4) 过定位。工件的同一自由度被两个或两个以上的定位支承点重复限制的定位方式，称为过定位。过定位可能导致定位干涉或工件装不上定位元件，进而导致工件或定位元件产生变形、定位误差增大，因此在定位设计中应该尽量避免过定位。但另一方面，过定位可以提高工件的局部刚度和工件定位的稳定性，所以当加工刚性差的工件时，过定位又是非常必要的，在精密加工和装配中也时有应用。

图 5-6 (a) 为一工件以一面两孔在两个圆柱销上的定位情况。由于两个短圆柱销均限制了 $\vec{y}$ 自由度，产生了过定位。其后果会造成部分工件无法同时装入两定位销内。图 5-6 (b) 所示的定位方案解决了过定位问题。

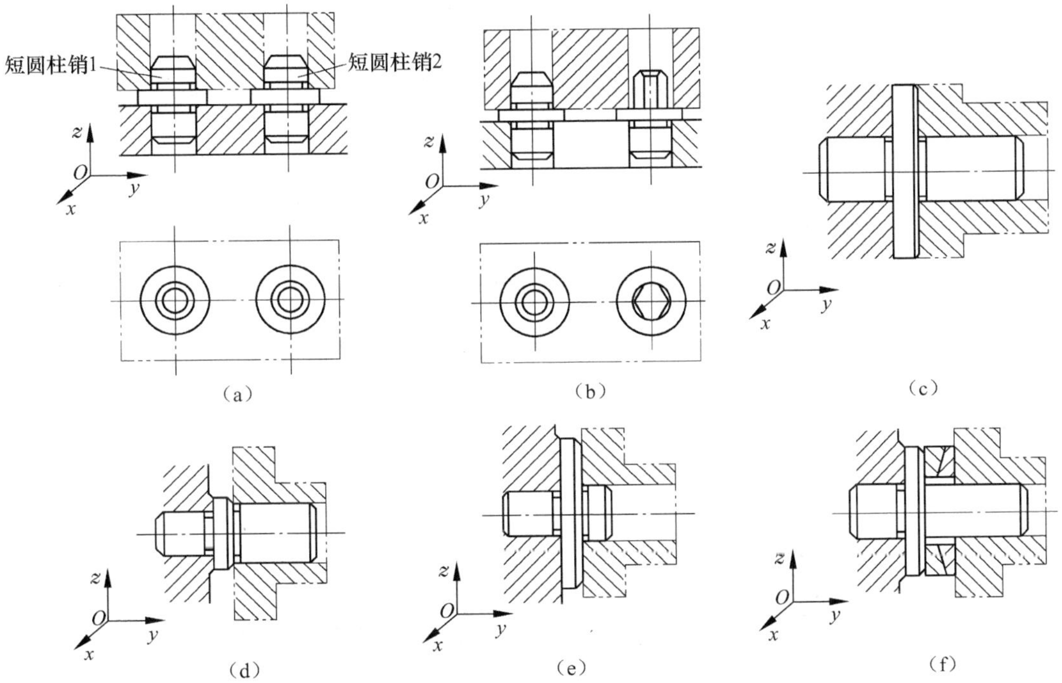

图 5-6　工件过定位情况及改善措施

图 5-6 (c) 为孔与端面组合定位的情况。由于长销可限制工件 $\vec{x}$、$\vec{z}$、$\overset{\frown}{x}$、$\overset{\frown}{z}$ 四个自由度，大端面限制工件 $\vec{y}$、$\overset{\frown}{x}$、$\overset{\frown}{z}$ 三个自由度，其中 $\overset{\frown}{x}$、$\overset{\frown}{z}$ 两个自由度被重复限制，因此该定位是过定位。如果工件孔与其端面间、长销与其台肩面间存在垂直度误差，则在轴向夹紧力作用下，将导致定位销和工件产生变形。此时，可采用图 5-6 (d) ～图 5-6 (f) 中的一种定位方案。

5.2.2　工件定位方法

工件在夹具中定位一般是通过定位基面与定位元件接触来实现的。定位方法不同，所采用的定位元件的结构形式也不同，这里只介绍几种常用定位方法及所用定位元件。

1. 工件以平面定位

机械加工中，利用工件上一个或几个平面作为定位基面来定位工件的定位方式，称为平面定位，如机座、箱体、盘盖类零件，多以平面作为定位基准。以平面作为定位基准所用定位元件主要是基本支承，包括固定支承(支承钉、支承板)、可调支承和自位支承，另外还有辅助支承。

1)基本支承

(1)支承钉。常用支承钉的结构形式如图 5-7 所示。平头支承钉图 5-7(a)用于支承精基准面；球头支承钉图 5-7(b)用于支承粗基准面；网纹顶面支承钉图 5-7(c)能产生较大的摩擦力，但网槽中的切屑不易清除，常用在工件以粗基准定位且要求产生较大摩擦力的侧面定位场合。带衬套支承钉图 5-7(d)由于便于拆卸和更换，一般用于批量大、磨损快、需要经常修理的场合。

(2)支承板。支承板有较大的接触面积，工件定位稳固。一般较大的精基准平面定位多用支承板作为定位元件。常用的支承板结构形式如图 5-8 所示。平面型支承板图 5-8(a)结构简单，但沉头螺钉处清理切屑比较困难，适于作侧面和顶面定位；带斜槽型支承板如图 5-8(b)所示，在带有螺钉孔的斜槽中允许容纳少许切屑，适于作底面定位。当工件定位平面较大时，常用几块支承板组合成一个平面。

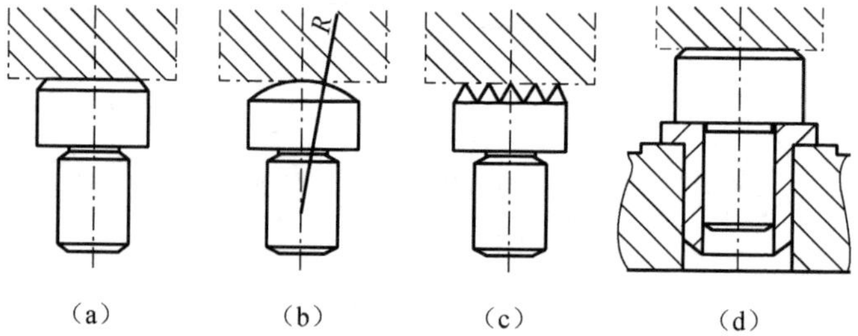

图 5-7　支承钉结构形式

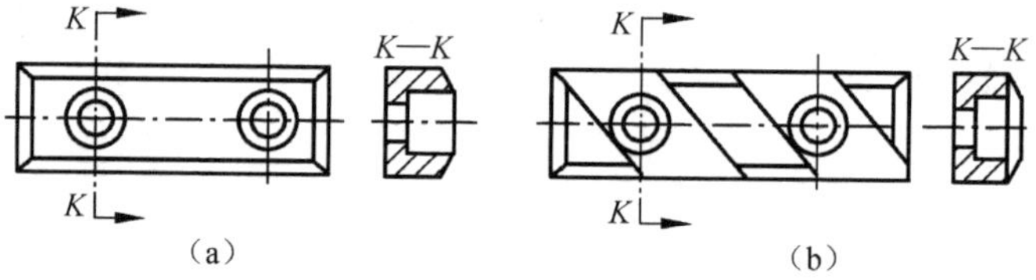

图 5-8　支承板结构形式

(3)可调支承

支承点位置可以调整的支承称为可调支承。常用可调支承结构形式如图 5-9 所示。可调支承多用于未加工过的平面定位，支承高度可以根据需要进行调整，以补偿各批毛坯尺寸误差，调整到位后用螺母锁紧。一般每批工件(毛坯)调整一次。可调支承也可用做成组夹具的调整元件。

(4)自位支承。自位支承又称浮动支承，在定位过程中，支承本身可以随工件定位基准面的变化而自动调整并与之相适应。常用自位支承的结构形式如图 5-10 所示。其中图 5-10(a)所示结构用于有基准角度误差的平面定位；图 5-10(b)所示结构用于毛坯平面或断续表面；图 5-10(c)所示结构用于阶梯表面。由于自位支承是活动或浮动的，无论结构上是两点或三点支承，其实质只起一个支承点的作用，所以自位支承只限制一个自由度。常用于毛坯表面、断续表面、阶梯表面定位，目的在于增加与工件的接触点，减小工件变形或减少接触应力。

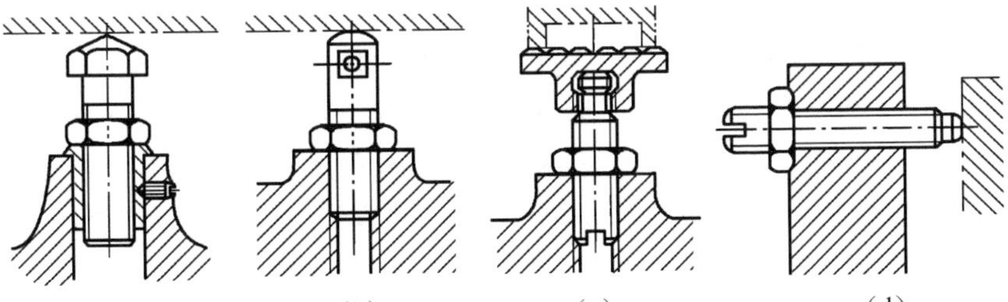

图 5-9　可调支承结构形式

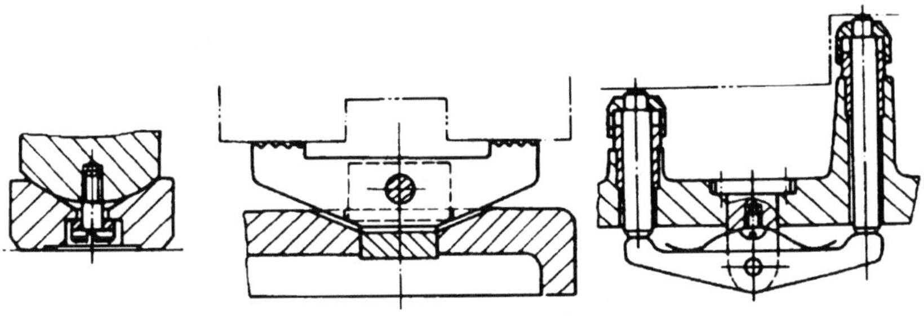

图 5-10　自位支承结构形式

2) 辅助支承

辅助支承是在工件定位后参与支承的元件，它不起定位作用，不能限制工件的自由度，它只用以增加工件在加工过程中的刚性。图 5-11 所示为几种辅助支承结构。图 5-11(a)所示结构简单，但在调整时支承钉要转动，会损坏工件表面，也容易破坏工件定位；图 5-11(b)所示结构在旋转螺母 1 时，支承螺钉 2 受装在套筒 4 键槽中的止动销 3 的限制，只做直线移动；图 5-11(c)为弹性辅助支承，支承销 6 受下端弹簧 5 的推力作用与工件接触，当工件定位夹紧后，回转手柄 9，通过锁紧螺钉 8 和斜面顶销 7，将支承销 6 锁紧；图 5-11(d)为推引式辅助支承，支承滑柱 11 通过推杆 10 向上移动与工件接触，然后回转手柄 13，通过钢球 14 和半圆键 12，将支承滑柱 11 锁紧。各种辅助支承在每次卸下工件后必须松开，装上工件后再调整到支撑表面并锁紧。

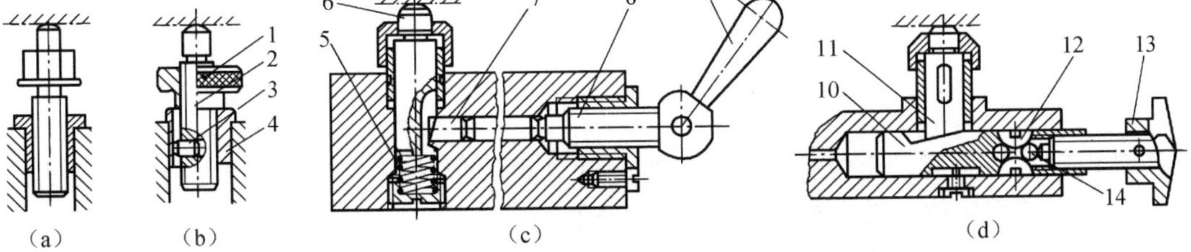

图 5-11　辅助支承结构形式

2. 工件以外圆柱面定位

轴、套、盘类零件加工时，常常以外圆表面定位。常用的定位元件有V形块、定位套等。

(1) V形块。V形块具有良好的对中性，是最常用的外圆定位元件，还可用于非完整外圆表面的定位。V形块可做成整体结构，也可做成分体结构，如图5-12所示。V形块两斜面之间的夹角一般取60°、90°或120°，其中以90°夹角的V形块应用最多。V形块有长短之分，短V形块(图5-12(c)中的一个)用于较短的精基面定位，而图5-12(a)所示的长V形块用于较长的精基面定位，图5-12(b)所示结构则用于较长的粗基面(或阶梯轴)定位，图5-12(c)所示结构则用于两段精基面相距较远的场合。V形块又有固定和活动之分，其中活动V形块在可移动方向上对工件不起定位作用。活动V形块的应用如图5-13所示。

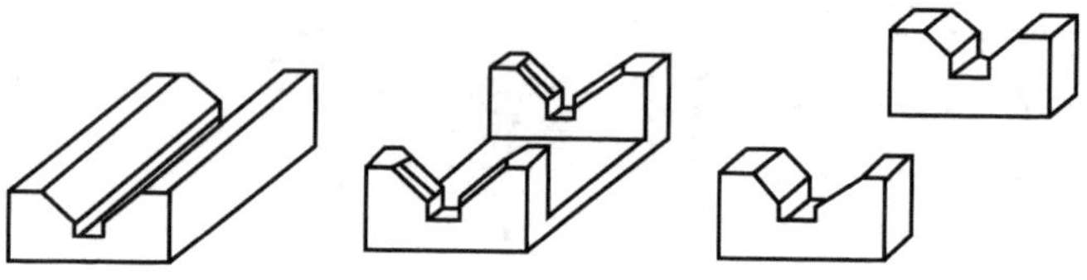

(a)　　(b)　　(c)

图5-12　常用固定V形块结构形式

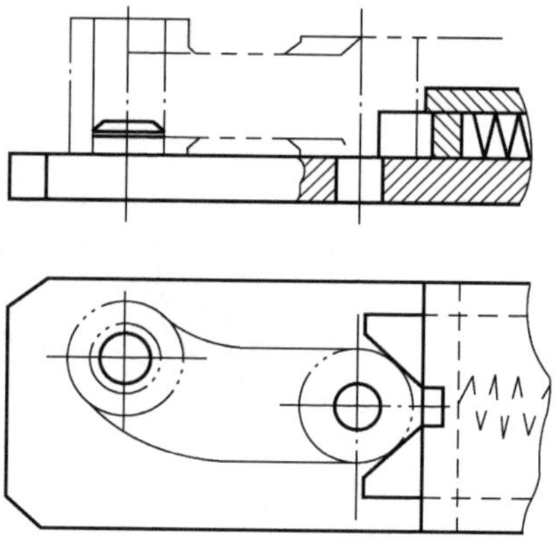

图5-13　活动V形块结构应用

(2) 定位套。图5-14所示为几种定位套结构。其中图5-14(a)、(b)所示结构为短定位套和长定位套；图5-14(c)、(d)所示结构为半圆定位套。这种定位套分成上、下两个部分，下半部1固定在夹具上起定位作用，上半部2装在铰链盖板上，起夹紧作用。常用于曲轴等不宜以整圆定位的轴类零件的定位。

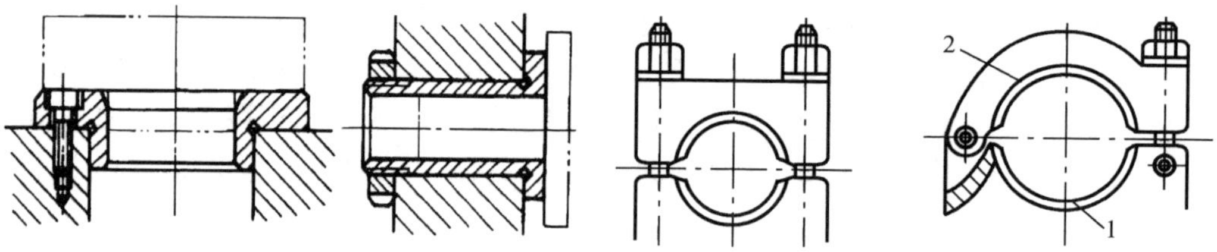

(a)　　(b)　　(c)　　(d)

图5-14　定位套的结构形式

3. 工件以圆孔定位

工件以圆孔定位时，定位孔与定位元件之间处于配合状态，属于一种定心定位方式。工件以圆孔定位常用定位元件有定位销、定位心轴等。

(1) 定位销。图5-15所示为几种定位销结构。定位销有固定式和可换式两类，每类中又分为圆柱销和菱形销两种。定位销主要用于零件上的小孔定位，一般直径不大于50mm。其

工作部分直径 d 通常根据加工和装配要求，按 g5、g6、f6 或 f7 制造。图 5-15(a)～(c)为固定式定位销，图 5-15(d)为带衬套的可换式定位销。图 5-15(e)所示的菱形销也有上述四种结构。为便于工件装入，定位销的头部均有 15°倒角。

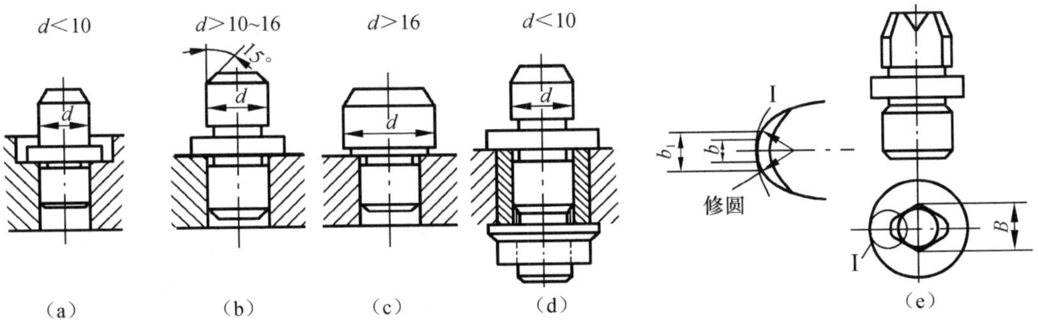

图 5-15 常用的几种定位销

(2)圆锥销。圆锥销常用于套筒、空心轴等零件的定位，如图 5-16 所示。其中图 5-16(a)用于粗基准，图 5-16(b)用于精基准。由于工件在单个圆锥销上定位容易倾斜，所以常和其他元件组合定位。如图 5-16(c)所示，工件以底面为主要定位面，圆锥销依靠弹簧力插入定位孔中，起到较好的定心作用，从而避免了工件轴线倾斜。

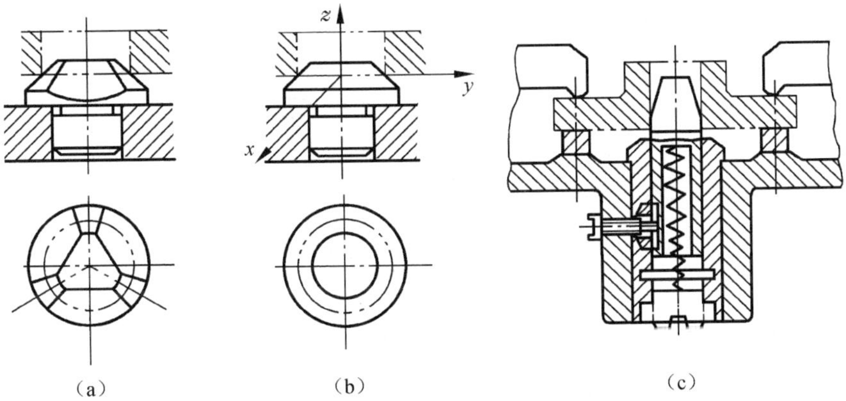

图 5-16 圆锥销

(3)定位心轴。定位心轴主要用于盘类或套类零件的车、铣、磨及齿轮加工。常用的有圆柱心轴和圆锥心轴等，如图 5-17 所示。其中图 5-17(a)为过盈配合心轴；图 5-17(b)为间隙配合心轴；图 5-17(c)为小锥度心轴(1∶5000～1∶1000)，装夹工件时依靠心轴锥面使工件对中和胀紧。小锥度心轴一般用于磨削或精车。

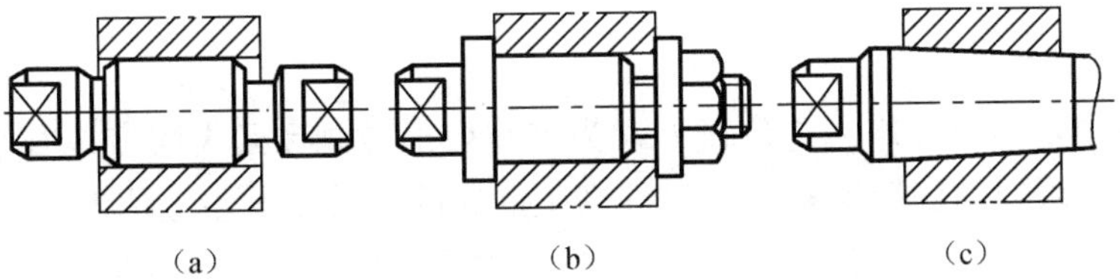

图 5-17 定位心轴

4. 工件以组合表面定位

在实际生产中，工件往往不是以单一表面定位，而是采用几个定位面相结合的方式进行定位，即组合定位。常见的组合定位形式有两顶尖孔、一端面一孔、一端面一外圆、一面两孔、两面一销等。图 5-18 所示为一个平面和两个与其垂直的外圆柱面的组合定位，图 5-19 所示为两个相互垂直的平面和一个与其中一个平面垂直的孔的组合定位，图 5-20 所示为一个平面和两个与其垂直的孔的组合定位。

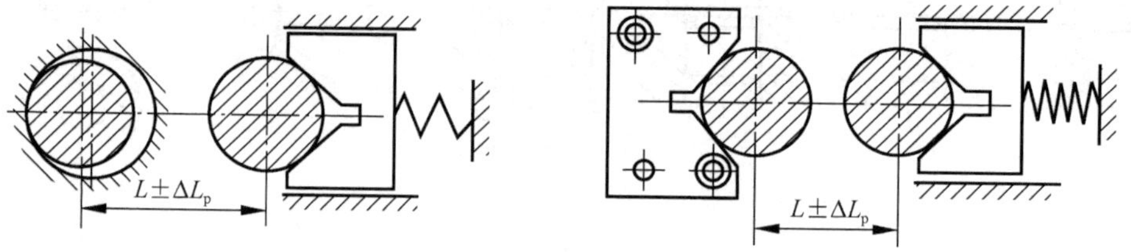

图 5-18　一面两个外圆面组合定位

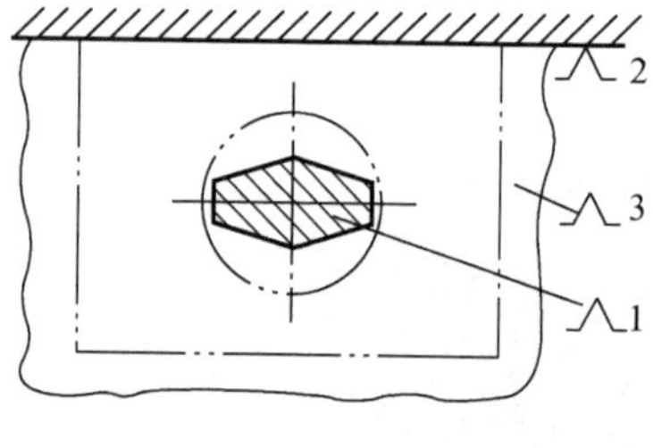

图 5-19　两面一销组合定位

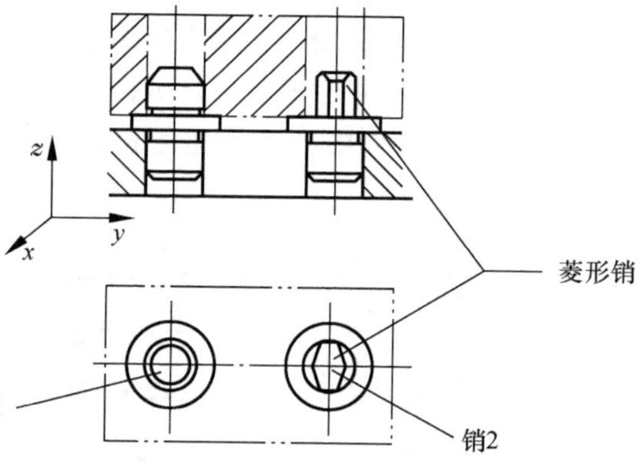

图 5-20　一面两孔组合定位

5.2.3 定位误差的分析与计算

用定位元件可以解决工件相对于夹具的定位问题。但对大批工件定位而言，即使单一定位副，由于不同工件的定位面尺寸存在差异，而且定位元件因磨损需要更换，不同的定位元件同样存在尺寸差异，因此用定位元件对一批工件定位时，不同的工件相对于夹具所占有的空间几何位置是不一样的。这种位置的变化就导致了调整法加工时工件工序尺寸和位置精度的变化。定位误差是指一批工件在夹具中定位时，工件的工序基准在工序尺寸方向或加工要求方向上的最大变化量。定位误差如何产生、如何计算、如何用定位误差评定定位方案的合理性是本节要重点解决的问题。

1. 定位误差产生的原因

工件在夹具中定位时会产生定位误差，为了有效地控制和最大限度地减小定位误差对加工精度的影响，必须要彻底搞清楚定位误差产生的原因。关于产生定位误差的原因有两种。

(1) 基准不重合误差Δ_B。在调整法加工一批工件中，由于工序基准与调刀基准不重合，而导致工序基准有可能产生的最大位置变化量称作基准不重合误差，用符号“Δ_B”表示。

如图 5-21 所示。刀具以支承钉 3 的支承面，即定位基准 E 面作调刀基准，一次调整好刀具位置，保证调刀尺寸 T 不变。而工序尺寸 A 的工序基准为 D 面。显然工序基准与调刀基准（定位基准）不重合，它们之间的尺寸为 $C \pm \delta_c$。由于尺寸 $C \pm \delta_c$ 是在本工序之前已加工好，因此在本工序定位中，对一批工件而言，其工序基准 D 相对于调刀基准（定位基准 E）有可能产生的最大位置变化量就是 $2\delta_c$。因为工序基准的变化方向与工序尺寸 A 同向，所以这一位置变化会导致工序尺寸 A 产生 $2\delta_c$ 的加工误差。这一加工误差就是由于基准不重合误差 Δ_B 导致产生的定位误差 Δ_{dw}，即

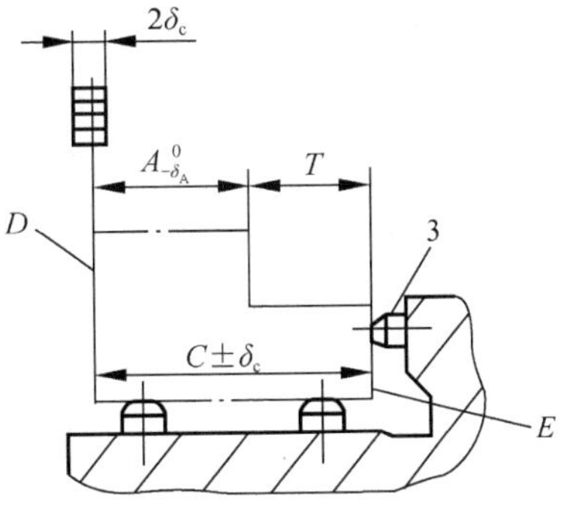

图 5-21　基准不重合误差产生的原因

$$\Delta_{dw} = \Delta_B = 2\delta_c$$

由此可见，基准不重合误差的大小就等于工件上从工序基准到定位基准之间的距离公差。显然，基准不重合误差是由于工序基准选择不当引起的，可以通过不同的工序尺寸标注加以消除。

(2) 基准位移误差 Δ_Y。调整法加工一批工件中，由于定位副制造误差和两者的最小配合间隙的影响，使工件定位基准在工序尺寸方向上相对于调刀基准产生的最大位置变动量称为基准位移误差，用符号“Δ_Y”表示。

如图 5-22 所示为某工件加工的定位方案示意图。设工件定位孔尺寸为 $D_0^{+\delta_D}$，定位销直径尺寸为 $d_{-\delta_d}^{0}$。由于孔和销（即定位副）的制造误差，当孔在销上定位时，孔的轴线（即定位基准）就会相对于销的轴线（即理想位置）发生位置移动。若移动的方向是任意的，即孔和销的母线可能在任意方向上接触，则该位置移动的范围是一圆，圆直径就是其可能产生的最大移动量，大小为

$$\Delta_Y = X_{max} = (D + \delta_D) - (d - \delta_d) = \delta_D + \delta_d + X_{min}$$

式中，X_{min}——定位销与定位孔的最小配合间隙。

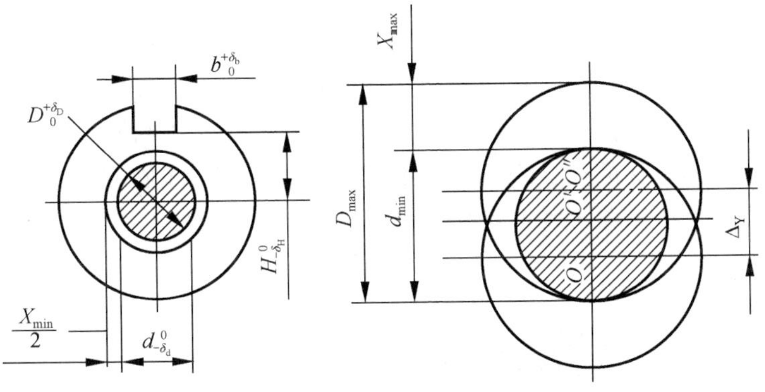

图 5-22　孔、销定位时的基准位移误差

由于工序尺寸 $H_{-\delta_H}^{0}$ 的工序基准与定位基准（孔轴线）重合，因此定位基准的位置移动会导致工序基准产生具有与其相同的移动。当 Δ_Y 在工序尺寸 $H_{-\delta_H}^{0}$ 方向上发生时，就导致工序尺寸 $H_{-\delta_H}^{0}$ 产生 X_{max} 的加工误差，这一加工误差就是由于基准位移误差 Δ_Y 导致产生的定位误差 Δ_{dw}，即

$$\Delta_{dw}=\Delta_Y=\delta_D+\delta_d+X_{min} \tag{5-1}$$

从上述分析可知：基准不重合和基准位移是导致定位误差产生的原因。但基准不重合和基准位移均是通过导致工序基准发生位置变动，进而使工序尺寸产生加工误差。因此可以说，定位误差产生的根本原因是由于工序基准的位置变化，即定位误差均是由于工序基准位置变化引起的。

由定位误差原因分析知道：基准位移误差是由于定位副制造误差及其最小配合间隙引起的，而基准不重合误差是由于工序基准选择不当产生的。在工件定位时，上述两项误差可能同时存在，也可能只有一项存在，但无论如何，定位误差应是两项误差共同作用的结果。这种由于基准不重合和基准位移的存在而导致调整法加工一批工件时，工序尺寸(或位置精度)有可能产生的最大变化量称为定位误差，用符号“Δdw”表示。由于误差具有方向性，那么定位误差的一般计算公式应写成

$$\overline{\Delta_Y}+\overline{\Delta_B}=\overline{\Delta_{dw}} \tag{5-2}$$

$$\Delta_{dw}=\Delta_B\cos\alpha\pm\Delta_Y\cos\beta \tag{5-3}$$

式中，α——基准不重合误差Δ_B方向与工序尺寸方向间的夹角；

β——基准位移误差Δ_Y方向与工序尺寸方向间的夹角。

利用上式计算定位误差称为误差合成法。若Δ_B和Δ_Y是由同一误差因素导致产生的，则称Δ_B和Δ_Y关联。当Δ_B和Δ_Y关联时：如果$\Delta_B\cos\alpha$和$\Delta_Y\cos\beta$方向相同，合成时取“+”号；如果$\Delta_B\cos\alpha$和$\Delta_Y\cos\beta$方向相反，合成时取“－”号。当两者不关联时，可直接采用两者的和叠加计算定位误差。

综上所述，定位误差产生的前提是调整法加工一批工件。也就是说，只有采用调整法加工一批工件时，才可使用该定位误差理论分析计算。调整法加工时，调刀基准一般和定位基准重合。在定位误差计算中，应当清楚调刀基准的含义。在实际应用中，应当注意下列几种尺寸精度保证方法的调刀基准和定位误差的产生情况。

① 采用钻、镗套加工系列孔时。如图 5-23 所示，工序尺寸 l_1 和 l_2 分别由夹具中的刀具引导尺寸 L_1 和 L_2 保证。此时对工序尺寸 l_1 而言，工序基准、调刀基准和定位基准三者重合，不存在基准不重合误差的影响；而工序尺寸 l_2 只是工序基准和调刀基准重合，其调刀尺寸不受定位基准影响，因此工序尺寸 l_2 不但不存在基准不重合误差，同时也不存在基准位移误差。

② 多刀加工时，某一刀具可以用另一刀具位置作为其调刀基准，如图 5-24 所示。刀具 1 的轴向加工位置可依刀具 2 的刀尖为调刀基准。此时，工序尺寸 1 的调刀基准与工序基准重合，而与定位基准不重合。但工序尺寸 1 不受定位误差影响。

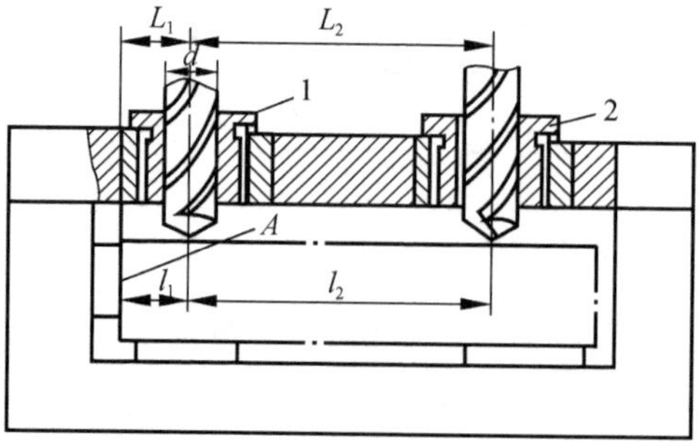

图 5-23　孔系加工的定位误差

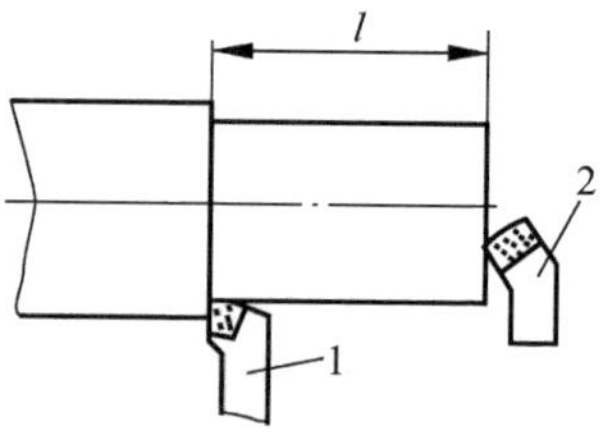

图 5-24　多刀加工时的调刀基准

除上述尺寸精度获得方法外，试切法、定尺寸刀具法、靠模法等非调整法保证的尺寸亦不存在定位误差。

在分析计算定位误差时必须清楚：定位误差与工序尺寸(或位置精度)是一一对应的关系，即某一个定位误差一定是某一个工序尺寸(或位置精度)的定位误差，某一个工序尺寸(或位置精度)一定有它自己的定位误差。

2. 常见典型单一面定位时的定位误差分析计算

工件的结构、形状、尺寸可以千变万化，但构成工件的表面不外乎平面、孔、外圆、特型面，而工件定位时尤以平面、圆柱孔和外圆柱面最为常用。以工件这三种常见单一面定位时的定位误差分析计算如下。

1)平面定位时的定位误差计算

当工件以单一平面定位时，基准位移误差由平面度误差引起，而对工序加工而言，平面度误差的影响一般可以忽略不计。因此，单一平面定位时，定位误差只受基准不重合误差影响，即

$$\Delta_{dw} = \Delta_B \cos\alpha \tag{5-4}$$

2)孔、销单边接触定位时的定位误差计算

工件以单一圆柱孔定位时常用的定位元件是圆柱销(心轴)，此时定位误差的计算有两种情形：任意边接触和单边接触。任意边接触时的定位误差计算已在基准位移误差Δ_Y分析时已知，此处不再赘述。单边接触是指在工件重力或其他外力作用下，定位孔和销的母线总在固定方位上相接触。

如图 5-25 所示。定位销水平设置：图 5-25(a)为理想定位状态，工序基准(孔轴线)与定位基准(销轴线)重合，Δ_B=0；但在工件重力作用下，定位孔和销总在销的上母线处接触，孔轴线相对于销轴线将总是下移，图 5-25(b)是可能产生的最小下移状态，图 5-25(c)是最大下移状态，孔轴线在垂直方向上的最大位置变动量为

$$\Delta_Y - \overline{O_1O_2} = \overline{OO_2} \quad \overline{OO_1} = \frac{D_{max} - d_{min}}{2} - \frac{D_{min} - d_{max}}{2}$$

$$\Delta_Y = \frac{\delta_D + \delta_d}{2} \tag{5-5}$$

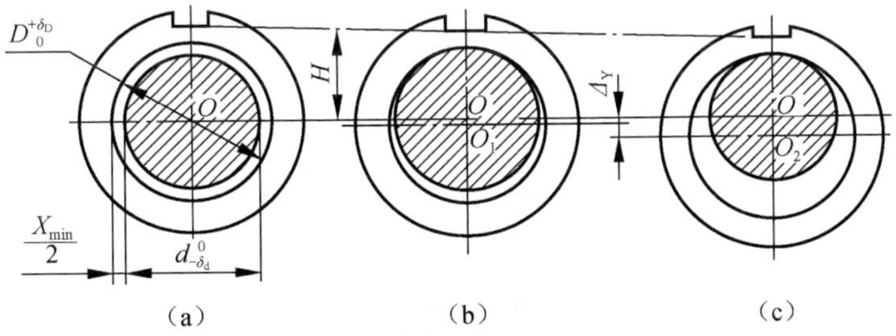

图 5-25　孔、销单边接触定位误差计算

此例的计算是通过分析工件在工序尺寸方向上的极限位置，然后根据几何关系计算定

位基准(孔轴线)的最大位置变动量(定位误差)。这种分析计算定位误差的方法称为“极限位置法”。

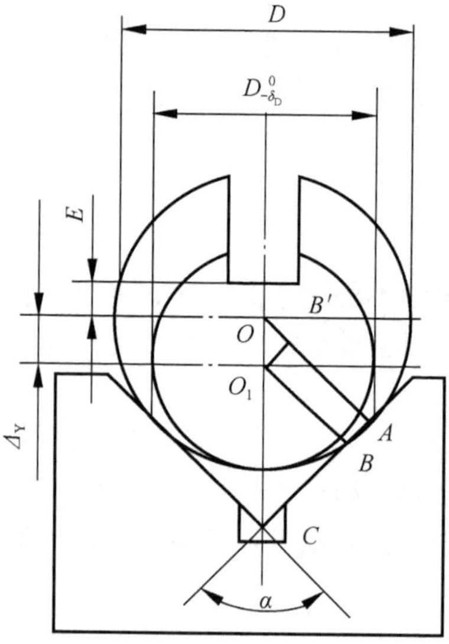

图 5-26 V 形块定位误差计算

需要注意：基准位移误差Δ_Y是最大位置变化量，而不是最大位移量，所以基准位移误差Δ_Y计算结果中没有包含$X_{min}/2$。这是因为，$X_{min}/2$ 是常值系统误差，可以通过调刀消除。因此，在确定调刀尺寸时应加以注意。

3) 外圆柱面在 V 形块上定位时的定位误差计算

如图 5-26 所示，若不考虑 V 形块的制造误差，则工件定位基准(工件轴线)总是处于 V 形块的对称面上，这就是 V 形块的对中作用。因此，在水平方向上，工件定位基准不会产生基准位移误差。但在垂直方向上，由于工件定位直径尺寸的加工误差，将导致工件定位基准产生位置变化，其可能产生的最大位置变化量为

$$\Delta_Y = \overline{OO_1} = \overline{OC} - \overline{O_1C} = \frac{\overline{OA}}{\sin(\alpha/2)} - \frac{\overline{O_1B}}{\sin(\alpha/2)}$$

$$= \frac{\delta_D}{2\sin(\alpha/2)} \qquad (5\text{-}6)$$

由上式可知：基准位移误差Δ_Y与 V 形块夹角α成反比，即夹角α越大，Δ_Y反而越小。当$\alpha = 180°$时，$\Delta_Y = \delta_D/2$ 为最小，但 V 形块的对中作用也最差(无对中作用)。所以，一般多采用$\alpha = 90°$的 V 形块定位。

图 5-27 所示为一外圆直径为 $d_{-\delta_d}^{\ 0}$ 的轴类零件在夹角为α的 V 形块上定位铣键槽。求工序尺寸分别为 H_1、H_2、H_3 时的定位误差。

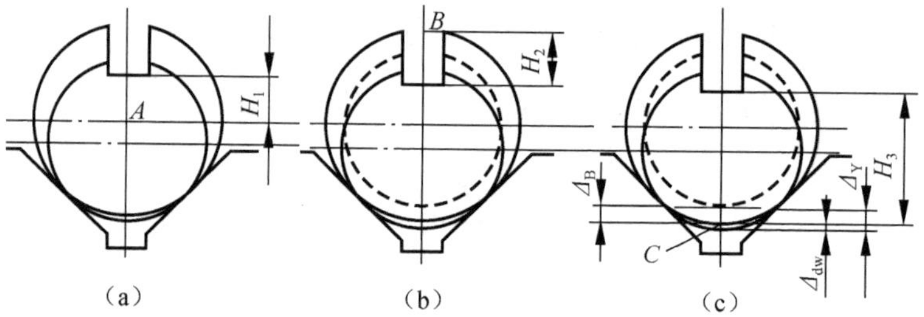

图 5-27 不同工序尺寸标注的定位误差计算

(1) 工序尺寸为 H_1 时的定位误差计算(图 5-27(a))。

由于工序基准与定为基准均为外圆的中心，二者重合，故$\Delta_B=0$；而基准位移误差按式(5-6)计算。故影响工序尺寸 H_1 的定位误差为

$$\Delta_{dw1} = \Delta_Y = \frac{\delta_d}{2\sin(\alpha/2)}$$

(2) 工序尺寸为 H_2 时的定位误差计算(图 5-13(b))。

由于工序基准在外圆的上母线 B 处，而定位基准仍是外圆的中心，二者不重合，故基准

不重合误差 $\Delta_B \neq 0$，$\Delta_B = \delta_d / 2$；基准位移误差Δ_Y同上。由于Δ_B和Δ_Y均含有δ_d，即都是由工件直径尺寸制造误差引起的，属于关联性误差，因此采用合成法计算定位误差时需要判断其正负。经过分析得

$$\Delta_{dw2} = \overline{\Delta_Y} + \overline{\Delta_B} = \frac{\delta_d}{2\sin(\alpha/2)} + \frac{\delta_d}{2}$$

(3) 工序尺寸为 H_3 时的定位误差计算(图 5-13(c))。

由于工序基准在外圆的下母线 C 处，与定位基准不重合，故基准不重合误差 $\Delta_B \neq 0$，$\Delta_B = \delta_d / 2$；基准位移误差Δ_Y同上。显然Δ_B和Δ_Y也属于关联性误差。经过分析得

$$\Delta_{dw3} = \overline{\Delta_Y} + \overline{\Delta_B} = \frac{\delta_d}{2\sin(\alpha/2)} - \frac{\delta_d}{2}$$

3. 组合面定位时的定位误差分析计算

单一表面定位是工件在夹具中定位的一种简单形式，更多情况下需要工件上多个表面共同参与定位。关于组合定位的定位误差分析计算如下。

1) 独立定位时的定位误差计算

当不同表面各自独立定位用于约束工件不同的自由度时，可按单一面定位分别计算不同方向上的定位误差。

如图 5-28 所示，工件以平面 B 和 C 定位，各自独立约束工件不同的自由度。工序尺寸 H_2 只受平面 C 定位的影响。由前面(图 5-7)的分析可知

$$\Delta_{dwH_2} = 0$$

工序尺寸 A 只受平面 B 定位的影响，考虑平面 B 和 C 的夹角 $\alpha \pm \Delta\alpha$ 制造误差，则工序尺寸 A 的定位误差为

$$\Delta_{dwA} = 2(H - H_1)\tan\Delta\alpha$$

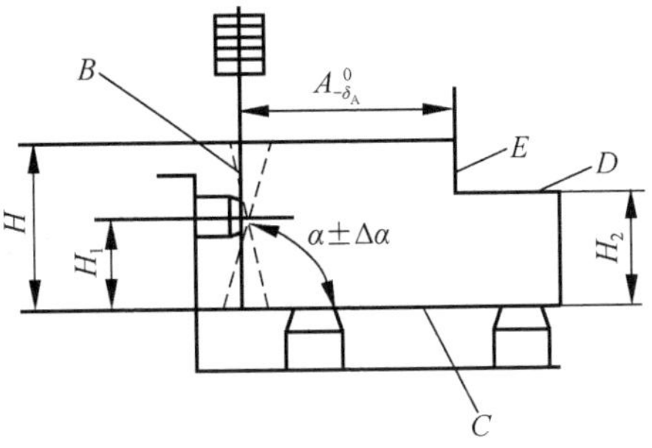

图 5-28　组合面独立定位时的基准位置误差

该定位误差是由于定位基准之间的位置不准确引起的，称为“基准位置误差”，也可以看成是另一种基准位移误差。

2) 关联定位、独立误差因素的定位误差计算

由组合面共同约束工件某自由度的定位称为关联定位。图 5-29(a)所示零件以侧平面和部分外圆柱面和相应的定位元件侧平面 1 和斜平面 2 接触，工件的某些自由度由它们共同限制，如图 5-29(b)所示。其中工件圆柱面和限位面 2 定位副所产生定位误差由外圆直径误差引起，而工件侧平面和限位面 1 定位副的定位误差由尺寸 35 的误差引起，即各定位副产生的定位误差分别由各自独立的误差因素引起。

工件侧平面定位副定位时，只有水平方向的基准不重合误差，即

$$\Delta_{B1} = 0.062\text{mm}$$

但由于受限位面 2 定位的影响，该误差只能沿平行于斜面 2 的方向变化，即使工序基准

产生位置变化 $O\rightarrow O_1$，如图 5-30(a)所示。因此，其在垂直方向上导致工序尺寸 40 可能产生的最大加工误差为

$$\Delta_{dw1}=\Delta_{B1}\tan 45^\circ = 0.062\text{mm}$$

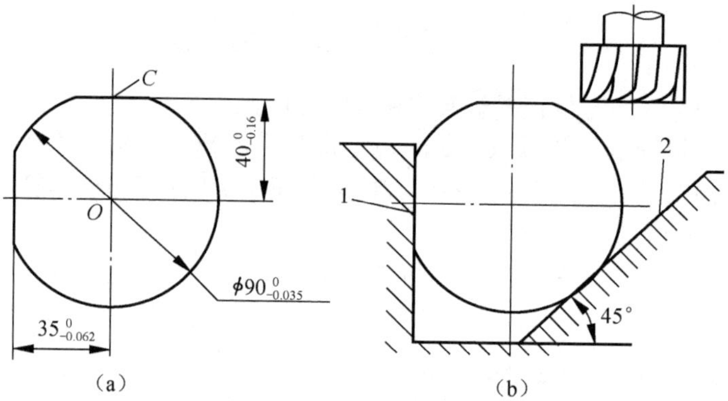

图 5-29　独立误差因素的关联定位

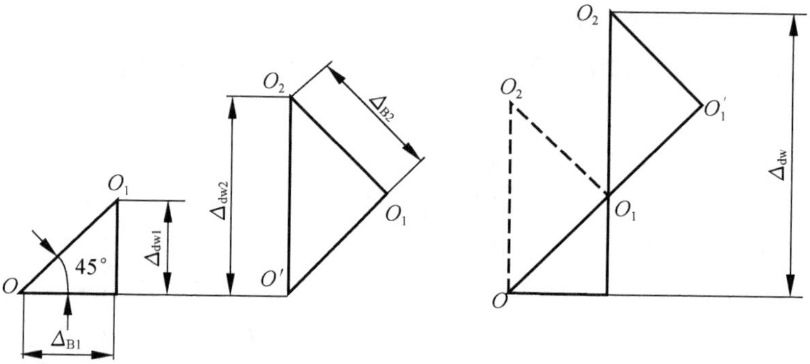

图 5-30　独立误差因素、关联定位的定位误差计算

工件圆柱面定位副定位时，只有垂直于斜面 2 方向的基准不重合误差，大小为

$$\Delta_{B2} = 0.035 / 2 = 0.0175(\text{mm})$$

但由于限位面 1 定位的影响，该误差只能沿平行于侧面 1 的垂直方向变化，即：使工序基准产生位置变化 $O'\rightarrow O_2$，如图 5-30(b)所示。因此，其在垂直方向上导致工序尺寸 40 可能产生的最大加工误差为

$$\Delta_{dw2} = \Delta_{B2} / \cos 45^\circ \approx 0.025\text{mm}$$

由于Δ_{dw1}和Δ_{dw2}并不相互关联，因此，工序尺寸 40 总的定位误差应是Δ_{dw1}和Δ_{dw2}的叠加，如图 5-30(c)所示，则

$$\Delta_{dw} = \Delta_{dw1} + \Delta_{dw2} = 0.062 + 0.025 = 0.087(\text{mm})$$

3) 双孔关联定位的定位误差计算

双孔定位时常采用的定位元件是：一个短圆柱销和一个短削边销，如图 5-30(a)所示。在不同的方向和不同的位置，其定位误差的计算方法是不同的，定位误差计算有下列几种情况。

(1) x 轴方向上的基准位移误差$\Delta_{Y(X)}$。在 x 轴方向上的定位是由定位孔 1 实现的，定位孔 2 不起定位作用。因此，工件所能产生的最大定位误差是定位孔 1 相对于定位销 1 的基准位移误差，即

$$\Delta_{Y(X)} = \delta_{D1} + \delta_{d1} + X_{1\min}$$

(2) y 轴方向上的基准位移误差$\Delta_{Y(Y)}$。在 y 轴方向上，基准位移误差受双孔定位的共同影响，其大小随着位置的不同而不同，且在不同的区域内计算方法也有所不同，如图 5-30(b)所示。

在中心 O_1 或 O_2 处，其$\Delta_{Y(Y)}$就等于该处单孔、销定位的基准位移误差；在 O_1 和 O_2 的中间区域，应按双孔同向最大位移计算$\Delta_{Y(Y)}$，如图 5-30(b)中 n 处的基准位移误差为 $n'n''$；在 O_1 和 O_2 的外侧区域，应按双孔的最大转角计算$\Delta_{Y(Y)}$，如图 5-30(b)中 m 处的基准位移误差为 $m'm''$。

(3) 转角误差 $\pm\Delta\theta$。

如图 5-30(c)所示。最大转角发生的条件是：双孔直径最大 $D_1+\delta_{D1}$、$D_2+\delta_{D2}$；两销直径最小 $d_1-\delta_{d1}$、$d_2-\delta_{d2}$；销心距和孔心距应取最小相等值，由于其对转角误差影响不大，且考虑计算方便起见，销心距和孔心距一般取其基本尺寸。

图 5-31 中 O_1 和 O_2 分别为两销中心。当双孔顺时针转动时，即孔 1 中心上移至 O_1'，而孔 2 中心下移至 O_2' 时转角有最大值。根据图 5-17(c)中的几何关系得

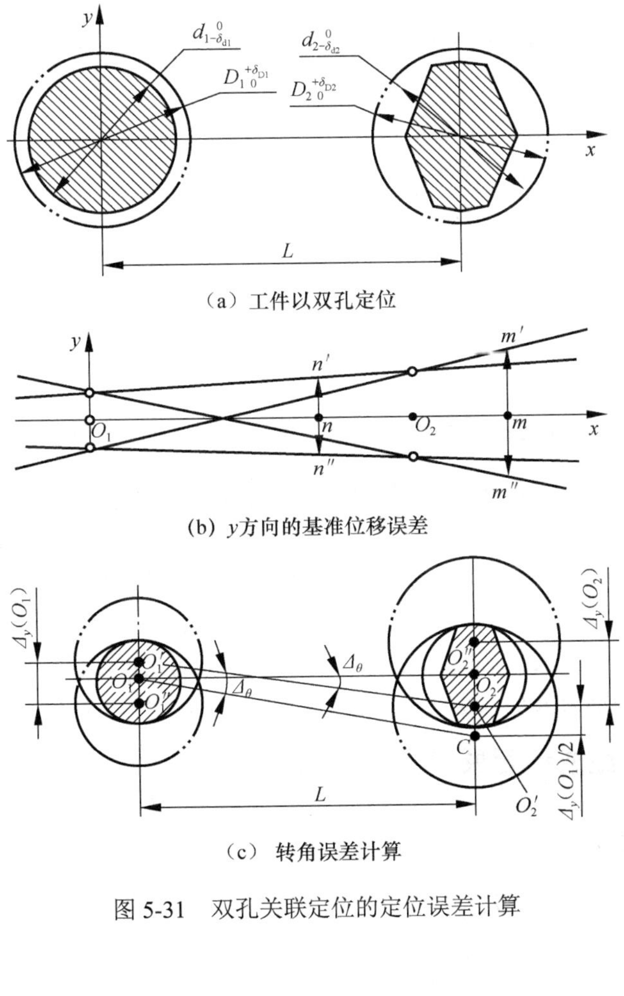

图 5-31　双孔关联定位的定位误差计算

$$\tan\Delta\theta=\frac{\overline{O_2C}}{L}=\frac{\overline{O_2O_2'}+\overline{O_2'C}}{L} \tag{5-7}$$

式中，$\overline{O_2O_2'}=\dfrac{\delta_{d2}+\delta_{D2}+X_{2\min}}{2}$，$\overline{O_2'C}=\overline{O_1O_1'}=\dfrac{\delta_{d1}+\delta_{D1}+X_{1\min}}{2}$，则

$$\tan\Delta\theta=\frac{\delta_{d1}+\delta_{D1}+X_{1\min}+\delta_{d2}+\delta_{D2}+X_{2\min}}{2L}$$

$$\Delta\theta=\arctan\left(\frac{\delta_{d1}+\delta_{D1}+X_{1\min}+\delta_{d2}+\delta_{D2}+X_{2\min}}{2L}\right) \tag{5-8}$$

当双孔逆时针转动时，具有相同的$\Delta\theta$误差，故总的转角误差应为$\pm\Delta\theta$或$2\Delta\theta$，即

$$2\Delta\theta=2\arctan\left(\frac{\delta_{d1}+\delta_{D1}+X_{1\min}+\delta_{d2}+\delta_{D2}+X_{2\min}}{2L}\right) \tag{5-9}$$

4. 对夹具的定位精度要求

合理的定位方案必须首先满足工件对工序加工精度的需要，即定位精度是合理的定位方案设计必须要保证的。那么，合理的定位方案其定位精度应是多少呢？事实上，影响加工精度的因素很多，但根据其影响程度，可将加工误差产生的原因归纳为如下四个方面：

(1) 工件在夹具中装夹时的定位误差Δ_{dw}；

(2) 夹具在机床上安装时产生的夹具安装误差Δ_{ja}；

(3) 由对刀、引导元件引起的对刀、引导误差Δ_{yd}；

(4) 加工中其他因素引起的加工误差Δ_{qt}。

上述所有误差的合成值不应超出工件的工序加工公差 T_w，即

$$\Delta_{dw}+(\Delta_{ja}+\Delta_{yd})+\Delta_{qt}\leqslant T_w \tag{5-10}$$

上式称为误差计算不等式。在判定工件定位方案合理性时，一般按Δ_{dw}、$(\Delta_{ja}+\Delta_{yd})$和$\Delta_{qt}$各占工序公差 T_w 的三分之一，即

$$\Delta_{dw}\leqslant\frac{1}{3}T_w \tag{5-11}$$

上式只能作为误差估算时的初步分配方案，此后还必须根据具体情况进行必要的调整。

5.3 工件在夹具中的夹紧

工件定位后将其固定，使其在加工过程中保持已定位的位置不发生改变的操作称为夹紧。夹紧是工件装夹过程的重要组成环节。工件定位后必须进行夹紧，才能保证工件不会因为切削力、重力、离心力等外力作用而破坏定位。这种对工件进行夹紧的装置就称为夹紧装置。夹紧装置设计要受到定位方案、切削力大小、生产率、加工方法、工件刚性、加工精度要求等因素的制约。

5.3.1 夹紧装置的组成和要求

1. 夹紧装置的组成

按照夹紧动力源的不同一般把夹紧机构划分为两类：手动夹紧装置和机动夹紧装置；而

根据扩力级数的多少，把具有单级扩力的夹紧装置称为简单(基本)夹紧装置，把具有两级或更多级扩力机构的夹紧装置称为复合夹紧装置。

由此可知，夹紧装置的结构形式是千变万化的。但不管夹紧装置的结构形式如何变化，作为简单夹紧装置一般由以下三部分组成：

(1)力源装置。力源装置指产生夹紧力的装置，它是机动夹紧的必有装置，如气动、电动、液压、电磁等夹紧的动力装置。图 5-32 中的气缸 1 就是力源装置。

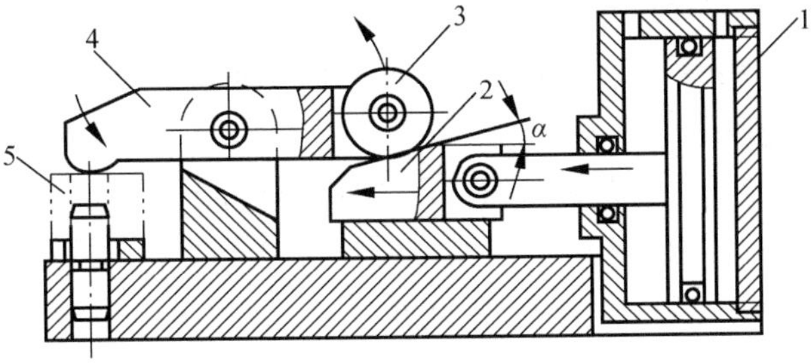

图 5-32　夹紧装置的组成

1—气缸；2—斜楔；3—滚轮；4—压板；5—工件

(2)夹紧元件。夹紧元件是指与工件直接接触用于夹紧的元件。如图 5-32 中的压板 4 即为夹紧元件。

(3)中间递力机构。介于力源装置和夹紧元件之间的机构称为中间递力机构。它把力源产生的力传递给夹紧元件以实施对工件的夹紧。为满足夹紧设计需要，中间递力机构在传力过程中，可以改变力的大小和方向并可具有自锁功能。如图 5-32 中的斜楔及相关元件部分。

不同的夹紧装置会有不同的构成。图 5-33 所示为机动和手动夹紧装置的不同构成。

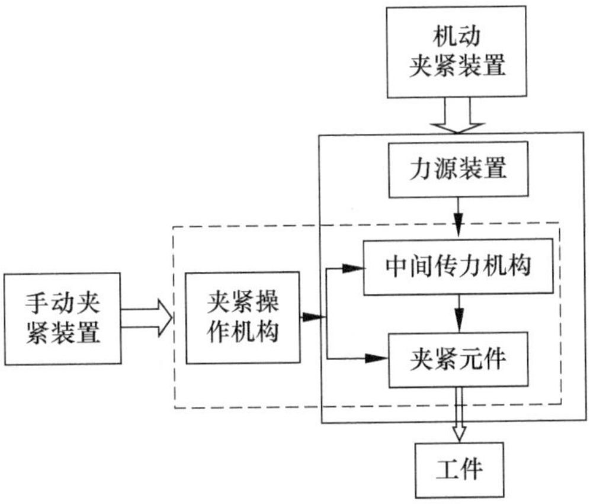

图 5-33　不同夹紧装置的构成

2. 对夹紧装置的基本要求

夹紧装置设计的合理与否，直接影响着工件的加工质量和工人的工作效率和劳动强度等方面。为此，设计夹紧装置时应满足下列基本要求：

(1)夹紧应保证工件各定位面的定位可靠，而不能破坏定位；

(2)夹紧力大小要适中，在保证工件加工所需夹紧力大小的同时，应尽量减小工件的夹紧变形；

(3)夹紧装置要具有可靠的自锁，以防止加工中夹紧突然松开；

(4)夹紧装置要有足够的夹紧行程，以满足工件装卸空间的需要；

(5)夹紧动作要迅速，操作要方便、安全、省力；

(6)手动夹紧装置，工人作用力一般不超过 100N；

(7)夹紧装置的设计应与工件的生产类型相一致；

(8)结构紧凑，工艺性要好，尽量采用标准化夹紧装置及元件。

5.3.2 夹紧力的确定原则

大小、方向和作用点是力的三要素。因此，夹紧力的大小、方向、作用点的确定就至关重要，它们直接影响着夹紧装置工作的各个方面。但作为夹紧力，由于其作用的目的不同，所以夹紧力是有所区别的。在确定夹紧力时首先要考虑夹具的整体布局问题，其次要考虑加工方法、加工精度、工件结构、切削力等方面对夹紧力的不同需要。

1. 夹紧力方向的确定原则

夹紧力作用方向主要影响工件的定位可靠性、夹紧变形、夹紧力大小诸方面。选择夹紧力作用方向时应遵循下列原则。

(1) 为了保证加工精度，主要夹紧力的作用方向应垂直于工件的主要定位面，同时要保证工件其他定位面定位可靠。图 5-34 所示镗孔时要求孔中心线与 A 面垂直，夹紧力方向应与 A 面垂直。故图 5-34 (a) 方案正确，图 5-34 (b) 不正确。

(2) 夹紧力的作用方向应尽量避开工件刚性比较薄弱的方向，以尽量减小工件的夹紧变形对加工精度的影响。如图 5-35 中应避免图 (a) 的夹紧方式，可采用图 (b) 的夹紧方式。

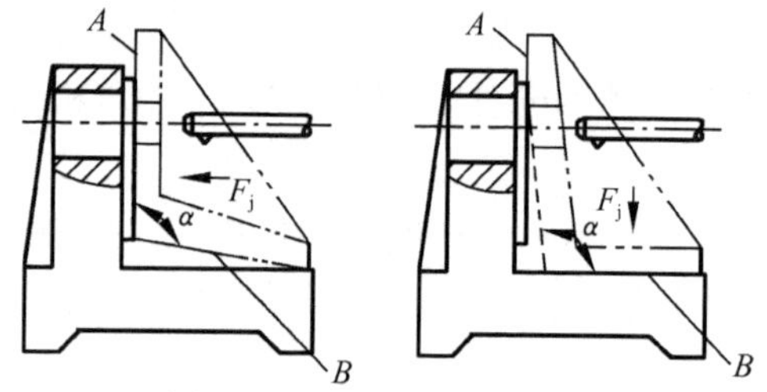

(a)　　(b)

图 5-34　夹紧力作用方向与工件主要定位面的关系

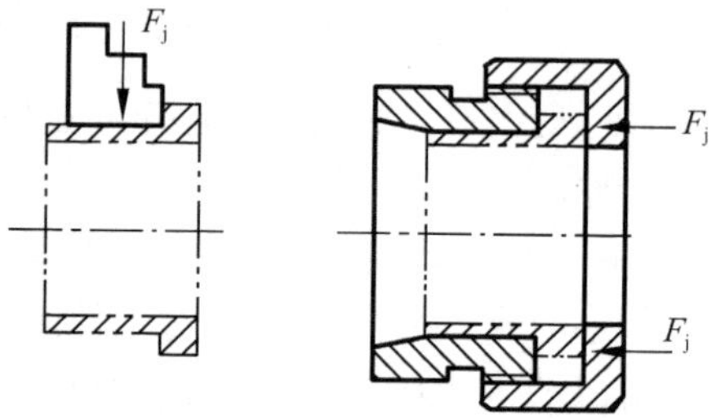

(a)　　(b)

图 5-35　夹紧力作用方向对工件变形的影响

(3) 夹紧力的作用方向应尽可能有利于减小夹紧力。假设机械加工中工件只受夹紧力 F_j、切削力 F 和工件重力 F_G 的作用，这几种力的可能分布如图 5-36 所示。为保证工件加工中定位可靠，显然只有采用图 (a) 受力分布时夹紧力 F_j 最小。

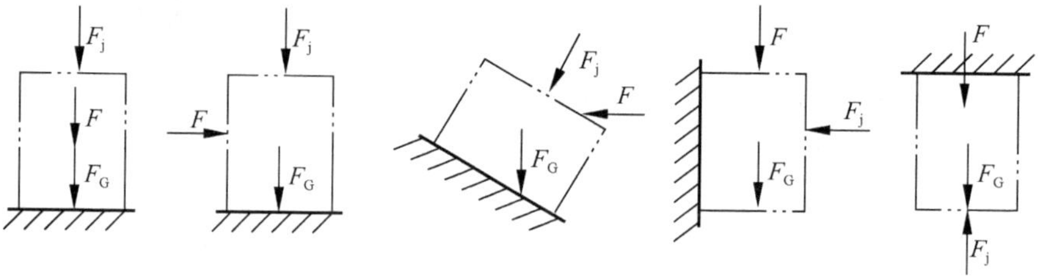

(a)　　(b)　　(c)　　(d)　　(e)

图 5-36　夹紧力与切削力、工件重力的关系

2. 夹紧力作用点的确定原则

夹紧力作用点选择包括作用点的位置、数量、布局、作用方式。它们对工件的影响主要表现在：定位准确性和可靠性及夹紧变形；同时，作用点选择还影响夹紧装置的结构复杂性和工作效率。具体设计时应遵循下列原则：

(1) 夹紧力作用点应正对定位元件定位面或落在多个定位元件所组成的支承面内。图 5-37 所示夹具的夹紧力作用点就违背了这项原则，夹紧力作用点位于定位元件之外，会使工件发生翻转，从而破坏工件的定位。图 5-37 中用箭头指出了夹紧力作用点的正确位置。

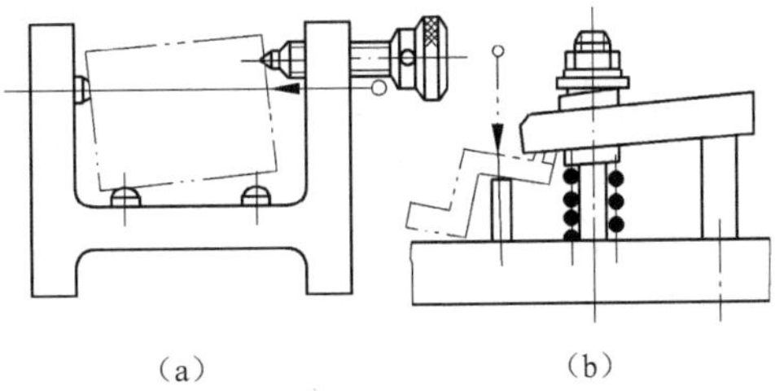

图 5-37　夹紧力作用点对工件定位的影响

(2) 夹紧力作用点应落在工件刚性较好的部位上，以尽量减小工件的夹紧变形。图 5-38(a) 是错误的，图 5-38(b) 是正确的。

(3) 夹紧力作用点应尽量靠近加工部位，以提高夹紧的可靠性，必要时应在工件刚性差的部位增加辅助支承，以提高工件被加工部位的刚性，降低由切削力引起的加工振动。如图 5-39 所示，辅助支承应尽量靠近加工部位，同时给予附加夹紧力 F_{j2}，这样可使夹紧刚度大大提高。

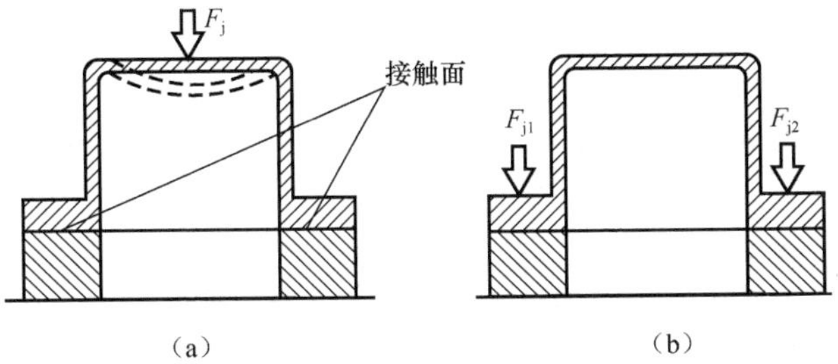

图 5-38　工件刚性对夹紧力作用点选择的影响

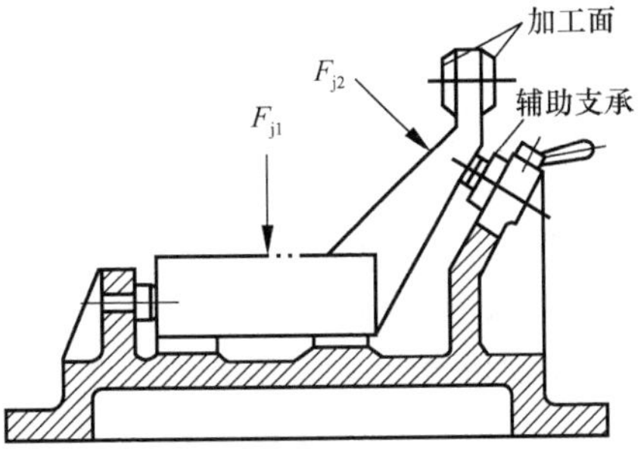

图 5-39　增加辅助支承和附加夹紧力

(4) 选择合适的夹紧力作用点的作用形式，可有效地减小工件的夹紧变形、改善接触可靠性、提高摩擦系数、增大接触面积、防止夹紧元件破坏工件的定位和损伤工件表面等。图 5-40(a) 适合于对毛坯面夹紧；图 5-40(b) 的工件是薄壁套筒，为了减小夹紧变形，应增大夹压面积以使工件受力均匀；图 5-40(c) 作用面积大，适用于对工件已加工面夹紧并可提高摩擦系数。

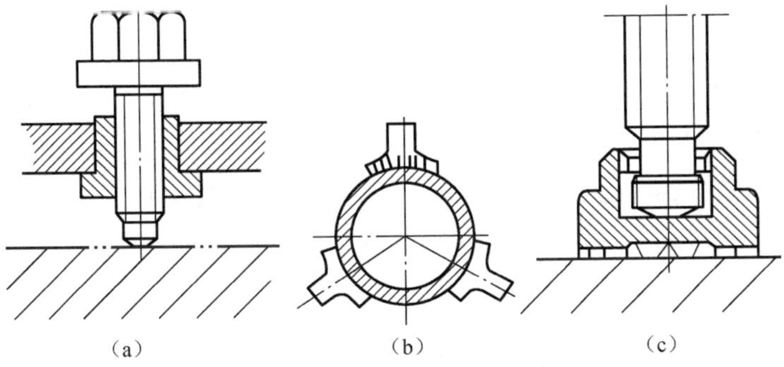

图 5-40　夹紧力作用点作用形式选择

3. 夹紧力的种类和设计注意事项

1) 夹紧力的种类

工件在夹具中装夹时，有时有多个夹紧力作用于工件，这些夹紧力的作用目的可能不尽相同。根据其作用目的的不同，将夹紧力分为下列三种。

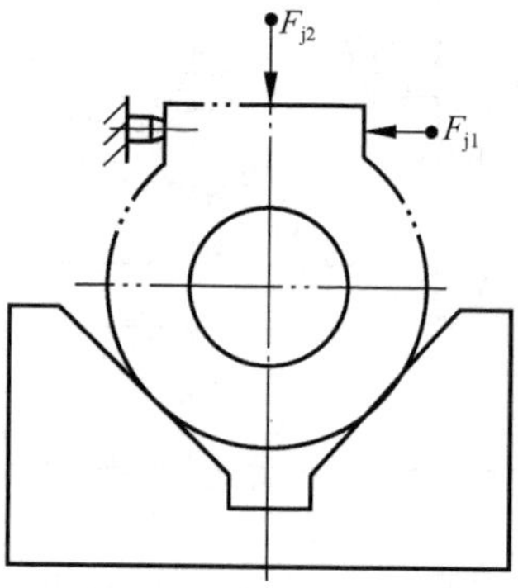

图 5-41 基本夹紧力和辅助（定位）夹紧力的区别

(1)基本夹紧力。即为保证工件已定好的位免遭切削力、重力、离心力等作用力破坏而施加的作用力，一般是在工件定位后才开始作用，如图 5-39 中的 F_{j1} 和图 5-41 中的 F_{j2}。

(2)辅助（定位）夹紧力。即定位过程中为保证工件可靠定位而施加的作用力，这种力与工件定位过程同步进行，如图 5-41 中的 F_{j1}。

(3)附加夹紧力。即为提高工件局部刚性而施加的作用力。一般在基本夹紧力作用后才开始作用，如图 5-39 中的 F_{j2}。

2)夹紧力设计注意事项

在设计夹紧力时，必须明确工件装夹对上述三种夹紧力的要求，以及三种夹紧力作用的先后顺序。同时作用的夹紧力，应尽量采用联动或浮动夹紧机构。

4. 夹紧力大小的确定

为了保证夹紧的可靠性，选择合适的夹紧装置以及确定机动夹紧装置的动力部件（如缸孔直径）时，一般需要确定夹紧力的大小。夹紧力的大小应当适中。辅助（定位）夹紧力的大小一般以能保证工件可靠定位即可；附加夹紧力应能保证工件局部刚性、避免加紧变形为实际原则；在实际设计中，确定基本夹紧力大小的方法有两种：经验类比法和分析计算法。

用分析计算法计算夹紧力时，实质上是解静力平衡的问题。首先以工件作受力体进行受力分析，受力分析时，一般只考虑切削力和工件重力；然后建立静力平衡方程求出理论夹紧力 FL；最后还要考虑到实际加工过程的动态不稳定性，需要将理论夹紧力乘上一个安全系数 K，就得出工件加工所需要的实际夹紧力 F_j，即

$$F_j = KF_L \tag{5-12}$$

一般取 K=1.5～3，小值用于精加工，大值用于粗加工。

5.3.3 几种常用的夹紧机构

夹紧装置可由简单夹紧机构直接构成，大多数情况下使用的是复合夹紧机构。夹紧机构的选择需要满足加工方法、工件所需夹紧力大小、工件结构、生产率等方面的要求。因此，在设计夹紧机构时，首先需要了解各种简单夹紧机构的工作特点（能产生的夹紧力大小、自锁性能、夹紧行程、扩力比等）。本节主要介绍几种常用的典型基本夹紧机构的设计问题。

1. 斜楔夹紧机构

如图 5-42 所示为斜楔夹紧机构的工作原理图。在夹紧原动力 F_Q 的作用下，斜楔向左移动 L 的位移，由于斜楔斜面的作用，将导致斜楔在垂直方向上产生 S 的夹紧行程，从而实现对工件的夹紧。图 5-43 为斜楔夹紧机构的应用实例简图。

1)斜楔夹紧机构所能产生的夹紧力计算

以图 5-42 为例，夹紧时斜楔的受力分析如图 5-44 所示。当斜楔处于平衡状态时，根据静力平衡可列方程组如下

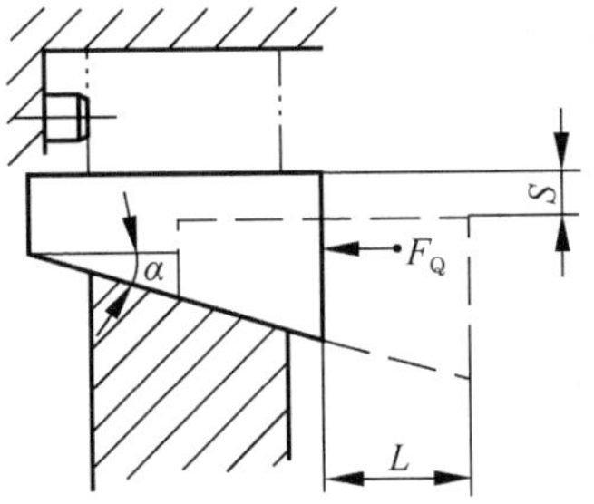

图 5-42　斜楔夹紧工作原理

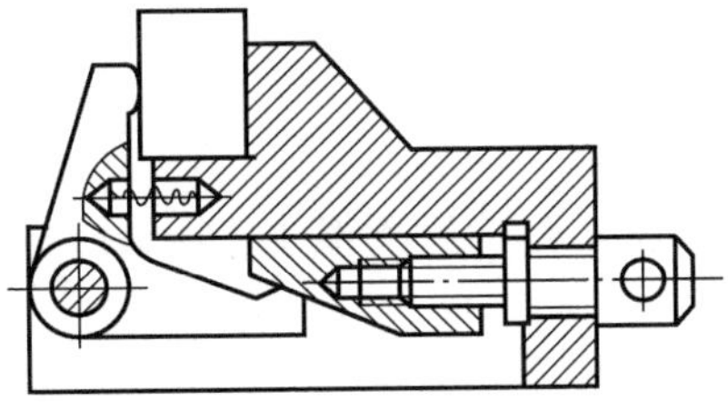

图 5-43　斜楔夹紧机构应用举例

$$F_1 + F_{Rx} = F_Q$$

$$F_1 = F_W \tan\varphi_1$$

$$F_{Rx} = F_W \tan(\alpha + \varphi_2)$$

解上述方程组可得斜楔夹紧所能产生的夹紧力为

$$F_W = \frac{F_Q}{\tan\varphi_1 + \tan(\alpha + \varphi_2)} \tag{5-13}$$

式中，F_Q——斜楔所受的原动力；

F_W——斜楔所能产生的夹紧力的反力；

φ_1、φ_2——分别为斜楔与工件和夹具体间的摩擦角；

α——斜楔的楔角。

由于α、φ_1、φ_2均很小，设$\varphi_1=\varphi_2=\varphi$，式(5-13)可简化为

$$F_W = \frac{F_Q}{\tan(\alpha + 2\varphi)} \tag{5-14}$$

2) 斜楔夹紧的自锁条件

手动夹紧机构必须具有自锁功能。自锁是指对工件夹紧后，撤除原动力时，夹紧机构依靠静摩擦力仍能保持对工件的夹紧状态。根据这一要求，当撤除原动力后，斜楔受力分析如图 5-45 所示。

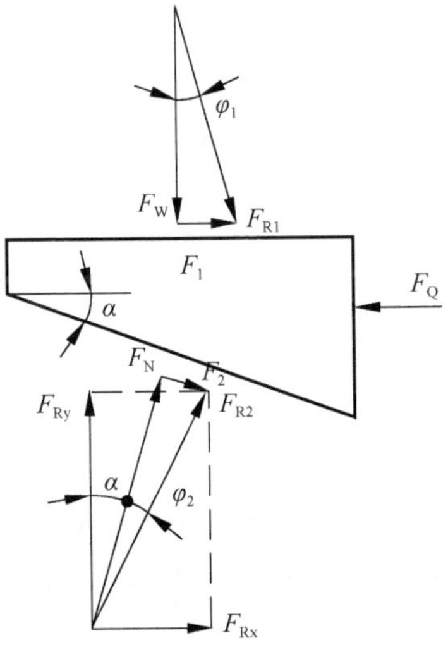

图 5-44　斜楔夹紧受力分析

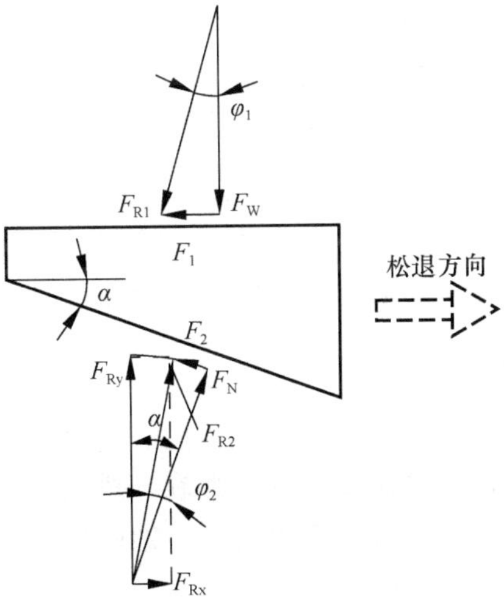

图 5-45　斜楔自锁时的受力分析

由图可知，要使斜楔能够保证自锁，必须满足下列条件，即

$$F_1 \geqslant F_{Rx}$$

$$F_W \tan \varphi_1 \geqslant F_W \tan(\alpha - \varphi_2)$$

由于α、φ_1、φ_2的值均很小，所以上式可近似写成

$$\varphi_1 \geqslant \alpha - \varphi_2$$

即

$$\alpha \leqslant \varphi_1 + \varphi_2 \tag{5-15}$$

上式说明了斜楔夹紧的自锁条件是：斜楔的楔角必须小于或等于斜楔分别与工件和夹具体的摩擦角之和。

对于钢铁表面，斜楔夹紧机构满足自锁的条件是：$\alpha \leqslant 11° \sim 17°$。为自锁可靠起见，一般取$\alpha = 6° \sim 8°$。由于气动、液压系统本身具有自锁功能，所以采用气动、液压夹紧的斜楔楔角可以选取较大的值，一般取$\alpha = 15° \sim 30°$。

3) 斜楔夹紧的扩力比(扩力系数)

扩力比指在夹紧原动力F_Q作用下夹紧机构所能产生的夹紧力F_W与F_Q的比值,用符号“i_F”表示，即

$$i_F = F_W / F_Q \tag{5-16}$$

扩力比反映的是夹紧机构的省力与否。当$i_F > 1$时，表明夹紧机构具有增力特性，即以较小的夹紧原动力可以获得较大的夹紧力；当$i_F < 1$时，则说明夹紧机构是缩力的。在夹紧机构设计中，一般希望夹紧机构具有扩力作用。

斜楔夹紧机构是扩力机构，其扩力比为

$$i_F = \frac{F_W}{F_Q} = \frac{1}{\tan \varphi_1 + \tan(\alpha + \varphi_2)} \tag{5-17}$$

显然，α、φ_1、φ_2越小，i_F就越大。当取$\varphi_1 = \varphi_2 = \alpha = 6°$时，$i_F \approx 3$。

4) 斜楔夹紧机构的行程比

一般把斜楔的移动行程L与工件需要的夹紧行程S的比值称为行程比，用符号“i_S”表示。行程比从一定程度上反映了夹紧机构的尺寸大小。斜楔夹紧机构的行程比为

$$i_S = L / S = 1 / \tan \alpha \tag{5-18}$$

斜楔夹紧机构结构简单，有自锁性，斜角α越小，扩力比越大，但夹紧行程变小。故一般用于工件毛坯质量高的机动夹紧装置中，且很少单独使用。

2. 螺旋夹紧机构

由螺钉、螺母、垫圈、压板等元件组成的夹紧机构，称为螺旋夹紧机构。螺旋夹紧机构结构简单，容易制造。由于螺旋升角小，螺旋夹紧机构的自锁性能好，夹紧力和夹紧行程都较大，在手动夹具上应用较多。螺旋夹紧机构可以看成是绕在圆柱表面上的斜面，将它展开就相当于一个斜楔。

图 5-46(a)是一个最简单的螺旋夹紧机构，但在使用中容易压坏工件表面，而且拧动螺钉

时容易使工件产生转动，一般应用较少。图 5-46(b) 中螺杆 3 的头部通过活动压块 1 与工件表面接触，拧动螺杆时，压块不随螺杆转动，故不会带动工件转动；由于压块 1 面积大，不会压坏工件表面。

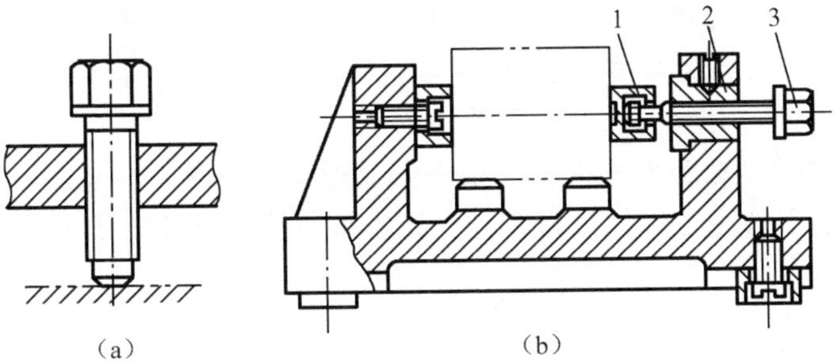

(a)　　(b)

图 5-46　单螺旋夹紧机构

1—活动压块；2—螺母衬套；3—螺杆

1) 单螺旋夹紧机构的夹紧力计算

螺旋可以视为绕在圆柱体上的斜楔，因此可以由斜楔的夹紧力计算公式直接导出螺旋夹紧力的计算公式。如图 5-47 所示，工件处于夹紧状态时，根据力的平衡、力矩的平衡可算得夹紧力 Q 为

$$Q=\frac{PL}{r_z\tan(\alpha+\varphi_1)+r_1\tan\varphi_2} \tag{5-19}$$

式中，α——螺旋升角，一般为$\alpha=2°\sim4°$；

φ_1——螺母与螺杆间的摩擦角；

φ_2——工件与螺杆头部(或压块)间的摩擦角；

r_z——螺旋中径的一半；

r_1——摩擦力矩计算半径，其数值与螺杆头部或压块的形状有关。

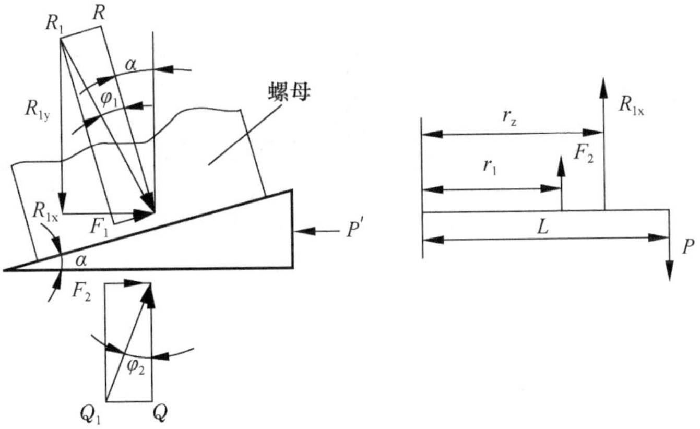

图 5-47　螺旋夹紧受力分析和当量摩擦角计算

2) 单螺旋夹紧机构的扩力比

单螺旋夹紧机构具有扩力作用，其扩力比为

$$i_p = \frac{Q}{P} = \frac{L}{r_z \tan(\alpha + \varphi_1) + r_1 \tan \varphi_2} \tag{5-20}$$

3）螺旋夹紧机构的应用

螺旋夹紧机构由于具有较大的扩力比和几乎不受限制的大的夹紧行程；另外由于采用标准螺纹副，而标准螺纹的螺旋升角一般为$\alpha < 4°$，所以其自锁性能良好。因此在实际设计中得到广泛应用，尤其适合应用于手动夹紧装置。

当夹紧行程较大时，螺旋夹紧机构的操作就显得比较费时。在实际应用中，可以采用其他手段实现螺旋夹紧机构对工件的快速装卸。图 5-48 所示是几种实现快速装卸的方法。

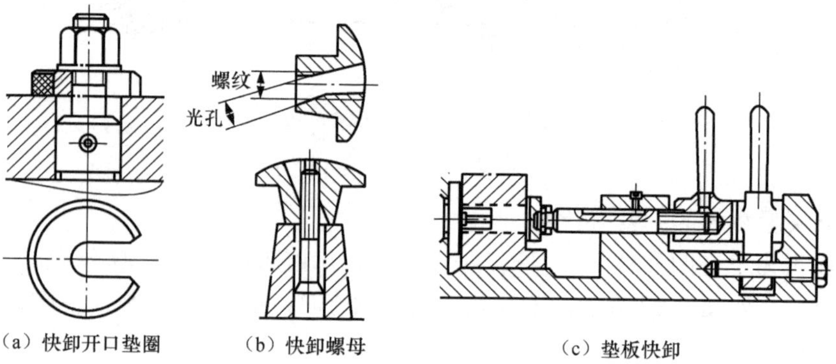

图 5-48　单螺旋夹紧快卸结构

在实际应用中，单螺旋夹紧机构常与杠杆压板构成螺旋压板夹紧机构。常见螺旋压板夹紧机构的组合形式如图 5-49 所示，组合形式不同，其扩力比大小亦随之不同。在实际设计中具体采用哪一种组合，除考虑扩力比外，重点还要考虑工件结构的需要。

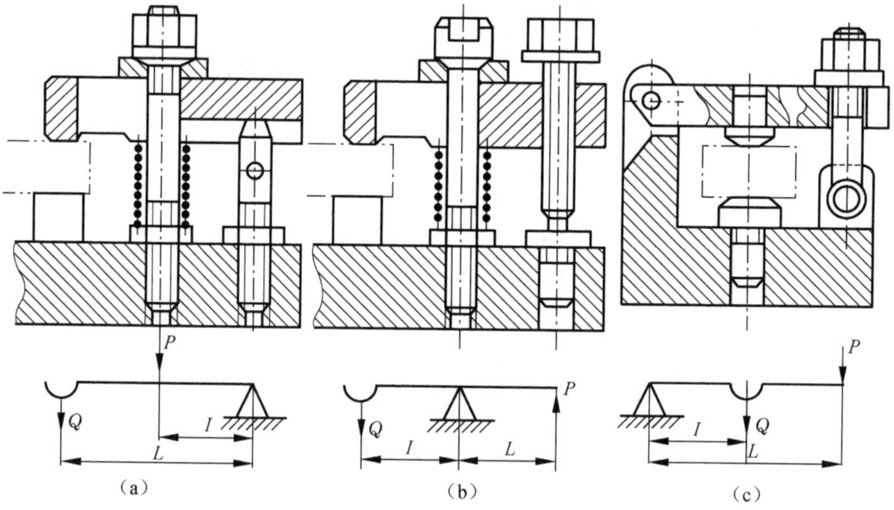

图 5-49　常见螺旋压板夹紧机构

3. 偏心夹紧机构

偏心夹紧机构是由偏心件来实现夹紧的一种夹紧机构。偏心夹紧经常与压板联合使用，如图 5-50 所示。偏心件有偏心轮和凸轮两种，其偏心方法分别采用了圆偏心和曲线偏心两种。曲线偏心为阿基米德曲线或对数曲线，这两种曲线的优点是升角变化均匀或不变，可使工件夹紧稳定可靠，但制造困难，故使用较少；圆偏心由于制造容易，因而使用较广。在此主要介绍圆偏心夹紧的原理和方法。

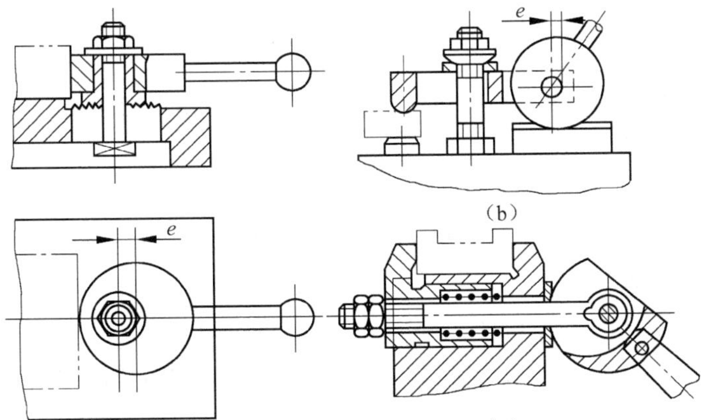

图 5-50　几种偏心夹紧机构

1) 圆偏心夹紧力计算

圆偏心夹紧实际上是斜楔夹紧的另外一种形式——变楔角斜楔。随着楔角增大，斜楔的夹紧力减小，自锁性能变差。因此，最大楔角处是偏心轮设计的重要依据。图 5-51 是偏心轮在 P 点处夹紧时的受力情况。此时，$\alpha_P=\alpha_{max}$，夹紧力接近最小，一般只需校核该点的夹紧力。在 P 点处可以将偏心轮看作是一个楔角为 α 的斜楔，该斜楔处于偏心轮回转轴与工件垫块夹紧面之间。圆偏心夹紧的夹紧力为

$$Q=\frac{PL}{\rho[\tan(\alpha+\varphi_1)+\tan\varphi_2]} \tag{5-21}$$

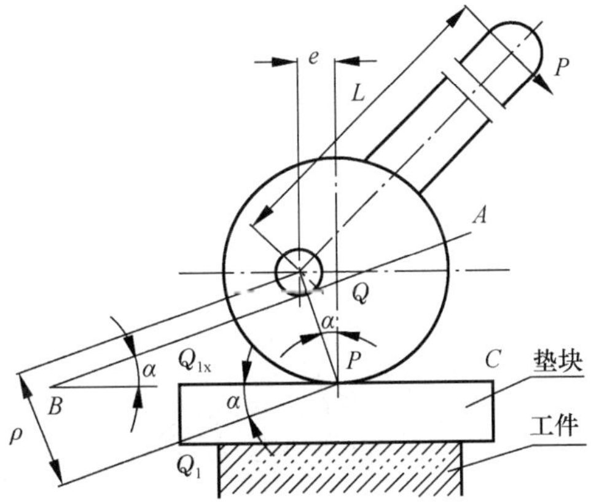

图 5-51　圆偏心夹紧力计算

式中，L——手柄长度；

φ_1、φ_2——分别为偏心轮与工件、偏心轮与回转轴之间的摩擦角；

ρ——夹紧点 P 到偏心轮回转轴线的距离；

α——偏心轮在 P 点处的楔角。

由于 α_P、φ_1 和 φ_2 均很小，当取 $\varphi_1=\varphi_2=\varphi$ 时，上式又可写成

$$Q=\frac{PL}{\rho\tan(\alpha_P+2\varphi)} \tag{5-22}$$

2) 偏心轮夹紧的自锁条件

由于偏心轮夹紧只是斜楔夹紧的另一种形式，因此要保证自锁就必须满足

$$\alpha_P \leqslant \varphi_1 + \varphi_2$$

不计转轴处摩擦，并使$\alpha_P = 2e/D$、$\varphi_1 = f_1$，则有

$$\frac{2e}{D} \leqslant f_1 \tag{5-23}$$

当f_1=0.1～0.15 时，上式又可写为

$$D/e \geqslant 14 \sim 20 \tag{5-24}$$

式(5-24)就是取不同摩擦系数时的偏心轮自锁条件。D/e 是偏心轮的重要特性参数。

3)偏心轮夹紧机构的扩力比

$$i_P = \frac{L}{\rho[\tan(\alpha + \varphi_1) + \tan\varphi_2]} \tag{5-25}$$

4)偏心夹紧应用场合

圆偏心夹紧操作方便，动作迅速，结构紧凑。但由于其夹紧力小，自锁性能不是很好，且夹紧行程小，故多用于切削力小，无振动，工件尺寸公差不大的场合。

4. 典型夹紧机构

(1)联动夹紧机构。联动夹紧机构是指由一个夹紧动作使多个夹紧元件实现对一个或多个工件的多点、多向同时夹紧的夹紧机构。联动夹紧机构可有效地提高生产率、降低工人的劳动强度，同时还可满足有多点、多向、多件同时夹紧要求的场合。

图 5-52(a)是一多点、单向联动夹紧机构。当向下旋转螺母 1 时，可使两个压板 9 同时对工件夹紧。图 5-52(b)是一多件夹紧机构。其特点是：用一个原始力对数个点或数个工件同时进行夹紧。为了避免工件因尺寸或形状误差而出现夹紧不牢或破坏夹紧机构的现象，在压块两边各连接摆动压板，可以摆动来补偿各自夹压的两个工件的直径尺寸公差。

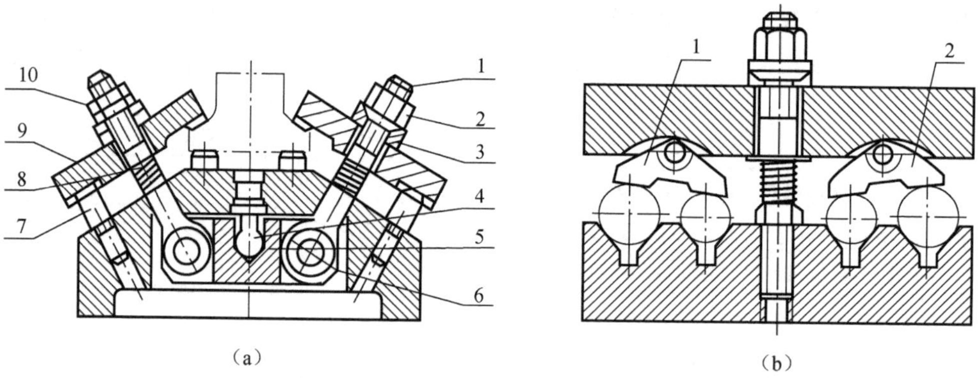

图 5-52 多位与多件夹紧装置

(a)1—活节螺栓；2—球面带肩螺母；3—锥形垫圈；4—球头支承；5—铰链板；6—圆柱销；7—球头支承钉；8—弹簧；9—转动压板；10—六角扁螺母；(b)1、2—摆动压板

(2)定心夹紧机构。保证工件的对称中心不因工件尺寸的变化而变化就称为定心。定心夹紧机构就是利用夹紧元件的等量变形位移或等速相向运动保持工件的对称中心不因夹持面尺寸变化而变化的定位、夹紧装置。

图 5-53 中，1、2 是起定位夹紧作用的 V 形块，3 为左、右螺纹的双头螺柱。旋转螺柱 3，就可使 V 形块 1、2 做等速相向运动，实现对工件的定心夹紧。当需要调整定心位置时，可拧松螺钉 6，通过调节螺钉 5 调整定位叉座 7，使双头螺柱 3 的轴向位置发生改变，从而就可改变定心的位置。定心位置调整后，需先拧紧螺钉 6，再拧紧螺钉 4 锁死螺钉 5 的位置。

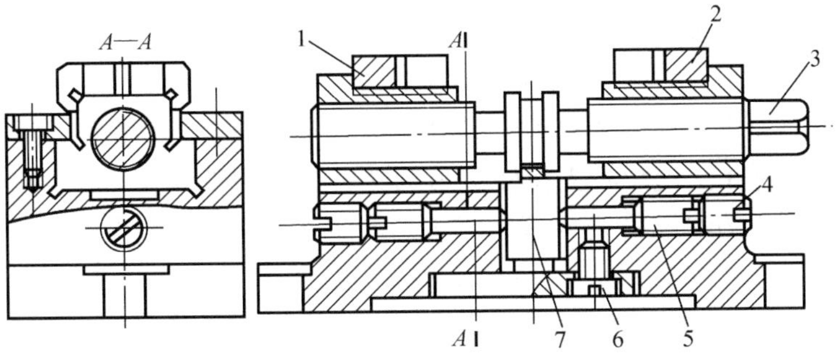

图 5-53　相向等速运动定心夹紧装置

1、2—V 形块；3—双头螺柱；4—锁紧螺钉；5—调节螺钉；6—螺钉；7—定位叉座

由于定位叉座和双头螺柱间定位存在间隙，所以该定心夹紧装置较适合定位精度要求较低的轻载加工场合。

图 5-54 是液性塑料心轴定心夹紧机构，用于对工件孔的定心夹紧。夹紧时，推动柱塞 4 挤压液性塑料 3，利用液性塑料具有液体的不可压缩性，使薄壁套筒 2 沿径向产生均匀变形，从而实现对工件孔的定心和夹紧。图中，通过调整螺钉 5 限制柱塞 4 的移动位置，以保证夹紧力的大小；当装入或更换液性塑料时，应通过排气螺钉将空气排出。

使用中应注意：薄壁套筒的变形量不能过大，因此要求工件定位面需要有较高精度(一般要求 IT7～IT9)的情况下才能使用，不用时应装上保护套。

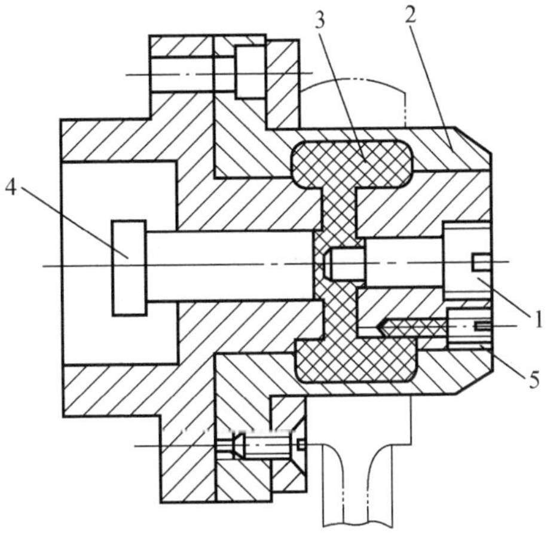

图 5-54　液性塑料心轴定心夹紧机构

1—排气螺钉；2—薄壁套筒；3—液性塑料；4—柱塞；5—调整螺钉

5.4　典型机床夹具设计要点

不同种类的机床具有不同的加工工艺特点，且夹具与机床连接方式也不尽相同。因此，不同种类的机床夹具设计就提出了不同的要求，每一类机床夹具的总体结构和技术要求上都有其各自特点。本章就常见的专用机床夹具的类型、结构特点和设计要点等，按机床种类分别介绍。

5.4.1 车床夹具

1. 车床夹具结构类型及特点

当在车床上加工形状比较复杂的零件时，通用卡盘或顶尖装夹工件比较困难，而利用花盘等装夹工件，又不能满足生产效率的要求，此时就需要设计专用车床夹具。专用车床夹具按其总体结构大致分为角铁类、定心类、花盘类等 3 种类型。

(1) 定心类车床夹具。在车床上加工具有同轴度要求的工件或余量较小的精加工时，对工件的定位往往有定心要求，如图 5-55 所示车床夹具，利用弹簧心轴定心，工件以内孔和端面在弹性筒夹 4，定位套 3 上定位，当拉杆 1 带动螺母 5 和弹性筒夹 4 向左移动时，夹具体 2 上的锥面迫使轴向开槽的弹性筒夹 4 径向胀大，从而使工件定心并夹紧。加工结束后，拉杆带动筒夹向右移动，筒夹收缩复原，便可装卸工件。

(2) 角铁类车床夹具。夹具体呈角铁状的车床夹具称为角铁类车床夹具，其结构不对称，主要用于加工壳体、支座、杠杆、接头等零件上的回转面和端面。图 5-56 为一镗轴承座孔的角铁类车床夹具简图。工件利用夹具上的一面两销定位，采用螺旋压板夹紧。导向套 7 用来引导加工孔的刀具，以提高刀杆刚度。轴向定程基面 3 用来控制刀具的轴向行程。夹具体 4 通过止口与过度盘与机床主轴连接。

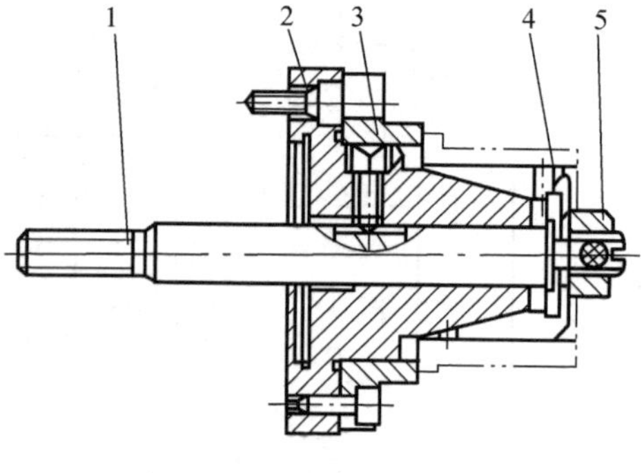

图 5-55 定心类车床夹具

1—拉杆；2—夹具体；3—轴向定位套；4—弹簧胀套；5—螺母

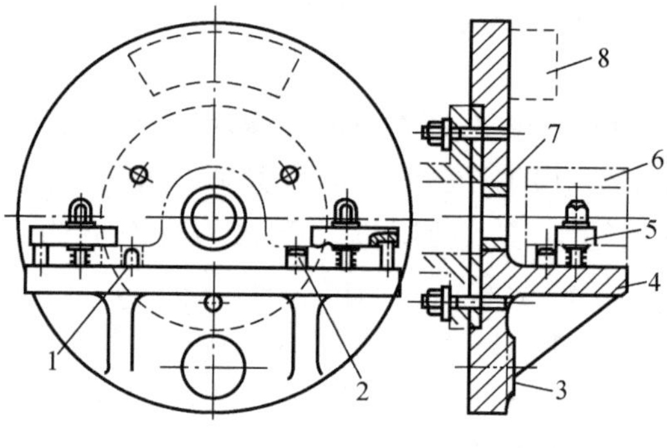

图 5-56 角铁类车床夹具

1—菱形销；2—圆柱销；3—轴向定程基面；4—夹具体；5—压板；6—工件；7—导向套；8—平衡配重

(3) 花盘类车床夹具。对形状复杂的工件，当定位基准面垂直机床回转轴线或有一定夹角时，就可采用花盘式车床夹具。

图 5-57 所示车床夹具，工件由两个 V 形块定心并夹紧在燕尾滑块 10 上。挡销 3、6 分别用来确定滑块 10 两端的位置。滑块先和挡销 6 接触，确定了大孔的加工位置(图示位置)。待加工完毕后，松开楔形压板 9，向左移动燕尾滑块 10，直到调节螺钉 2 和挡销 3 接触为止，再用楔形压板 9 压紧滑块 10，加工小孔。两孔间的距离可利用调节螺钉 2 调节。转动把手 7，活动 V 形块 5 即可进退。夹具还应经过平衡。

2. 车床夹具设计要点

(1) 定位装置设计。在车床上加工工件时，要求工件加工面的轴线与车床主轴回转轴线重合，夹具上定位装置的结构和布置，必须保证这一点。对于加工轴套、盘类工件，则采用定心类车床夹具或心轴类车床夹具；对壳体、支座等非规则零件，则用角铁类车床夹具或花盘类车床夹具。

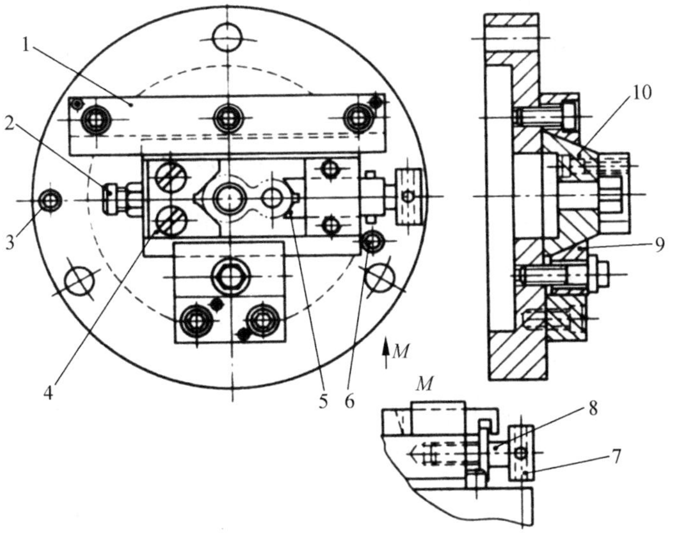

图 5-57　镗两个平行孔的车床夹具

1—导向板；2—调节螺钉；3、6—挡销；4—固定 V 形块；5—活动 V 形块；7—把手；8—螺杆；9—楔形压板；10—滑块

(2) 夹紧装置设计。车床加工工件时，夹具随同主轴一起做旋转运动，所以在加工过程中，工件除了受切削扭矩的作用外，还受到离心力的作用，工件定位基准的位置相对于切削力和重力的方向来说是变化的。因此，夹紧机构所产生的夹紧力必须足够，自锁性能要好，以防止工件在加工过程中脱离定位元件的工作表面。

(3) 车床夹具与机床主轴连接。夹具的回转精度主要取决于夹具在车床主轴上的连接精度。根据车床夹具径向尺寸大小，其在机床主轴的安装一般有两种方式：

① 用锥柄连接。对于径向尺寸 D 小于 140mm，或 $D<(2\sim3)d$ 的小型夹具(图 5-58(a))，一般通过锥柄安装在车床主轴锥孔中，并用拉杆拉紧。这种连接方式定心精度较高。

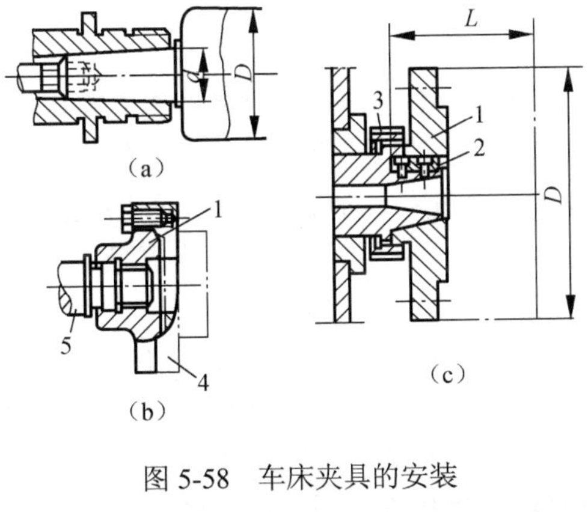

图 5-58　车床夹具的安装

1—过渡盘；2—平键；3—螺母；4—夹具；5—主轴

② 用过渡盘连接。对于径向尺寸较大的夹具，一般利用过渡盘与车床主轴轴颈连接。这种连接结构如图 5-58 所示。夹具体与过渡盘采用间隙配合(H7/h6)或者过渡配合(H7/js6)连接，然后用螺钉紧固。过渡盘与车床主轴的连接形式取决车床主轴的前端结构。图 5-58(b)的连接形式是过渡盘与车床主轴采用 H7/h6 或 h7/js6 配合连接，并采用螺纹紧固。如果主轴前端为圆锥体并有凸缘结构，如图 5-58(c)所示，则过渡盘 1 以锥体定心，用套在主轴上的螺母 3 锁紧。旋转运动的转矩则由平键 2 传递给过渡盘。这种结构定心精度高。

(4) 夹具总体结构设计。车床夹具多采用悬臂安装，因此应尽量缩短夹具的悬伸长度，使重心靠近主轴，以减少主轴的弯曲载荷保证加工精度；应尽量减小夹具的外形尺寸，并使重心与回转轴线重合，以减小离心力和回转力矩对加工的影响。

夹具的悬伸长度 L 与其外廓直径 D 之比的参考数值为：对直径小于 150mm 的夹具，$L/D \leqslant 1.25$；对直径为 150～300mm 的夹具，$L/D \leqslant 0.9$；对直径大于 300mm 的夹具，$L/D \leqslant 0.6$。

5.4.2 钻床夹具

钻床夹具又称钻模。它一般通过钻套引导刀具对工件进行加工，被加工孔的尺寸精度主要由刀具本身的尺寸精度来保证，而孔的位置精度则由钻套在夹具上相对于定位元件的位置精度来确定。

1. 钻床夹具的结构类型

(1) 固定式钻模。这类钻模在使用过程中，其在钻床上的位置固定不动，用于立式钻床时，一般只能加工单轴线孔，在摇臂钻床则可加工平面孔系。图 5-59 所示钻模，工件以孔 ϕ25H7mm 和端面在心轴 6 上定位，通过螺母 5 和开口垫圈 4 实现工件的快速装卸，钻头借助钻套 1 引导加工工件孔 ϕ6H7mm，并保证尺寸 37.5±0.02mm。

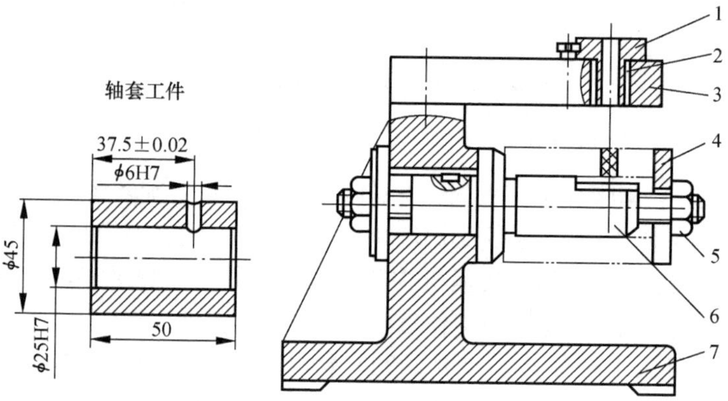

图 5-59 固定钻模

1—钻套；2—衬套；3—钻模板；4—开口垫圈；5—螺母；6—定位心轴；7—夹具体

(2) 分度式钻模。这类钻模主要用于加工按一定规律分布的孔系。如图 5-60 所示为一分度钻模。工件以内孔和端面在心轴 2 和分度板 12 上定位，用开口垫圈 4 和螺母 3 将工件夹紧。钻完一个孔后，通过手柄 10 拧松锁紧螺母，将对定销 1 拉出，即可转动分度盘 12 到下一个加工位置，对定销在弹簧力作用下自动插入分度盘 12 下一个孔中，实现分度对定，然后拧紧锁紧螺母 10，通过定位心轴 2，锁紧分度盘 12。

(3) 盖板式钻模。盖板式钻模没有夹具体，定位元件和夹紧装置全部安装在钻模板上，适合加工体积庞大工件上局部位置的孔，加工时，只要将它盖在工件上定位夹紧即可。

图 5-61 是一盖板式钻模。钻模以圆柱和钻模板端面在工件上定位，通过拧动螺钉 2 挤压钢球 3，钢球 3 同时挤压推动三个径向分布的滑柱 5 沿径向伸出，在工件内孔中胀紧，从而使钻模夹紧在工件上。

(4) 翻转式钻模。图 5-62 (a) 是用来加工某套类零件上 6 个径向螺纹底孔和端面上 6 个螺纹底孔的翻转式钻模，图 5-62 (b) 为被加工零件工序图。

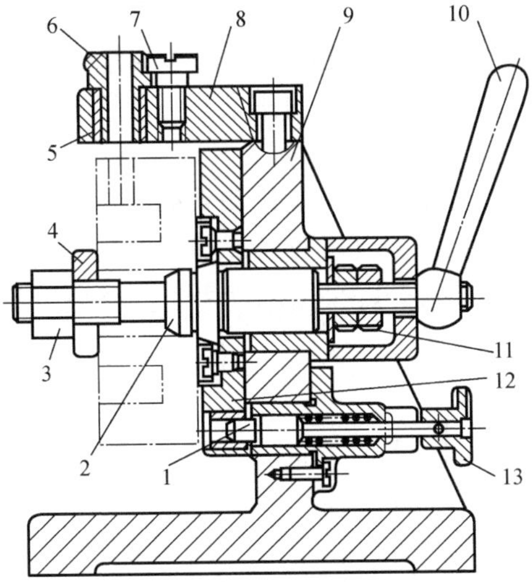

图 5-60　分度式钻模

1—对定销；2—定位心轴；3—夹紧螺母；4—开口垫圈；5—衬套；6—钻套；7—钻套螺钉；8—钻模板；9—夹具体；10—锁紧手柄；11—螺母；12—分度板；13—拉手

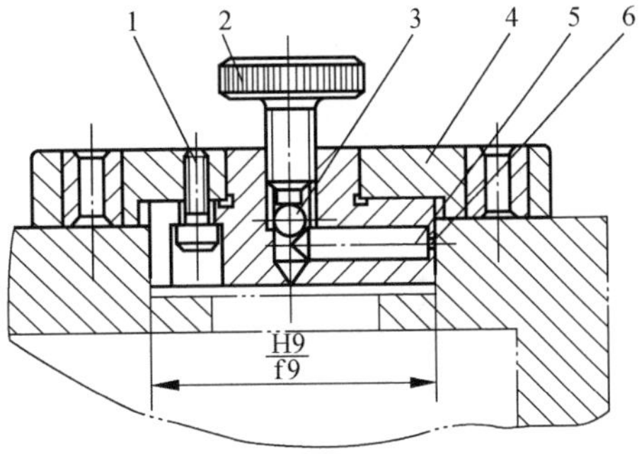

图 5-61　盖板式钻模

1—螺钉；2—滚花螺钉；3—钢球；4—钻模板；5—滑柱；6—锁圈

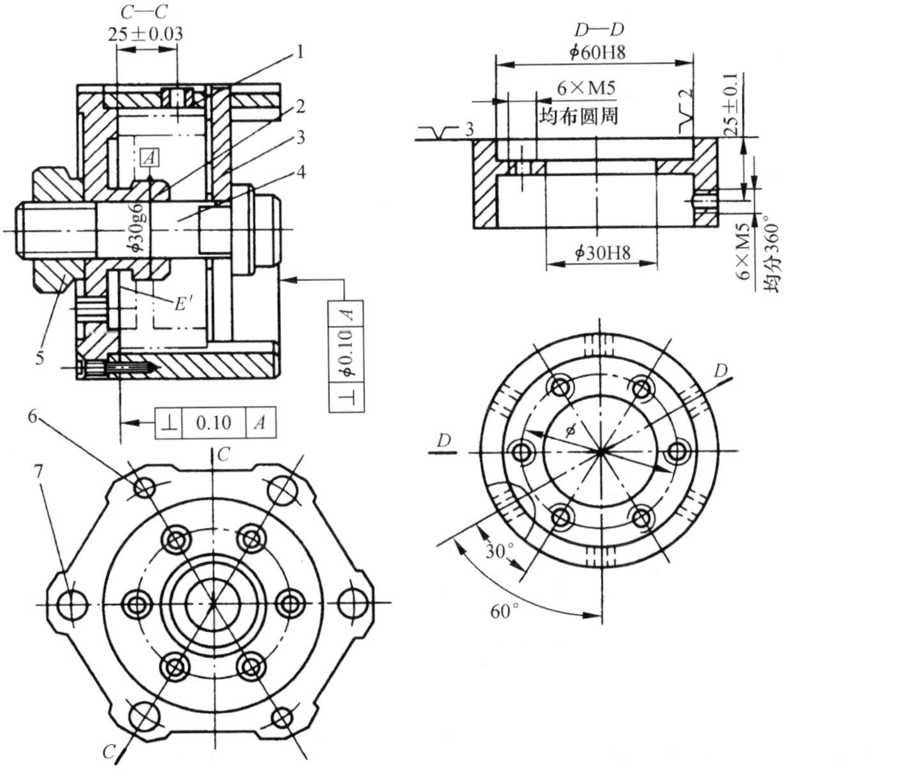

（a）　　　　　　　　（b）

图 5-62　翻转式钻模

1—夹具体；2—定位件；3—削扁开口垫圈；4—螺杆；5—手轮；6—销；7—沉头螺钉

翻转式钻模主要用于加工小型工件不同方向上的孔，适合于中小批量工件的加工。加工时钻模需要在工作台上翻转，因此夹具的重量不宜过重，夹具连同工件的总重量一般应小于10kg。加工$\phi 6$以下孔时，由于切削力小，钻模在钻床工作台上不用压紧，直接用手扶持，非常方便。

(5)滑柱式钻模。它可通过升降钻模板实现可调，其结构已标准化和系列化，设计时可直接按标准选用图5-63(a)所示成品，然后根据工件定位情况对其进行补充设计和加工，再设计添加少量零件就可组成图5-63(b)所示的钻模。根据钻模板升降采用的动力不同可分为手动滑柱钻模和机动(如气动、液压)滑柱式钻模两类。

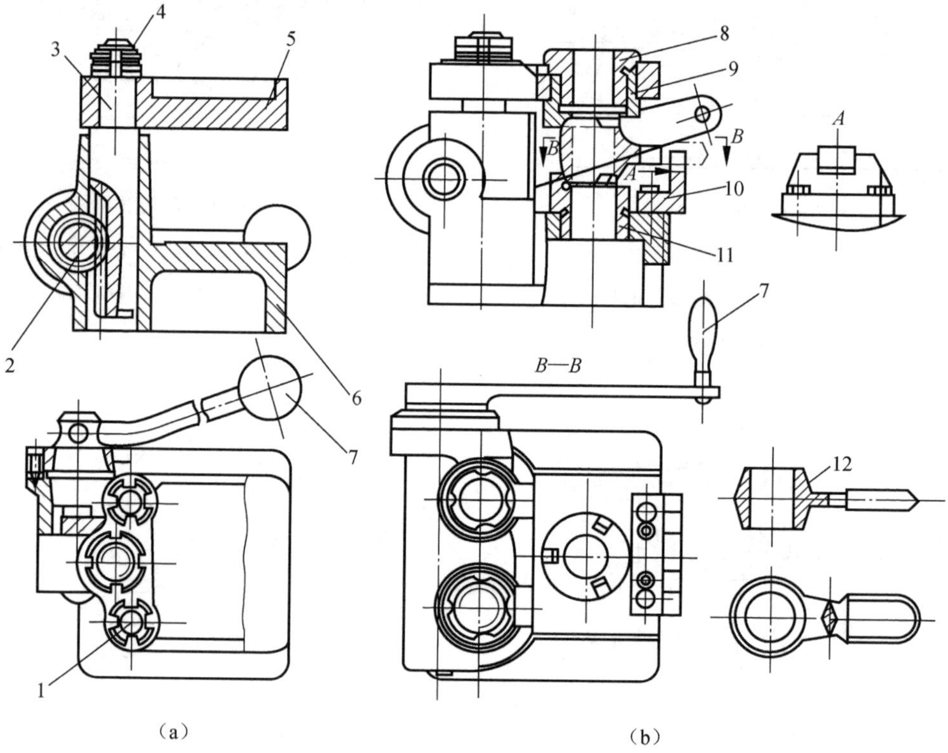

图5-63　滑柱式钻模

1—导柱；2—斜齿轮；3—斜齿条导杆；4—锁紧螺母；5—升降钻模板；6—夹具体；7—操纵手柄；8—钻套；9—上锥形定位套；10—挡块；11—下锥形定位套；12—工件

图5-63是手动单齿条双柱式滑柱钻模的通用结构。转动操纵手柄5，经斜齿轮2带动齿条导杆3上下移动，使钻模板升降。根据不同的工件的形状和加工要求，配置相应的定位、夹紧元件以及钻套，便可组成一个滑柱式钻模。

2. 钻床夹具的设计要点

1)钻套形式的选择和设计

钻套和钻模板是钻床夹具的特殊元件，钻套的作用是引导钻头、扩孔钻或铰刀，以防止其在加工过程中发生偏斜。按钻套的结构和使用情况，可分为以下四种类型：

(1)固定钻套。如图5-64所示，固定钻套直接被压装在钻模板上，其配合为H7/n6或H7/r6，其位置精度较高，但磨损后不易更换。适用于只需要钻孔的单一工步及生产批量较少的场合。

钻套导引孔的基本尺寸 D，应等于所导引刀具刀刃部分直径的最大极限尺寸。对钻孔和扩孔，钻套导引孔尺寸公差带一般取 F7；粗铰时，钻套导引孔尺寸公差带取 G7；当精铰时，钻套导引孔尺寸公差带取 G6。如果采用刀具的导柱部分导向，则可按基孔制选取相应的配合，如 H7/g6、H6/g5、H7/f7 等。

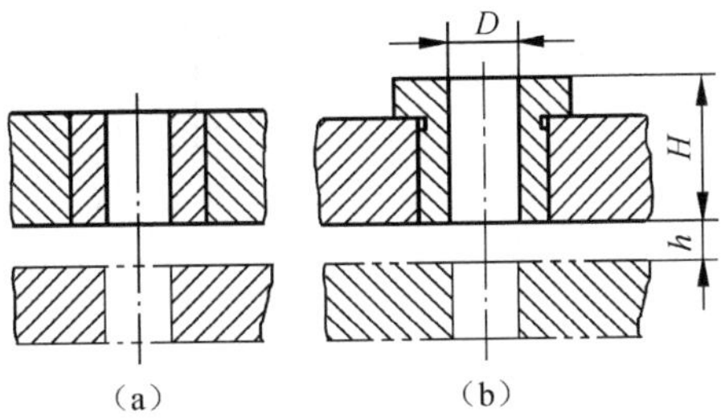

图 5-64　固定钻套

钻套高度 H 即导引孔长度，H 较大则导向性好，但刀具和钻套的磨损较大；H 过小则导引作用差，刀具容易倾斜。设计时，应根据加工孔直径大小、深度、位置精度、工件材料、孔口所在的表面状况及刀具刚度等因素而定。一般情况下取 $H=(1\sim3)D$，若刀具容易偏斜（如在斜面或曲面上钻孔）或位置精度要求高时，钻套的高度应按 $(4\sim8)D$ 选取。

钻套距工件孔端距离（间隙）h 会影响排屑和刀具导向。h 大小要根据工件材料和加工孔位置精度要求而定，总的原则是引偏量要小又利于排屑。当加工铸铁等脆性材料时，一般取 $h=(0.3\sim0.7)D$；加工塑性材料时，常取 $h=(0.7\sim1.5)D$。当在斜面上钻孔时，为防止引偏可按 $h=(0\sim0.2)D$ 选取。当被加工孔的位置精度要求很高时，也可以不留间隙（$h=0$），这样一来，刀具的导引良好，但钻套磨损严重。

(2) 可换钻套。图 5-65(a) 所示为可换钻套。当加工孔为单一工步、生产批量较大时，为方便钻套的更换，则用这种钻套。可换钻套装于衬套中，而衬套与钻模板采用压配（H7/n6）。这类钻套需要压套螺钉固定以防转动或在退刀时随刀具带起，钻套与衬套孔常用 F7/m6 或 F7/k6 配合。

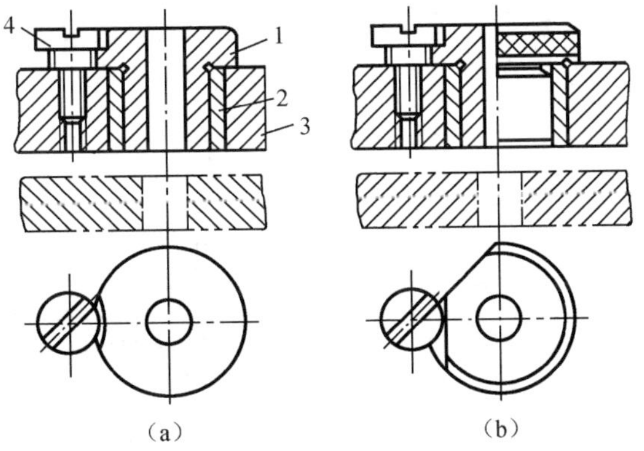

图 5-65　可换钻套与快换钻套的结构

1—钻套；2—衬套；3—钻模板；4—压套螺钉

(3) 快换钻套。图 5-65(b) 所示为快换钻套。当孔需要钻、扩、铰多工步加工时，由于刀具直径尺寸不同，需要内径不同的钻套来引导刀具，这时采用快换钻套可减少更换钻套时间，其外径与衬套孔的配合亦为 F7/m6 或 F7/k6。以上介绍的三种钻套均为标准钻套。

(4) 特殊钻套。因工件的形状或工序加工条件而不能使用以上三种标准钻套时，需自行设计的钻套称特殊钻套。常见的特殊钻套如图 5-66 所示。其中图 5-66(a) 为在斜面或圆弧面上钻孔的钻套；图 5-66(b) 为在凹形表面上钻孔的加长钻套；图 5-66(c) 为小孔距钻套。

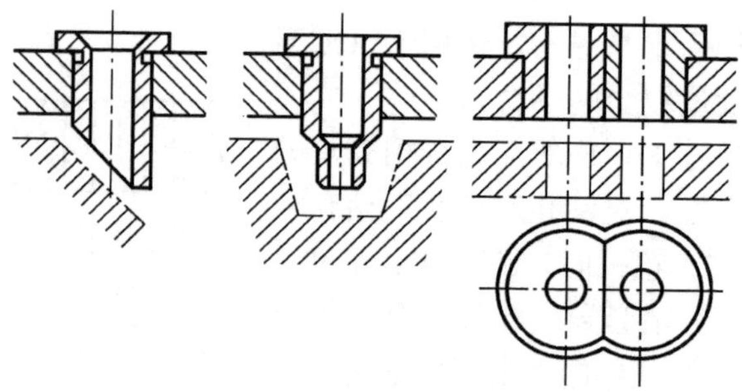

图 5-66　特殊钻套

2) 钻模板的类型和设计

钻模板主要用来安装钻套，有的还兼有夹紧功能，故应有一定的刚度和强度。其结构形式通常有以下四种：

(1) 固定式钻模板。这类钻模板与夹具体以铸、焊接，或用销和螺钉连接的形式做成一个整体。其结构简单，钻孔精度高。但这种结构对某些工件而言，装卸不太方便，如图 5-1 所示。

(2) 铰链式钻模板。当钻模板妨碍工件装卸或后续加工时，可采用如图 5-67 所示的铰链式钻模板。铰链销 1 与钻模板 5 的销孔采用 G7/h6 配合，与铰链座 3 的销孔采用 N7/h6 配合，钻模板 5 与铰链座 3 之间采用 H8/g7 配合。钻套导向孔与夹具安装面的垂直度可通过修配两个支承钉 4 的高度加以保证。加工时，钻模板 5 由菱形螺母 6 锁紧。由于铰链销孔间存在配合间隙，用此类钻模板加工的精度比固定式钻模板低。

(3) 可卸式钻模板。如图 5-68 所示，可卸式钻模板以夹具体上的双销(圆柱销 2、削边销 4)和工件顶平面进行定位，然后采用两个铰链螺栓将钻模板和工件一起夹紧。在加工完一个工件后，需要将钻模板卸下，然后才能装卸工件。使用这类钻模板，装卸钻模板比较费力，钻套的位置精度较低，故一般多在使用其他类型钻模板不便于装夹工件时采用。

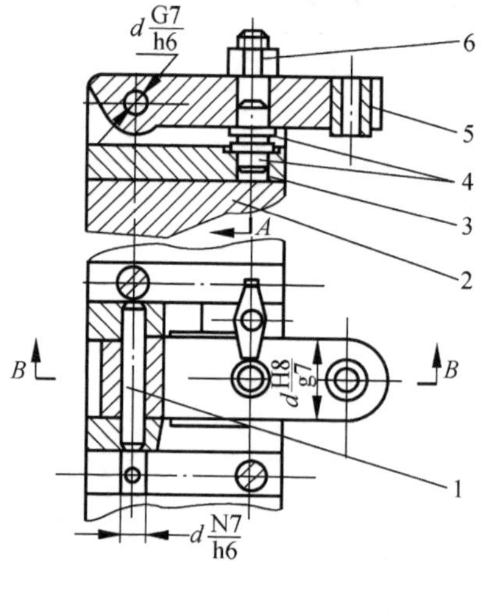

图 5-67　铰链式钻模板

1—铰链销；2—夹具体；3—铰链座；4—支承钉；5—钻模板；6—菱形螺母

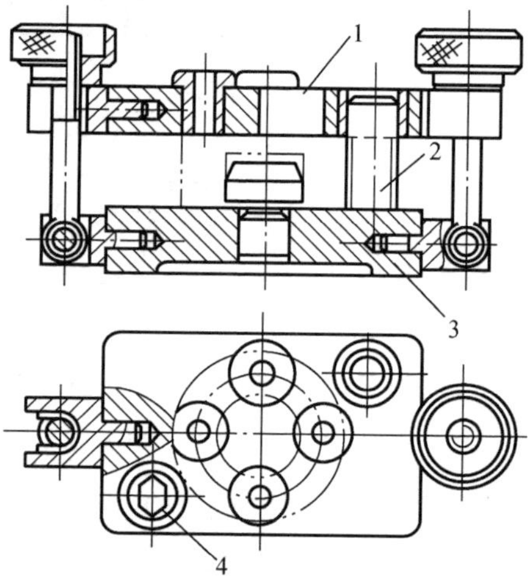

图 5-68　可卸式钻模板

1—钻模板；2—圆柱销；3—夹具体；4—削边销

5.4.3 铣床夹具

铣床夹具主要用来加工平面、沟槽、缺口及成形表面等。由于铣削时切削力较大，冲击和振动严重，因此铣床夹具的夹紧力要足够大，自锁性能要良好，夹具各组成部分要有较好的强度和刚度。

1. 铣床夹具的主要类型

铣床夹具的类型很多，本节就常用、典型的铣床夹具类型作一简单介绍。

(1) 直线进给铣削夹具。这类夹具用得最多，通常安装在铣床工作台上，随工作台做直线进给运动。图 5-69 所示为铣削拨叉零件的直线进给式夹具。

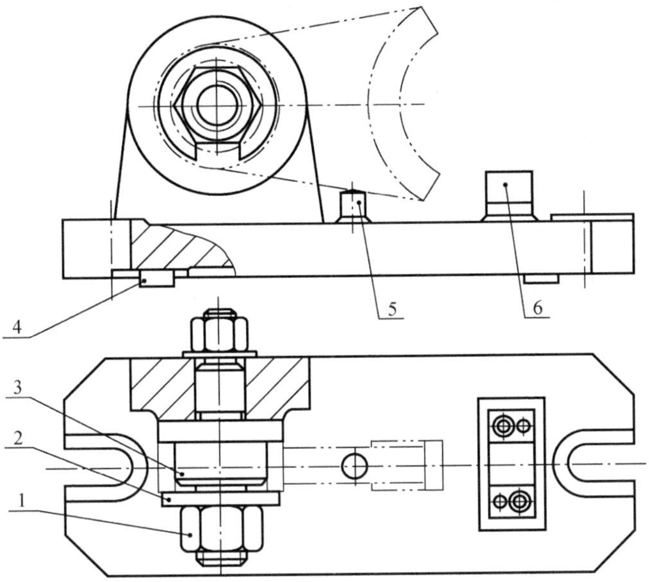

图 5-69　直线进给拨叉铣床夹具

1—螺母；2—开口垫圈；3—定位心轴；4—定位键；5—固定支承；6—对刀块

工件以孔和端面在心轴 3 上定位，同时用固定支承 5 限制工件绕心轴 3 的转动自由度。拧紧螺母 1，通过开口垫圈夹紧工件，并可实现工件的快速装卸。更换安装刀具时，可通过对刀块 6 实现快速刀具位置调整。

(2) 圆周进给铣床夹具。这类夹具通常用在具有回转工作台的铣床上，一般均采用连续进给，生产率高。图 5-70 (a) 所示为一圆周进给铣床夹具的简图，图 5-70 (b) 所示为拨叉加工工序图。转台 5 带动拨叉依次进入切削区，加工好后进入装卸区 (非切削区) 被取下，并装入新的待加工工件。

(3) 多件铣削夹具。在加工中小型零件时，铣床也常采用一次铣削多件的夹具装夹方法，图 5-71 (a) 所示为摇臂零件的多件铣削夹具。

该夹具采用“定位匣”式工件装夹方法，即夹具的定位装置自成一体，可在夹具上独立装卸，如图 5-71 (b) 所示。上部工件定位心轴由四部分构成：12 和 14 为对定部分，用于定位匣在夹具中的定位；11 为工件定位部分；13 为定位匣连接部分。下部是菱形定位销，10 用于工件的定位，15 用于定位匣的定位。定位匣的 12、14 圆柱销在夹具的 4、6 定位孔中定位；圆柱销 15 在定位槽 8 种定位，以避免过定位；削边销 10 在定位槽 9 中定位。

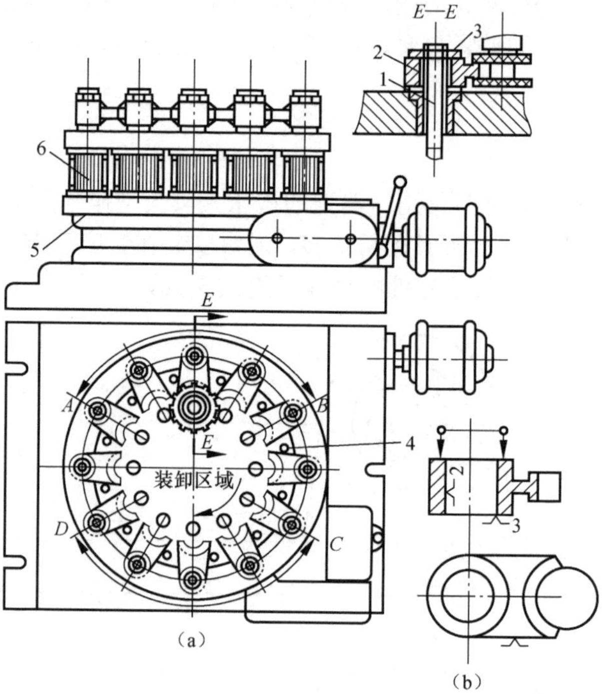

图 5-70　圆周进给的铣床夹具

1—拉杆；2—定位销；3—开口垫圈；4—挡销；5—转台；6—油缸

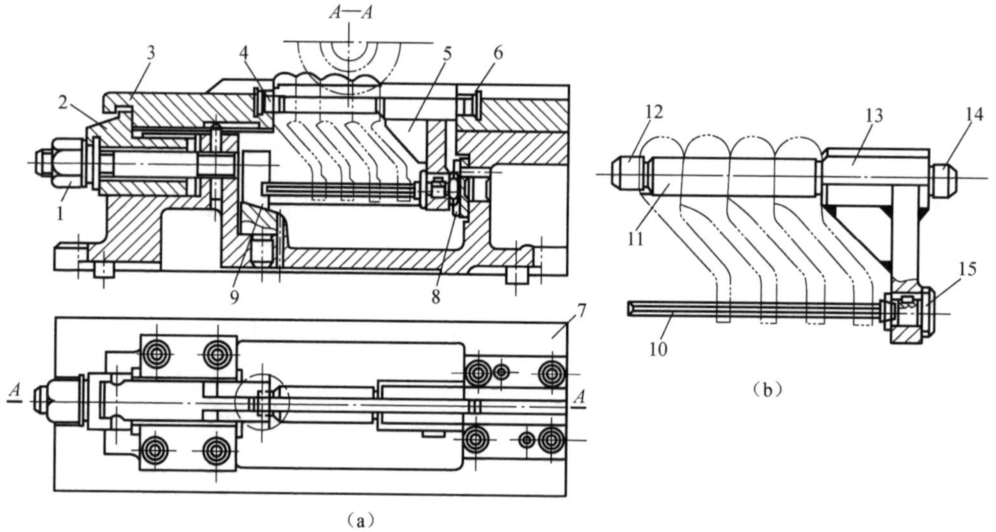

图 5-71　多件铣削夹具

1—夹紧螺母；2—钩头压板；3—滑动压块；4、6—定位孔；5—定位匣；7—夹具体；8、9—定位槽；10—削边销；11—定位轴；12、14—定位轴的对定端；13—连接心轴；15—削边销的圆柱端夹紧时，由夹紧螺母 1 压钩头压板 2，钩头压板 2 推动滑动块 3 实现对工件的夹紧。当拧松夹紧螺母 1 时，螺母 1 的凸肩会带动钩头压板 2 左移，而钩头压板 2 的凸缘卡在滑动块 3 的槽中一起左移。

2. 铣床夹具设计要点

鉴于铣削加工的特点，在设计铣床夹具时，应使夹具具有较高的刚性，夹紧必须牢固、可靠，尤其要注意铣床夹具特有元件——定位键和对刀元件的设计。

(1) 定位键的设计。为了保证夹具与机床工作台的相对位置，在夹具体的底面上应设置定位键。在一套铣床夹具上必须设置两个定位键，如图 5-72 所示，且应与机床工作台的同一个 T 形槽相配合。两个定位键相距越远，定向精度越高。

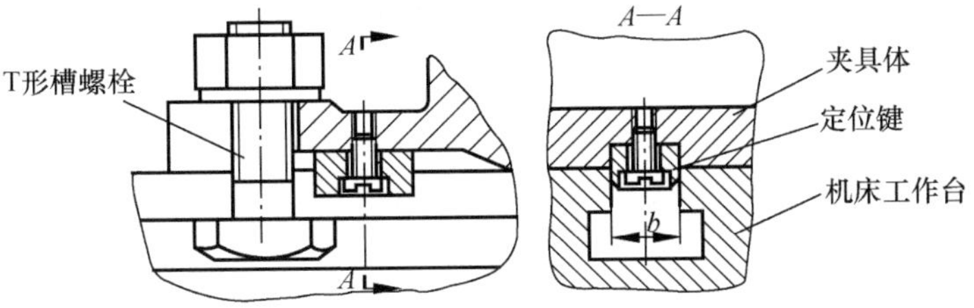

图 5-72　定位键应用

定位键可承受铣削产生的扭转力矩，可减轻夹具的螺栓的负荷，加强夹具在夹紧过程中的稳固性。因此，在铣削平面时，夹具体也应装有定位键。

(2) 设置对刀装置。对刀装置由对刀块和塞尺组成，其形式视加工表面的情况而定。对刀块是用来确定刀具与夹具相对位置的元件。对刀块结构已经标准化，具体结构尺寸可参阅“夹具标准”（GB/T 2240～2243—1991）。

对刀时，铣刀不能与对刀块的工作表面直接接触，应通过塞尺来校准它们间的相对位置，以免损坏刀刃或造成对刀块过早磨损。如图 5-73 所示为各种对刀块的应用情况。对刀装置应设置在便于对刀的位置，并应布置在工件的切入一端。对刀时，应将塞尺放在刀具与对刀块工作表面之间，一边抽动塞尺、以边调整刀具与对刀块之间的距离，以松紧感觉来判断铣刀的位置。

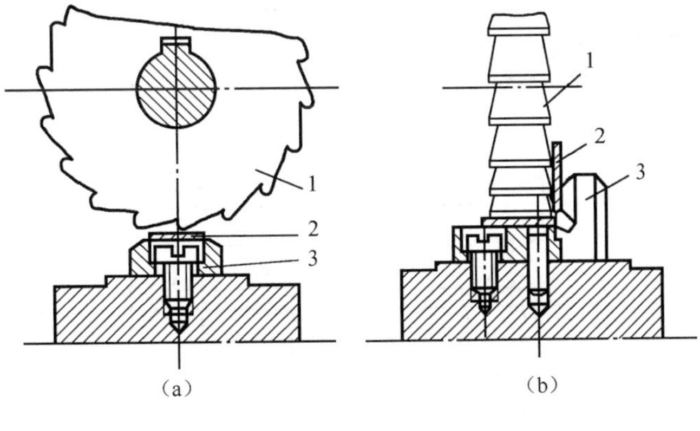

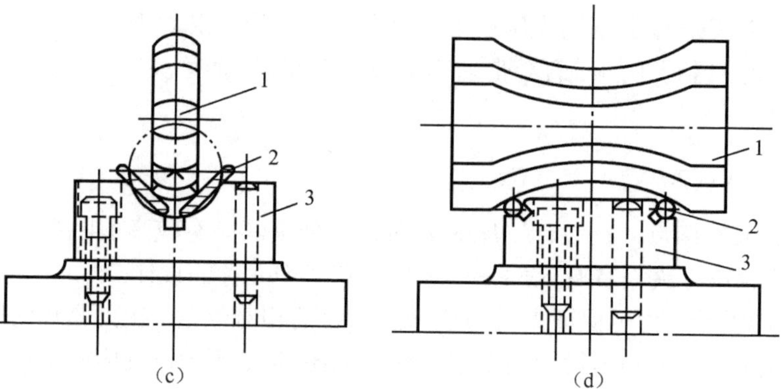

图 5-73　各种对刀块使用举例

1—铣刀；2—塞尺；3—对刀块

5.4.4　其他机床夹具

1. 镗床夹具

镗床夹具也称镗模，它具有钻模的特点，所加工孔或孔系的位置精度主要由镗模保证。由于镗孔加工切削速度较高，加工孔的位置精度更高，因此镗模中的刀具导向装置多采用滚动导向。而根据加工孔直径的大小，刀具的导向又有“内滚式”和“外滚式”之分。对“外滚式”导向，还需要解决镗刀与镗套孔的避让问题。另外，镗模的制造精度也比钻模高得多。

为了便于确定镗床夹具相对工作台进给方向的相对位置，有时也使用定向键或用底座侧面作找正基面用百分表找正。

如图 5-74 所示为镗削车床尾架孔的镗模。由于加工孔长度较长，即孔长与孔径比 $L/D>1.5$，

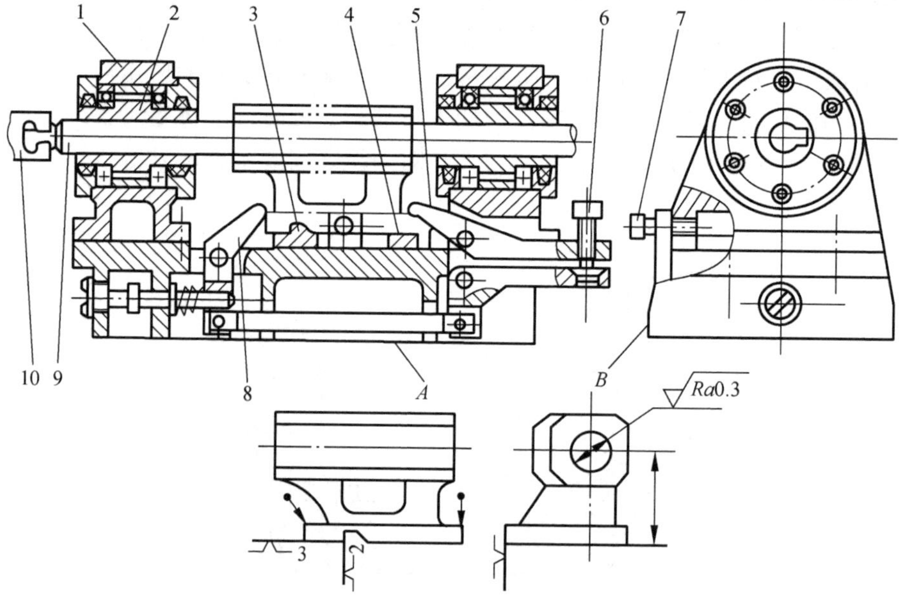

图 5-74　车床尾座孔镗削夹具

1—镗模支架；2—回转镗套；3、4—定位板；5、8—压板；6—夹紧螺钉；7—可调支承；9—镗刀杆；10—浮动接头

因此采用两个镗套分别设置在刀具的前方和后方，镗刀杆 9 和主轴之间通过浮动接头 10 连接。工件以底面、槽及侧面在定位板 3、4 及可调支承钉 7 上定位，限制六个自由度。采用联动夹紧机构，拧紧夹紧螺钉 6，压板 5、8 同时将工件夹紧。镗模支架 1 上装有滚动回转镗套 2，用以支承和引导镗刀杆。镗模以底面 *A* 装在机床工作台上，其位置用 *B* 面找正。

2. 拉床夹具

拉削加工是一种高效率的加工方法，主要用于大批量生产，它可以加工两类表面：截面是各种形状的通孔；各种敞开面及外表面上的通槽和形面。针对这两类加工表面，加工时需要分别采用“定向”拉削法和“浮动”拉削法。

采用“定向”拉削法加工时，工件与刀具只能沿某一固定方向产生进给运动，在其他方向上，工件与刀具相对位置必须保持不变。此时，拉削夹具设计与一般的铣床夹具和刨削夹具类似。采用“浮动”拉削法加工，一般两者均处于浮动状态，加工时依靠工件加工面和刀具导向部分进行相互定位。夹具设计时，只需限制沿拉削方向的一个移动自由度即可。

图 5-75 所示是某连杆小头孔拉削夹具。工件 7 悬挂在销轴 8 上，但销轴 8 对工件 7 并不定位。当拉刀从工件加工孔中拉出时，靠加工孔与刀具进行自定位。拉削力使工件紧靠在定位套 6 的端面上，当定位套 6 端面与工件加工孔不垂直时，定位套 6 会通过浮动盘 3 进行自位调整，而活动销 4 通过弹簧 5 顶在盖板 2 上，其反作用力使活动盘总是靠在夹具体 1 的锥孔内。

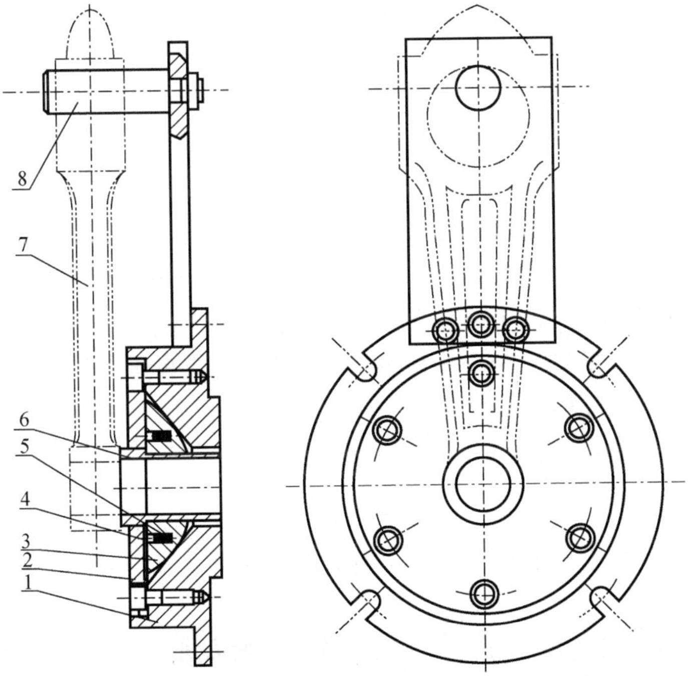

图 5-75　连杆小头孔拉削夹具

1—夹具体；2—盖板；3—浮动盘；4—活动销；5—弹簧；6—定位套；7—工件；8—销轴

5.5 机床专用夹具的设计方法

5.5.1 机床专用夹具设计的基本要求

(1) 保证工件的加工精度。定位精度是专用夹具设计必须满足的首要指标，正确地选择定位方法和定位元件，进行误差分析和计算；同时，要合理地确定夹紧力三要素，尽量减少因加压、切削、振动所产生的变形；合理的夹具结构也可以有效地提高夹具的刚性，从而减少工件的加工误差。

(2) 提高生产率，降低生产成本。根据工件生产批量的大小，选用不同的夹具配置方案，以缩短辅助时间，最大限度提高生产率；同时还需尽量缩短夹具的设计和制造周期，降低夹具制造成本，提高经济性。

(3) 操作方便、省力和安全，能降低工人劳动强度。夹具的操作要尽量做到省力和方便。若有条件，尽可能采用气动、液压等自动化夹紧装置。同时，要从结构上保证操作的安全，必要时要设计和配备安全防护装置。

(4) 便于排屑。排屑不畅会影响工件在夹具上的定位精度，切削热不能较快地随切屑带走，工艺系统产生热变形，影响加工质量，同时还会增加不断清理切屑的辅助时间。

(5) 良好的结构工艺性。在保证使用要求的前提下，要力求结构简单，制造容易，尽量采用标准元件和结构，以便于制造、装配、检验和维修。

5.5.2 机床专用夹具设计的方法和步骤

1. 明确设计任务，收集设计资料

研究被加工零件的零件图、工艺规程、工序图、毛坯图、生产纲领、切削用量，尤其是了解工件的定位基面、夹紧表面，以及所用机床、刀具、量具等。

收集所用机床、刀具、量具、辅助工具等的有关资料。对于机床来说，主要是机床与夹具连接部分的尺寸，如铣床类夹具应了解 T 形槽的槽宽和槽距，车床类夹具主要是了解主轴前端结构尺寸，还应了解机床的主要技术参数；对于刀具来说，主要了解刀具结构尺寸、精度、主要技术条件等；了解本厂制造夹具的经验与能力；收集国内外同类夹具资料，吸收其中先进而又结合本厂的实际情况的合理部分。

2. 拟定夹具结构方案，绘制夹具草图

(1) 确定工件定位方案。虽然定位基准在工序图中已经确定，仍然要分析研究其合理性，诸如定位精度和夹具结构实现的可能性。在确定定位方式以后，选择、设计定位元件，进行定位误差分析计算。

(2) 确定夹紧方案。选择或设计夹紧机构，并对夹紧力进行验算。

(3) 对刀、引导方案。设计刀具的对刀方案，或刀具导引方式，设计刀具的导向装置。

(4) 确定夹具的其他结构。根据夹具设计需求，确定夹具的分度装置、上下料装置等的结构方案。

(5) 确定夹具体的形式及夹具在机床上的安装方式。

(6) 绘制夹具草图。在夹具草图上要正确地画出工件定位、夹紧机构、重要的联系尺寸、配合尺寸及公差等，还要提出相应的技术要求。

(7) 方案的审查及改进设计。草图绘制好以后，要征求有关人员的意见，并送相关部门审查，综合各种意见，对设计方案进行改进。

3. 绘制夹具总装图及零件图

图纸设计中，首先须符合国家图纸绘制标准，其次要尽量采用国家、行业和企业的设计标准，并且其设计应符合夹具制造的工艺规范。夹具总图设计尽量采用 1∶1 的比例，工件用双点划线绘制，并把工件视为透明体。夹具总图须清楚表明其工作原理，诸如定位原理、各元件的位置关系及夹紧机构工作原理等，同时应尽量清楚地反映夹具的总体及主要结构。夹具总图绘制顺序为：工件→定位元件→对刀、导引元件→夹紧装置→其他装置→夹具体→标注必要尺寸公差及技术要求→编制夹具明细表及标题栏。根据夹具设计总图，测绘所有非标准零件的零件图，在零件图中须标注出全部尺寸，表面粗糙度及必要的形状和位置公差，材料及热处理要求，其他的技术要求。

5.5.3 机床专用夹具设计实例

图 5-76 所示为摇臂零件简图。零件材料为 45 钢，毛坯为模锻件，成批生产规模，所用机床为 Z525 型立式钻床，现设计加工 $\phi 18H7^{+0.018}_{0}$ mm 孔的钻床夹具。

1. 零件加工情况分析与夹具总体方案确定

本工序加工孔尺寸为 7 级精度，孔中心距离精度要求较高，由于零件属批量生产、结构比较复杂，为可靠保证精度要求，需使用专用夹具进行加工。但考虑到生产批量不是很大，因而夹具结构应尽可能的简单，以采用手动夹具为宜，以减小夹具制造成本。

2. 确定夹具的结构方案

(1) 确定定位方案，设置定位元件。本工序加工要求保证的主要尺寸是 120±0.08mm 和 $\phi 18H7^{+0.018}_{0}$ mm 孔。根据工艺规程给定的定位基准和夹紧力可知：用 $\phi 36H7^{+0.025}_{0}$ mm 孔和端面及小头外圆定位，定位设计如图 5-77 所示。

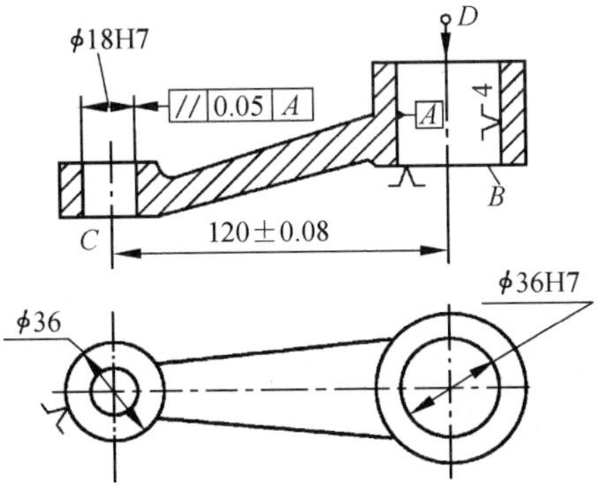

图 5-76 零件简图

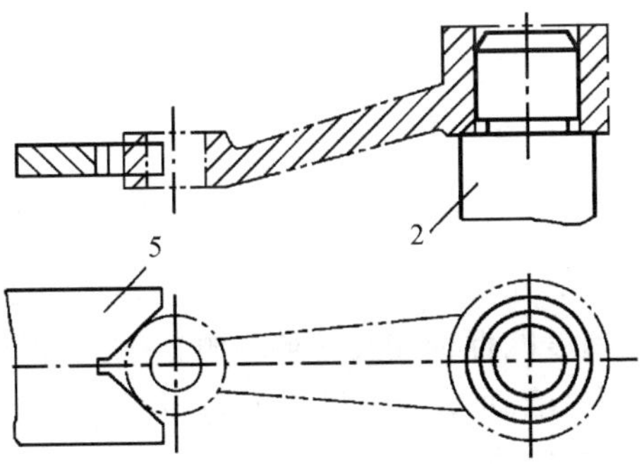

图 5-77 定位设计

定位孔与定位销的配合尺寸取为ϕ36H7/g6（定位销$\phi 36_{-0.025}^{-0.009}$mm）。对于工序尺寸（120±0.08）mm 而言，定位基准与工序基准重合$\Delta_B=0$；由于定位副制造误差引起的基准位移误差是导致定位误差产生的唯一原因，因此本工序的定位误差大小计算如下：$\Delta_{dw}=\delta_d+\delta_D+\Delta_{min}=0.025+0.016+0.009=0.050(mm)$，它小于该工序尺寸制造公差 0.16 的 1/3。说明上述定位方案可行。

（2）确定刀具导引装置。本工序小头孔加工的精度要求较高，需采用钻—扩—铰工艺，才能达到零件设计要求（ϕ18H7mm）。因此，钻套需要采用快换式，如图 5-78 所示。

钻套高度$H=1.5\times D=1.5\times 18=27(mm)$，排屑空间$h=d=18mm$。

（3）设计夹紧机构。根据工艺规程设计内容，考虑到简化结构和工件快速装卸，确定采用螺旋夹紧机构，用螺母和开口垫圈实现快速装卸工件，如图 5-79 所示。

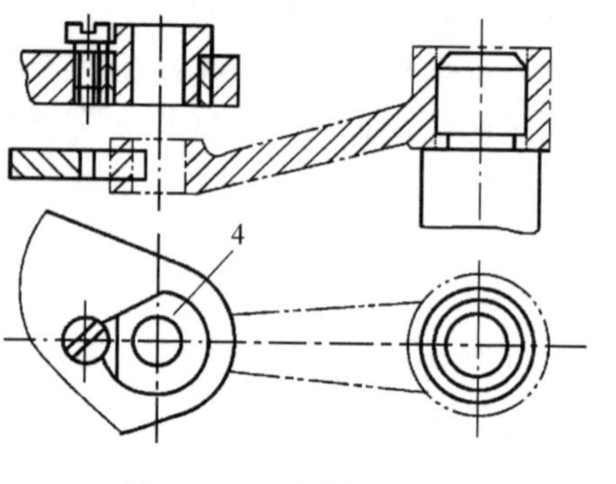

图 5-78　刀具导引设计

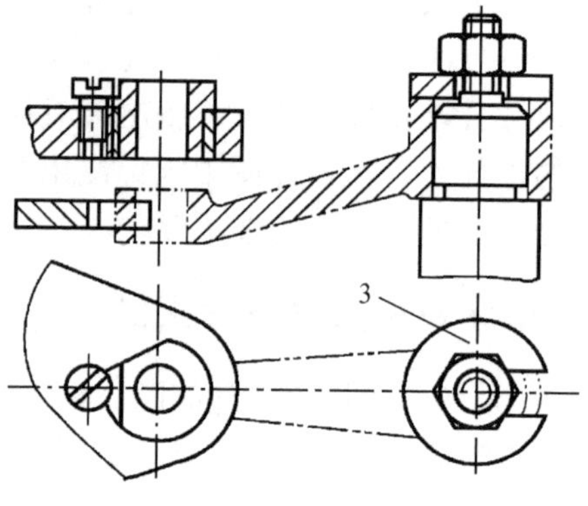

图 5-79　夹紧机构设计

因钻削力一般较小，根据经验和类比，该夹紧机构完全可以满足加工要求，故此不再进行切削力、夹紧力等的设计验算。

（4）辅助支承设计。考虑到加工部位的刚性，在加工部位设计一辅助支承以提高刚性。

（5）夹具体设计。夹具体是连接夹具各组成部分，使之成为一个有机整体的基础零件，设计时需要综合考虑装配、强度和刚度、操作应用、排屑以及与机床连接等诸多因素。因立式钻床夹具安装一般用钻套找正并用压板固定，故只需在夹具体上留出压板压紧的位置即可。考虑到夹具的刚度和安装的稳定性，夹具体底面设计成周边接触的形式，具体如图 5-66 所示。

3. 完善夹具总图

在确定夹具体结构后，根据夹具各组成部分与夹具体的连接关系修改、完善后的夹具总图如图 5-66 所示。

4. 在夹具装配图上标注尺寸、配合及技术要求

夹具总图的尺寸与配合标注可参照有关手册，具体标注见图 5-80 所示。技术要求需考虑零件精度的保证和技术要求测定的可行性而定，具体如下：

（1）活动 V 形块对称平面相对于钻套中心线的对称度公差取为 0.05mm。

（2）定位平面对夹具底面的平行度取为 0.01mm。

（3）钻套中心线对夹具底面的垂直度误差取为 0.02mm。

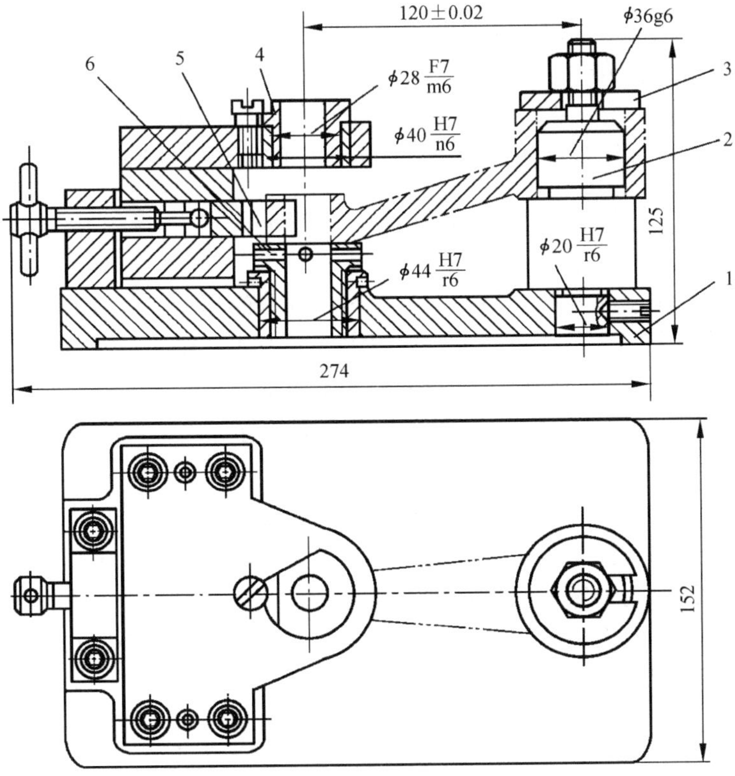

图 5-80　夹具总图设计

5. 对零件进行编号、填写明细表、测绘零件图(略)

案 例 研 究

欲在一工件上铣槽，其加工要求均标注在工序图上(图 5-81)。现有两种定位方案，图 5-81(a)采用短圆锥销 1、平面 2 和两个支承钉定位；图 5-81(b)采用短圆柱销 1、平面 2 和一个支承钉定位。在讨论这两种方案的合理性时有两种观点：

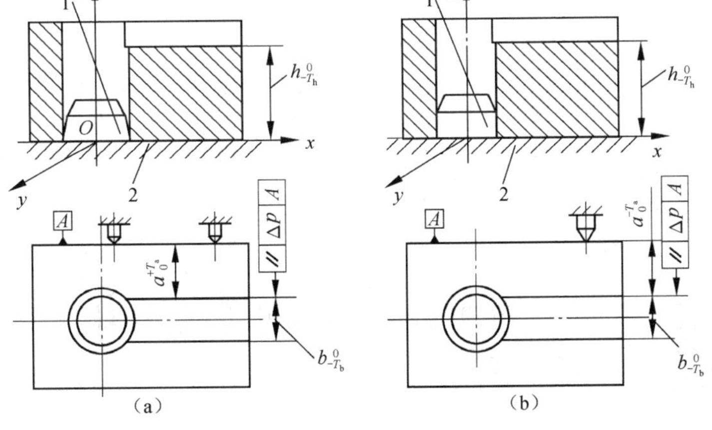

图 5-81　铣槽定位方案

(1) 方案(a)采用圆锥销定位，不存在间隙问题，而侧面上的两个支承钉定位有利于保证平行度要求，因此方案(a)好；

(2) 方案(b)是完全定位，不存在过定位现象，因此方案(b)好。

您对上述两种观点有什么看法？您还有什么更好的定位方案吗？请说出理由来。

习题与思考题

5-1 机床夹具通常由哪几部分组成？各个组成部分的作用是什么？

5-2 通用夹具与专用夹具在组成上有何根本区别？各适用于什么场合？

5-3 什么是工件的定位？简述工件定位的基本原理。

5-4 有人说："凡是有六个定位支承点即为完全定位"；"定位支承点不超过六个，就不会出现过定位"。这种说法对吗？为什么？

5-5 举例说明过定位可能产生哪些不良后果？如何处理出现的过定位？

5-6 指出基本支承与辅助支承、辅助支承与浮动支承之间的区别，各用于什么场合？

5-7 什么是定位误差？试述产生定位误差的原因。

5-8 在三爪自定心卡盘中夹持工件外圆，如图 5-82 所示，图(a)为相对夹持较长，图(b)为相对夹持较短。问相对夹持长度不同，对限制工件的自由度有何影响？

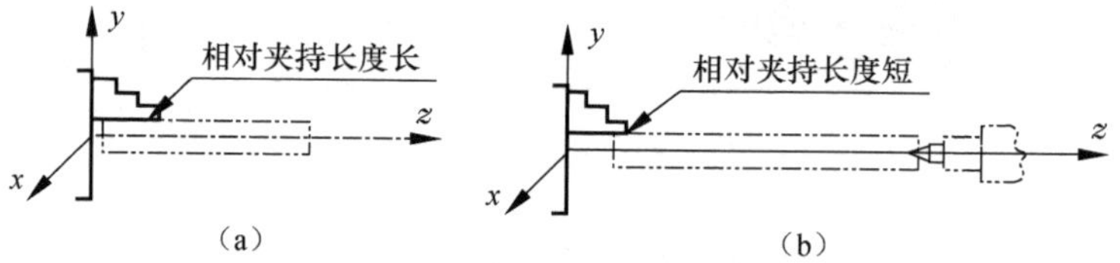

(a) (b)

图 5-82

5-9 根据六点定位原理，分析图 5-83 所示各定位方案中各定位元件所限制的自由度。

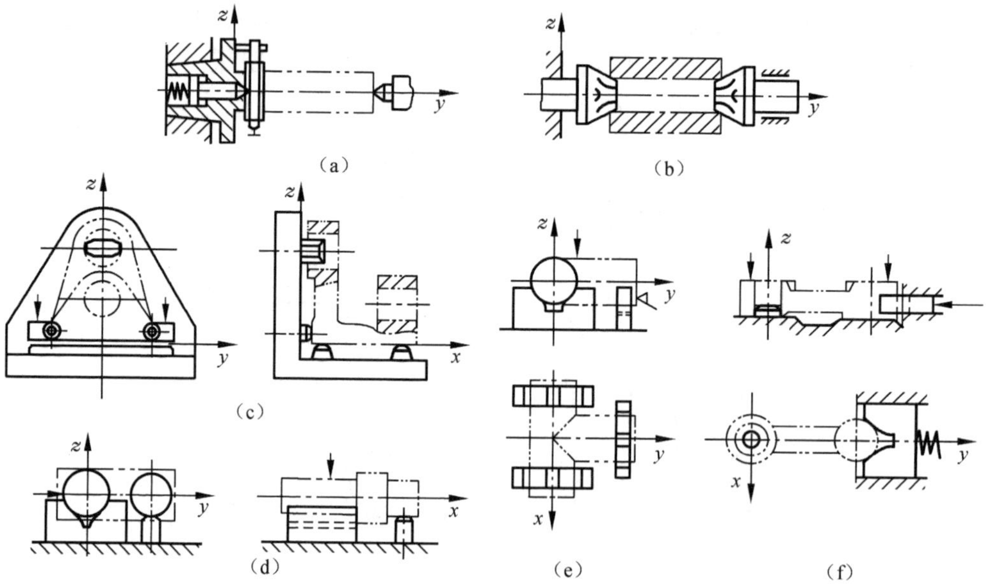

图 5-83

5-10　如图 5-84(a)、(b)所示两种工件，今欲钻孔 O_1 和 O_2，要求距 C 面尺寸为 A_1 和距孔 O 中心尺寸为 A_2，且与 C 面平行。L 为自由尺寸，孔 O 及其他表面均已加工。试确定合理的定位方案，并绘制定位方案草图。

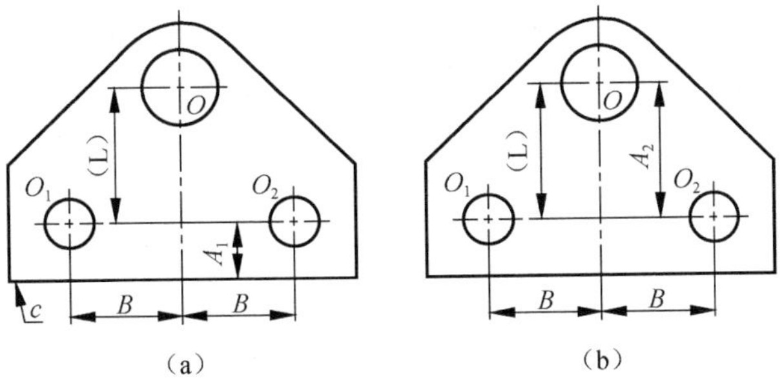

图 5-84

5-11　欲在图 5-85(a)所示的一批工件上采用钻模钻削两个孔 O_1 和 O_2，其尺寸分别为 ϕ5mm 和 ϕ8mm，孔 O_1 轴线距下母线为 $15^{+0.1}_{0}$mm，孔 O_2 轴线距上母线为 $15^{+0.25}_{0}$mm，另外还要求保证两孔连心线通过 $\phi 60^{0}_{-0.1}$mm 的轴线，其偏移量公差为 0.08mm。现采用图 5-85(b)～(d)所示的三种定位方案。若规定定位误差不得大于加工允差的 1/2，试问这三种定位方案是否都可行($\alpha=90°$)?

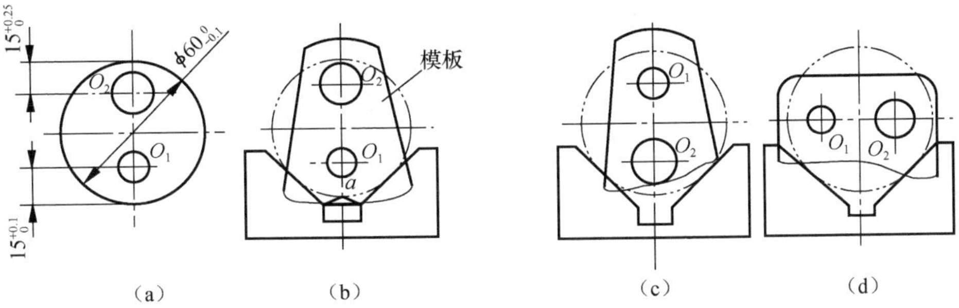

图 5-85

5-12　图 5-86 所示齿坯在 V 形块上定位插键槽，要求保证工序尺寸 $H=38.5^{+0.2}_{0}$mm。已知：$d=\phi 80^{0}_{-0.1}$mm，$D=\phi 35^{+0.025}_{0}$mm。若不计内孔与外圆同轴度误差的影响，试求此工序的定位误差。

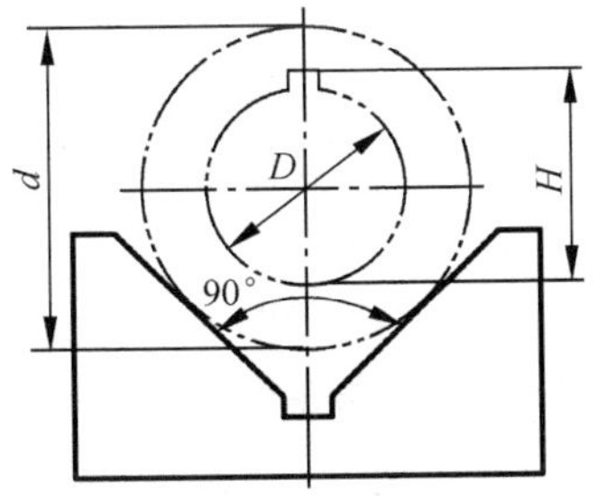

图 5-86

5-13　图 5-87(a)所示为铣键槽工序的加工要求，已知轴径尺寸 $\phi = \phi 80_{-0.1}^{0}$ mm，试分别计算图 5-87(b)、(c)两种定位方案的定位误差。

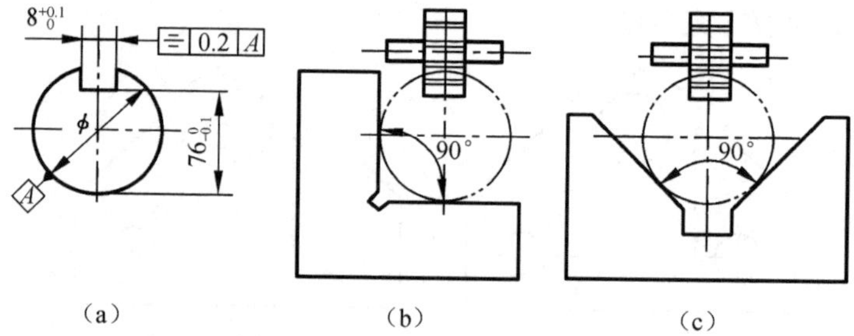

图 5-87

5-14　图 5-88 所示零件以平面 1、短圆柱销 2 和固定短 V 形块 3 定位。试分析各定位元件限制了哪些自由度？有无过定位现象？如有，如何改进？

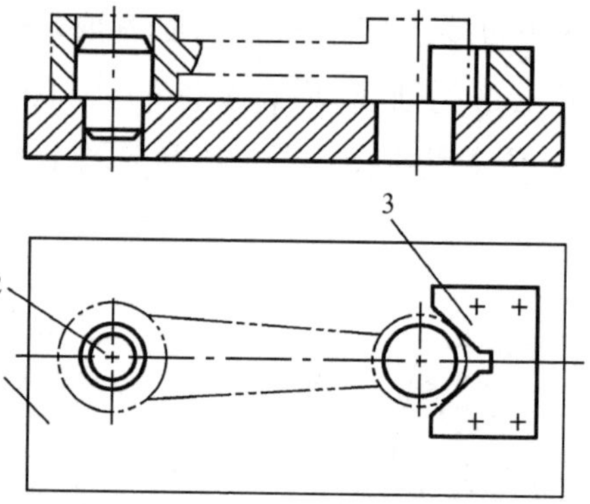

图 5-88

1—支承平面；2—短圆柱销；3—固定短 V 形块

5-15　欲在图 5-89(a)所示的一批套类零件上铣一键槽，试分析下列定位方案中，尺寸 H_1、H_2、H_3 的定位误差。

(1)在可涨心轴上定位(图 5-89(b))。

(2)在处于水平位置的刚性心轴上具有间隙的定位(图 5-89(c))，定位心轴直径 $d_{\Delta xd}^{\Delta sd}$ 。

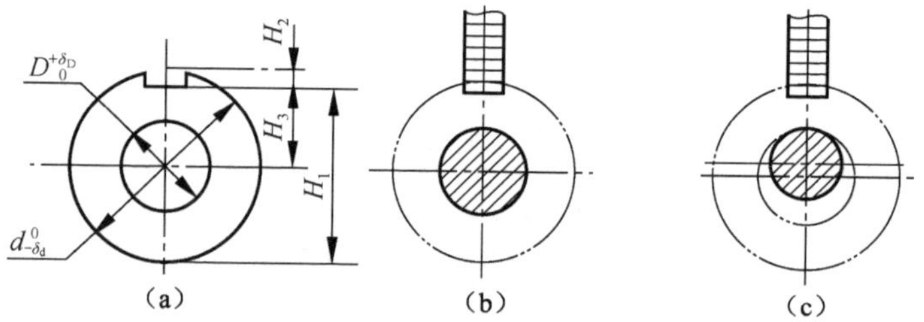

图 5-89

5-16　工件在夹具中夹紧的目的是什么？夹紧和定位有何区别？对夹紧装置的基本要求是什么？

5-17　试分析图 5-90 所示的夹紧方案是否合理？若有不合理之处，则应如何改进？

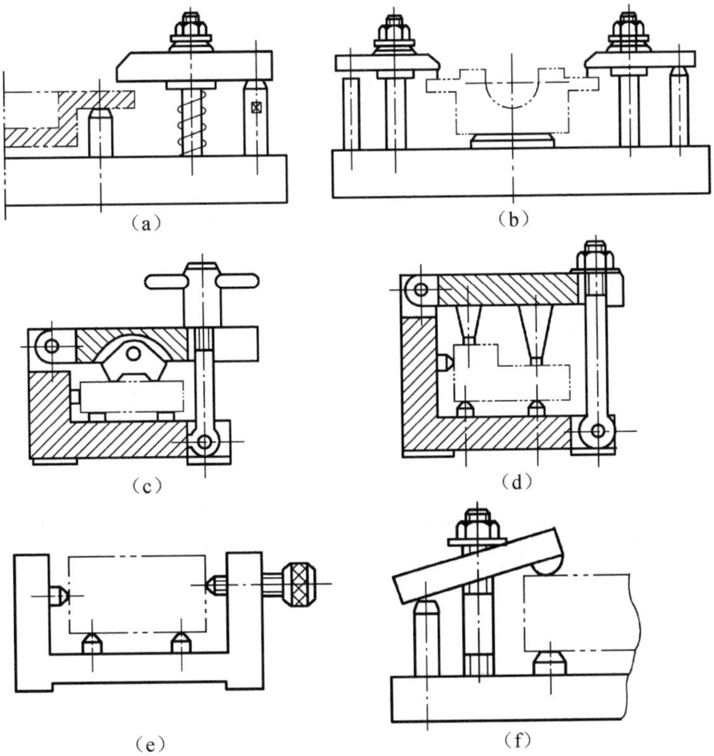

图 5-90

第 6 章　机械加工质量分析与控制

6.1　机械加工质量概述

6.1.1　机械加工质量的内涵

机械产品质量是指用户对产品的满意程度。它有三层含意：产品设计质量、产品制造质量和服务。以往企业质量管理中，往往只强调制造质量，即产品的制造与设计的符合程度。而现代的质量观，则是站在用户的立场上衡量。设计质量主要反映所设计的产品，与用户(顾客)的期望之间的符合程度。制造质量主要与零件的制造质量、产品的装配质量有着密切的关系。目前，组成机械产品的零件大多是由机械加工方法获得的，因此机械加工质量是保证产品质量的重要基础，它将直接影响产品的性能、效率、寿命及可靠性等。

机械加工质量通常包括机械加工精度和加工表面质量两个指标，前者指零件加工后宏观的尺寸精度、形状精度和相互位置精度，后者主要指零件加工后表面的微观几何形状精度和物理机械性能。

6.1.2　机械加工精度的基本概念

1. 加工精度、加工误差与公差

加工精度是指零件加工后的实际几何参数(尺寸、几何形状和各表面间的相互位置)与理想几何参数的符合程度。符合程度越高，加工精度就越高。零件的加工精度包括尺寸精度、形状精度和相互位置精度。

加工误差是指零件加工后的实际几何参数(尺寸、几何形状和各表面间的相互位置)与理想几何参数的偏离程度。加工误差越小，则加工精度越高，反之亦然。所以说，加工误差的大小反映了加工精度的高低。实际加工中由于种种原因，任何加工方法都不可能把零件加工的绝对准确，总会出现这样或那样的加工误差。而且从满足产品使用性能和降低加工成本的角度来看，也没有必要把零件加工的绝对准确。因此，零件存在一定的加工误差是允许的，只要把加工误差控制在零件图上所规定的公差范围内就可以了。

零件表面的尺寸公差、形状公差和位置公差在数值上有一定的对应关系。例如，圆柱形零件表面的圆度、圆柱度等形状公差，应小于其尺寸公差；零件上两表面之间的平行度公差应小于两表面间尺寸公差；零件的位置公差和形状公差一般应为相应尺寸公差的 1/3～1/2，在同一要素上给出的形状公差值应小于位置公差值。通常，尺寸精度要求高时，相应的位置精度和形状精度也要求高；但生产中也有形状精度、位置精度要求极高而尺寸精度要求不很高的零件表面，机床床身导轨面就是这种情况。

2. 研究加工精度的目的与方法

研究加工精度的目的是在于弄清各种原始误差对加工精度的影响规律，掌握控制加工误差的方法，从而找出减少加工误差、提高加工精度的工艺措施和途径，把加工误差控制在规定的公差范围内。

研究加工精度的方法一般有两种：一是因素分析法，即通过分析计算或实验、测试等方法，研究某一确定因素对加工精度的影响。一般不考虑其他因素的同时作用，主要是分析各项误差单独的变化规律。二是统计分析法，即运用数理统计方法对生产中一批工件的实测结果进行数据处理，用以控制工艺过程的正常进行。主要研究各项误差综合的变化规律，一般只适合于大批量生产。

上述两种方法在生产中往往结合起来使用。通常先用统计分析法找出误差的出现规律，初步判断产生加工误差的可能原因，然后运用因素分析法进行分析、试验，以便迅速有效地找出影响加工精度的关键因素。

6.1.3 机械加工表面质量的概念

机械零件的表面质量对零件的耐磨性、抗疲劳性以及耐腐蚀性等影响很大。随着用户对产品质量要求的不断提高，某些零件必须在高速、高温等特殊条件下工作，表面层的任何缺陷都会导致零件失效，因此机械加工表面质量问题显得更加突出和重要。

1. 加工表面质量的含义

加工表面质量是指零件经过机械加工后表面层的微观几何形状误差和表面层的物理机械性能。

(1) 加工表面层的几何形状特征。零件加工后表面层的几何形状可用图 6-1 来描述。其中波长与波高之比 $L_1/H_1 > 1000$ 的称为宏观几何形状误差(平面度、圆度等)；波长与波高之比 $L_3/H_3 < 50$ 的称为表面粗糙度；而波长与波高之比 L_2/H_2=50～1000 的称为波度。表面粗糙度指的是表面层的微观几何形状误差。

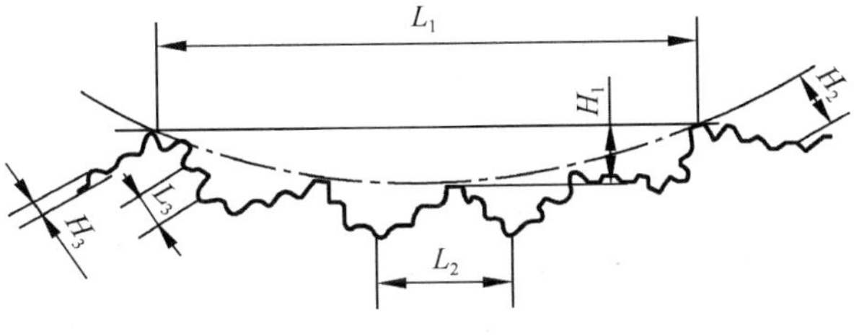

图 6-1 粗糙度和波度之间的关系示意图

(2) 表面层金属的物理机械性能。表面层金属的物理机械性能主要包括表面层的冷作硬化、残余应力、金相组织变化三个方面的内容。

2. 表面质量对零件使用性能的影响

1) 表面质量对耐磨性的影响

(1) 表面粗糙度对耐磨性的影响。表面粗糙度对耐磨性的影响曲线如图 6-2 所示。在一定条件下，摩擦副表面总是存在一个最佳表面粗糙度（Ra0.32～1.25μm），表面粗糙度过大或过小都会使起始磨损量增大。

（2）表面纹理方向对零件耐磨性影响。轻载时，摩擦副两个表面的纹路方向与相对运动方向一致时耐磨性好，但在重载时却容易发生咬合，磨损量反而大。

（3）表面层金属的物理机械性能对耐磨性的影响。加工表面冷作硬化一般有利于提高耐磨性，其原因是因为冷作硬化提高了表面层的显微硬度，但是，并非硬化程度越高耐磨性越好，过度的冷作硬化会使表面层金属组织变的疏松，甚至出现裂纹，降低耐磨性，如图 6-3 所示。

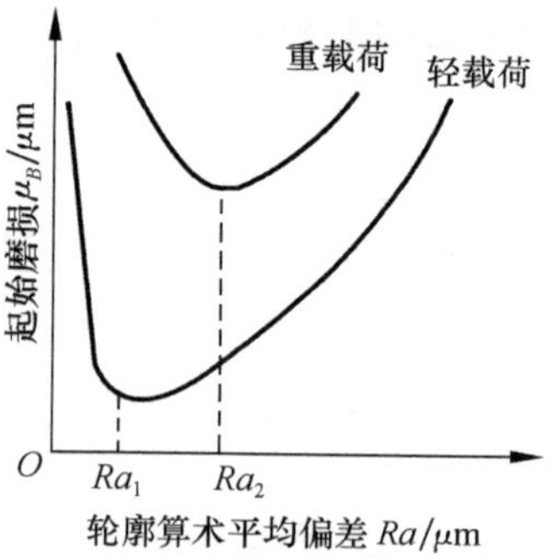

图 6-2　表面粗糙度对耐磨性的影响

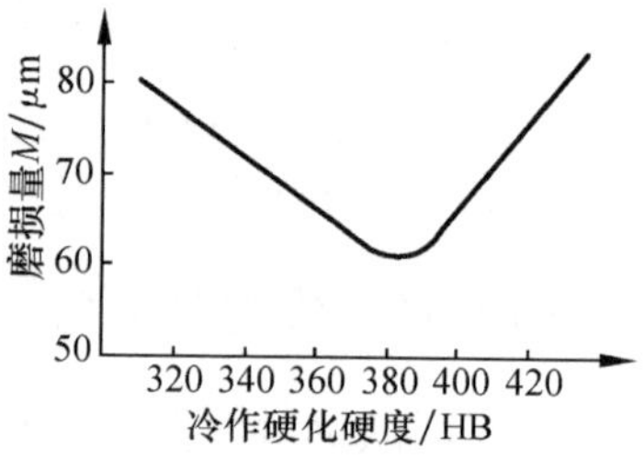

图 6-3　表面冷硬程度与耐磨性的关系

2）表面质量对耐疲劳性的影响

表面粗糙度对零件的疲劳强度影响很大。图 6-4 表示表面粗糙度对疲劳强度的影响。减小零件的表面粗糙度，可以提高零件的疲劳强度。表面层残余应力对疲劳强度的影响极大，表面层残余压应力有利于提高零件的耐疲劳强度。适度的冷作硬化可以提高零件的疲劳强度。

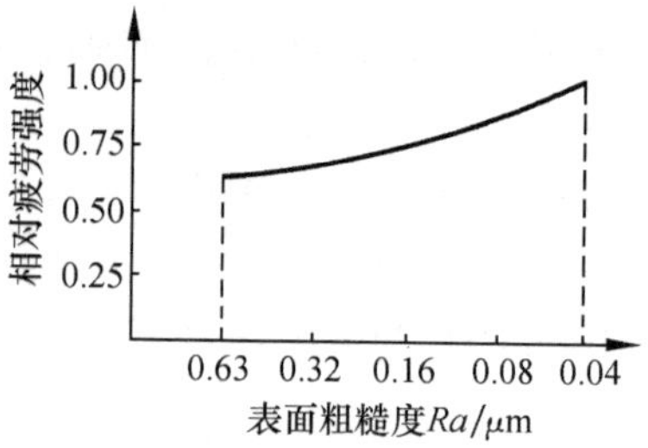

图 6-4　表面粗糙度对耐疲劳性的影响

3）表面质量对耐腐蚀性的影响

空气中所含的气体和液体与零件接触时会凝聚在零件表面上使表面腐蚀。零件表面粗糙度越大，加工表面与气体、液体接触面积越大，腐蚀作用就越强烈。加工表面的冷作硬化和残余应力一般都会降低零件表面的耐腐蚀性。

4）表面质量对配合质量的影响

对于间隙配合，表面粗糙度越大，磨损越严重，导致配合间隙增大，配合精度降低。对于过盈配合，装配时表面粗糙度较大部分的凸峰会被挤平，使实际的配合过盈少，降低配合表面的结合强度。因此配合精度要求较高的表面，应具有较小的表面粗糙度。

6.2　影响加工精度的因素分析

6.2.1　概述

零件的机械加工是在由机床、夹具、刀具和工件组成的工艺系统中进行的。工艺系统中凡是能直接引起加工误差的因素都称为原始误差。原始误差的存在，使工艺系统各组成部分之间的位置关系或速度关系偏离了理想状态，致使加工后的零件产生了加工误差。若原始误差是在加工前已存在，即在无切削负荷的情况下检验的，称为工艺系统静误差；若在有切削负荷情况下产生的则称为工艺系统动误差。加工过程中可能出现的种种原始误差归纳如下：

- 原始误差
  - 与工艺系统初始状态有关的原始误差(几何误差)
    - 加工原理误差
    - 调整误差
    - 定位误差
    - 夹具误差
    - 刀具制造误差
    - 机床误差
      - 机床主轴回转误差
      - 机床导轨导向误差
      - 机床传动误差
  - 与工艺过程有关的原始误差(动误差)
    - 工艺系统受力变形
    - 工艺系统热变形
    - 刀具磨损
    - 内应力引起的变形
    - 测量误差

值得指出的是，上述原始误差不一定会同时出现。有时即使出现，可能对加工精度的影响很小，甚至可以忽略不计。因此对原始误差需要结合具体的加工过程作具体分析。例如，外圆车削时就无须考虑加工原理误差和机床传动链误差的影响。

6.2.2 工艺系统几何误差

1. 加工原理误差

在机械加工中为了获得规定的加工表面，刀具和工件之间必须具有准确的成形运动，将此称为加工原理。加工原理误差是指采用了近似的成形运动或近似的刀具轮廓进行加工而产生的误差。例如，滚齿加工用的滚刀就存在两种原理误差：一是由于制造上的困难，采用阿基米德基本蜗杆或法向直廓基本蜗杆代替渐开线基本蜗杆而产生的齿廓造型误差；二是由于滚刀刀刃数有限，所切出的齿形实际上是一条由微小折线组成的折线面，和理论上的光滑渐开线有差异，这些都会产生加工原理误差，如图 6-5 所示。又如用模数铣刀成形铣削齿轮，模数相同而齿数不同的齿轮，齿形参数是不同的。理论上，同一模数，不同齿数的齿轮就要用相应的齿形刀具加工。实际上，为精简刀具数量，常用一把模数铣刀加工某一齿数范围内的齿轮，即采用了近似的刀刃轮廓，同样产生了加工原理误差，如图 6-6 所示。

理论上应采用理想的加工原理和完全准确的成形运动以获得精确的零件表面。但实际上完全精确的加工原理常常很难实现。即使能采用准确的加工原理，有时会使加工效率很低；有时会使机床或刀具的结构极为复杂，制造困难；有时由于结构环节多，造成机床传动中的误差增加，或使机床刚度和制造精度很难保证等。因此，采用近似的加工原理以获得较高的加工精度是保证加工质量和提高生产率和经济性的有效工艺措施。不过在精加工场合，对原理误差需要进行分析计算。

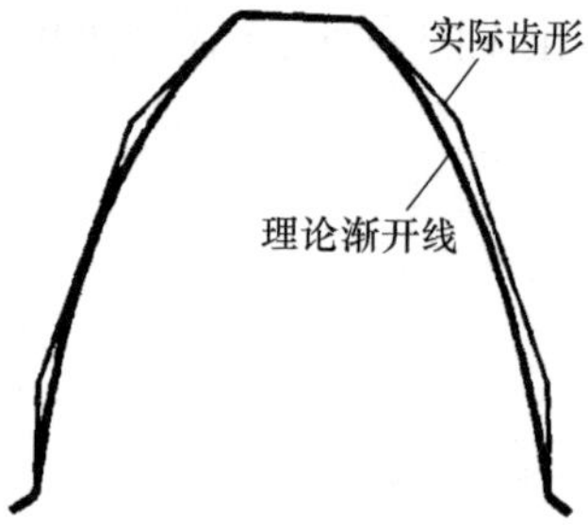

图 6-5　滚齿时的齿形误差

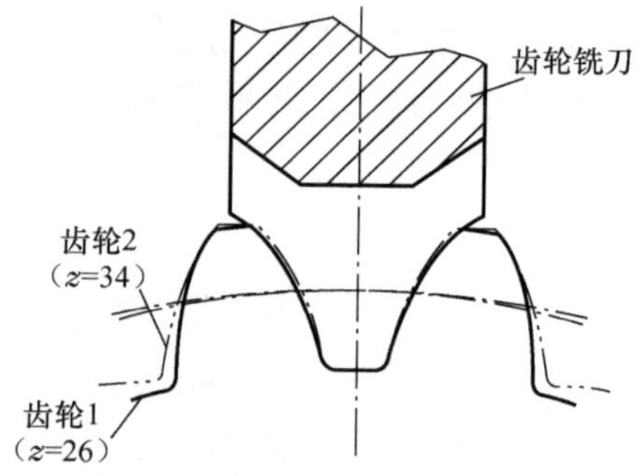

图 6-6　成形铣齿的齿形误差

2. 机床误差

机床的误差包括机床的制造误差、安装误差和磨损等。机床误差的项目很多，这里着重分析对工件加工精度影响较大的主轴回转误差、导轨误差和传动链误差。

1)机床主轴的回转误差

机床主轴是用来装夹工件或刀具并传递切削运动和动力的重要零件，它的回转精度是机床主要精度指标之一，对零件加工表面的几何形状精度、相互位置精度和表面粗糙度都有影响。

为了保证加工精度，机床主轴回转时，其回转轴线的空间位置应当固定不变，但实际上由于主轴部件在制造、装配、使用过程中的种种因素影响，主轴在每一瞬间回转轴线的空间位置都是变动的。即存在着回转误差。主轴回转误差是指主轴实际回转轴线相对其理想回转轴线(一般用平均回转轴线来代替)的偏离程度。

(1)主轴回转误差的基本形式。为便于分析，主轴回转误差可以分解为三种基本形式：纯径向圆跳动、纯轴向窜动和纯角向摆动，如图 6-7 所示。

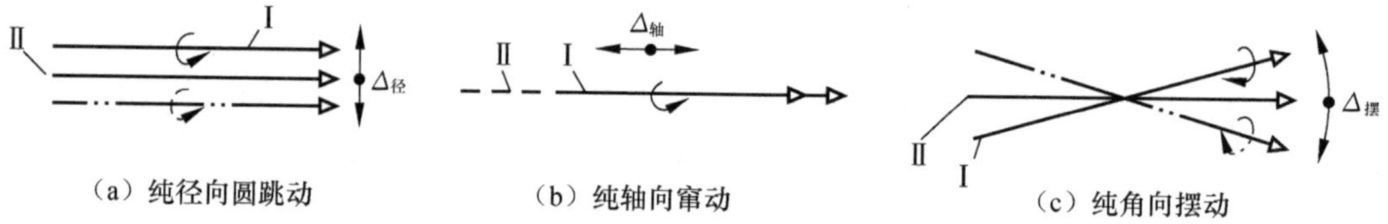

图 6-7　主轴回转误差的基本形式

(2)主轴回转误差对加工精度的影响。

主轴纯轴向窜动是指主轴瞬时回转轴线沿平均回转轴线做直线运动。它对内外圆柱面的加工没有影响，但在车床上车端面时，会使车出的工件端面与圆柱面不垂直，如图 6-8(a)所示。当加工螺纹时，主轴的轴向窜动将使导程产生周期误差，如图 6-8(b)所示。故精密车床主轴的轴向窜动误差控制在 3μm 内，甚至更严。

主轴纯径向圆跳动是指主轴瞬时回转轴线平行于平均回转轴线做运动，并在径向产生偏差量，它会使工件产生圆度误差。

在镗床上镗孔时，设主轴在任一截面上，其回转时的纯径向圆跳动使主轴实际轴线在 y 坐标方向上做简谐直线运动，当镗刀回转进行镗孔到某一时刻($\varphi=\varphi$)，镗刀从位置 1($\varphi=0$)绕实际回转中心转到 1′，而实际回转中心 O_1 偏离平均回转中心 O_m 的距离 $h=A\cos\varphi$，其中，

A 为径向误差的幅值，φ 为主轴转角。如图 6-9 所示。由于在任一时刻，刀尖到主轴的实际回转中心 O_1 的距离 R 是一定值，故刀尖轨迹的水平分量和垂直分量为

$$z = R\sin\varphi$$

$$y = h + R\cos\varphi = (A + R)\cos\varphi$$

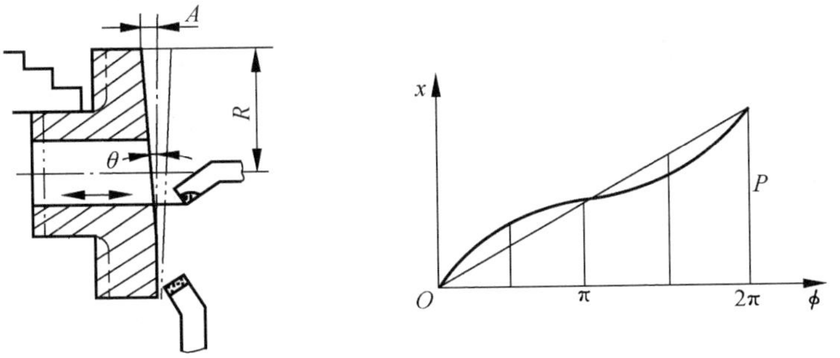

（a）工件端面与轴线不垂直　　（b）螺纹导程周期误差

图 6-8　主轴纯轴向窜动

这是一个椭圆方程，说明镗刀镗出的孔是椭圆形的，其圆度误差为 A。

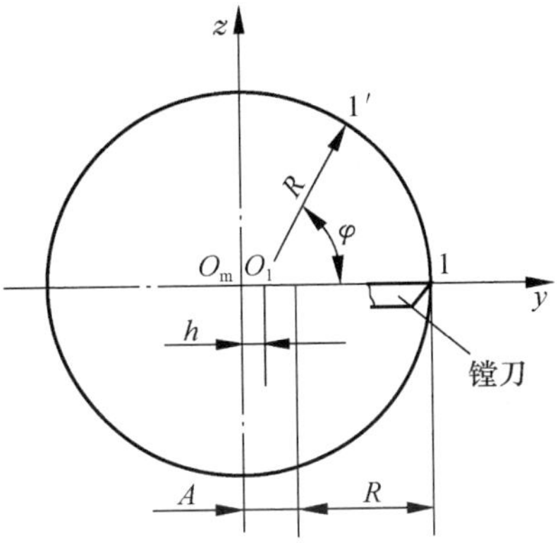

图 6-9　主轴纯径向圆跳动对镗孔精度的影响

车削时，主轴纯径向圆跳动对工件的圆度误差影响很小，车出的工件表面接近于一个真圆，但由于该误差方向是误差敏感方向，故一般精密车床的主轴径向圆跳动误差应控制在 5μm 以内。

主轴轴线的纯角度摆动有以下两种情形。

情形 1：主轴在绕其轴线自转的同时，其轴线在某一平面内，在平均轴线附近作纯角度摆动。如果摆动频率与主轴回转频率相一致，在垂直于平均轴线的截面内，相当于几何轴心绕平均回转轴心做简谐直线运动。由前面分析可知，车削外圆表面仍是一个圆，就整体而言车削出来的工件是一个圆柱，其半径等于刀尖到平均轴线的距离。如图 6-10(a) 所示。而在刀具回转镗孔时，在垂直于主轴平均轴线的各个截面内都形成椭圆，就工件内表面整体来说，镗削出来的是一个椭圆柱孔，如图 6-10(b) 所示。如果是刀具主轴送进镗孔，在各个截面内椭圆的长轴将是变化的。

情形 2：主轴在绕其轴线自转的同时，又绕其平均轴线沿圆锥轨迹公转。此时，几何轴线相对于平均轴线在空间形成一个圆锥轨迹。如果沿平均轴线与之垂直的各个截面看，等于几何轴心绕平均回转轴心做圆周运动，只是各截面内的圆周回转半径不同而已。在此种情况下，无论车削或镗削都能得到一个正圆柱，如图 6-11 所示。

由上分析看出，不同形式的主轴回转误差对加工精度的影响是不同的，同一类型的主轴回转误差在不同的加工方式中造成的影响也不同。表 6-1 中列出了主轴回转误差对车削和镗削加工的影响。

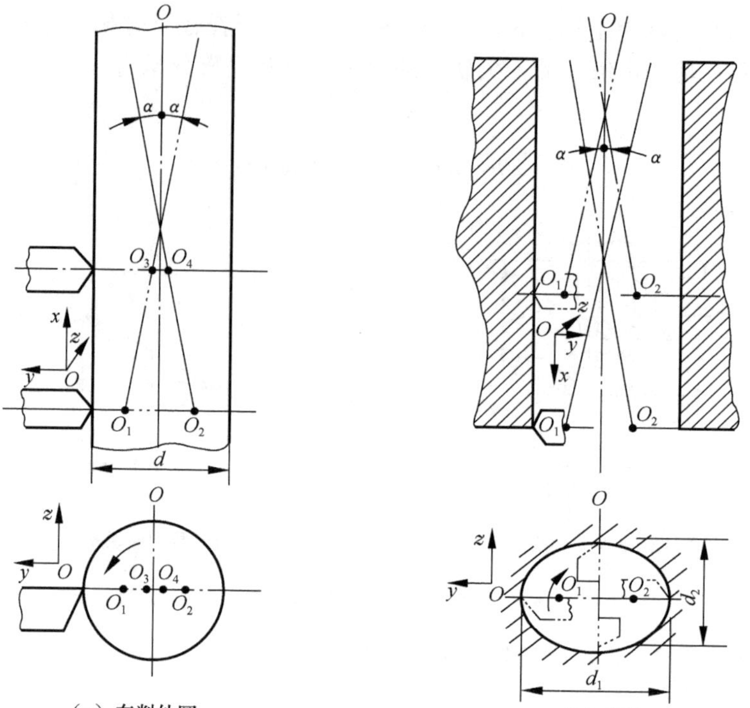

（a）车削外圆　　（b）镗孔

图 6-10　主轴纯角度摆动的第一种情况

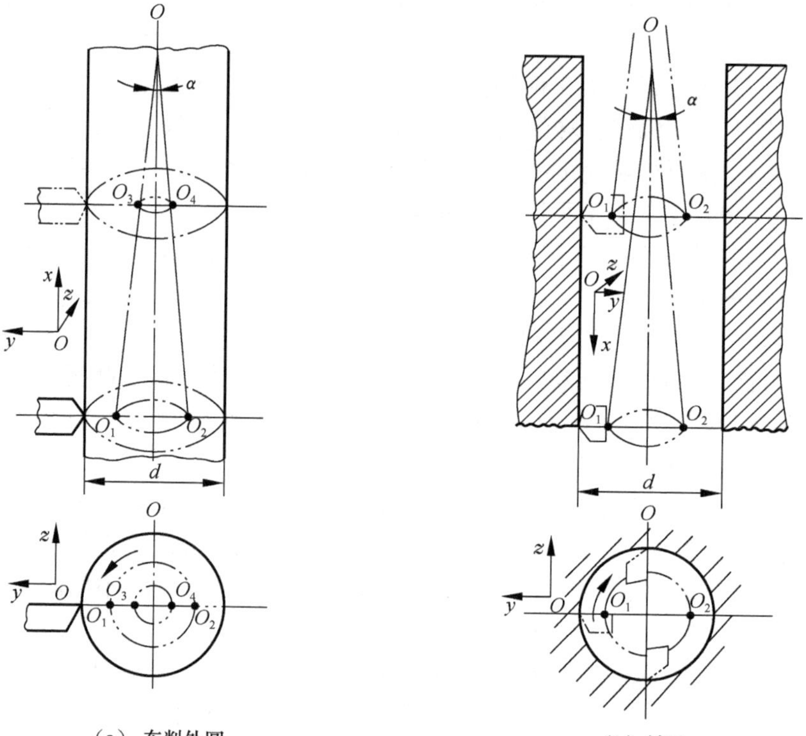

（a）车削外圆　　（b）镗孔

图 6-11　主轴纯角度摆动的第二种情况

表 6-1　主轴回转误差对车削和镗削加工误差的影响

主轴回转误差的基本形式	车床上车削			镗床上镗削	
	内、外圆	端面	螺纹	孔	端面
纯径向跳动	影响极小	无影响	无影响	圆度误差	无影响
纯轴向窜动	无影响	平面度误差 垂直度误差	螺距误差	无影响	平面度误差 垂直度误差
纯角度摆动	影响极小	影响极小	螺距误差	圆柱度误差	平面度误差

(3) 影响主轴回转精度的主要因素。轴承误差、轴承间隙、与轴承相配合零件的误差、主轴系统的径向不等刚度和热变形等均影响主轴的回转精度。

① 轴承误差的影响。精度要求较高的机床主轴常采用滑动轴承结构，主轴以轴径在轴承孔内旋转，主轴颈和主轴内孔的圆度误差和波度，将使主轴回转轴线产生径向圆跳动。但其对加工精度的影响还与加工方法有关，对于不同机床，其影响是不同的。对于工件回转类机床(如车床、磨床)，由于切削力方向大体不变，主轴颈以不同的部位和轴承内孔的某一固定部位相接触，影响主轴回转精度的主要是主轴颈的圆度和波度，轴承孔的形状误差影响较小，如图 6-12(a)所示。对于刀具回转类机床如镗床，由于切削力方向随主轴的回转而回转，主轴颈在切削力作用下总是以某一固定部位与轴承内表面的不同部位接触，因此，轴承孔的圆度对主轴回转精度影响较大，而主轴颈本身的圆度影响较小，如图 6-12(b)所示。大部分机床主轴部件均采用滚动轴承结构，因为滚动轴承在很大的转速和载荷范围内能够满足主轴的回转精度，振动状况和工作温度方面的要求，而且润滑费用少，价格低，因而得到广泛的应用。

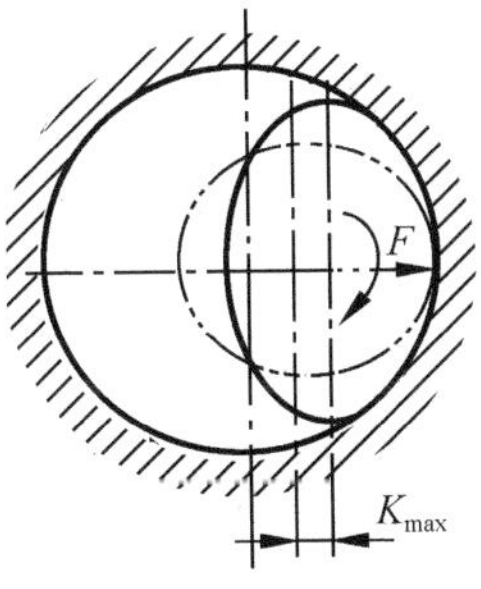

(a) 工件回转类机床

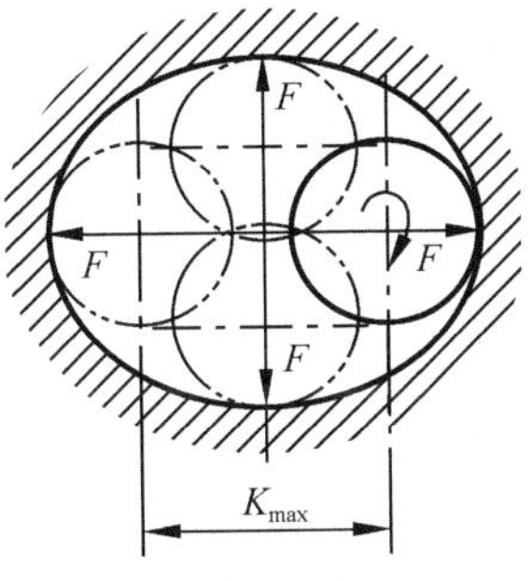

(b) 刀具回转类机床

图 6-12　主轴采用滑动轴承的径向圆跳动

滚动轴承的内、外滚道的圆度误差、滚道相对于轴承内孔的偏心及滚动体的形状误差和直径误差，都会使主轴回转轴线产生径向圆跳动，但这种误差值是部分复映到被加工表面上，这是由于主轴承受载荷时，滚道和滚动体的变形将部分补偿滚道、滚动体形状误差和尺寸不均的影响。

与滑动轴承一样，对于不同的机床，滚道形状误差的影响是不同的。对于车床类机床来说，由于轴承承载区位置基本上不变，故滚动轴承内环滚道的圆度是影响主轴回转精度的主要因素。而对于镗床类机床，由于轴承承载区位置是不断变化的，滚动轴承外环滚道的圆度是影响主轴回转精度的主要因素。

滚动轴承滚动体的尺寸误差会引起主轴回转的径向窜动。当最大的滚动体通过承载区一次，就会使主轴发生一次最大的径向圆跳动。

另外，推力轴承滚道的端面圆跳动会造成主轴的轴向窜动，对于一些同时承受径向和轴向载荷的轴承(如角接触轴承)。其内外环滚道的倾斜既会引起主轴轴向窜动，又会引起径向圆跳动，从而产生加工面的误差。

② 轴承间隙的影响。轴承间隙对主轴回转精度影响很大也较复杂。它除了使主轴在外力作用下发生静位移外，还可能使主轴回转轴线产生复杂的周期运动，造成主轴回转误差。

③ 配合零件和装配质量的影响。安装滚动轴承的主轴轴颈，其尺寸和形状误差必须严格控制，其精度不应低于轴承的相应精度。因为轴承内环是一个薄壁零件，当轴颈不圆时，会导致内环滚道产生变形，破坏了滚动轴承原有的精度，造成主轴回转误差。同理，轴承外环装到箱体的内孔中时，若内孔不圆，也会引起外环滚道的变形，使轴承精度下降，造成主轴回转误差。

装配时，主轴前后轴颈之间，箱体前后轴承孔之间的同轴度误差，将会使轴承内外环滚道相对倾斜，从而引起主轴的径向圆跳动和端面圆跳动。此外调节螺母、过渡套、垫圈和轴肩等的端面相对于主轴不垂直，也会使轴承装配时受力不均，造成滚道变形，从而引起主轴回转误差。

另外，主轴的转速范围、主轴系统的径向不等刚度及热变形等也是影响主轴回转精度的因素。

(4)提高主轴回转精度的措施。通常采用的措施如下。

① 设计和制造高精度的主轴部件。获得高精度主轴部件的关键在于提高轴承精度。精度高的机床可采用高精度的滚动轴承，精密机床主轴可采用高精度的多油楔动压轴承和静压轴承。在主轴部件的制造中，注意提高主轴轴颈、箱体支承孔及与轴承相配合零件有关表面的加工精度。在主轴部件的装配中，可通过调整轴承的径向圆跳动，使其误差相互补偿或抵消，以提高主轴回转精度。

② 对滚动轴承进行预紧。对于精密机床，一般都采取轴承预加载荷的方法来消除其间隙，甚至造成一定的过盈，实质上也就是通过提高轴承刚度来提高回转精度。当然，预加载荷的大小必须严格控制，当其超过某一限度后，进一步增加过盈，对回转精度作用不明显，反而会使轴承工作时发热，降低加工精度。

③ 使回转精度不依赖于主轴。这是生产中常采用的办法，即工件的回转成形运动不是靠机床主轴的回转运动来实现，而是靠工件的定位基准或被加工面本身与夹具定位元件组成的回转运动副来实现。例如，采用死顶尖磨外圆，理论上讲，回转轴线是固定不变的，可加工出高精度的外圆。

2)机床导轨误差

机床导轨是机床中确定某些主要部件相对位置的基准，也是运动基准。机床导轨的导向精度是指导轨副的运动件实际运动方向与理想运动方向的符合程度。二者之间的偏离范围称为导向误差。机床导轨的导向精度是成形运动精度和工件加工精度的保证。由于导轨副的制造误差、安装误差、配合间隙以及磨损等因素的影响，会使导轨产生导向误差。在机床的精度标准中，直线导轨的导向精度一般包括：导轨在水平面内的直线度(弯曲)、在垂直面内的直线度(弯曲)、前后导轨的平行度(扭曲)以及导轨对主轴回转轴线的平行度(或垂直度)等。

对于不同的加工方法和加工对象，导轨误差所引起的加工误差也不相同。在分析时，重点考虑导轨误差引起刀具与工件在误差敏感方向的相对位移。下面以车床为例，分析导轨误差对加工精度的影响。

(1)导轨在水平面内的直线度误差会使被加工的工件产生鼓形或鞍形。由于导轨在水平面内向“后凸”（图 6-13(a)），纵向车削圆柱面时使工件产生“鞍形”误差(图 6-13(b))。同理可知，如果导轨在水平面内向“前凸”，纵向车削圆柱面时会使工件产生“鼓形”误差。如果导轨在水平面内的直线度误差为Δy，则由此引起的工件半径误差 $\Delta R' = \Delta y$（图 6-13(c)）。可见导轨在水平面内的直线度误差对加工精度的影响很大。

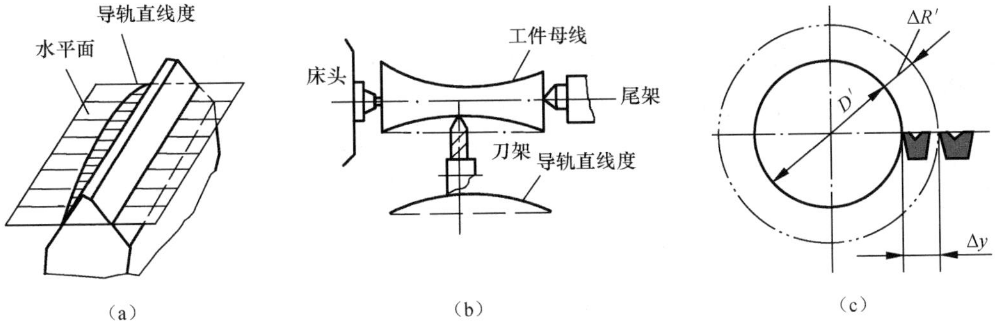

图 6-13　导轨在水平面内的直线度误差引起的加工误差

(2) 导轨在垂直平面内的直线度误差对工件加工的影响。假设导轨由于受力变形或磨损等原因，造成导轨在垂直平面内出现“下凹”（图 6-14(a)），会导致车刀刀尖沿切线方向偏移Δz（图 6-14(b)），显然工件的半径由 R 增至 R'，其增加量为ΔR，根据图中几何关系

$$R' = \sqrt{R^2 + \Delta z^2} \approx R + \frac{\Delta z^2}{2R}$$

则

$$\Delta R = R' - R = \frac{\Delta z^2}{2R} = \frac{\Delta z^2}{D} \tag{6-1}$$

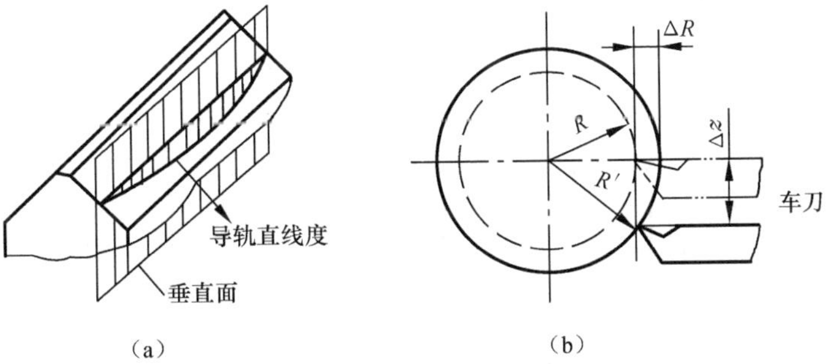

图 6-14　导轨在垂直面内的直线度误差

由于Δz 很小，Δz^2 就更小，而 D 比较大，所以式(6-1)中ΔR 是很小的，甚至可以忽略不计。对比图 6-13 和图 6-14 所示情况后发现，同样大小的原始误差在不同方向所引起的加工误差是不等的。当原始误差出现在加工表面的法线方向时，引起的加工误差最大。为此就把加工表面的法线方向称为误差敏感方向。对一般方向上的原始误差，可将由它引起的加工误差向误差敏感方向投影，并只考虑该投影对加工精度的影响。

(3) 车床前后导轨之间的扭曲，会使刀尖相对工件产生偏移，如图 6-15 所示。设车床中心高为 H，导轨宽度为 B，则导轨扭曲量Δ 引起的刀尖在工件径向的变化量为

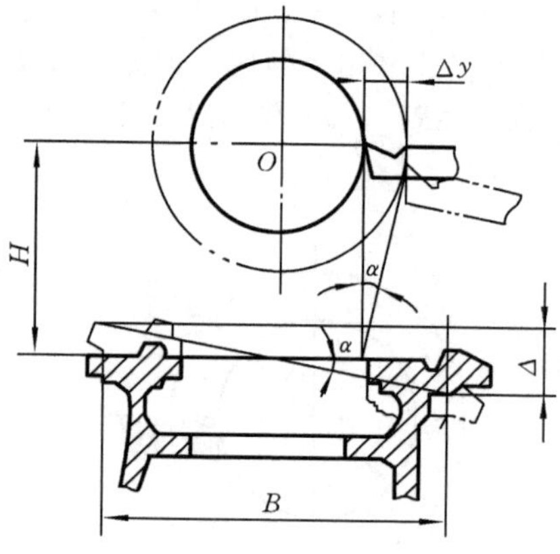

图 6-15　导轨扭曲对工件形状精度影响

$$\Delta R \approx \Delta y = \Delta \cdot H / B \tag{6-2}$$

该误差将使工件产生圆柱度误差。由于一般车床 $H/B \approx 2/3$，外圆磨床 $H/B = 1$，导轨扭曲引起的加工误差还是较大的。

(4) 导轨对主轴回转轴线的平行度(或垂直度)误差对工件加工产生的影响如图 6-16 所示。

3) 机床传动链误差

机床传动链误差是指内联传动链首末两端传动件间相对运动的误差，它主要影响诸如螺纹加工、按展成法加工齿形时的加工精度。

如图 6-17 所示为某滚齿机的传动系统简图。当用单头滚刀加工直齿轮时，要求滚刀转一转，工件转过一个齿。这种运动关系是靠从滚刀到工件之间的一条内联传动链来保证的。其传动关系为

$$\varphi_n(\varphi_g) = \varphi_{\mathrm{d}} \times \frac{64}{16} \times \frac{23}{23} \times \frac{23}{23} \times \frac{46}{46} \times i_{\mathrm{c}} \times i_{\mathrm{f}} \times \frac{1}{96} \tag{6-3}$$

式中，$\varphi_n(\varphi_g)$——工件转角；

φ_{d}——滚刀转角；

i_{c}——差动轮系的传动比，在滚切直齿时，$i_{\mathrm{c}}=1$；

i_{f}——分度挂轮传动比。

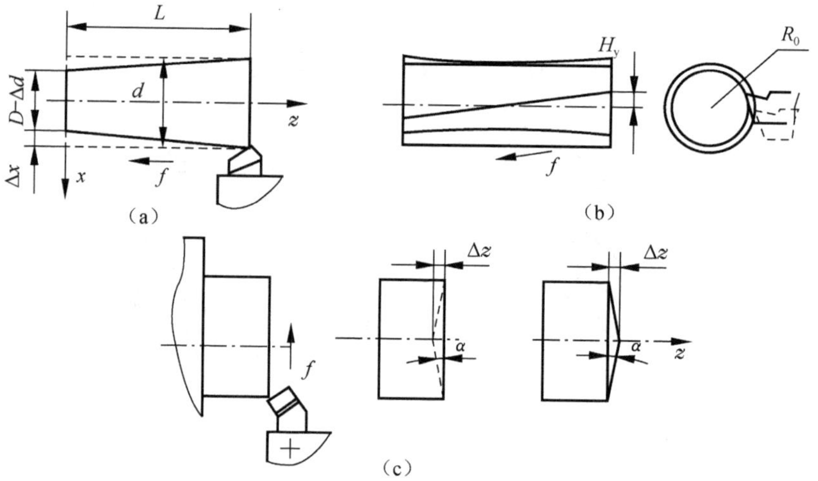

图 6-16　导轨与主轴回转轴线的相互位置误差引起的工件形状误差

传动链传动误差可用传动链末端元件的转角误差来衡量。由于各传动件在传动链中所处的位置不同，它们对工件加工精度(末端件的转角误差)的影响程度也不同。假设滚刀轴均匀旋转，若齿轮 z_1 有转角误差$\Delta\varphi_1$，而其他各传动件无误差，则传到末端件(第 n 个传动元件)上所产生的转角误差为

$$\Delta\varphi_{1n} = \Delta\varphi_1 \times \frac{64}{16} \times \frac{23}{23} \times \frac{23}{23} \times \frac{46}{46} \times i_{\mathrm{c}} \times i_{\mathrm{f}} \times \frac{1}{96} = k_1 \Delta\varphi_1 \tag{6-4}$$

式中，k_1——z_1到末端件的传动比。由于它反映了z_1的转角误差对末端元件传动精度的影响，故又称之为误差传递系数。

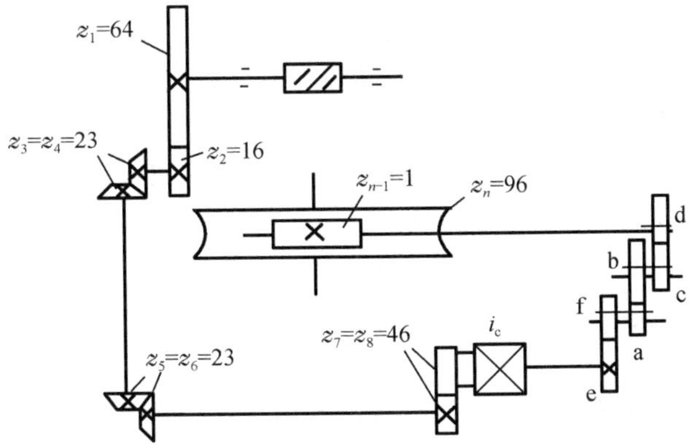

图 6-17　滚齿机传动链图

由于所有的传动件都存在误差，因此，各传动件对工件精度影响的总和$\Delta\varphi_{\Sigma}$为各传动元件所引起末端元件转角误差的叠加，即

$$\Delta\varphi_{\Sigma}=\sum_{j=1}^{n}\Delta\varphi_{jn}=\sum_{j=1}^{n}k_j\Delta\varphi_j \tag{6-5}$$

式中，k_j——第 j 个传动件的误差传递系数；

$\Delta\varphi_j$——第 j 个传动件的转角误差。

从以上分析可知，为了减小传动误差，可采取以下措施:

(1) 提高传动元件，特别是末端件的制造精度和装配精度；

(2) 减少传动件数目，缩短传动链；

(3) 采用降速传动，以减少传动链中各传动元件对末端元件转角误差的影响。

(4) 采用误差校正装置。由于传动链误差是一个矢量，通过误差校正装置，在原传动链中人为地加入一个补偿误差，其大小与机床传动误差相等，但方向相反，以抵消传动链本身的误差。在精密螺纹加工机床上都有此校正装置。

3. 刀具制造误差

一般来讲，普通刀具(如普通车刀、单刃镗刀和面铣刀、刨刀等)的制造误差对加工精度没有直接影响。但在精密切削时，刀具的刃口质量直接影响微量切削的效果。选择切削刃口钝圆半径小的刀具材料，对刀具刃口进行精细研磨，提高刀具淬火硬度，均有利于实现微量切削，从而获得高的尺寸精度。

定尺寸刀具的尺寸误差和形状误差直接影响被加工工件的尺寸精度和形状精度。展成法刀具的刀刃形状必须是加工表面的共轭曲线，因此刀刃的几何形状误差会直接影响加工表面的形状精度。成形刀具在制造和刃磨后的形状误差将直接反映到加工表面形状上。即使没有制造误差，但如果安装不当，也会影响加工表面的形状精度。

任何刀具在切削过程中都不可避免地要产生磨损，并由此引起工件尺寸和形状的改变(误差)。

4. 夹具几何误差

夹具的作用是使工件相对于刀具和机床具有正确的位置，因此夹具误差对工件的加工精度特别是位置精度有很大的影响。夹具误差包括制造误差、定位误差、夹紧误差、夹具安装误差、对刀误差等。这些误差主要与夹具的制造与装配精度有关。所以在夹具的设计制造以及安装时，凡影响零件加工精度的尺寸和形位公差应严格控制。

夹具的制造精度必须高于被加工零件的加工精度。对于IT6～IT8级精度的工件，夹具主要尺寸的公差一般可规定为被加工零件相应尺寸公差的1/5～1/3；对于IT8级及以下精度的工件，夹具精度则可取工件相应尺寸公差的1/10～1/5。

6.2.3 工艺系统的受力变形

机械加工过程中，工艺系统在切削力、传动力、惯性力、夹紧力以及重力等外力作用下会产生相应的弹性变形和塑性变形，破坏刀具和工件之间的正确位置关系，使工件产生几何形状误差和尺寸误差。不妨深入加工车间仔细观察以下几种加工情况：

(1) 在一台新车床的两顶尖间车削细长轴时，观察切屑厚度的变化。

(2) 在一台旧车床的两顶尖间车削短粗工件时，观察切屑厚度的变化。

(3) 在一台外圆磨床上“无进给光磨”一根长轴。

您都发现了什么现象？这些现象的发生说明了什么问题？

1. 工艺系统刚度

1) 工艺系统刚度的一般概念

刚度的一般定义是作用力与由它所引起的在作用力方向上的变形量的比值。将此定义引入工艺系统，并注意误差敏感方向的受力变形，工艺系统的刚度 k_{xt} 可定义为：切削力在加工表面法线方向的分力 F_p 与在总切削力作用下产生的沿法向的变形 y_{xt} 的比值，即

$$k_{xt} = F_p / y_{xt} \tag{6-6}$$

【讨论】

(1) 为什么使用切削分力 F_p 而不使用总切削力？

(2) y_{xt} 是由什么力引起的？y_{xt} 的方向是否一定会与 F_p 方向一致？

2) 工艺系统刚度计算

工艺系统在切削力作用下，机床的有关部件、夹具、刀具和工件都会产生不同程度的变形，导致刀具和工件在法线方向的相对位置发生变化，从而产生加工误差。工艺系统在某一处的法向总变形 y_{xt} 是各个组成部分在同一处的法向变形的叠加，即

$$y_{xt} = y_{jc} + y_{jj} + y_{dj} + y_{gj} \tag{6-7}$$

式中，y_{jc}、y_{jj}、y_{dj}、y_{gj}——分别代表机床、夹具、刀具、工件的受力变形。

由式(6-6)，工艺系统某处在法向力 F_p 作用下，机床刚度 k_{jc}、夹具刚度 k_{jj}、刀具刚度 k_{dj} 和工件刚度 k_{gj} 分别为

$$k_{jc} = F_p / y_{jc},\quad k_{jj} = F_p / y_{jj},\quad k_{dj} = F_p / y_{dj},\quad k_{gj} = F_p / y_{gj}$$

代入式(6-7)，整理后可得出工艺系统刚度的一般式为

$$\frac{1}{k_{xt}}=\frac{1}{k_{jc}}+\frac{1}{k_{jj}}+\frac{1}{k_{dj}}+\frac{1}{k_{gj}} \tag{6-8}$$

在用式(6-8)求解某一系统刚度时，应针对具体情况进行分析。例如外圆车削时，车刀的受力变形很小，可忽略不计，于是可省去刀具刚度一项。又如镗箱体零件的孔时，镗杆的受力变形严重影响加工精度，而箱体零件的刚度一般较大，其受力变形可忽略不计。

2. 工艺系统刚度对加工精度的影响

1) 切削力作用点位置变化引起的加工误差

加工过程中，工艺系统刚度会随切削力作用点的位置变化而变化，因此使工艺系统受力变形也随之变化，引起加工误差。下面以在车床两顶尖间车削光轴为例来说明这个问题。

如图 6-18(a)所示，假定工件短而粗、而车刀悬伸长度很小，即认为 $k_{gj}\approx\infty$ ， $k_{dj}\approx\infty$ ，此时工艺系统的变形只考虑机床的变形。再假定加工余量均匀，切削深度基本不变化，则切削力 F_p 保持不变。于是根据图 6-18(a)所示关系可以推导出机床的总变形为

$$y_{jc}=F_p\left[\frac{1}{k_{tj}}\left(\frac{L-x}{L}\right)^2+\frac{1}{k_{wz}}\left(\frac{x}{L}\right)^2+\frac{1}{k_{dj}}\right]=y_{jc}(x) \tag{6-9}$$

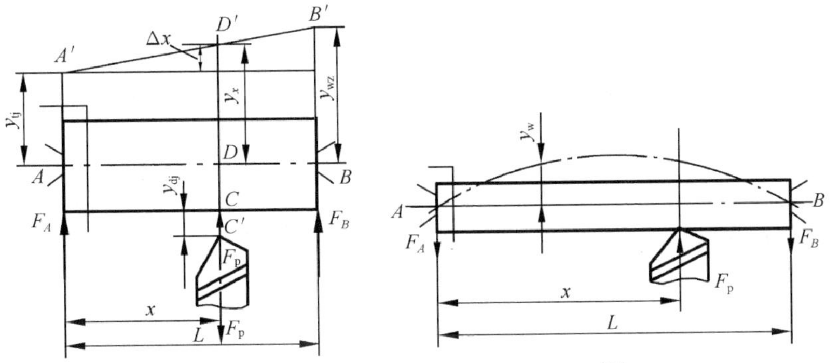

图 6-18 工艺系统变形随切削力位置变化而变化

这说明工艺系统的变形是 x 的函数。随着车刀位置(切削力作用点)的变化，工艺系统的变形也是变化的。变形大的地方，从工件上切去较少的金属层；变形小的地方，切去较多的金属层，因此加工出来的工件呈两端粗、中间细的鞍形，如图 6-19 所示。

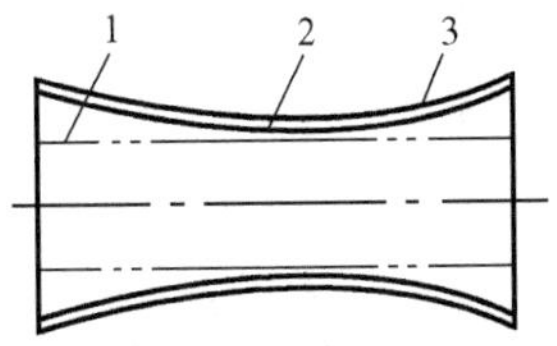

图 6-19 工件在顶尖上车削后的形状

1—机床不变形的理想情况；2—考虑主轴箱、尾座变化的情况；3—包括考虑刀架变形在内的情况

假如车削的工件是一根细长轴，如图 6-18(b)所示，在切削力作用下，其变形大大超过机床、夹具和刀具所产生的变形。此时机床、夹具和刀具的受力变形可忽略不计，工艺系统的变形完全取决于工件的变形。根据材料力学关于简支梁变形的计算公式，切削点的变形量为

$$y_w=\frac{F_p}{3EI}\frac{(L-x)^2x^2}{L} \tag{6-10}$$

显然加工后的工件呈现两头细中间粗的鼓形误差。

2）切削力大小变化引起的加工误差——误差复映规律

在切削加工中，由于加工余量不均匀或工件材料的硬度不均匀等因素引起切削力变化，使工艺系统受力变形不一致，从而造成工件的加工误差。

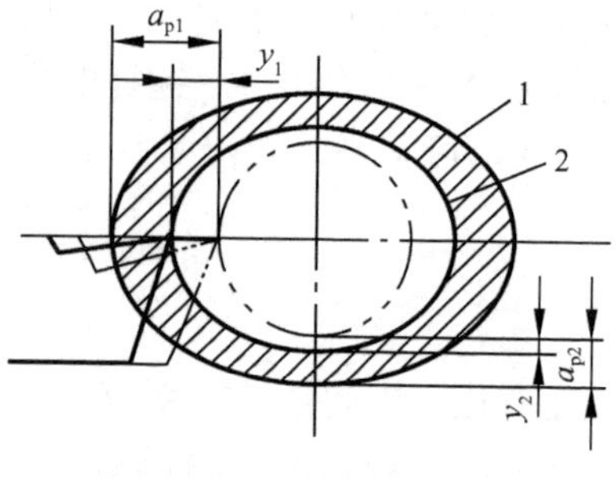

图 6-20　毛坯形状误差的复映

如图 6-20 所示，车削一椭圆截面的短轴(假设毛坯材料硬度均匀)，加工时根据设定的尺寸(双点画线圆的位置)调整刀具的切削深度 a_p。显然工件每转一圈，切削深度发生变化，引起切削力大小变化。由于 $a_{p1} > a_{p2}$，则 $F_{p1} > F_{p2}$，引起的工艺系统变形 $y_1 > y_2$。车削后的工件仍呈椭圆形。由此可知，当车削具有圆度误差 $\Delta_m = a_{p1} - a_{p2}$ 的毛坯时，由于工艺系统受力变形，使工件产生相应的圆度误差 $\Delta_w = y_1 - y_2$。这种毛坯误差以一定程度反映在工件上的现象称为“误差复映”。为了衡量误差复映程度，引入误差复映系数ε，则

$$\varepsilon = \Delta_w / \Delta_m \tag{6-11}$$

由于Δ_w通常小于Δ_m，所以误差复映系数$\varepsilon < 1$，它定量地反映了毛坯误差经加工之后的减小程度。ε与工艺系统刚度成反比。为减少误差复映，一种方法是提高工艺系统刚度，另一种方法是增加走刀次数。若经过 n 次走刀加工后，工件误差为

$$\Delta_w = \varepsilon_1 \varepsilon_2 \cdots \varepsilon_n \Delta_m$$

增加走刀次数，可减小误差复映，提高加工精度，但生产率降低了。因此，提高工艺系统刚度，对减小误差复映系数具有重要意义。

由以上分析可知，当工件毛坯有形状误差(如圆度、圆柱度、直线度等)或相互位置误差(如偏心、径向圆跳动等)时，加工后仍然会有同类型的加工误差出现。在成批大量生产中用调整法加工一批工件时，如毛坯尺寸不一，那么加工后这批工件仍有尺寸不一的误差。

毛坯硬度不均匀，同样会造成加工误差。在采用调整法成批生产情况下，控制毛坯材料硬度的均匀性是很重要的。

3. 夹紧力、惯性力和重力引起的变形对加工精度的影响

(1)夹紧力引起的加工误差。工件在装夹过程中，由于刚度较低或夹紧力着力点位置不当，都会引起工件的变形，造成加工误差。特别是薄壁套、薄板等零件，易于产生加工误差。如图 6-21 所示薄壁套，在夹紧前内外圆都是正圆形。由于夹紧不当，夹紧后套筒呈三棱形(图 6-21(a))，镗孔后内孔呈正圆形(图 6-21(b))，松开卡爪后内孔又变为三棱形(图 6-21(c))。为减小夹紧变形，采用如图 6-21(d)所示的开口过渡环或如图 6-21(e)所示的专用卡爪可使夹紧力均匀分布。

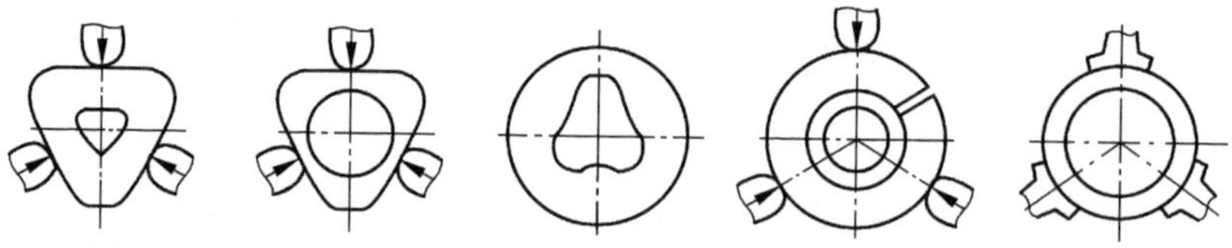

图 6-21　夹紧力引起的误差

(2) 惯性力引起的加工误差。在高速切削过程中，工艺系统中如果存在高速旋转的不平衡构件，就会产生离心力，它在误差敏感方向的分力大小随构件的转角变化呈周期性的变化，由它所引起的变形也相应地变化，而造成工件的径向跳动误差。为减小惯性力的影响，可在工件与夹具不平衡质量对称的方位配置一平衡块，使两者的离心力互相抵消。必要时还可适当降低转速，以减小离心力的影响。

(3) 机床部件和工件本身重力引起的加工误差。在工艺系统中，由于零部件的自重也会产生变形，如大型立车、龙门铣床、龙门刨床的刀架横梁等。由于主轴箱或刀架的重力而产生变形，摇臂钻床的摇臂在主轴箱自重的影响下产生变形，造成主轴轴线与工作台不垂直，铣镗床镗杆伸长而下垂变形等，它们都会造成加工误差。

对于大型工件的加工(如磨削床身导轨面)，工件自重引起的变形有时成为产生加工形状误差的主要原因，因此在实际生产中，装夹大型工件时，恰当地布置支承可减小工件自重引起的变形，从而减小加工误差。

4. 减小工艺系统受力变形的途径

减小工艺系统受力变形是保证加工精度的有效途径之一。根据生产实际情况，可采取以下措施。

(1) 合理的结构设计。在设计工艺装备时，除应合理选择零件结构和截面形状外，还应尽量减少连接面的数量，并注意各部分刚度匹配。

(2) 提高接触刚度。机床部件刚度远比我们想象的要小，关键是连接面的接触刚度在作怪。所以提高接触刚度是提高工艺系统刚度的关键。常用的方法有：改善工艺系统主要零件接触面的配合质量；给机床部件预加载荷，如对轴承进行预紧、滚珠丝杠螺母副的调整等。

(3) 采用合理的装夹方式和加工方式，提高工艺系统刚度。如车削细长轴时采用中心架或跟刀架增加支承，以提高工件的刚度；采用反向车削细长轴，使工件由原来的轴向受压变为受拉，也可提高工件的刚度；当加工呈悬臂加工状态时，设法通过增加支承改成简支梁状态，提高刚度；在机床上安装工件时，尽量降低工件的重心。

6.2.4 工艺系统热变形

1. 工艺系统的热源

在机械加工过程中，工艺系统在各种热源的影响下，产生复杂的变形，从而破坏工件与刀具之间的相互位置和相对运动的准确性，引起加工误差。在现代的高速加工、超精密加工以及自动化加工中，工艺系统热变形问题变得更为突出，已成为机械加工领域的重要研究课题。

工艺系统的热源虽然既有来自内部的又有来自外部的，但主要热源是系统内部的切削热和摩擦热。在各种热源的作用下，工艺系统各组成部分的温度渐渐升高，同时，它们也通过各种传热方式向周围散发热量。当单位时间内传入和散发的热量相等时、工艺系统达到了热平衡状态，而工艺系统的热变形也就达到某种程度的稳定。

由于作用于工艺系统各组成部分的热源，其发热量、位置和作用的时间各不相同，各部分的热容量、散热条件也不一样，处于不同的空间位置上的各点在不同时间其温度也是不等的。系统在工作一定时间后，温度才逐渐趋于稳定，其精度也比较稳定。因此，精密加工应在热平衡状态下进行。

2. 机床热变形引起的误差

由于机床热源的不均匀性及其结构的复杂性，形成不均匀的温度场，使机床各部分的变形程度不等，从而破坏了机床原有的几何精度，降低了机床的加工精度。由于各类机床的结构和工作条件相差很大，其主要热源各不相同，热变形引起的加工误差也不相同。

车、铣、钻、镗类机床，主要热源是主轴箱轴承的摩擦热和主轴箱中油池的发热，使主轴箱及与它相连接部分(如床身或立柱)的温度升高，从而引起主轴的抬高和倾斜。图 6-22(a)所示为车床热变形趋势。车床主轴箱的温升导致主轴线抬高，主轴前轴承的温升高于后轴承又使主轴倾斜，主轴箱的热量经油池传到床身，导致床身中凸，更促使主轴线向上倾斜，最终导致主轴回转轴线与导轨的平行度误差，使加工后的零件产生圆柱度误差。图 6-22(b)所示万能铣床的热源也是主传动系统，由于左箱壁温度高也导致主轴线升高并倾斜。

(a) 车床

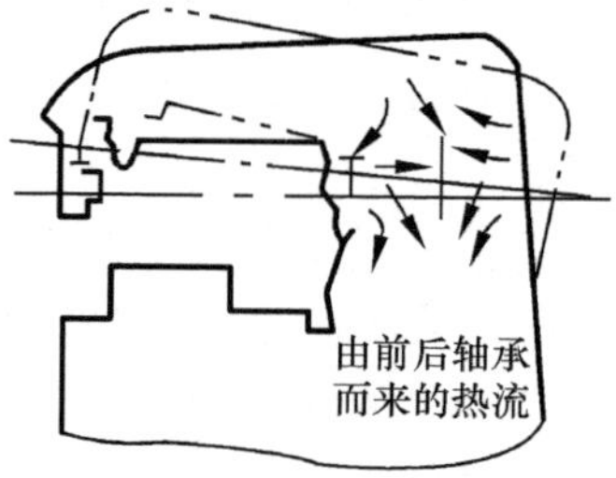

(b) 卧式铣床

图 6-22　常见机床的热变形趋势

磨床类机床通常都有液压传动系统并配有高速磨头，它的主要热源为砂轮主轴轴承的发热和液压系统的发热。主要表现在砂轮架位移，工件头架的位移和导轨的变形。其中，砂轮架的回转摩擦热影响最大，而砂轮架的位移，直接影响被磨工件的尺寸。对于大型机床如导轨磨床、外圆磨床、立式车床、龙门铣床等的长床身部件，机床床身的热变形将是影响加工精度的主要因素。

3. 工件热变形引起的加工误差

工件的热变形主要是由切削热引起，对于大型或精密零件，外部热源如环境温度、日光等辐射热的影响也不可忽视。由于工件结构尺寸的差异，工件受热有两种情况。

(1) 工件均匀受热。对于一些形状简单、对称的零件，如轴、套筒等，加工时(如车削、磨削)切削热能较均匀地传入工件，工件热变形量可按下式估算

$$\Delta L = \alpha L \Delta t \tag{6-12}$$

式中，α——工件材料的热膨胀系数(1/℃)；

L——工件在热变形方向的尺寸(长度或直径)(mm)；

Δt——工件温升(℃)。

对于较短的轴类零件，由于刀具切削行程短，轴向热变性引起的误差可忽略不计。但对于较长的轴类零件，开始切削时，工件温升为零，随着切削加工的进行，工件温度逐渐升高

而使直径逐渐增大，增大量被刀具切除，因此，加工完的工件冷却后将呈现锥形。加工丝杠时，工件的热伸长成为影响螺距误差的主要因素。对于一根长度为 400mm 的丝杠，如果每磨削一次温度升高 1℃，则被磨削丝杠将伸长 4.7μm。而 5 级丝杠的螺距累积误差在 400mm 长度上不允许超过 5μm。可见热变形对工件加工精度影响之大。

(2) 工件不均匀受热。平面在刨削、铣削、磨削加工时，工件单面受热，上下平面间产生温差导致工件呈现中凸。凸起部分被切去，冷却后加工表面下凹，使工件产生平面度误差。一般地，工件上下表面温差 1℃，就会产生 0.01mm 的平面度误差。工件不均匀受热时，工件凸起量随工件长度的增加而急剧增加，工件厚度越薄，工件凸起量就越大。要减小变形误差，必须控制温差Δt。

4. 刀具热变形引起的加工误差

刀具热变形主要是由切削热引起的。传给刀具的热量虽不多，但由于刀具切削部分体积小而热容量小，切削部分仍产生很高的温升。如高速钢刀具车削时刃部的温度可高达 700～800℃，而硬质合金刀刃部可达 1000℃以上。这样，不但刀具热伸长影响加工精度，而且刀具的硬度也会下降。

图 6-23 所示为车刀热伸长与切削时间的关系。连续车削时，车刀的热变形情况如曲线 A，经过 10～20min，即可达到热平衡，车刀热变形影响很小；当车刀停止车削后，刀具冷却变形过程如曲线 B；当车削一批短小轴类工件时，加工时断时续(如装卸工件)间断切削，变形过程如曲线 C。因此，在开始切削阶段，其热变形显著；在热平衡后，对加工精度的影响则不明显。

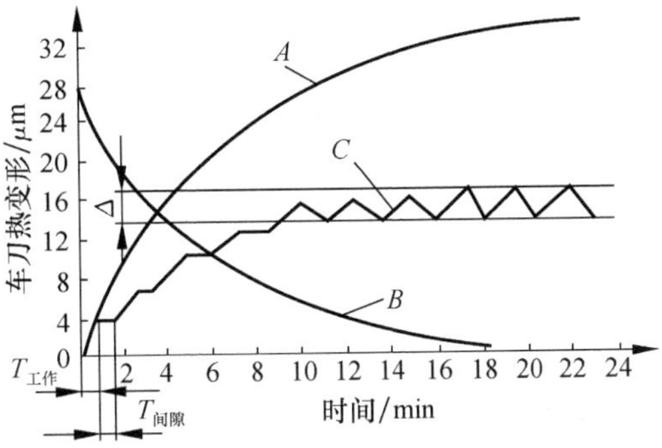

图 6-23　车刀热伸长与切削时间的关系曲线

对于大型零件，刀具热变形往往造成被加工工件的几何形状误差。如车削长轴或在立车上加工大直径的平面，由于刀具长时间切削而逐渐膨胀，往往造成工件出现圆柱度或平面度误差。

5. 减少热变形对加工精度影响的措施

(1) 减少热源发热和隔离热源。通过控制切削用量，合理选择和使用刀具来减少切削热；从运动部件的结构和润滑等方面采取措施，改善摩擦特性，减少机床各运动副的摩擦热。从机床上分离出如电动机、变速箱、液压系统、油箱等热源。还可采用隔热材料将发热部件与机床的床身、立柱等隔离开。

(2) 加强散热能力。采用有效的冷却措施，如增加散热面积或使用强制性的风冷、水冷、循环润滑等。在精密加工时，为增加冷却效果，控制切削液的温度是很必要的。如大型精密丝杠磨床采用恒温切削液淋浴工件，机床的空心母丝杠也通入恒温油，以降低工件与母丝杠的温差，提高加工精度的稳定性。

(3) 均衡温度场。当机床零部件温升均匀时，机床本身就呈现一种热稳定状态，从而使机床产生不影响加工精度的均匀热变形。图 6-24 所示为立式平面磨床采取的均衡温度场的措施。由风扇排出主轴箱内的热空气，经管道通向防护罩和立柱后壁的空间，然后排出。这样使原

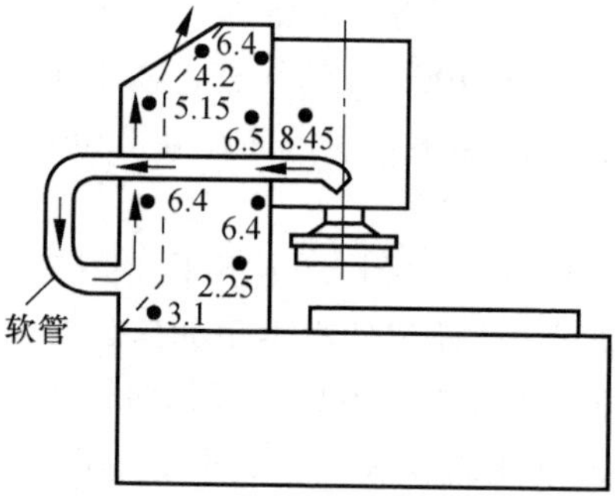

图 6-24　均衡立柱前后壁的温度场(℃)

来温度较低的立柱后壁温度升高，以均衡立柱前后壁的温升，减小立柱的向后倾斜。这种措施可使被加工零件的平面度误差降到未采取措施前的1/4～1/3。

(4)采用合理的机床结构。如在变速箱中，可将轴、轴承、传动齿轮等对称布置，使箱壁温升均匀，箱体变形减小。机床大件的结构和布局对机床的热态特性有很大影响。以加工中心为例，在热源影响下，单立柱结构会产生相当大的扭曲变形，而双立柱结构由于左右对称，仅产生垂直方向的热位移，很容易通过调整的方法予以补偿。

(5)控制环境温度。精密机床一般应安装在恒温车间，其恒温精度一般控制在±1℃以内，精密级的机床为±0.5℃，超精密级的机床为±0.01℃。恒温室平均温度一般为20℃，冬季可取17℃，夏季取23℃。对精加工机床应避免阳光直接照射，布置取暖设备也应避免使机床受热不均匀。

6.2.5　工件内应力引起的变形

零件中的内应力往往处于一种很不稳定的相对平衡状态，在常温下特别是在外界某种因素的影响下很容易失去原有状态，使内应力重新分布，零件产生相应的变形，从而破坏了原有的精度。

1. 工件内应力产生的原因

(1)毛坯制造和热处理过程中产生的内应力。在铸、锻、焊及热处理过程中，由于零件壁厚不均匀，使得各部分热胀冷缩不均匀以及金相组织转变时的体积变化，使毛坯内部产生相当大的内应力。毛坯的结构越复杂、壁厚越不均匀、散热条件差别越大，毛坯内部产生的内应力也越大。具有内应力的毛坯，内应力暂时处于相对平衡状态，变形缓慢，但当切去一层金属后，就打破了这种平衡，内应力重新分布，工件就明显地出现了变形。

如图6-25(a)所示为一个内外壁厚相差较大的铸件，在浇铸后的冷却过程中，由于壁A、C和壁B的壁厚差，导致冷却速度不等。当壁A和C冷却至弹性状态时，壁B的收缩就受到壁A及C的牵制。于是出现了图示的应力状态：壁B受拉，壁A及C受压。如果在壁C上切一个口子，如图6-25(b)所示，由于壁C的压应力消失，原来的应力平衡状态被打破。壁B收缩，壁A膨胀，发生弯曲变形。

(2)冷校直产生的内应力。实际生产中常采用冷校直的方法校直弯曲的工件。如图6-26(a)所示一弯曲的细长轴，在外力F的作用下使工件向相反的方向弯曲产生塑性变形，以达到校直的目的。在外力F的作用下工件内部内应力的分布如图6-26(b)所示，当外力F去除后残余应力如图6-26(c)所示。这时，冷校直虽能减小弯曲，但工件却处于不稳定状态，如再次加工，又将产生新的变形。因此，高精度丝杠的加工，不允许用冷校直的方法来减小弯曲变形，而是用多次人工时效来消除残余内应力。

(3)切削加工产生的内应力。切削(含磨削)过程中产生的力和热，也会使被加工工件的表面层变形，产生内应力。这种内应力的分布情况由加工时的工艺因素决定(详见5.5节)。

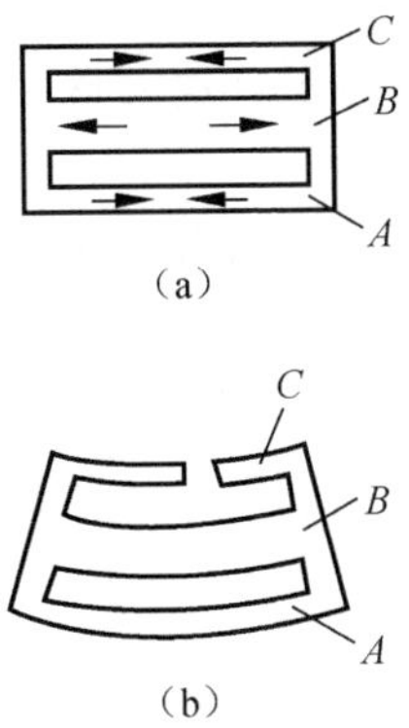

图 6-25　铸件内应力引起的变形

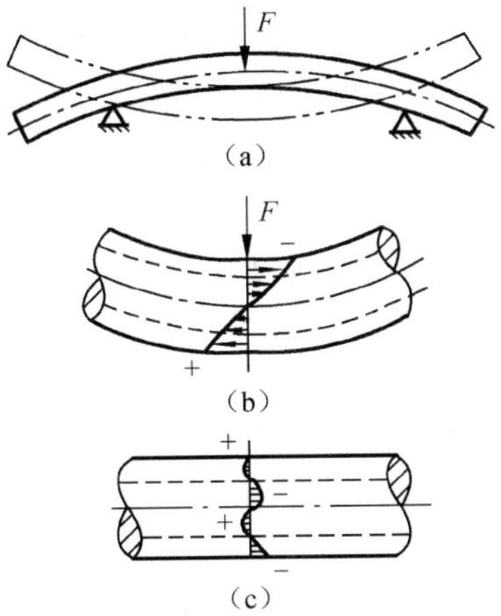

图 6-26　冷校直引起的内应力

2. 减少内应力的措施

(1) 合理设计零件结构。在零件结构设计中，尽量做到结构对称，壁厚均匀，以消除内应力产生的隐患。

(2) 合理安排零件制造工艺。毛坯在进入机械加工之前，应安排预备热处理，如退火、正火、时效等。重要零件在粗加工后须适当安排时效处理；对于一些精密零件，应在工序间多安排时效处理。对工件的重要表面应注意粗、精加工分开，使粗加工后有一定的间隔时间让内应力重新分布，以减少对精加工的影响。

6.3　保证和提高加工精度的主要措施

本章的第 2 节已用大量篇幅对影响加工精度的主要因素进行了分析，这对我们研究分析工艺过程产生误差的原因，提出减小加工误差、保证加工精度的措施具有指导意义。事实上，关于减少加工误差的话题已在本章的第 2 节中多次提及过，例如，如何减少受力变形？如何减少受热变形？如何减少内应力？本节将从误差减少技术的角度，对在实际生产中保证和提高加工精度的措施作一归纳。

6.3.1　误差预防技术

俗话说：与其补救于已然，不如防患于未然。误差预防技术是指在源头直接采取减少原始误差或减少原始误差影响的措施。具体技术如下。

(1) 合理采用先进工艺和设备。这是保证加工精度的最基本方法。尽可能合理采用先进的工艺和设备，使每道工序都具备足够的工序能力。随着对产品质量要求的不断提高，该方法的经济效益十分显著。

(2) 直接减少原始误差法。该方法是在查明影响加工精度的主要因素之后，设法对其直接进行消除或减少。该方法在生产中应用较广。如在减少工艺系统受力变形措施中提到的，加工细长轴时采用中心架或跟刀架；采用反向进给切削，使轴向力对工件起拉伸作用，同时尾座改用可伸缩的弹性顶尖。

(3) 均分原始误差法。由于前道工序零件(含毛坯)误差过大，导致“误差复映”严重，或定位误差大，使得本工序不能保证工序加工要求。解决这类问题最好采用均分误差(分组调整)法：将上工序加工的工件(或毛坯)按误差大小分为 n 组，然后按组分别调整加工。此法要比提高毛坯精度或上工序加工精度经济可行。

(4) 转移原始误差法。转移原始误差法实质上是把影响加工精度的原始误差从敏感方向转移到非敏感方向或其他零部件上去。这种方法常用于转移工艺系统的几何误差、受力变形和热变形等。

例如，当在立轴转塔车床车削外圆时，图 6-27(a) 所示车刀呈水平安装形式，由转塔刀架转位误差引起的刀具在误差敏感方向上的位移$\Delta_{分度}$使工件产生$\Delta R_a=\Delta_{分度}$的误差。如果将转塔刀架的水平安装形式改为图 6-27(b) 所示情况(车刀垂直安装)，此时垂直方向为误差敏感方向。由于刀架转位误差此时已位于误差非敏感方向，因此所引起的半径误差可以忽略不计。

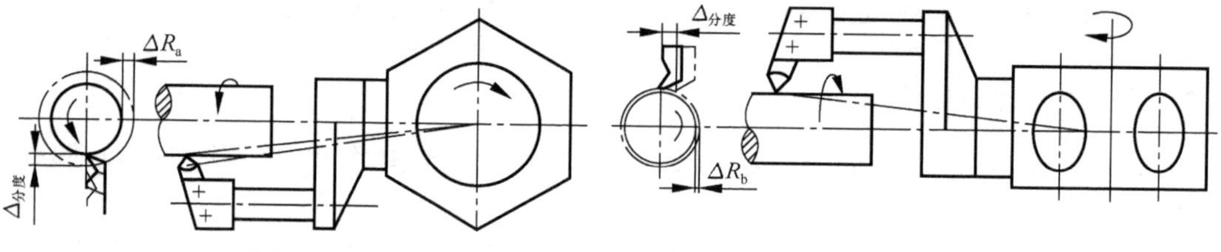

图 6-27　立轴转塔车床刀架转位误差的转移

转移原始误差法的应用实例还有很多。该方法给我们的启示是：当机床精度达不到零件加工要求时，常常不是一味提高机床精度，而是在工艺上或夹具上想办法，创造条件，使机床的几何误差转移到不影响加工精度的方面去。

(5) 均化原始误差法。事实上，该方法在精密零件制造中由来已久。在过去没有精密机床的时代，利用该方法已制造出号称原始平面的精密平板，其平面度仅有几微米。如此高精度的平板就是用“三块平板合研”的方法研出来的。如今，对于配合精度要求很高的轴和孔，常采用研磨方法来制造。

用易位法加工精密分度蜗轮也是均化原始误差法。所谓易位法，就是在工件切削一次后，将工件相对于机床母蜗轮转动一个角度，再切削一次，使加工中所产生的累积误差重新分布一次。

(6) 就地加工法。在机械加工和装配中，有些精度是很难、甚至不可能仅仅依靠零部件本身的精度来保证的。而“就地加工”法不仅可行，而且又经济。例如，为使牛头刨床、龙门刨床的工作台面分别对滑枕和横梁保持很高的平行度，就在装配后在机床自身上进行“自刨自”的精加工。平面磨床的工作台面也是在装配后作“自磨自”的最终加工。这种“自干自”的加工方法在生产中应用很多。

6.3.2　误差补偿技术

误差补偿的方法就是人为地制造一种新的原始误差去抵消当前成为问题的原有的原始误差，并应尽量使两者大小相等，方向相反，从而达到减少加工误差，提高加工精度的目的。

用误差补偿的方法来消除或减小常值系统误差一般来说是比较容易的，因为用于抵消常值系统误差的补偿量是固定不变的。

(1) 误差补偿法。误差补偿法即人为造出一种新的误差，去抵消工艺系统中原有的原始误差。或用一种原始误差去抵消另一种原始误差。尽量使两者大小相等，方向相反，从而达到减少加工误差，提高加工精度的目的，误差补偿技术在机械制造中的应用十分广泛。

图 6-28 所示为龙门铣床由于横梁立铣头自重的影响，横梁导轨向下弯曲变形。采用误差补偿法，在横梁导轨制造时故意使导轨面产生向上凸的几何形状误差，从而抵消由于铣头自重产生向下的弯曲变形，保证加工精度。

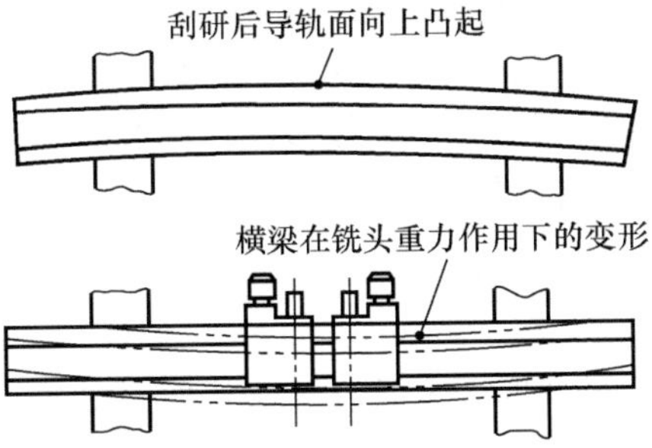

图 6-28 龙门铣床横梁导轨预加变形

(2) 控制误差法。原始误差中的常值系统误差比较容易处理，只要测量出来，就可以用前面的误差补偿的方法来消除或减少。对于变值系统误差的补偿就不是用一种固定的补偿量所能解决的。于是生产中就发展了所谓积极控制的误差补偿技术，又叫控制误差法。下面介绍一种利用在线检测进行误差补偿的方法。

在加工循环中，利用测量装置连续地测量出工件的实际尺寸，随时给刀具以附加的补偿量以控制刀具和工件间的相对位置，直至实际值与调定值的差不超过预定的公差为止。这样，工件尺寸的变动范围始终在自动控制之中。现代机械加工中的在线测量和在线补偿就属于这种形式。

例如，图 6-29 是车精密丝杠时使用的螺距误差补偿装置。车床主轴每转一转，光电编码盘发出 1024 或 2048 个脉冲；光栅式位移传感器测量纵向位移量。将主轴回转量信号与刀架纵向位移量信号经 A/D 转换同步输入计算机，经数据处理适时求取螺距误差数据后，再由计算机发出螺距误差补偿控制信号，驱动压电陶瓷微位移刀架(装在溜板刀架上)作螺距误差补偿运动。实测结果表明，采取误差补偿措施后，单个螺距误差可减少 89%，累计螺距误差可减少 99%，误差补偿效果显著。

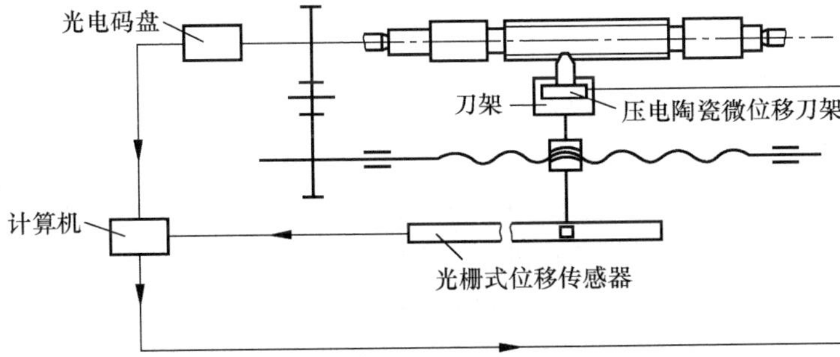

图 6-29 精密丝杠螺距误差补偿装置

6.4 加工误差的统计分析

6.4.1 加工误差的分类

根据加工一批工件时误差出现的规律，加工误差可分为系统误差和随机误差。之所以要对加工误差重新分类，是因为不同性质的加工误差，其解决的途径也不同。

1. 系统误差

在顺序加工一批工件时，若误差的大小和方向保持不变，或者按一定规律变化的误差即为系统性误差。前者称为常值系统误差，后者称为变值系统误差。加工原理误差，机床、刀具、夹具、量具的制造误差，工艺系统静力变形引起的加工误差等都属于常值系统误差。而工艺系统(特别是机床、刀具)在热平衡前的热变形、刀具磨损均属于变值系统误差。

2. 随机误差

在顺序加工一批工件时，若误差的大小和方向呈无规律的变化，称为随机误差。如毛坯误差(余量大小不一、硬度不均匀等)的复映、定位误差、夹紧误差、内应力引起的误差、多次调整的误差等都属于随机误差。随机误差从表面上看似乎没有什么规律，但应用数理统计方法，可以找出一批工件加工误差的总体规律。

应该指出，随机误差和系统误差的划分并非是绝对的，他们之间既有区别也有联系。同一原始误差在不同的场合下会表现出不同的性质。例如，机床在一次调整中加工一批零件时，机床的调整误差是常值系统误差。但是，当多次调整机床时，每次调整时发生的调整误差就不可能是常值，变化也无一定规律，因此对于经多次调整所加工出来的大批工件，调整误差所引起的加工误差又成为随机误差。

6.4.2 分布曲线分析法

分布曲线分析法是将测量加工后所得一批工件的实际尺寸或误差，根据测量结果作出该批工件尺寸或误差的分布图，按照此图来分析和判断加工误差的情况。

1. 实际分布曲线

通过实例来说明实际分布曲线的绘制步骤。

例 6-1 检查一批在卧式镗床上精镗后的活塞销孔直径。图纸规定尺寸与公差为$\phi 28^{0}_{-0.015}$mm，随机抽取 n=100 个工件(称为样本)进行测量，由于随机误差和变值系统误差的存在，发现这些孔的尺寸各不相同，这种现象称为“尺寸分散”。把测得的数据记录下来，并按尺寸大小将整批工件进行分组，分组数应适当(参照表 6-2)。每一组中的零件尺寸处在一定的间隔范围内。同一尺寸间隔内的零件数量称为频数，频数与该批零件总数之比称为频率。

表 6-2 样本与组数的选择

数据的数量	分组数
50～100	6～10
100～250	7～12
250 以上	10～20

分组数 $k=6$。分组间隔取

$$h=\frac{x_{\max}-x_{\min}}{k-1}=0.002\mu\text{m} \tag{6-13}$$

频数和频率见表 6-3。以工件尺寸或误差为横坐标，以频数或频率为纵坐标，即可作出该工序工件加工尺寸的实际分布图。为了便于比较，纵坐标应采用频率密度。

表 6-3　活塞销孔测量结果

组别	尺寸范围/mm	组中值 X_j/mm	频数 m_i	频率 m_i/n
1	27.992～27.994	27.993	4	4/100
2	27.994～27.996	27.995	16	16/100
3	27.996～27.998	27.997	32	32/100
4	27.998～28.000	27.999	30	30/100
5	28.000～28.002	28.001	16	16/100
6	28.002～28.004	28.003	2	2/100

$$\text{频率密度}=\frac{\text{频率}}{\text{组距}}=\frac{\text{频数}}{\text{样本容量}\times\text{组距}}$$

直方图上矩形的面积=频率密度×组距=频率

以组中值X_j代替组内零件实际值，绘制图6-30为实际分布曲线——折线图(由直方图的组中值连线而得)。分散范围=最大孔径–最小孔径=28.04–27.992=0.012(mm)。

为了进一步分析该工序的加工精度情况，可在实际分布图上标出该工序的加工公差带位置，并计算该样本的统计数字特征：平均值$\bar{X}$和标准偏差σ。

样本的平均值$\bar{X}$表示该样本的尺寸分散中心，它主要取决于调整尺寸的大小和常值系统性误差。

$$\bar{X}=\frac{1}{n}\sum_{i=1}^{n}X_i m_i=27.9979\text{mm} \qquad (6\text{-}14)$$

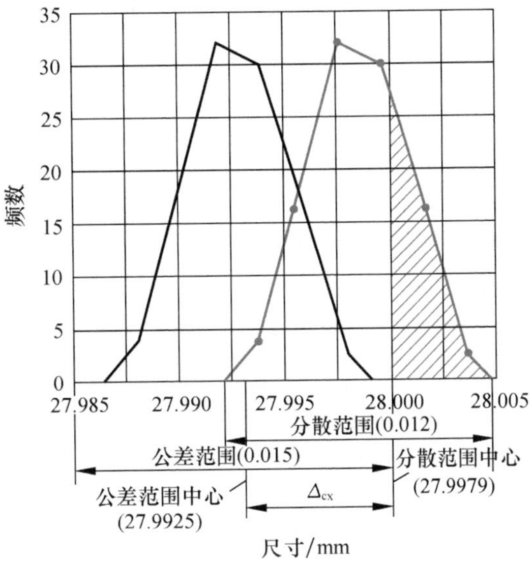

图 6-30　活塞销孔直径尺寸实际分布图

公差范围中心：L_M=28–0.015/2=27.9925(mm)。

常值系统误差：Δ_{cx}=27.9979–27.9925=0.0054(mm)。

样本的标准偏差σ反映了该批工件的尺寸分散程度，它是由变值系统误差和随机误差决定的。该误差大，σ也大；误差小，σ也小。

$$\sigma=\sqrt{\frac{1}{n}\sum_{i=1}^{n}(x_i-\bar{X})^2}=0.002244\text{mm} \qquad (6\text{-}15)$$

由图 6-30 看出，部分工件的尺寸超出了公差范围，即出现了废品(实际分布曲线图中阴影部分)；但这批工件的分散范围 0.012mm 比公差带 0.015mm 小，说明实际加工能力比图纸要求的要高：$T>6\sigma$。之所以出现了废品，是由于有系统误差Δ_{cx}=0.0054 存在。如果能设法将分散中心调整到公差范围中心，工件就完全合格。具体的调整方法是将镗刀的伸出量调短些，以减少镗刀受力变形产生的加工误差。

为了知道这一批零件的废品率，为了进一步研究工序的加工精度问题，常常应用数理统计学中的一些理论分布曲线代替实际分布曲线，以便找出频率密度与加工尺寸(或误差)之间的关系。

2. 理论分布曲线

1) 正态分布曲线

大量实验表明，用调整法加工一批工件，当加工中不存在明显的变值系统误差时，则加工后零件的尺寸是近似服从正态分布曲线(高斯曲线)，如图 6-31 所示。其概率密度的函数表达式为

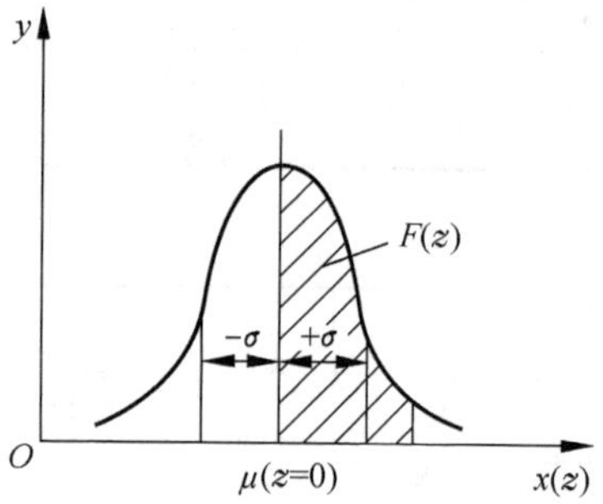

图 6-31 正态分布曲线

$$y=\frac{1}{\sigma\sqrt{2\pi}}\mathrm{e}^{-\frac{1}{2}\left(\frac{x-\mu}{\sigma}\right)^2} \quad (-\infty<x<+\infty,\sigma>0) \tag{6-16}$$

式中，y——分布概率密度；

x——随机变量；

μ——正态分布随机变量总体的算术平均值(分散中心)；

σ——正态分布随机变量的标准偏差。

正态分布的概率密度函数有两个特征参数。由式(6-16)及图 6-31 可以看出，当 $x=\mu$ 时，$y_{\max}=1/\sigma\sqrt{2\pi}$，这是曲线的最大值，也是曲线的分布中心。在它左右的曲线是对称的。正态分布总体的μ和σ通常是不知道的，但可以通过它的样本平均值$\bar{x}$和样本标准偏差σ来估计。即用样本的$\bar{x}$代替总体的μ，用样本的σ代替总体的σ。表征分布曲线位置的参数是$\bar{x}$。当σ不变时，改变$\bar{x}$的值，分布曲线沿横坐标移动，但形状不变，如图 6-32(a)所示。σ是表征分布曲线形状的参数。当$\bar{x}$不变时改变σ，曲线形状发生变化，如图 6-32(b)所示。可见，σ反映了随机变量的分散程度，其大小完全由随机误差所决定。

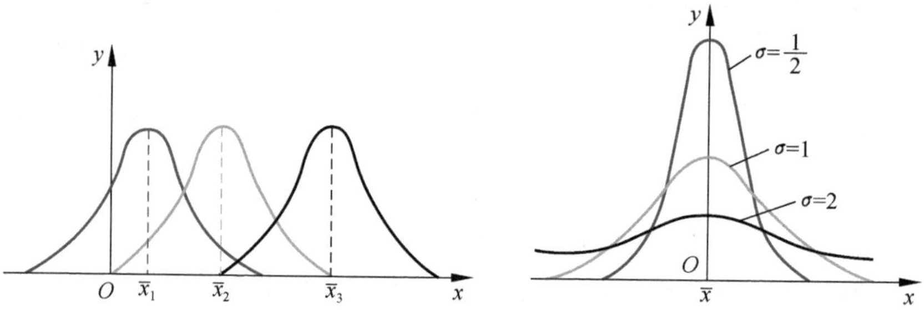

(a) σ不变，$\bar{x}$变化时的情形　　(b) $\bar{x}$不变，σ变化时的情形

图 6-32 $\bar{x}$、σ对正态分布曲线的影响

平均值$\mu=0$，标准差$\sigma=1$的正态分布称为标准正态分布，记为：$x(z)\sim N(0,1)$。由分布函数的定义可知，正态分布函数是正态分布概率密度函数的积分，即

$$F(x)=\frac{1}{\sigma\sqrt{2\pi}}\int_{-\infty}^{x}\mathrm{e}^{-\frac{1}{2}\left(\frac{x-\mu}{\sigma}\right)^2}\mathrm{d}x \tag{6-17}$$

正态分布曲线下的面积$F(x)=\int_{-\infty}^{+\infty}y\mathrm{d}x=1$代表了全部零件数(即 100%)。令$Z=\dfrac{x-\mu}{\sigma}$，则

$$F(z)=\frac{1}{\sqrt{2\pi}}\int_{0}^{z}\mathrm{e}^{-\frac{z^2}{2}}\mathrm{d}z \tag{6-18}$$

利用上式，可将非标准正态分布转换成标准正态分布进行计算(图 6-31)。$F(z)$为图 6-31 中有阴影部分的面积。不同 z 值的 $F(z)$ 可由表 6-4 查出。

表 6-4 $F(z)=\frac{1}{\sqrt{2\pi}}\int_0^z e^{-\frac{z^2}{2}}dz$

z	$F(z)$	z	$F(z)$	z	$F(z)$	z	$F(z)$	z	$F(z)$
0.02	0.0080	0.36	0.1406	0.66	0.2454	1.10	0.3643	2.10	0.4821
0.04	0.0160	0.38	0.1480	0.68	0.2517	1.15	0.3749	2.20	0.4861
0.06	0.0239	0.40	0.1554	0.70	0.2580	1.20	0.3849	2.30	0.4893
0.08	0.0319	0.42	0.1628	0.72	0.2642	1.25	0.3944	2.40	0.4918
0.09	0.0359	0.43	0.1664	0.74	0.2703	1.30	0.4032	2.50	0.4938
0.10	0.0398	0.44	0.1700	0.76	0.2764	1.35	0.4115	2.60	0.4953
0.12	0.0478	0.45	0.1736	0.78	0.2823	1.40	0.4192	2.70	0.4965
0.14	0.0557	0.46	0.1772	0.80	0.2881	1.45	0.4265	2.80	0.4974
0.16	0.0636	0.47	0.1808	0.82	0.2939	1.50	0.4332	2.90	0.4981
0.18	0.0714	0.48	0.1844	0.84	0.2995	1.55	0.4394	3.00	0.49865
0.19	0.0753	0.49	0.1879	0.86	0.3051	1.60	0.4452	3.20	0.49931
0.20	0.0793	0.50	0.1915	0.88	0.3106	1.65	0.4505	3.40	0.49966
0.22	0.0871	0.52	0.1985	0.90	0.3159	1.70	0.4554	3.60	0.499841
0.24	0.0948	0.54	0.2054	0.92	0.3212	1.75	0.4599	3.80	0.499928
0.26	0.1026	0.56	0.2123	0.94	0.3264	1.80	0.4641	4.00	0.499968
0.28	0.1103	0.58	0.2190	0.96	0.3315	1.85	0.4678	4.50	0.499997
0.30	0.1179	0.60	0.2257	0.98	0.3365	1.90	0.4713	5.00	0.49999997
0.32	0.1255	0.62	0.2324	1.00	0.3413	1.95	0.4744	—	—
0.34	0.1331	0.64	0.2389	1.05	0.3531	2.00	0.4772	—	—

当 $x-\mu=\pm3\sigma$ 时，由表 6-4 查得 $2F(3)$=99.73%，即 99.73%的工件尺寸落在 $\pm3\sigma$ 范围内，仅有 0.27%的工件在范围之外(可忽略不计)。因此，可以认为正态分布曲线的分散范围为 $\pm3\sigma$。

$\pm3\sigma$（或 6σ）的概念，在研究加工误差时应用很广，是一个很重要的概念。6σ 的大小代表某加工方法在一定条件下所能达到的加工精度，所以在一般情况下，应该使所选择的加工方法的标准差 σ 与公差带宽度 T 之间具有下列关系

$$6\sigma \leqslant T \tag{6-19}$$

但考虑到系统性误差及其他因素的影响，应当使 6σ 小于公差带宽度 T，方可保证加工精度。

2) 非正态分布曲线

工件实际尺寸的分布情况，有时并不符合正态分布。例如，将在两次调整下加工出的工件混在一起测定，尽管每次调整时加工的工件都接近于正态分布，但由于常值系统误差不同，相当于两个正态分布中心位置不同，叠加在一起就会得到如图 6-33(a)所示的双峰曲线。

又如当磨削细长孔时，如果砂轮磨损较快且没有自动补偿，则工件的实际尺寸分布将成平顶分布，如图 6-33(b)所示。它实质上是正态分布曲线的分散中心在不断地移动，也即在随机性误差中混有变值系统性误差。

再如，用试切法加工轴颈或孔时，由于操作者为了避免产生不可修复的废品，主观地(而

不是随机的）使轴颈加工得宁大勿小，使孔径加工得宁小勿大，则它们的尺寸就是偏态分布，如图 6-33（c）所示。当用调整法加工，刀具热变形显著时、也会出现偏态分布。

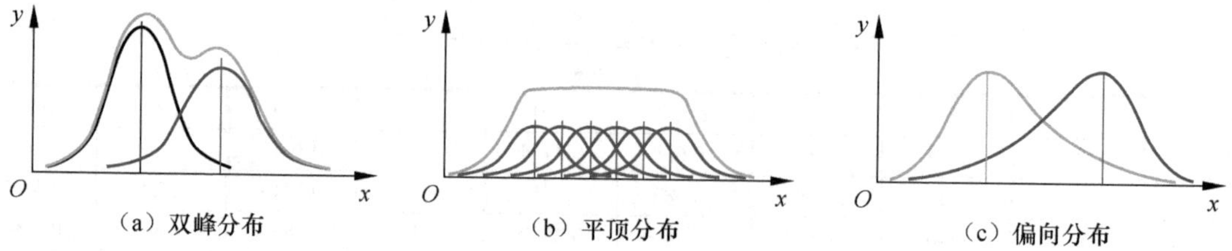

图 6-33　几种非正态分布曲线

3. 分布曲线的应用

（1）判别加工误差的性质。如果 $T/6\sigma<1$，则必然出废品，且主要是由随机误差造成的。如果 $T/6\sigma\geqslant 1$，且有废品出现，则主要是由系统误差引起的；如果此时尺寸分布服从正态分布，则说明加工过程中没有明显的变值系统误差。尺寸分散中心 $\bar{X}$ 与公差带中心不重合就说明存在常值系统误差。

（2）确定工序能力及其等级。工序能力是指某工序处于稳定、正常状态时，此工序加工误差正常波动的幅值。当加工尺寸服从正态分布时，根据 $\pm 3\sigma$ 原则，工序能力为 6σ。引入工序能力系数 C_p 以判断工序能力的大小。C_p 按下式计算

$$C_p = T/6\sigma \tag{6-20}$$

根据 C_p 的大小，把工序能力分为五级（表 6-5）。一般情况下，工序能力不应低于二级。

表 6-5　工序能力系数等级

工序能力系数	$C_p>1.67$	$1.67\geqslant C_p>1.33$	$1.33\geqslant C_p>1.00$	$1.00\geqslant C_p>0.67$	$0.67\geqslant C_p$
工序能力等级	特级工艺	一级工艺	二级工艺	三级工艺	四级工艺
工序能力判断	很充分	充分	够用但不充分	明显不足	非常不足

（3）估算不合格品率。

根据例 6-1 已计算出的结果，可知其工序能力系数 $C_p=T/6\sigma=1.11$，属于二级工艺。因为

$$\frac{x-\bar{x}}{\sigma}=\frac{28-27.9979}{0.002244}=0.9358$$

查表 6-4 可得 A=0.3253。所以

$$P_{废品率}=0.5-A=0.5-0.3253=0.1747=17.47\%$$

$$P_{合格率}=0.5+A=0.5+0.3253=0.8253=82.53\%$$

【讨论】　既然 $C_p=T/6\sigma=1.11>1$，为什么会出废品？主要是由什么原因造成的？有什么办法可以减少甚至消除废品？

由前面的实例分析发现，分布曲线分析法难以把随机误差与变值系统误差区分开，主要是由于分析时没有考虑到工件加工的先后顺序。另外是在一批工件加工完毕后才知道尺寸分布情况的，因此不能在加工过程中及时提供控制精度的信息。采用点图分析法可以弥补这些不足。

6.4.3 点图分析法

点图法是在一批工件的加工过程中，按顺序依次测量被加工工件的尺寸，并以时间间隔为序，逐个或逐组记入相应图表中，以此为依据对加工误差以及加工过程进行分析的方法。

点图有多种形式，这里仅介绍单值点图和 $\bar{X}$ -R 点图两种。

1. 单值点图

按照加工顺序逐个测量一批工件的尺寸，以工件序号为横坐标，工件尺寸(或误差)为纵坐标，就可作出如图 6-34 所示的点图。为了缩短点图的长度，可把顺次加工的几个零件编为一组，以工件组序为横坐标，而纵坐标与图 6-34 相同，可作出如图 6-35 所示的点图。假如把点图上的上、下极限点包络成两根平滑的曲线，并作出这两根平滑的曲线的平均值曲线，如图 6-36 所示，就能较清楚地揭示加工过程中误差的性质及其变化趋势。平均值曲线 OO' 表示每一瞬时的分散中心，其变化情况反映了变值系统性误差随时间变化的规律。其起始点 O 则可看出常值系统性误差的影响。上、下限 AA' 和 BB' 间的宽度表示每一瞬时尺寸的分散范围，也就是反映了随机性误差的大小，其变化情况反映了随机性误差随时间变化的规律。

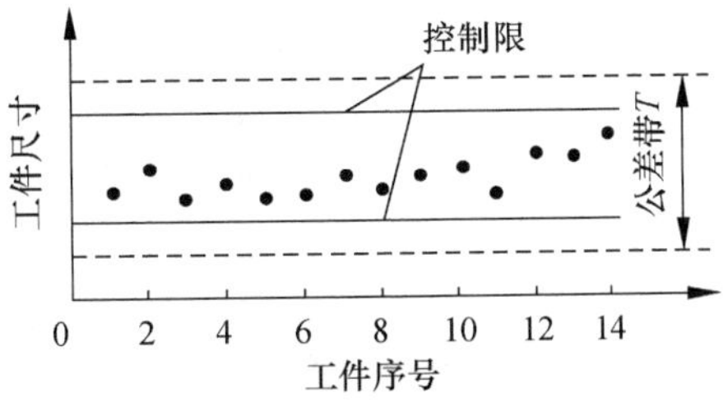

图 6-34 逐点绘制的单值点图

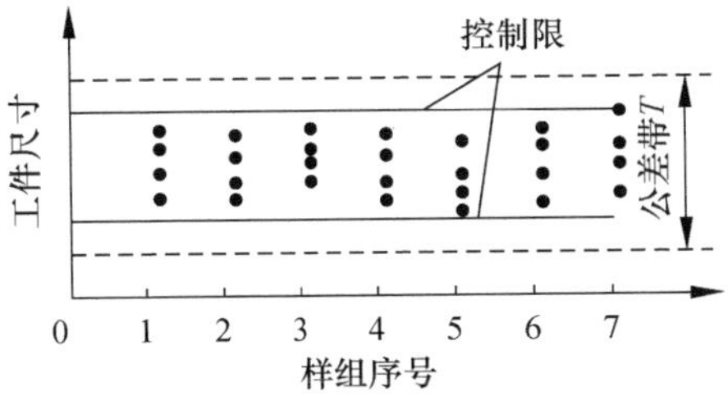

图 6-35 分组绘制的单值点图

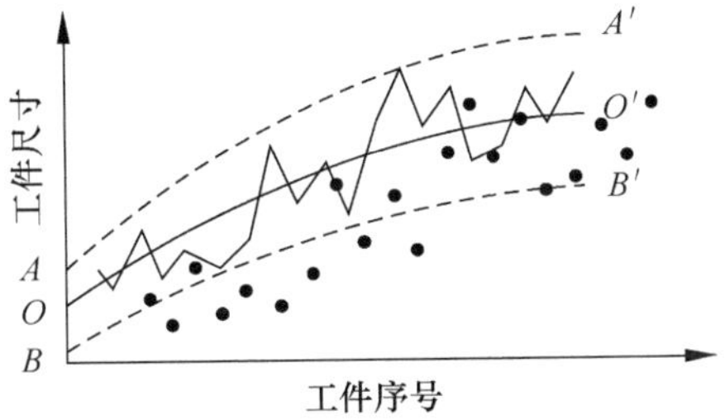

图 6-36 反映变值系统误差的单值点图

单值点图上画有上、下两条控制界限的虚线，作为控制不合格品的参考界限。

2. $\bar{X}$ -R 图

为了能直接反映加工过程中系统误差和随机误差随加工时间的变化趋势，实际生产中常用 $\bar{X}$ -R 图代替单值点图。$\bar{X}$ -R 图是每一小样组的平均值 $\bar{X}$ 控制图和极差 R 控制图联合使用时的统称。前者控制工艺过程质量指标的分布中心，后者控制工艺过程质量指标的分散程度。

$\bar{X}$ -R 图的横坐标是按时间先后采集的小样本的组序号，纵坐标为样本的平均值 $\bar{X}$ 和极差 R。

绘制 $\bar{X}$ -R 图是以小样本顺序随机抽样为基础的。在工艺过程中，每隔一定时间抽取容量 m=2～10 件的一个小样本，求出小样本的平均值 $\bar{X}_i$ 和极差 R_i。经过若干时间后，就可取得若干组(例如 k 组，通常取 k=25)小样本。这样，以样组序号为横坐标，分别以 $\bar{X}_i$ 和 R_i 为纵坐标，就可分别作 $\bar{X}$ 点图和 R 点图，如图 6-37 所示。

在 $\overline{X}$ -R 图上设置三根线，即中心线和上、下控制线，即可得到图 6-38 所示的 $\overline{X}$ -R 控制图。

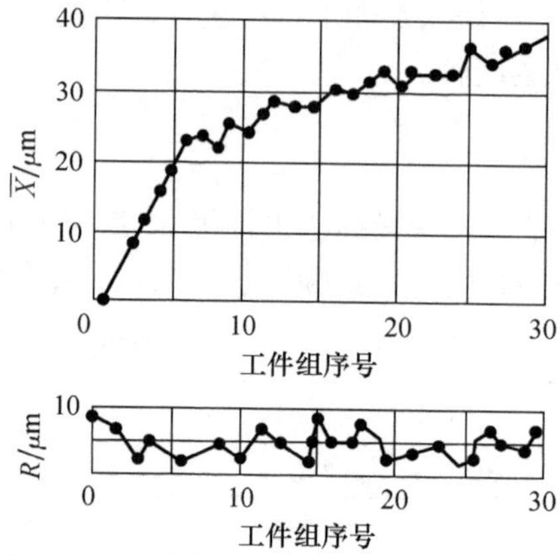

图 6-37　$\overline{X}$ 点图、R 点图

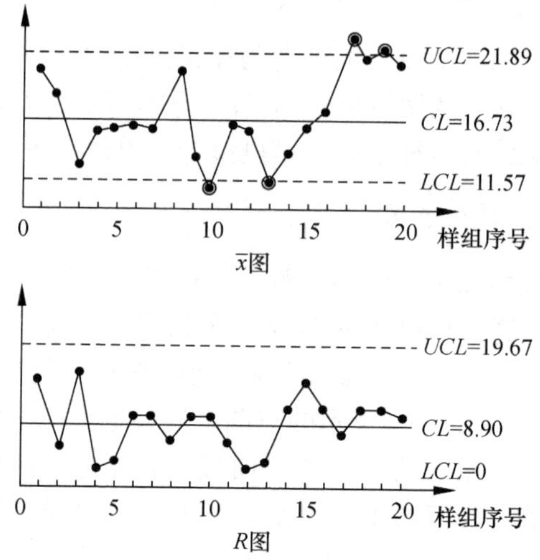

图 6-38　$\overline{X}$ -R 控制图

$\overline{X}$ 图的中心线
$$CL = \frac{1}{k}\sum_{i=1}^{k} x_i \tag{6-21}$$

$\overline{X}$ 图的上控制线
$$UCL = \overline{X} + AR \tag{6-22}$$

$\overline{X}$ 图的下控制线
$$LCL = \overline{X} - AR \tag{6-23}$$

R 的中心线
$$CL = \frac{1}{k}\sum_{i=1}^{k} R_i \tag{6-24}$$

R 的上控制线
$$UCL = D_1\overline{R} \tag{6-25}$$

R 的下控制线
$$LCL = D_2\overline{R} \tag{6-26}$$

系数 A、D_1、D_2 值见表 6-6。

表 6-6　系数 A、D_1、D_2 的数值

每组件数	3	4	5	6	7	8	9
A	1.0231	0.7285	0.5768	0.4833	0.4193	0.3726	0.3367
D_1	2.5742	2.2819	0.0002	2.0039	1.9242	1.8641	1.8162
D_2	0	0	0	0	0.0758	0.1359	0.1838

6.5　加工精度综合分析实例

6.5.1　问题的提出

有关影响加工精度的各项主要因素都已经在前面叙述过了，但是机械加工中的精度问题是一个综合性的问题，解决精度问题的关键在于能否在具体条件下判断出影响加工精度的主要误差因素。因此在解决加工精度问题时，首先必须对具体情况作深入地调查，然后运用前面所学的知识进行理论分析，并配合必要的现场测试，以便摸清误差发生的规律，找出误差产生的主要原因，提出相应的解决措施。

例 6-2 图 6-39 所示为某车床的尾座体，其加工路线为：粗、精加工底面→粗镗、半精镗、精镗 ϕ70 孔→加工横孔→珩磨 ϕ70H7 孔。珩磨后发现，有部分工件因锥度超差而报废。珩磨工人抱怨说："我已经加大了珩磨余量，但还无济于事"。根据误差类型，初步判断质量问题发生在精镗工序，精镗后孔可能有较大的圆柱度误差(锥度)。

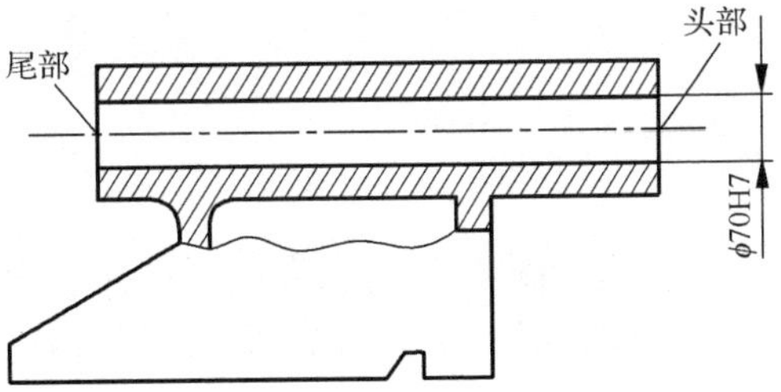

图 6-39　尾座体简图

6.5.2　分析和解决加工质量问题的过程

1. 误差情况的调查与数据整理

(1) 对加工中所用机床、刀具、量具、夹具进行分析。半精镗和精镗是在图 6-40 所示专用镗床上作为同一工序用双工位夹具进行加工的。精镗时采用双刃镗刀(图 6-41)，加工时主轴用万向接头带动镗杆旋转，工作台连同镗模夹具作进给运动，镗刀从工件尾部切入，从头部切出。

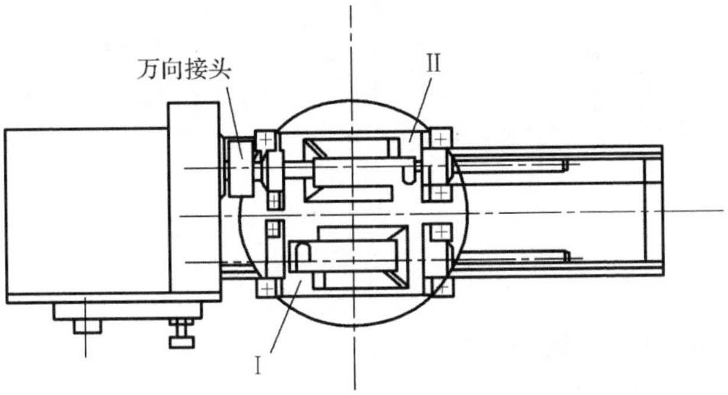

图 6-40　加工尾座体ϕ70H7 孔的专用镗床

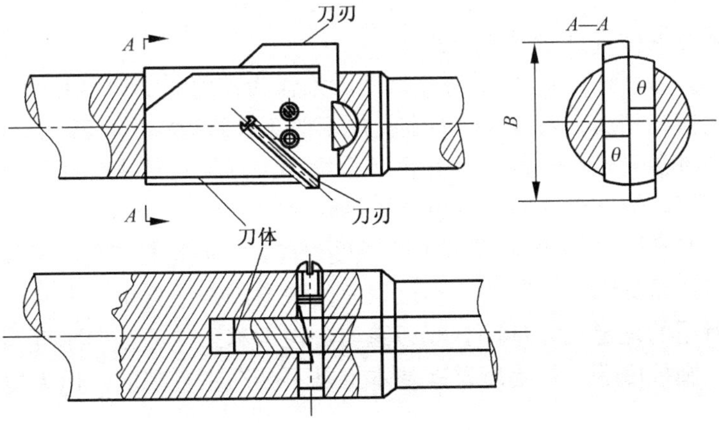

图 6-41　双刃镗刀

(2) 按加工顺序顺次测量 50 个工件，发现全部都是头部孔径大于尾部孔径(正锥度)。根据测量数据和频数分布计算出误差平均值 $\bar{X}$ 和标准差 S。

$$\bar{X} = 14.65\mu\text{m} \approx 15\mu\text{m}$$

$$S = 6.85, \quad \sigma_{n-1} = \sqrt{\frac{n}{n-1}}S = 6.93$$

(3) 半精镗后检测发现，工件孔也带有 0.13～0.16mm 的正锥度。

(4) 调查发现，现行的精镗工艺已采用多年，开始时工件孔的锥度很小，误差是逐渐增大的。

2. 用直方图和 $\bar{X}$ -R 点图对误差情况进行分析

根据现场测量数据和频数分布作直方图和 $\bar{X}$ -R 点图(图 6-42)。从直方图来看，误差近似于正态分布，从 $\bar{X}$ -R 点图来看，也没有异常波动，但样本平均值 $\bar{X}$ 达 15μm，说明存在较大的常值系统误差。

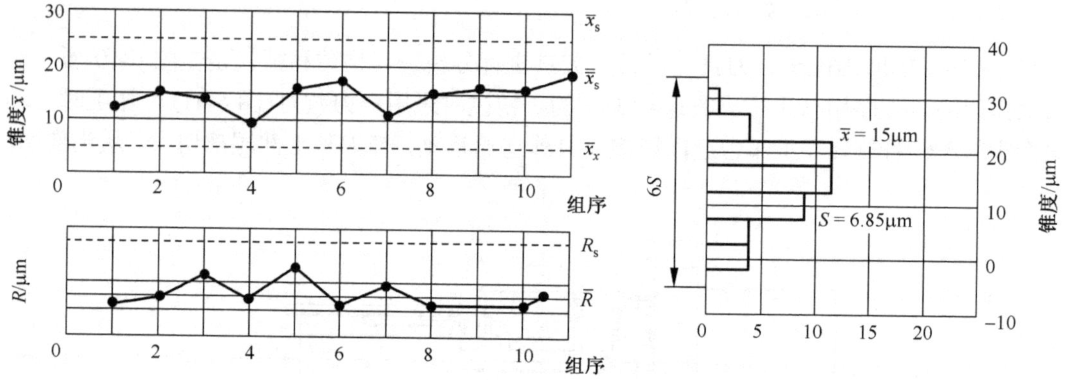

图 6-42　尾座体孔锥度的直方图和 $\bar{X}$ -R 点图

产生这项误差的可能原因分析如下：

(1) 刀具尺寸磨损。由于精镗时是从孔尾部镗向孔头部，刀具尺寸磨损应使头部孔径小于尾部，这与实际情况恰好相反，故这个误差因素可以排除。

(2) 刀具热伸长。刀具热伸长将使头部孔径大于尾部，与工件的误差情况一致，因此对刀具热伸长这一因素有继续进行研究的必要。

(3) 工件热变形。如前所述，可以将该误差因素作为常值系统误差对待，但产生锥度的方向却应与实际误差情况相反。因为开始镗削孔尾部时工件没有温升，其孔径以后也不会变化，在镗到孔头部时工件温升最高，加工后孔径还会缩小，结果将是头部孔径小于尾部，这与实际误差情况也不相符。故这个误差因素也可以排除。

(4) 毛坯误差的复映。半精镗后有较大的锥度误差，方向也与工件实际误差方向一致，因此加工误差似乎可能是该因素引起的。不过误差复映原因是根据单刃刀具加工情况推导而得的规律，而这里所用的是定尺寸(可调)双刃镗刀、镗刀和工件的径向刚度均很大，因此对象孔的尺寸、圆度、圆柱度等一类毛坯误差基本上是不会产生复映的。但为慎重起见，再用实验确认一下。

(5) 工艺系统的几何误差。由于存在常值系统误差，而且在开始采用该工艺时加工质量是能满足要求的，因此有必要从机床、夹具、刀具的几何误差中去寻找原因。本例镗杆是用万向接头与主轴浮动连接，精度主要由镗磨夹具保证而与机床精度关系不大。如镗磨的回转式导套有偏心或镗杆有振摆，都会引起工件孔径扩大而产生锥度误差，故必须对夹具和镗杆进行检查。

3. 用因果分析图对误差情况进行分析

为了便于分析，针对为什么产生圆度误差这一问题，经调查广泛了解情况之后，可将各方面的意见反映在一张因果图上，如图 6-43 所示，又称树枝图或鱼刺图。在分析探讨一个质量问题的产生原因时，离不开工艺系统的几个主要方面，如机床、夹具、刀具、操作、测量、作业环境、工件(或毛坯)等因素有密切关系。

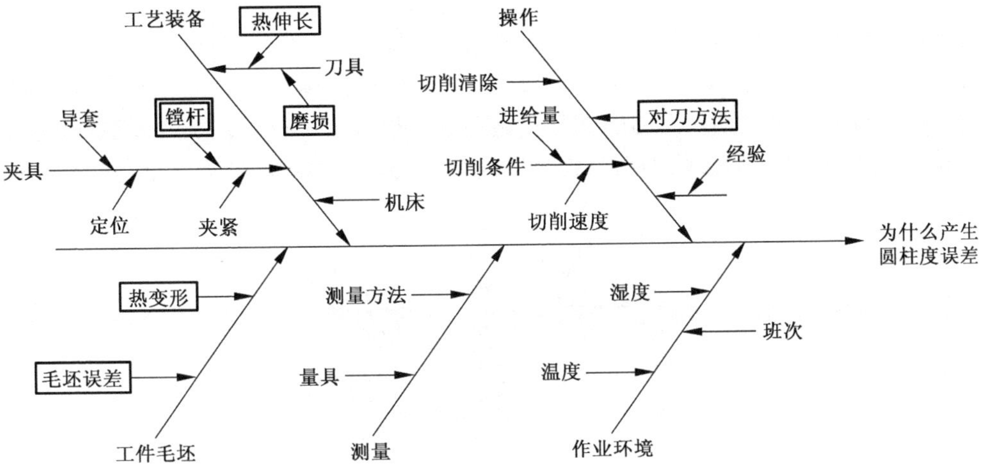

图 6-43　因果分析图

由图 6-43 看出，所有可能的影响因素都提到了。图中方框指的是主要影响因素。下面再做深入细致的分析，认为其中的几项可能影响不大。

(1) 测试刀具热伸长。用半导体点温计测量刀具的平均温升仅 5℃，所以刀具的热伸长为

$$\Delta D = \alpha D \Delta t = 1.1 \times 10^{-5} \times 70 \times 5\text{mm} = 0.00385 = 3.85\mu\text{m}$$

再用千分尺直接测量镗刀在加工每一个工件前后的尺寸，也无显著变化，故可断定刀具热伸长不是主要的误差因素。

(2) 测试毛坯误差的复映。选取了四个半精镗后的工件，其中两个工件的锥度为 0.15mm，另外两个工件的锥度仅 0.04～0.05。精镗后发现四个工件的锥度均在 0.02mm 左右，也无明显差别。证实了初步分析时的结论，即毛坯误差的复映也不是主要影响因素。

(3) 测试夹具和镗杆。对镗模的回转式导套内孔检查，未发现有显著径向圆跳动；但对镗杆在用 V 形架支承后检查(图 6-44)，发现其两端(直径较细的一端)有较大的弯曲，最大跳动量为 0.1mm。

为了检查镗杆弯曲对加工精度的影响，做了如下进一步的测试：首先借助千分表将图 6-45 所示的双刃镗刀块宽度 B 调到与工件所需孔径相等，然后将镗刀块插入镗杆，并按加工时的对刀方法，移动工作台，使镗刀块处于工件孔的中间位置，用千分表测量两刀刃，使两刀刃

对镗杆回转中心对称并固紧(图 6-45(a))。对好刀后，将镗刀块先后分别移到镗孔尾部，两刀刃高低相差 5μm；而在孔头部，却相差 30μm。这样显然会造成工件头部的孔径大于尾部。

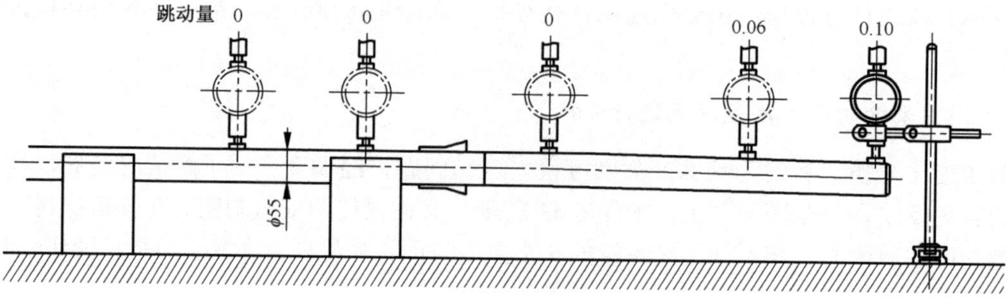

图 6-44　镗杆弯曲检查

为什么镗杆弯曲会造成镗刀两刀刃高低差。原因如下：

当镗杆有了弯曲时，在图 6-45(a)的位置上，装刀块处的镗杆几何中心就偏离了其回转中心，设偏移量为 e。如上所述，刀刃的调整正是在这一位置上进行的。既然调整时是使两刀刃对镗杆回转中心相对称，那么两刀刃对镗杆的几何中心就不对称，即有了 $2e$ 的高低差。

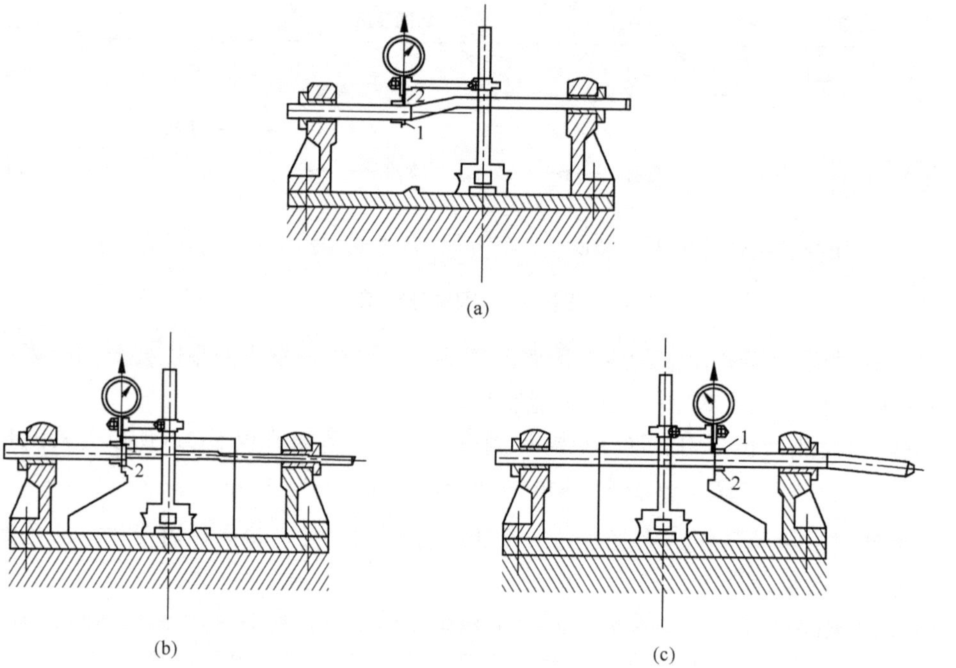

图 6-45　检查镗刀弯曲对加工精度影响的方法

由于镗杆主要是在前端弯曲，因此在镗削工件孔的头部时(图 6-45(c))，镗杆的弯曲部分已经伸出右方导套之外，此时两个导套之间的镗杆已无弯曲，镗杆的几何中心也就与回转中心重合了。但是上面说过，两刀刃对镗杆几何中心是有着 $2e$ 的高低差别的，因此这时两刀刃对镗杆回转中心也就产生了 $2e$ 的高低差。这就是所测得的两刀刃高度差为 30μm 的原因。

镗削工件孔尾部时，镗杆弯曲仍在两个导套之间，因其影响仍然存在，只是其影响大小略有变化，即此处两刀刃对镗杆回转中心的高低差为 5μm。

因此，由于镗杆弯曲引起的尾座体孔锥度误差(实际上是两段孔径差)是(30–5)=25μm。

在实际加工中，由于两刀刃不对称，切削力也不等，引起镗杆变形，故两端孔径差将小于25μm。

关于引起锥度波动的主要原因之一是镗杆与导套间有切屑、杂物的影响。在每次装入镗杆前仔细清理镗杆与导套，锥度误差的分散范围就会显著减小。

4. 改进后的效果验证

要证实上述分析判断是否合乎实际，需要重新制造一根镗杆。

同时，我们也可以改进调整镗刀的方法来减少误差。假设在调整时(此时镗刀块在两导套间大致正中位置)，把镗刀的几何中心调整到 o 点(图6-46)，就可以使镗刀块在三个位置时两刀刃高低差绝对值的差值最小。即在镗工件孔头部和尾部时，两刀刃高低差均为17.5μm，在镗孔中部位置时，两刀刃高低差为12.5μm，差值仅为5μm。而能直接测量得到的两端孔径，理论上没有差值。

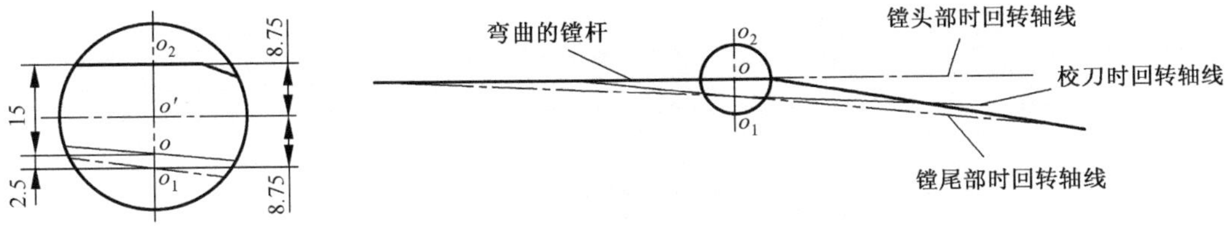

图6-46 改进镗刀调整

按上述方法调整镗刀块后再加工一批工件，结果两端孔径差的平均值只有1.15μm，说明常值系统误差基本上已经消除。

6.6 影响加工表面质量的因素

6.6.1 影响表面粗糙度的因素

1. 切削加工中影响表面粗糙度的因素

(1)刀具几何形状的影响。切削加工后的表面粗糙度是刀具相对工件做进给运动时在加工表面上遗留下来的切削层残留面积，如图6-47所示。切削层残留面积越大，表面粗糙度值就越高。影响表面粗糙度的主要因素有：刀尖圆弧半径 r_ε、主偏角 κ_r、副偏角 κ_r' 及进给量 f 等。

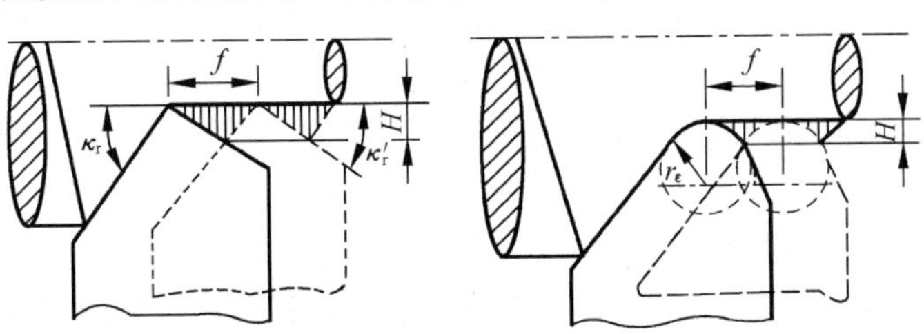

图6-47 切削层残留面积

当用尖刀刃切削时，切削层残留面积高度为

$$H = f / (\cot \kappa_r + \cot \kappa_r') \tag{6-27}$$

当用圆弧刀刃切削时，切削层残留面积高度为

$$H = f^2 / 8r_\varepsilon \tag{6-28}$$

可见，减小进给量、减小刀具的主、副偏角、增大刀尖圆弧半径可以减小表面粗糙度。事实上，刀具前角γ_0和后角α_0对表面粗糙度也有一定的影响。如增大前角γ_0可以减小材料的塑性变形，有利于降低粗糙度。适当增大后角α_0可以减小后刀面与工件的摩擦，也有利于降低粗糙度。

(2) 切削用量的影响。切削用量三要素中，进给量对表面粗糙度影响最大。但切削速度的影响也不能忽视。采用低、中切削速度加工塑性金属材料时容易出现鳞刺和积屑瘤，使加工表面粗糙度严重恶化，如图 6-48 所示。刀具与被加工材料的挤压与摩擦使金属材料发生塑性变形，也会增大表面粗糙度。切削加工中的振动，使工件的表面粗糙度增大。

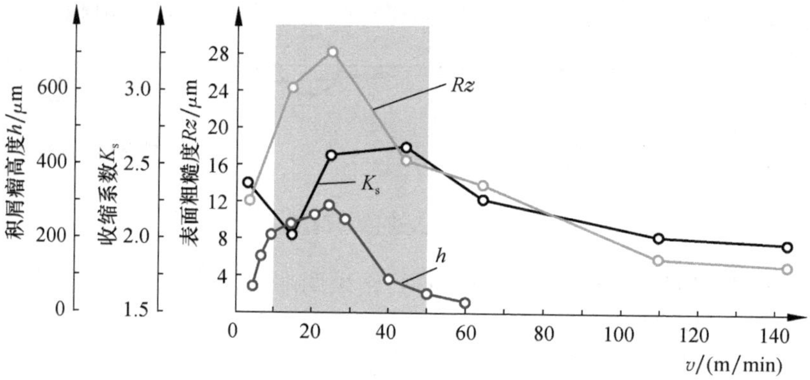

图 6-48 切削塑性金属材料时切削速度与表面粗糙度的关系

(3) 零件材料性能的影响。被加工材料的塑性和金相组织对表面粗糙度的影响也很大。材料的塑性大，易形成鳞刺和积屑瘤。材料的晶粒越大，加工后的表面粗糙度也越大。对材料进行调质处理有助于改善加工后的表面粗糙度。

另外，合理选择冷却润滑液有利于减小加工表面的粗糙度。

2. 磨削中影响表面粗糙度的因素

磨削加工与切削加工有许多不同之处。磨削时由于分布在砂轮表面上的磨粒与被磨削表面间作相对滑擦形成的划痕，构成了表面的粗糙度。由于砂轮上的磨粒形状很不规则，分布很不均匀，而且会随着砂轮的修整、磨料磨耗状态的变化而不断改变，磨削速度比一般切削加工速度大得多，磨料大多为副前角，磨削区温度很高，磨削层很薄，工件表层金属极易产生相变和烧伤。所以，磨削过程的塑性变形要比一般切削过程大得多。磨削中影响表面粗糙度的因素可从以下三个方面考虑。

(1) 砂轮方面。砂轮的粒度越小，有利于降低表面粗糙度。但粒度过小，砂轮容易堵塞，反而使表面粗糙度增大，还易引起烧伤。砂轮硬度应大小合适，半钝化期越长越好，常选用中软组织的砂轮。砂轮过硬或过软，都不利于降低表面粗糙度，常选用中等硬度的砂轮。砂轮的

修整质量是改善表面粗糙度的重要因素。修整质量的好坏与所用工具和修整砂轮时的纵向进给量有关。

(2) 磨削用量。磨削用量包括砂轮速度 v、工件速度 v_w、磨削深度 a_p 和纵向进给量 f。提高砂轮速度有利于降低表面粗糙度。工件速度、磨削深度和纵向进给量增大，均会使表面粗糙度增大。其中磨削深度对表面粗糙度的影响相当大。增加“无进给光磨”次数可以降低表面粗糙度。磨削用量与表面粗糙度的关系如图 6-49 所示。为此，在磨削过程中可以先采用较大的磨削深度，然后再采用较小的磨削深度，最后再无进给磨削几次。

(3) 其他方面。工件材料硬度越小、塑性大、导热性差，磨削性差，磨削后的表面粗糙度大。采用切削液可以降低磨削区温度，减小烧伤，有利于降低表面粗糙度。但必须选择合适的冷却液和切实可行的冷却方法。

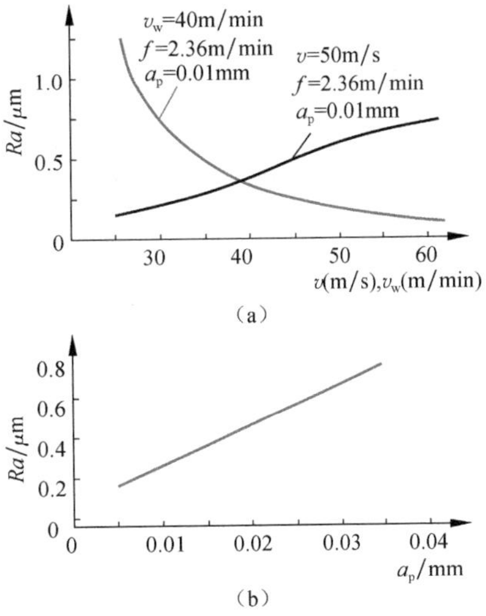

图 6-49　磨削用量与表面粗糙度的关系

6.6.2　影响表面层物理力学性能的因素

1. 表面层金属的加工硬化

切削 (磨削) 过程中产生的塑性变形，会使表层金属的晶格发生畸变，晶粒间产生剪切滑移，晶粒被拉长，甚至破碎，从而使表层金属的硬度和强度提高，这种现象称为加工硬化或冷作硬化。加工硬化程度通常用冷硬层的深度 h、表面层的显微硬度 HV 以及硬化程度 N 来表示 (图 6-50)，其中 $N=HV/HV_0$，HV_0 为原来的显微硬度。

表层金属加工硬化的程度取决于产生塑性变形的力、变形速度及变形时的温度。切削力越大，塑性变形越大，硬化程度越大。变形速度越大，塑性变形越不充分，硬化程度也就随之降低。变形时的温度不仅影响塑性变形的程度，也会影响变形后金相组织的恢复。因此，表层金属加工硬化是强化作用和恢复作用的综合结果。切削温度越高、高温持续时间越长、强化程度越大，则恢复作用也就越强。

影响表层金属加工硬化的主要因素如下。

(1) 刀具方面。前角减小，加工硬化程度增大。刀具刃口钝圆半径增大，加工硬化程度增大。后刀面磨损 VB 值对硬化层深度的影响如图 6-51 所示。

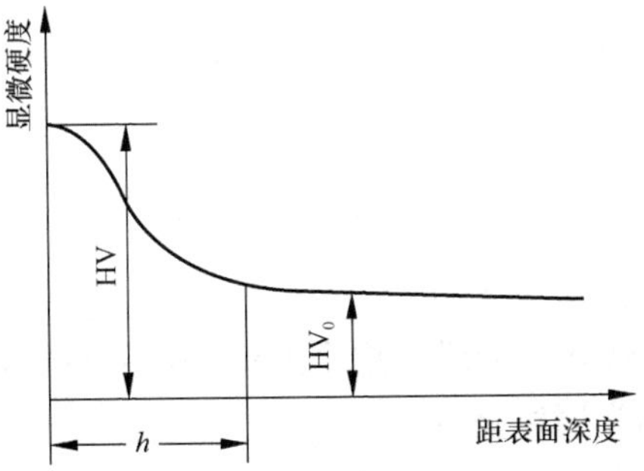

图 6-50　加工硬化程度的表示

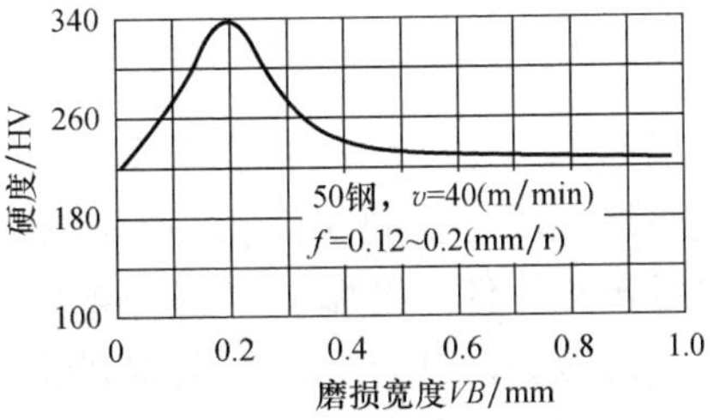

图 6-51　后刀面磨损对硬化层深度的影响

(2) 被加工工件材料。工件材料塑性越大，加工硬化倾向越大，硬化程度越严重。

(3) 切削用量。切削加工时，进给量 f 增大会使加工硬化程度增大，如图 6-52 所示。而切削深度 a_p 影响不明显。但磨削时，工件转速增大，加工硬化程度增大；磨削深度 a_p 增大，加工硬化程度增大，如图 6-53 所示。切(磨)削速度 v 增大，会使切削温度升高，加工硬化程度将会减小。

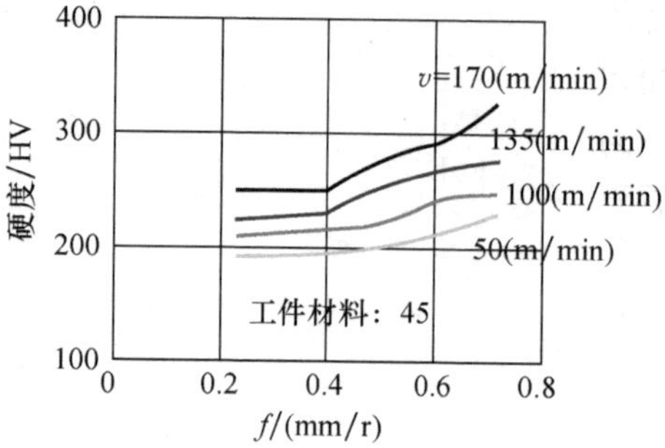

图 6-52　切削加工 f、v 对冷硬程度的影响

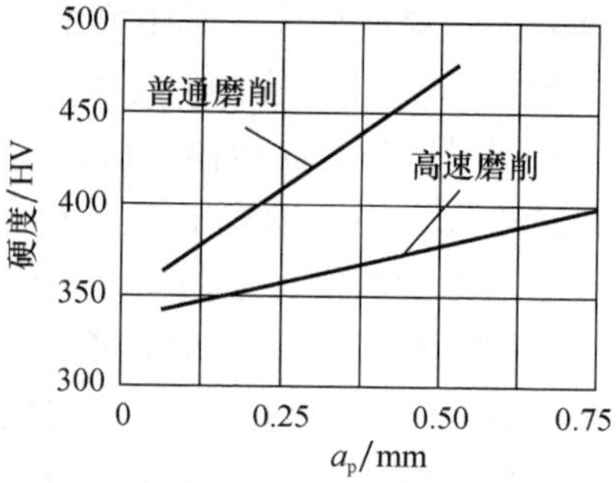

图 6-53　磨削深度 a_p 对冷硬程度的影响

2. 表面层金属残余应力

这里仅讨论切削过程中形成表面层金属残余应力的原因。

(1) 冷态塑性变形。在切削力的作用下，加工表面受到切削刃钝圆部分与后刀面的挤压与摩擦，使晶格扭曲，表面层金属比容增大，体积膨胀，但受到与它相连的内层金属的牵制，故加工后表层金属产生残余压应力 (–)，里层产生残余拉应力 (+)。

(2) 热态塑性变形。切削加工中，在切削热的作用下，已加工表面的温度往往很高而产生热膨胀，此时表层产生热压应力。加工后，表层已产生的热塑性变形收缩受到内层金属的阻碍。故加工后表面层残余应力为拉应力 (+)，里层则产生残余压应力 (–)。在磨削时，磨削温度越高，热塑性变形越大，残余拉应力也越大，有时甚至会产生裂纹。

(3) 金相组织变化。当加工表面温度超过工件材料的相变温度时，其金相组织将会发生相变。不同的金相组织有不同的密度，故相变会引起体积变化。由于基体材料的限制，表面层金属体积膨胀时会产生残余压应力，缩小时会产生残余拉应力。磨削淬火钢时，如果表面层产生回火，其金相组织由马氏体转化为索氏体或托氏体，表层金属密度增大而体积缩小。表面层将产生残余拉应力。里层将产生残余压应力。

实际加工后表面层残余应力是上述三方面原因的综合结果。冷态塑性变形占主导地位时，表面层会产生残余压应力；而热塑性变形占主导地位时，表面层则会产生残余拉应力。

3. 表面层金属金相组织变化

金相组织发生变化只有在温度足够高时才会发生。因此对于一般切削加工来说，表层金属的金相组织没有质的变化。而磨削加工时所消耗的能量绝大部分要转化为热，且有 70%以上的热量传给工件，使加工表面层金属金相组织发生变化，造成表层金属的强度和硬度降低，并产生残余应力，甚至会出现微观裂纹，这种现象称为磨削烧伤。

磨削烧伤零件的物理力学性能和使用寿命大大降低，甚至会报废，因此必须采取措施加以控制。造成磨削烧伤的根本原因是磨削温度过高，因此避免和减轻磨削烧伤的基本途径是尽可能减少磨削热的产生和加快散热速度。具体措施有：①选择合适的黏结剂，采用硬度稍软的砂轮；②适当减小磨削深度和磨削速度，适当增加工件的转动速度和轴向进给量；③采用高效冷却方式(如高压大流量冷却、喷雾冷却、内冷却)等措施，能较好地降低磨削区温度，防止磨削烧伤。

6.7 机械加工过程中的振动

6.7.1 概述

金属切削过程中，工件和刀具之间常常发生强烈的振动，这是一种破坏正常切削过程的极其有害的现象。当切削振动发生时，使零件加工表面出现振纹，粗糙度增大，这时不得不降低切削用量，从而限制了生产率的提高。振动会加速刀具的磨损，使机床、夹具等零件的连接部分松动，影响刚度和精度，缩短其使用寿命。强烈的振动会使切削过程无法进行，甚至会引起刀具崩刃。强烈的振动会发出刺耳的噪声，污染环境，危害操作者的身心健康。

当然机械振动也有可利用的一面。如在振动切削、振动磨削中，合理利用振动可以减小切削力和切削热，从而提高加工质量，延长刀具寿命。因此，分析机械加工过程中产生振动的原因，研究它的发生和发展规律，对于保证加工表面质量，同时也能保持较高的生产率具有重要的意义。

机械加工过程中产生的振动也分为自由振动、强迫振动和自激振动三两种类型。由于自由振动在阻尼的作用下会很快的衰减下去，对加工的影响不大，故本节只讨论强迫振动和自激振动，而重点是自激振动。

6.7.2 机械加工过程中的强迫振动

1. 强迫振动产生的原因

强迫振动是由外界周期性干扰力引起的不衰减振动。强迫振动的振源有机外振源与机内振源之分。机外振源均通过地基把振动传给机床，可用隔振地基加以隔离，消除其影响。机内振源主要有：

(1) 高速回转零件的不平衡和往复运动部件的换向冲击。如电动机转子、皮带轮、联轴节、砂轮、齿轮等回转件不平衡产生的惯性力与回转件转速的平方成正比，转速越高，产生周期干扰力的幅值就越大。具有往复运动部件的机床中，最强烈的振源往往就是往复运动部件改变运动方向时产生的冲击。

(2) 机床传动件的制造误差和缺陷。如齿轮的齿距误差引起传递运动的不均匀，滚动轴承精度不高、皮带厚度不均匀或接头不良等均能引起强迫振动。

(3) 切削过程中的冲击。多刃多齿刀具的制造误差、断续切削及工件材料的硬度不均、加工余量不均等均会引起切削过程的不平稳而产生振动。

2. 强迫振动的特征

(1) 强迫振动的频率总与外界干扰力的频率相同，与系统的固有频率无关。这是强迫振动最本质的特征。

(2) 强迫振动是由周期性干扰力引起的，不会被阻尼衰减掉，振动本身并不能引起干扰力变化。

(3) 强迫振动振幅的大小与干扰力、系统刚度及阻尼系数有关：干扰力越大，系统刚度和阻尼系数越小，则振幅越大。当干扰力的频率与系统的固有频率相近或相等时，振幅达最大值。即出现“共振”现象。

(4) 强迫振动位移的变化在相位上滞后干扰力一个φ角，其值与系统的动态特性及干扰力频率有关。

6.7.3 机械加工过程中的自激振动

1. 自激振动及其特征

在机械加工中经常发现，并没有外界干扰力的作用，可加工系统仍然会产生强烈的振动，并在工件的表面上留下明显的振纹。这显然不是强迫振动，而且停止切削后振动随之消失。这种由加工系统本身产生的交变切削力反过来加强和维持系统自身振动的现象称为自激振动。由于它是频率较高的不衰减振动，故又叫颤振。这种振动约占所有振动的 65%，它往往是影响加工表面质量和限制生产率提高的主要障碍，故应引起高度关注。

图 6-54 所示为自激振动闭环系统框图。机床自激振动系统是由一个振动系统(工艺系统)和调节系统(切削过程)组成的一个闭环系统。在加工过程中，由于偶然的外界干扰(如毛坯误差等)会引起切削力的变化。这个变化的切削力作用在加工系统上，就会使系统产生振动，于是引起工件和刀具间的相对位置发生周期性变化，使切削过程产生交变切削力，并再次激励加工系统产生振动。如果加工系统不存在自激振动的条件，这种偶然的外界干扰将因阻尼作用而使振动逐渐衰减。加工系统的振动一旦停止，交变切削力就随之消失。

自激振动能否产生以及振幅大小取决于每一个振动周期内系统所获得的能量与所消耗能量的对比情况。振动系统的能量输入和能量消耗的关系如图 6-55 所示。用E^+代表输入的能量，E^-代表消耗的能量，当$E^+ > E^-$时(如 A 点)，振动得以加强，振幅不断增大，直到$E^+=E^-$为止(B 点)；若$E^+ < E^-$(如 C 点)，振动将减弱，振幅不断减小，直到$E^+=E^-$为止。可见只有当$E^+=E^-$时，振幅达到A_0值，系统将处于稳定状态。

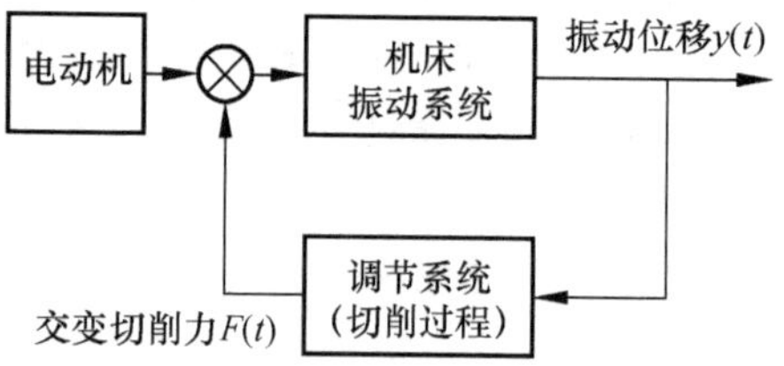

图 6-54 自激振动闭环系统框图

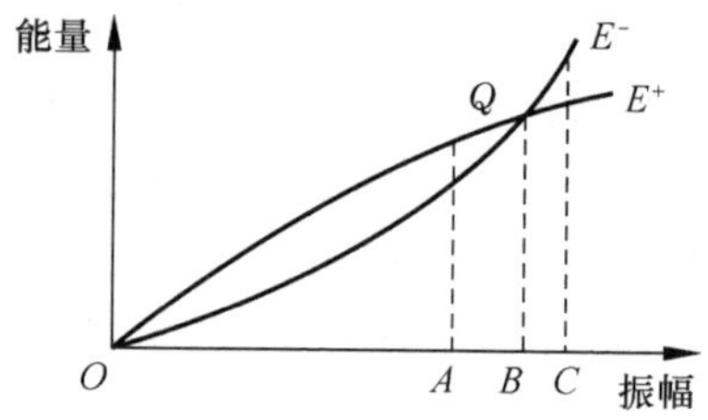

图 6-55 自激振动系统的能量关系

自激振动具有以下特性：

(1) 自激振动是一种不衰减的振动，外部振源在最初起触发作用，但它不是产生这种振动的内在原因。维持振动所需的交变力是由振动过程本身产生的，振动系统能通过这种力的变化，从不具备交变特性的能源中周期性地获得能量补充，从而维持这个振动。

(2) 自激振动的频率等于或接近于系统的固有频率，即自激振动的频率由振动系统本身的振动参数所决定。

(3) 自激振动能否产生及振幅的大小取决于振动系统在每一个周期内获得和消耗的能量对比情况。

当振幅为某一数值 A 时，获得能量大于消耗能量，振幅将不断增大，直到二者相等；若相反情况，振幅则不断减小，也直到二者相等为止。如振幅为任意数值时，获得能量小于消耗能量，自激振动根本就不可能产生。

2. 自激振动产生机理

关于机械加工过程中自激振动产生的机理，许多学者曾提出了许多不同的学说，下面介绍其中两种比较公认的学说。

1) 再生颤振原理

在切削或磨削加工中，由于一般的进给量都不大，并且刀具的副偏角也较小，使得后一次进给和前一次进给的切削区必然会有重叠部分，即产生重叠切削。如图 6-56 所示的外圆磨削，当砂轮的宽度为 B，工件每转进给量为 f 时，砂轮前一转的磨削区和后一转的磨削区便有重叠部分，其大小用重叠系数 μ 表示，即

$$m = (B - f)/B \quad (0 < \mu < 1)$$

在切削过程中，由于偶然的干扰(如工件材料硬质点或加工余量不均匀等)，使加工系统产生了振动并在加工表面上留下振纹。当工件转至下一转时，刀具在有振纹的表面上切削，使得切削厚度发生变化，引起切削力作周期性变化。这种由切削厚度的变化而使切削力变化的效应称为再生效应，由此产生的自激振动称为再生颤振。这种周期性改变的切削力，在加工中很容易引起自激振动，特别当用宽刃车刀小进给纵车或切槽时，更易产生振动。

当然，如果工艺系统不存在自激振动的条件，切削时也不一定会产生自激振动，还会把前一转留下的振纹表面切去，消除诱发自激振动的根源。那么，究竟系统在何种情况下会发生再生颤振？

图 6-57 所示为再生颤振原理图。由图看出，当后一转切削加工的工件表面 y(图中虚线)滞后于前一转切削的工件表面 y_0(图中实线)时，从 A 至 B 为切出，从 B 至 C 为切入。由于在切入工件的半个周期中的平均切削厚度比切出时的平均切削厚度小，切削力也小，则在一个振动周期中，切削力做的正功大于负功，说明有多余能量输入到系统中去，因而系统产生了

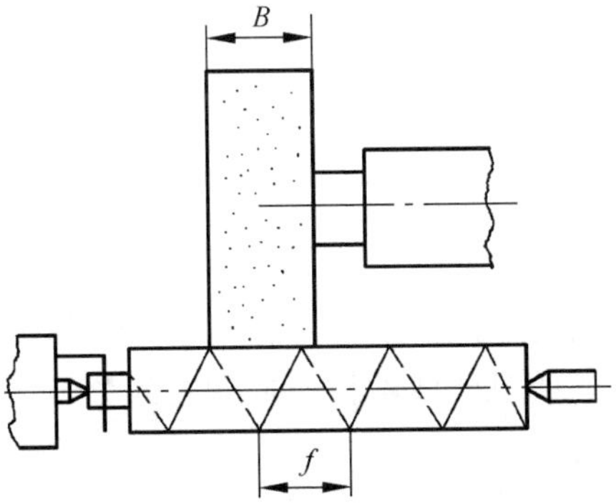

图 6-56 重叠磨削示意图

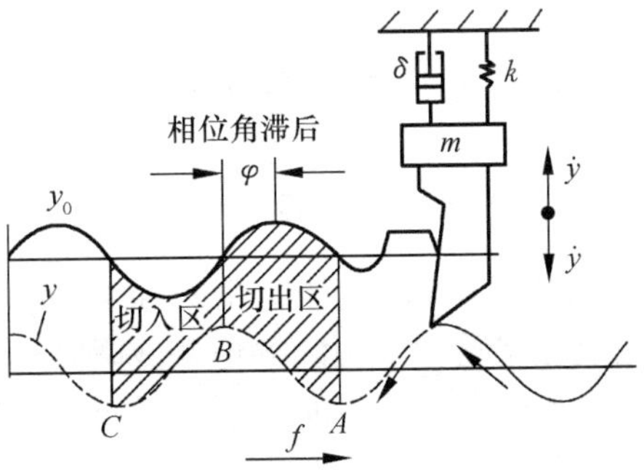

图 6-57 再生颤振原理图

再生颤振。如果改变加工中的某项工艺参数(如工件转速)，使 y 与 y_0 同相或超前一个相位角，则可以避免再生颤振发生。

2) 振型耦合原理

当车削如图 6-58 所示的方牙螺纹外圆表面时，工件前后两转并未产生重叠切削，若按再生颤振学说，不应产生自激振动。但在实际加工中，当背吃刀量增加到一定值时，仍有自激振动产生。而且，前述的再生自激振动机理主要是针对单一自由度振动系统而言的。实际的加工系统一般都是多自由度振动系统。振型耦合学说是在排除再生自激振动的条件下，对切削过程的自激振动现象进行解释的学说。它主要用于说明多自由度系统的自激振动现象。

如图 6-59 所示，质量为 m 的刀具悬挂在两个刚度为 k_1 和 k_2 ($k_1<k_2$) 的弹簧上，加工表面的法向 (y) 与振型方位 (x_1) 和 (x_2) 的夹角分别为 α_1 和 α_2，动态切削力 F_d 和 y 方向的夹角为 β。F_d 以同一频率同时激起两个振型 x_1 和 x_2 的振动，因为 $k_1 \neq k_2$，它们的合成运动在 (x_1, x_2) 平面内的轨迹即为椭圆。假定刀尖的运动按图中箭头方向，当刀尖沿由 A 到 B 的轨迹切入工件时，运动方向与切削力方向相反，刀具做负功；刀尖沿由 B 到 A 的轨迹切出时，运动方向与切削力方向相同，刀具做正功。由于切出时的平均切削厚度大于切入时的平均切削厚度，在一个振动周期内，切削力所作的正功大于负功，因此有多余的能量输入振动系统，振动得以维持。如果刀具和工件的相对运动轨迹沿着和图中箭头相反的方向切入和切出，显然，切削力作的负功大于正功，振动就不能维持，原有的振动就会不断地衰减下去。

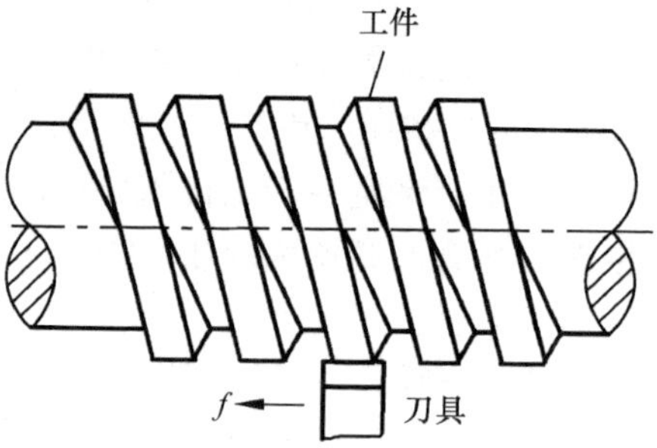

图 6-58　纵车方牙螺纹外圆表面

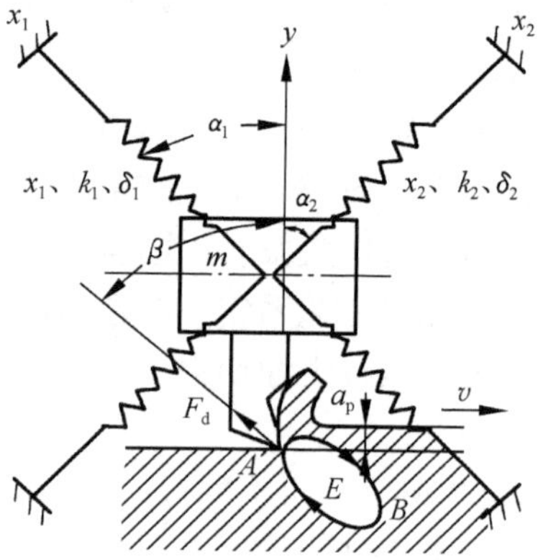

图 6-59　振型耦合原理图

实验表明，当小刚度轴 x_1 落在 β 角内，即 $\alpha_1 < \beta$ 为不稳定区。其中当 $\alpha_1 = \beta/2$ 时，稳定性最差，最易发生颤振。

6.7.4　控制机械加工振动的途径

1. 消除或减小强迫振动的途径

(1) 消振、隔振与减振。消除强迫振动的最有效办法就是找出振源并消除之。如不能消除，可采用隔振措施。如用隔振地基或隔振装置将需要防振的机床或部件与振源之间分开，从而达到减小振源危害的目的。还可采用各种消振减振装置。

(2) 减小激振力。减小激振力即可有效地减小振幅，使振动减弱或消失。

对于转速在 600r/min 以上的零件，如砂轮、卡盘、电动机转子及刀盘等，应进行动平衡。

尽量减小传动机构的缺陷，设法提高带传动、链传动、齿轮传动以及其他传动装置的稳定性，如采用完善的带接头、以斜齿轮代替直齿轮等。

(3) 调节振源频率。在选择转速时，尽可能使引起强迫振动的振源的频率远离机床加工系统薄弱模态的固有频率。

(4) 提高工艺系统的刚度和增大阻尼。提高工艺系统刚度，可有效地改善工艺系统的抗振性和稳定性。增大工艺系统的阻尼，将增强工艺系统对激振能量的消耗作用，能够有效地防止和消除振动。

2. 消除或减小自激振动的途径

由上述分析可知，自激振动既与切削过程本身有关，又与工艺系统的结构性能有关。所以，减少或消除自激振动的途径是多方面的。常用的基本措施如下。

(1) 合理选择切削用量。在一定的条件下切削速度 v_c 与振幅的关系曲线如图 6-60 所示。由图看出，当 $v_c = 20\sim60\text{m/min}$ 时容易产生振动，在这个范围外，振动呈减弱的趋势。特别推荐采用高速切削，既可避免产生自激振动，又可以提高生产率。

如图 6-61 所示，振幅随着 f 的增加而减小。进给量大，重叠切削的系数小，所以有利于抑制再生颤振。因此，在机床参数和其他方面的要求（如表面粗糙度）允许的情况下可选取较大的进给量。

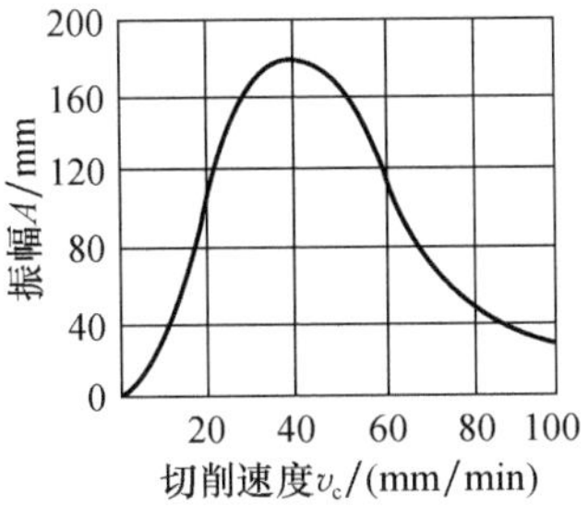

图 6-60 v_c 与振幅的关系

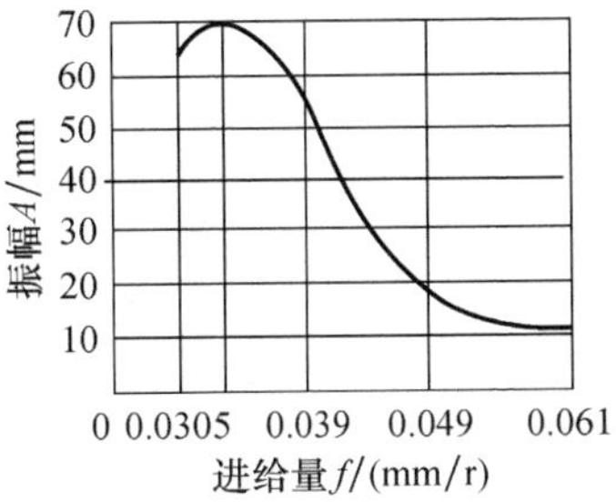

图 6-61 f 与振幅的关系

背吃刀量 a_p 与振幅的关系曲线如图 6-62 所示。随着 a_p 的增加，切削力增大，振幅也增大。车削时，因为切削宽度 $a_w = a_p/\sin\kappa_r$，可见 a_p 增大会引起切削宽度 a_w 增大，容易产生颤振。

(2) 合理选用刀具的几何参数。刀具的几何参数中，对振动影响最大的是主偏角 κ_r 和前角 γ_o。κ_r 越小，切削宽度越宽，因此越易产生振动。主偏角 $\kappa_r = 90°$ 的车刀就具有明显的减振作用。前角 γ_o 越大切削力越小，振幅也越小。适当减小后角 α_o 可以加大工件和刀具后刀面之间的摩擦阻尼，有利于提高切削稳定性。但一般不能太小，以免刀具后刀面与加工表面之间发生摩擦。必要时可以在刀具的主后刀面上磨出一段消振棱（见第 2 章图 2-41），能起到很好的消振作用。

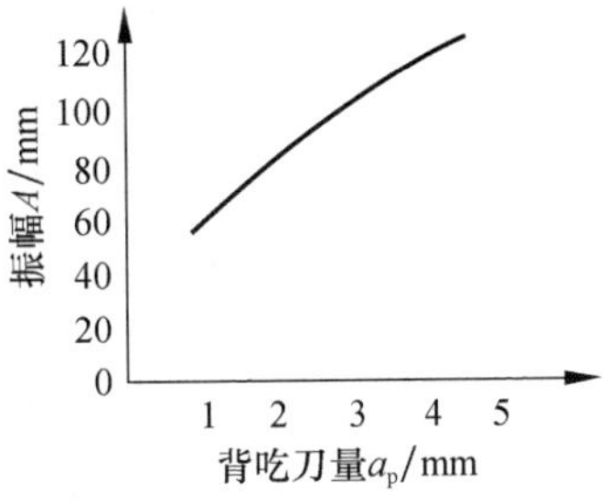

图 6-62 a_p 与振幅的关系

(3) 提高工艺系统的抗振性。提高工艺系统的刚度，特别是提高工艺系统薄弱环节的刚度，可有效提高切削加工的稳定性。提高零、部件结合面间的接触刚度、对滚动轴承预紧、加工细长轴时采用中心架或跟刀架、镗孔时用镗套支承镗杆等措施，都可提高工艺系统刚度。

增大工艺系统的阻尼主要是选择内阻尼大的材料和增大工艺系统部件之间的摩擦阻尼。例如，铸铁阻尼比钢大，故机床的床身、立柱等大型支承件均用铸铁制造。增大零部件间的摩擦阻尼可通过刮研、施加预紧力等方法来获得。

(4) 合理布置低刚度主轴的方位。根据振型耦合学说，加工系统的稳定性受各振型刚度比及其组合的影响。改变这些关系，就可提高抗振性，抑制自激振动。如图 6-63 所示，削扁镗杆具有两个相互垂直具有不同的刚度的振型模态，通过实验调整刀头在镗杆上的方位，即可找到切削稳定性较高的最佳方位角 α（加工表面法线方向与镗杆削边垂线的夹角）。从而抑制自激振动，提高生产率。

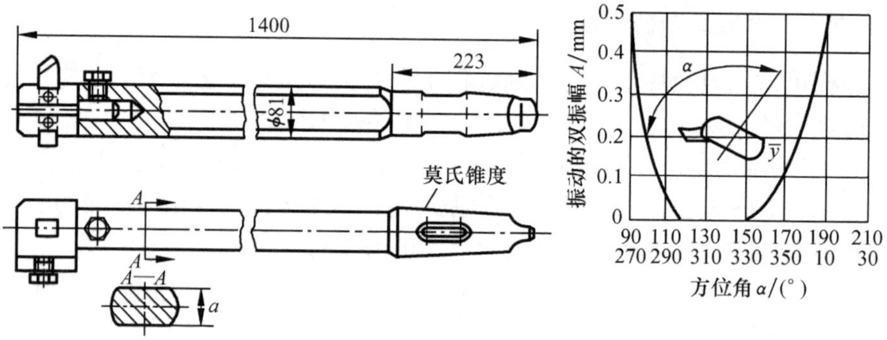

（a）　　（b）

图 6-63　削扁镗杆自激振动实验

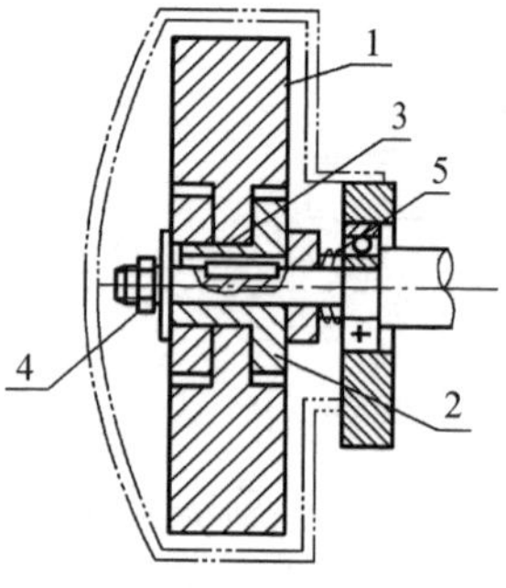

图 6-64　摩擦式减震器

1—飞轮；2—摩擦盘；3—摩擦垫；4—螺母；5—弹簧

(5) 采用各种减振装置。在实际生产中，常用的减振装置有以下三种类型：

① 阻尼式减振器。阻尼式减振器是利用固体或液体的摩擦阻尼来消耗振动能量从而达到减振的目的。图 6-64 所示为安装在滚齿机上的固体摩擦式减振器。它是靠飞轮 1 与摩擦盘 2 之间的摩擦垫 3 来消耗振动能量的，减振效果取决于螺母 4 调节弹簧 5 的压力大小。

② 冲击式减振器。图 6-65 所示为冲击式减振镗刀及减振镗杆。冲击式减振器是一个与振动系统刚性连接的壳体和一个在体内自由冲击的质量块所组成。当系统振动时，由于自由质量块反复冲击壳体而消耗了振动能量，故可显著衰减振动。虽然冲击式减振器又有因碰撞产生噪声的缺点，但由于结构简单、体积小、重量轻，在一定条件下减振效果良好，适用频率范围也较宽，故应用较广。

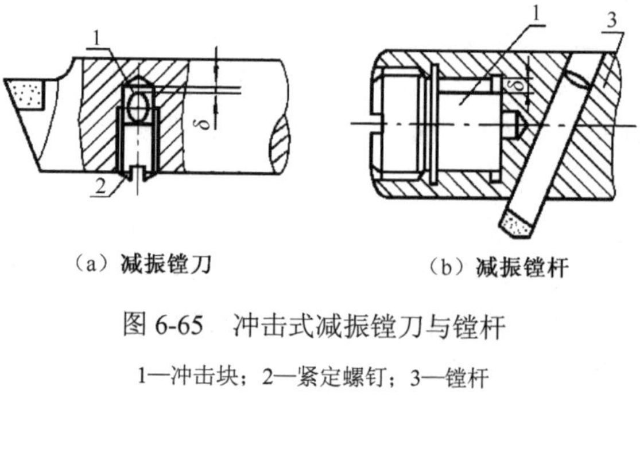

（a）减振镗刀　　（b）减振镗杆

图 6-65　冲击式减振镗刀与镗杆

1—冲击块；2—紧定螺钉；3—镗杆

③ 动力式减振器。图 6-66 所示为一动力式减振器示意图。动力式减振器是用弹性元件 k_2 把附加质量 m_2 连接到振动系统(m_1、k_1)上的减振装置。它是利用附加质量的动力作用，使弹性元件附加给振动系统上的力与系统的激振力尽量抵消，以此来消耗振动能量。

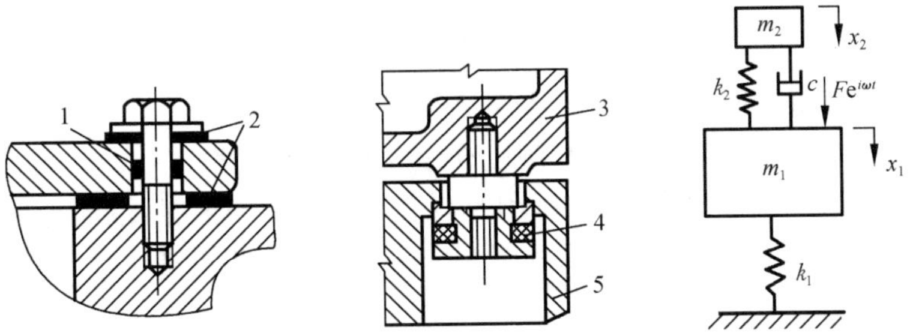

图 6-66　动力减震器

1—橡皮圈；2—橡皮垫；3—主振系统质量 m_1；4—弹簧阻尼元件；5—附加质量 m_2

案 例 研 究

如图 6-67 所示，在专用镗床上镗活塞销孔时镗杆旋转，活塞安装在镗床工作台的夹具上做直线进给运动(活塞以底面和止口定位ϕ90H7/f6)，活塞销孔在精镗后必须保证。

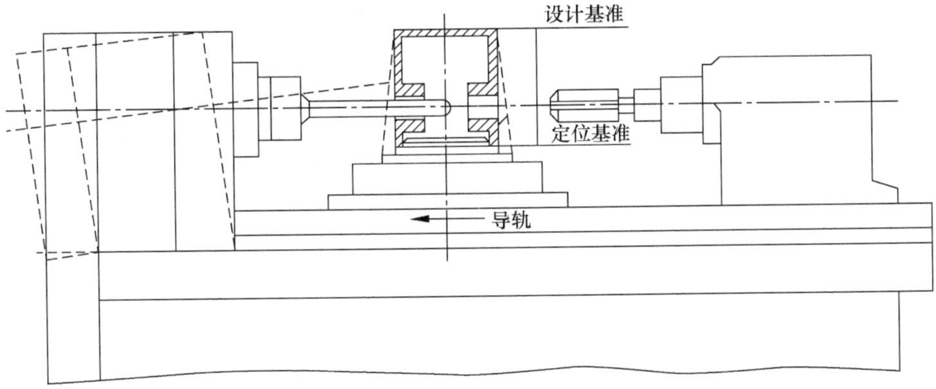

图 6-67

(1) 销孔直径为 $\phi 28_{-0.08}^{-0.05}$，圆柱度为 0.005mm；

(2) 销孔中心线到活塞顶部的尺寸为 56±0.08mm；

(3) 销孔中心线与止口中心线的垂直度为 0.035/100；

(4) 销孔中心线与止口中心线的位置公差为 0.1mm。

试分别分析影响上述各项精度要求的主要误差因素有哪些？

习题与思考题

6-1　何谓误差敏感方向？车床与镗床的误差敏感方向有何不同？

6-2　在三台车床上各车削一批光轴，加工后经测量发现有如图 6-68 所示的形状误差。试分别分析产生这种形状误差的主要原因。分别应采用什么办法来减少或消除？

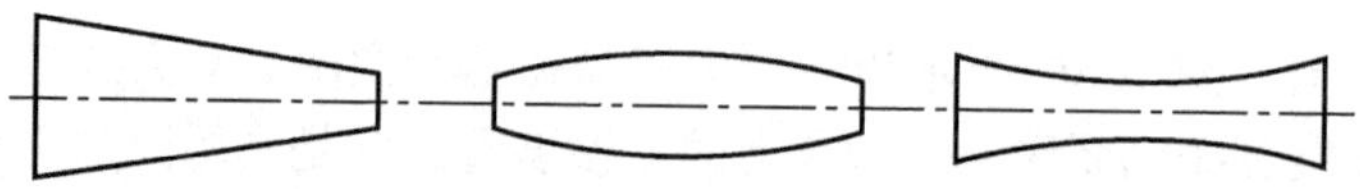

图 6-68

6-3　试分析在车床上加工时产生下述误差的原因：

(1)在车床上镗孔时，引起被加工孔圆度误差和圆柱度误差。

(2)在车床三爪自定心卡盘上镗孔时，引起内孔与外圆不同轴度、端面与外圆的不垂直度。

6-4　什么是主轴回转精度？为什么外圆磨床头架中的顶尖不随工件一起回转，而车床床头箱中的顶尖则是随工件一起回转的？

6-5　在镗床上镗孔时，刀具做旋转主运动，工件做进给运动，试分析加工表面产生椭圆形误差的原因。

6-6　在车床上车削工件端面时出现图 6-69 所示形状误差，试分别指出造成这种端面几何形状误差的原因。

6-7　设已知一工艺系统的误差复映系数为 0.25，工件在本工序前有圆柱度误差(椭圆度)0.45mm。若本工序形状精度规定公差 0.01mm，问至少进给几次方能使形状精度合格？

6-8　试说明磨削外圆时使用死顶尖的目的是什么？若机床几何精度良好，试分析磨外圆后截面的形状误差，画出其截面形状。哪些因素引起外圆的圆度和锥度误差(图 6-70)。

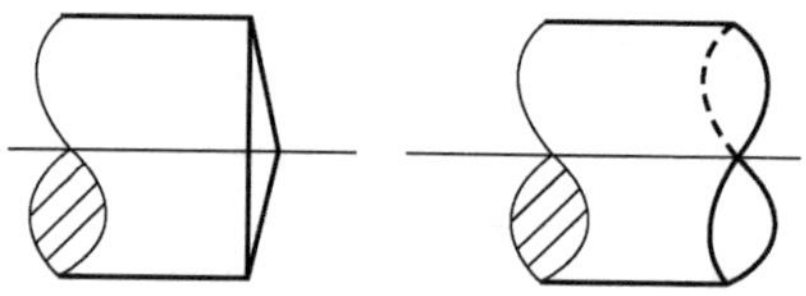

图 6-69

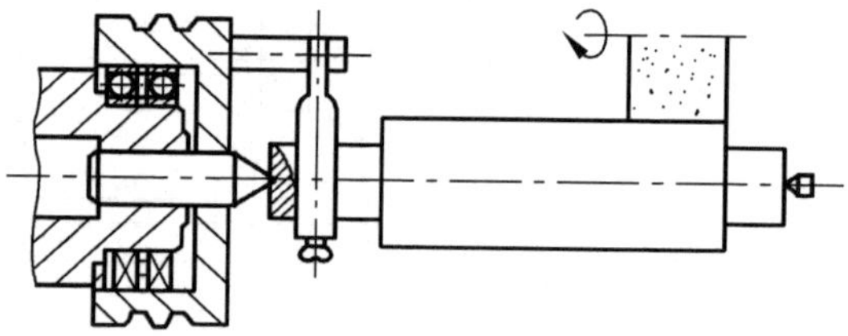

图 6-70

6-9　在车床两顶尖间加工轴的外圆，如图 6-71 所示，当用调整法车削时，试分析：

(1)若车床主轴回转轴线每转产生两次径向跳动，则工件将呈什么形状？

(2)当机床导轨与主轴回转轴线在水平面内不平行时，车出的工件是什么形状？

(3)导轨在水平面内的直线度误差将使工件产生什么样的形状误差？

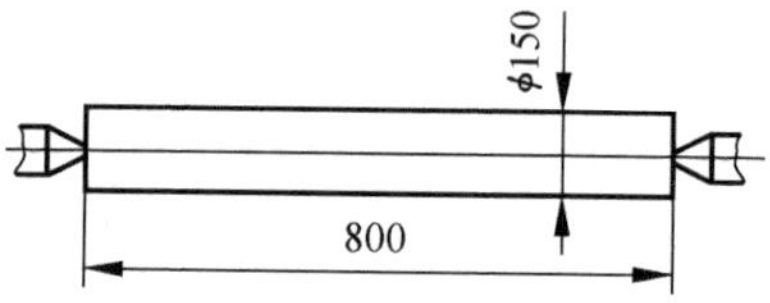

图 6-71

(4)导轨在垂直面内的直线度误差将使工件产生什么样的形状误差？

(5)在背向切削力作用下，当只考虑机床刚度的影响时，若机床头部刚度大于尾部刚度，工件将呈什么形状？若只考虑工件刚度的影响，工件将呈什么形状？

6-10　车削一批轴的外圆，其尺寸为 $d=(25\pm0.05)\text{mm}$。已知此工序的加工误差分布曲线是正态分布，其标准偏差 $\sigma=0.025\text{mm}$，曲线的顶峰位置偏于公差带中值的左侧 0.01mm。试求零件的合格率、废品率。工艺系统经过怎样的调整可使废品率降低？

6-11　有一批零件，其内孔尺寸为$\phi 70_{0}^{+0.03}$mm，属正态分布。试求尺寸在$\phi 70_{+0.01}^{+0.03}$mm之间的概率。

6-12　车削一铸铁件外圆表面，若进给量$f = 0.3$mm/r，刀尖圆弧半径$r_{\varepsilon} = 3$mm，问车削后能达到的表面粗糙度是多大？影响切削加工表面粗糙度的因素有哪些？

6-13　加工后，零件表面层为什么会产生加工硬化？影响加工硬化的因素有哪些？

6-14　为什么磨削加工容易产生烧伤？减少磨削烧伤的方法有哪些？

6-15　什么是强迫振动？有哪些特征？

6-16　自激振动产生的条件是什么？消除自激振动的措施有哪些？

第 7 章　机器装配技术基础

7.1　机器装配概述

任何机器都是由零件、套件、组件、部件等组成的。按照规定的装配要求，将若干个零件或部件进行必要的配合和连接，使之成为合格机器的过程，叫做装配。机器的装配是机器制造中的最后一个阶段，它主要包括装配、调整、检验、试验等工作。机器的质量除与机器的结构设计、零件的加工质量有关外，还取决于机器的装配精度，而且装配精度在很大程度上决定机器的最终质量。因此，装配工艺以及装配精度对保证机器的最终质量起到十分重要的作用。

7.1.1　机器的装配工艺过程

对于结构比较复杂的机器，为保证装配工作顺利地进行，通常将机器划分为若干个能进行独立装配的部分，称为装配单元。装配单元一般分为零件、合件、组件、部件和机器五个等级。图 7-1 所示为机器装配工艺系统图。

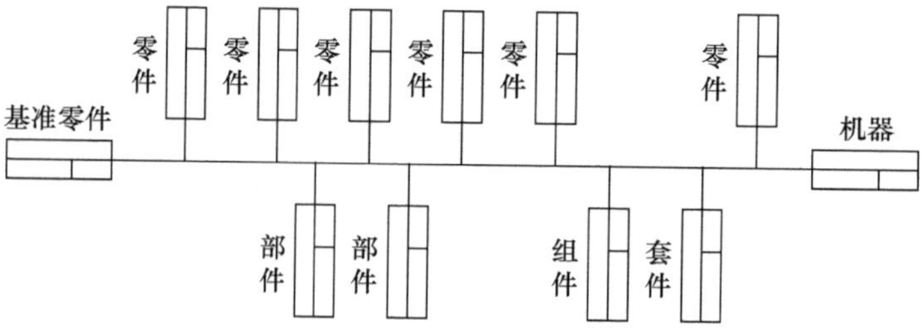

图 7-1　机器装配工艺系统图

零件是组成机器的最基本单元，但通常很少直接装入机器，而是预先装成合件、组件、部件后才安装到机器上。

合件可以是若干零件永久连接(如焊接、铆接等)或者是在一个基准零件上，装上一个或若干个零件的组合。合件组合后，有可能还要加工。如发动机连杆小头孔压入铜套后再精镗。图 7-2 所示的齿轮—蜗轮合件，其中蜗轮属于基准零件。

组件是在一个基准零件上，装上一个或若干个合件及零件而成的。图 7-3 所示为某传动轴组件。在基准零件(图 7-3 中的阶梯轴)上装上齿轮—蜗轮合件、齿轮、套、键、轴承等的组合件称为组件。为形成组件而进行的装配工作称为组装。

部件是在一个基准零件上，装上若干组件、合件和零件构成的。为形成部件而进行的装配工作称为部装。车床主轴箱就是车床的一个部件，其中主轴箱箱体为部装的基准零件。

在一个基准零件上，装上若干部件、组件、合件和零件就成为整个机器。把零件和部件装配成最终产品的过程称为总装。例如，卧式车床就是以床身为基准件，装上主轴箱、进给箱、溜板箱等部件及其他组件、合件、零件所组成。

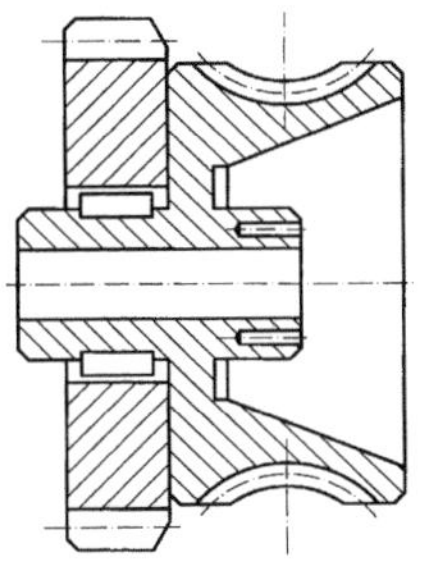

图 7-2　齿轮—蜗轮合件

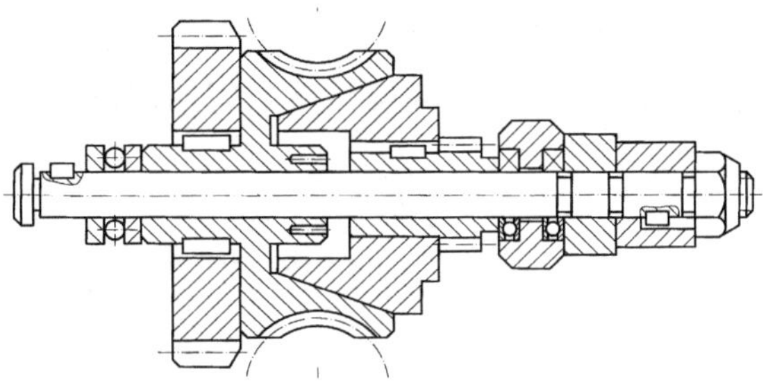

图 7-3　传动轴组件

7.1.2　机器装配精度及其影响因素

1. 装配精度的概念

机器的装配精度是指机器装配以后，各工作表面间的相互位置和相对运动等参数与规定指标的符合程度。机器的装配精度通常根据机器的工作性能来确定。装配精度既是规定机器零件制造精度和选择装配方法的依据，也是制定装配工艺规程的依据。装配精度一般包括：

(1) 相互位置精度。相互位置精度是指机器中相关零、部件间的距离精度和相互位置精度。如机床主轴箱中轴系之间中心距尺寸精度和同轴度、平行度、垂直度等。

(2) 相对运动精度。相对运动精度是机器中有相对运动的零、部件之间在运动方向和相对速度上的精度。运动方向精度常表现为部件间相对运动的平行度和垂直度。如车床溜板移动轨迹对主轴回转轴线的平行度；相对速度精度就是传动精度，如机床内联传动链中首末两端传动件之间的相对运动精度。

(3) 相互配合精度。相互配合精度包括配合表面间的配合质量和接触质量。配合质量是指零件配合表面之间达到规定的配合间隙或过盈的程度，它影响配合的性质。接触质量是指两配合或连接表面间达到规定的接触面积的大小和接触点分布的情况，它影响接触刚度和配合性质的稳定性。

2. 零件精度与装配精度的关系

机器和部件是由许多零件装配而成的。由于一般零件都有一定的加工误差，在装配时这些零件的加工误差累积就会影响装配精度。如图 7-4 所示，卧式车床头、尾架两顶尖中心线对床身导轨的等高性要求就与床身 4、主轴箱 1、尾座 2 等零部件的制造精度有关。如果这些零部件的累积误差超出装配精度指标所规定的范围，则将产生不合格品。从装配工艺角度考虑，当然希望这种累积误差在规定的范围内，从而使装配工作简单，不必进行任何的修配或调整就能满足装配精度要求。因此，一般装配精度要求高的，要求零件精度也要高。

但零件的加工精度不但在工艺上受到加工条件的限制，而且也受到经济上的制约。如有些机器的组成零件较多，而最终装配精度要求又较高时，即使把经济性置之度外，尽可能地提高零件的加工精度以降低累积误差，结果往往还是无济于事。因此要达到装配精度，就不能简单地按装配精度要求去加工零件，还应在装配时采取一定的工艺措施。在装配精度要求高、生产批量较小时尤其如此。人们在长期的装配实践中，创造了许多巧妙的装配方法。在不同的装配方法中，零件加工精度与装配精度间具有不同的相互关系。为了定量地揭示零件精度与装配精度的关系，常将尺寸链的基本理论应用于装配过程中。通过建立和解算装配尺寸链，最后确定零件精度与装配精度之间的定量关系。

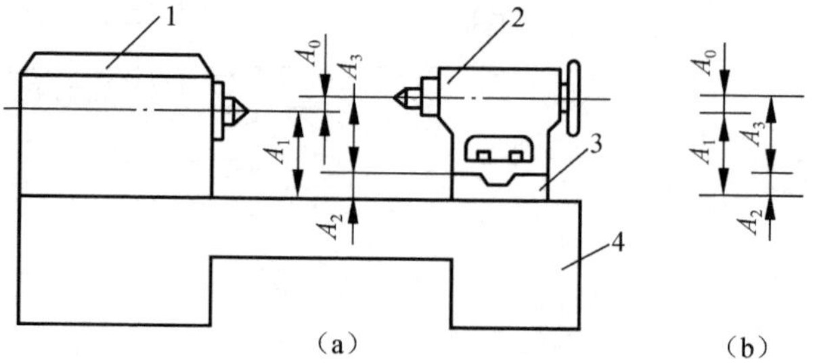

图 7-4　主轴箱主轴与尾座套筒中心线等高结构示意图

1—主轴箱；2—尾座；3—底板；4—床身

7.2　保证装配精度的方法

为了明确各种装配方法的本质和适用场合，首先引入装配尺寸链。

7.2.1　装配尺寸链

1. 装配尺寸链的基本概念

在机器的装配关系中，由相关零件的尺寸或相互位置关系所组成的尺寸链，称为装配尺寸链。装配尺寸链的封闭环就是装配所要保证的装配精度或技术要求。装配精度(封闭环)是零部件装配后才最后形成的尺寸或位置关系。在装配关系中，对装配精度有直接影响的零部件的尺寸和位置关系，都是装配尺寸链的组成环。如同工艺尺寸链一样，装配尺寸链的组成环也分为增环和减环。

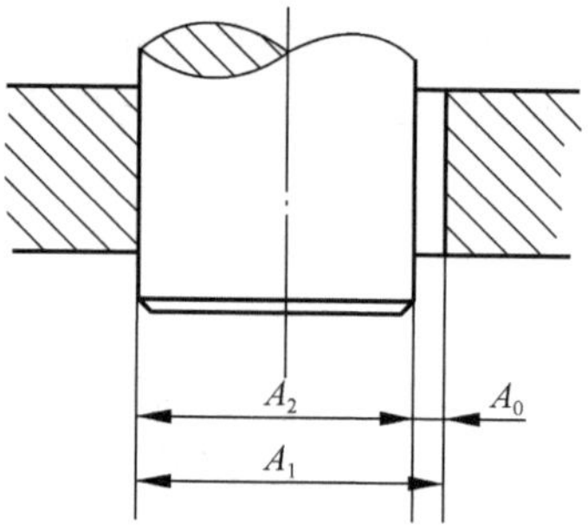

图 7-5　轴孔配合尺寸链

例如，图 7-5 表示轴、孔配合的装配关系，要求轴孔装配后有一定的间隙。轴孔间的间隙 A_0 就是该尺寸链的封闭环，它是由孔尺寸 A_1 与轴尺寸 A_2 装配后形成的尺寸。在这里，孔尺寸 A_1 增大，间隙 A_0(封闭环)亦随之增大，故 A_1 为增环。反之，轴尺寸 A_2 为减环。其尺寸链方程为：$A_0=A_1-A_2$。

2. 装配尺寸链的查找方法

首先根据装配精度要求确定封闭环。再取封闭环两端的任一个零件为起点，沿装配精度要求的位置方向，以装配基准面为查找的线索，分别找出影响装配精度要求的相关零件(组成环)，直至找到同一基准表面为止。

在查找装配尺寸链时应注意以下问题。

(1)装配尺寸链应进行必要的简化。在查找尺寸链时，在保证装配精度的前提下，可以不考虑那些较小的因素，使装配尺寸链适当简化。对于图 7-4(a)所示的车床主轴与尾座中心线等高问题，严格地讲应使用图 7-6 所示的装配尺寸链来解决。但由于 e_1、e_2、e_3、e_4 的数值相对 A_1、A_2、A_3 的误差而言是较小的，故可简化成图 7-4(b)所示的情形。其中，A_1 为主轴中心线至主轴箱底面距离；A_2 为尾座垫板厚度；A_3 为尾座锥孔中心线至尾座底面距离；e_1 为主轴滚动轴承外圆与内孔的同轴度；e_2 为尾座套锥孔与外圆的同轴度；e_3 为尾座套与尾座配合间隙引起的偏移量；e_4 为安装主轴箱和尾座的平导轨间的高度差。

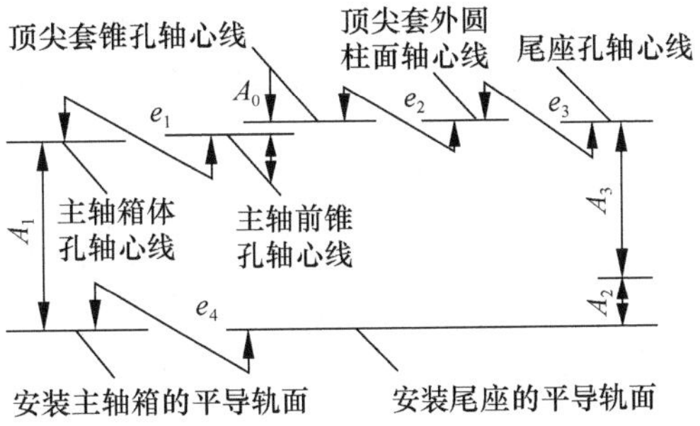

图 7-6　主轴与尾座套筒中心线等高装配尺寸链

(2) 最短路线(最少环数)原则。在查找装配尺寸链时，每个相关的零、部件只应有一个尺寸作为组成环列入装配尺寸链，即将连接两个装配基准面的位置尺寸直接标注在零件图上。这样，组成环的数目就等于有关零、部件的数目，即“一件一环”，这就是装配尺寸链的最短路线(环数最少)原则。如图 7-7(a)所示为齿轮箱装配简图。其中图 7-7(b)所示的轴向尺寸链就体现了一件一环原则。如果再把箱体厚度、箱盖厚度以及轴套长度等尺寸列入，如图 7-7(c)所示，则违反了一件一环的原则。

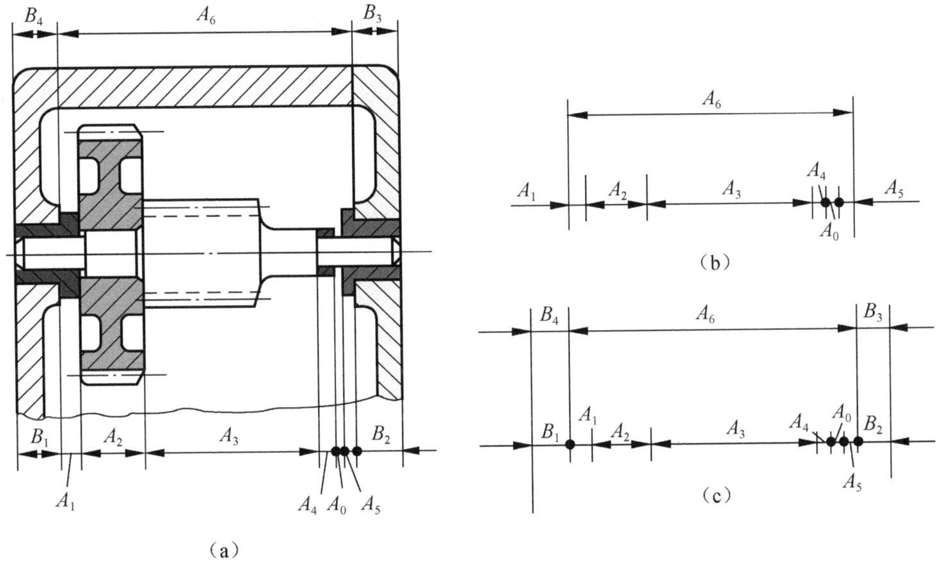

图 7-7　齿轮箱装配轴向尺寸链

3. 装配尺寸链的计算方法

装配方法与装配尺寸链的解算方法密切相关。同一项装配精度，采用不同装配方法时，其装配尺寸链的解算方法也不相同。

7.2.2　互换装配法

产品采用互换法装配时，装配精度主要取决于零件的加工精度，装配时不经任何挑选、调整和修配，就可以达到装配精度，这种装配方法称为互换装配法。互换装配法的实质就是用控制零件的加工误差来保证产品装配精度的一种方法。根据零件的互换程度不同，互换装配法又可分为完全互换装配法和不完全互换装配法。

1. 完全互换装配法

组成机器的每一个零件，装配时不需挑选、修配或调整，装配后即可达到规定的装配精度要求的装配方法称为完全互换法。采用完全互换装配法时，装配尺寸链采用极值法解算(与工艺尺寸链计算公式相同)，尺寸链各组成环公差之和不能大于封闭环公差，即

$$T_0 \geqslant \sum_{i=1}^{n-1} T_i \tag{7-1}$$

式中，T_0——封闭环公差(装配精度)；

T_i——第 i 个组成环公差；

n——尺寸链总环数。

在进行装配尺寸链反计算时，通常采用中间计算法(或称“相依尺寸公差法”)。该方法是将一些比较难以加工和不宜改变其公差的组成环(如标准件)的公差预先确定下来，只将极少数或一个比较容易加工，或在生产上受限制较少和用通用量具容易测量的组成环定为协调环。这个环称为“相依尺寸”，意思是该环的尺寸相依于封闭环和其他组成环的尺寸和公差值。然后用公式计算相依尺寸的公差和极限偏差。其计算过程如下：

(1)建立装配尺寸链，确定“协调环”。应验算基本尺寸是否正确。不能选取标准件或公共环作为协调环，因为其公差和极限偏差已是确定值。

(2)确定组成环的公差。可先按“等公差”原则确定各组成环的平均公差，然后根据各组成环尺寸大小和加工的难易程度再进行适当的调整，将其他组成环的公差确定下来，最后利用公式求出协调环的公差，即

$$TA_{\mathrm{y}} = TA_0 - \sum_{i=1}^{n-2} TA_i \tag{7-2}$$

式中，TA_{y}、TA_0、TA_i 分别为协调环、封闭环和除协调环以外的其余组成环的公差。

(3)确定组成环的极限偏差。除协调环外的其余组成环极限偏差，按“入体”原则标注，标准件按规定标注，然后计算“协调环”的极限偏差。设 A_{p} 为增环，A_{q} 为减环。

若协调环为增环，则

$$ESA_{\mathrm{y}} = ESA_0 - \sum_{p=1}^{m-1} ESA_p + \sum_{q=m+1}^{n-1} EIA_q \tag{7-3}$$

$$EIA_{\mathrm{y}} = EIA_0 - \sum_{p=1}^{m-1} EIA_p + \sum_{q=m+1}^{n-1} ESA_q \tag{7-4}$$

若协调环为减环，则

$$ESA_{\mathrm{y}} = -EIA_0 + \sum_{p=1}^{m} EIA_p - \sum_{q=m+1}^{n-2} ESA_q \tag{7-5}$$

$$EIA_{\mathrm{y}} = -ESA_0 + \sum_{p=1}^{m} ESA_p - \sum_{q=m+1}^{n-2} EIA_q \tag{7-6}$$

例 7-1 如图 7-8(a)所示齿轮装配，轴固定，而齿轮空套在轴上回转，要求保证齿轮与挡圈的轴向间隙为 0.1～0.35mm，已知：A_1=30mm、A_2=5mm、A_3=43mm、$A_4=3_{-0.05}^{\ 0}$mm（标准件）、A_5=5mm，现采用完全互换法装配，试确定各组成环公差和极限偏差。

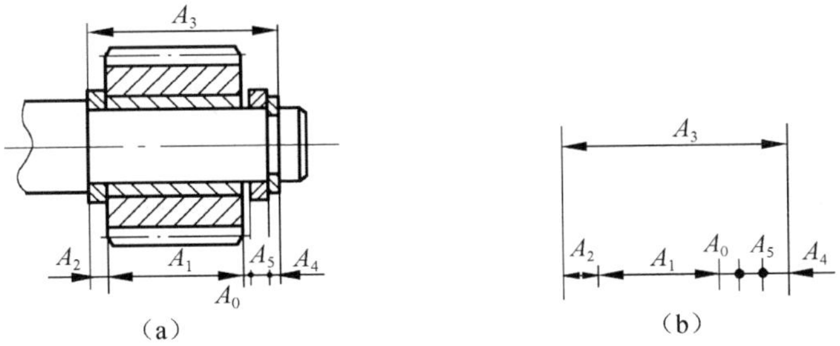

图 7-8　齿轮与轴的装配关系

解　(1)建立装配尺寸链，判断增、减环，验算各组成环基本尺寸。

根据题意，已知封闭环尺寸 $A_0=0_{+0.10}^{+0.35}$mm，装配尺寸链如图 7-8(b)所示。封闭环基本尺寸为

$$A_0 = A_3 - (A_1 + A_2 + A_4 + A_5) = 43 - (30 + 5 + 3 + 5) = 0$$

可见各组成环基本尺寸是正确的。鉴于 A_5 是一个挡圈，易于加工和测量，故选它作为“协调环”。

(2)确定各组成环公差和极限偏差。

按“等公差”原则确定各组成环公差为

$$TA_i = \frac{TA_0}{n-1} = \frac{0.25}{5} = 0.05(\text{mm})$$

挡圈 A_4 为标准件，$A_4=3_{-0.05}^{\ 0}$mm、TA_4=0.05mm。其余各组成环按其尺寸大小和加工难易程度选择公差为：TA_1=0.06mm、TA_2=0.02mm、TA_3=0.1mm，各组成环公差等级约为 IT9。A_1、A_2 按基轴制确定极限偏差：$A_1=30_{-0.06}^{\ 0}$mm，$A_2=5_{-0.02}^{\ 0}$mm，A_3 按基孔制确定其极限偏差：$A_3=43_{\ 0}^{+0.1}$mm。

(3)计算协调环的公差和极限偏差。

协调环 A_5 的公差为

$$\begin{aligned} TA_5 &= TA_0 - (TA_1 + TA_2 + TA_3 + TA_4) \\ &= 0.25 - (0.06 + 0.02 + 0.1 + 0.05) = 0.02(\text{mm}) \end{aligned}$$

经过计算，协调环 A_5 的上、下偏差为

$$ESA_5 = -0.10\text{mm}$$
$$EIA_5 = -0.12\text{mm}$$

所以，协调环 A_5 尺寸　　$A_5 = 5_{-0.12}^{-0.10}$mm

各组成环尺寸和极限偏差分别为：$A_1 = 30_{-0.06}^{\ 0}$mm，$A_2 = 5_{-0.02}^{\ 0}$mm，$A_3 = 43_{\ 0}^{+0.1}$mm，$A_4 = 3_{-0.05}^{\ 0}$mm，$A_5 = 5_{-0.12}^{-0.10}$mm。

完全互换装配方法的优点是：装配过程简单，生产率高；便于组织流水作业和自动化装

配；易于实现零部件的专业协作与生产，备件供应方便。因此只要能满足零件经济精度要求，无论何种生产类型都应首先考虑采用完全互换法装配。但是，当装配精度要求较高，尤其是组成环数目较多时，零件难以按经济精度加工，此时可考虑采用不完全互换法。

2. 不完全互换装配法(概率法)

大多数产品在装配时，各组成零件不需挑选，修配或调节，装配后即能达到装配精度的要求，但少数产品有可能出现废品，这种方法称为不完全互换法。其实质是将组成零件的公差值适当放大，有利于零件的经济加工。由于这种方法是以概率论为理论依据，故又称为概率法。

极值法是在各组成环的尺寸处于极端的情况下来确定封闭环和组成环关系的一种方法。事实上，在正常生产条件下，零件获得极限尺寸的几率是很小的。尤其在大批大量生产中对多环尺寸链的装配，这种极端情况出现的几率小到可以忽略不计。因此在大批大量生产，组成环较多、装配精度要求又较高的场合，用概率法解装配尺寸链比较合理。

当各组成环的尺寸分布均接近于正态分布时，封闭环尺寸也近似于正态分布。为便于计算，常把各环的基本尺寸换算成平均尺寸，于是封闭环的平均尺寸 A_{0M} 为

$$A_{0M}=\sum_{p=1}^{m}A_{pM}-\sum_{q=m+1}^{n-1}A_{qM} \tag{7-7}$$

即封闭环的平均尺寸 A_{0M} 等于所有增环的平均尺寸 A_{pM} 之和减去所有减环的平均尺寸 A_{qM} 之和。

封闭环的公差 TA_0 为

$$TA_0=\sqrt{\sum_{i=1}^{n-1}TA_i^2} \tag{7-8}$$

即封闭环公差的平方等于所有组成环公差的平方之和。

当各组成环具有相同的非正态分布，且各组成环分布范围相差又不太大时，只要组成环数足够多($m\geqslant 5$)，封闭环总是接近正态分布。此时，封闭环公差的近似计算公式为

$$TA_{0E}=k\sqrt{\sum_{i=1}^{n-1}TA_i^2} \tag{7-9}$$

式中，TA_{0E}——当量公差；

k——相对分布系数，k=1.2～1.6。

在计算出各环公差值以及平均尺寸后，各环的公差值对平均尺寸应注成双向对称偏差，然后根据需要再改注成具有基本尺寸和相应上、下偏差的形式。

例 7-2 如图 7-8(a)装配图，已知条件与例 7-1 相同。采用不完全互换法装配，试确定各组成环公差和偏差(设各组成零件的加工接近正态分布)。

解 (1)建立装配尺寸链，验算各环基本尺寸(同例 7-1)。

鉴于尺寸 A_3 较难加工，这里选它作为协调环，希望其公差留的大一些。

(2)确定各组成环公差和极限偏差。

因各组成环尺寸接近正态分布(即 k=1)，则按等公差原则分配各组成环公差为

$$TA_{iM}=\frac{TA_0}{\sqrt{n-1}}=\frac{0.25}{\sqrt{5}}\approx 0.1(\mathrm{mm})$$

综合考虑各零件加工难易程度，对各组成环公差值进行适当地调整。A_4 为标准件，其公差值已确定。其余各组成环公差调整如下：TA_1=0.14mm，TA_2=TA_5=0.05mm。由于 A_1、A_2、A_5 皆为被包容尺寸，其极限偏差按“入体”标注，则 $A_1=30^{0}_{-0.14}$ mm，$A_2=5^{0}_{-0.05}$ mm，$A_5=5^{0}_{-0.05}$ mm 。

(3) 计算协调环的公差和极限偏差。

$$TA_3=\sqrt{TA_0^2-(TA_1^2+TA_2^2+TA_4^2+TA_5^2)}=\sqrt{0.25^2-(0.14^2+3\times0.05^2)}\approx0.18(\text{mm})$$

因为 A_{1M}=29.93mm，A_{2M}=A_{5M}=4.975mm，A_{4M}=2.975mm，A_{0M}=0.225mm，由式(7-7)得

$$A_{3M}=0.225+(29.93+4.975+2.975+4.975)=43.08(\text{mm})$$

所以，$A_3=43.08\pm\dfrac{0.18}{2}=43^{+0.17}_{-0.01}(\text{mm})$。

比较以上两例的计算结果可以看出，在封闭环公差一定的情况下，用概率法可扩大零件的制造公差，从而降低零件的制造成本。

7.2.3 选择装配法

由例 7-2 的计算结果看出，不完全互换法虽然使得各组成环的公差得到了放大，但放大还是有限的。对于组成零件不多而装配精度很高的装配体，这种方法还会使零件的公差过小，难以加工甚至超出加工工艺实现的可能性，如连杆小头孔与活塞销的装配、活塞销与活塞销孔的装配、活塞与汽缸缸套的装配等均属此类情况。选择装配法是将组成环的公差放大到经济可行的程度，然后选择合适的零件进行装配，以保证规定的装配精度要求。选择装配法有三种形式：直接选配法、分组装配法和复合选配法。

1. 直接选配法

由装配工人凭经验从许多待装配零件中，直接挑选合适零件进行装配。其优点是可以省去零件分组工作，能达到很高的装配精度。但缺点是要想选择合适的零件往往需要花费较长时间，并且装配质量在很大程度上取决于工人的技术水平。不宜用在生产节拍要求较严的大批大量生产中。

2. 分组装配法

分组装配法是将各组成环的制造公差相对完全互换法所求数值放大几倍(一般为 3～4 倍)，使其尺寸能按经济精度加工，再按实测尺寸将零件分组，并按对应组进行装配以达到装配精度的要求。由于同组内零件可以互换，故这种方法又称为分组互换法。在大批大量生产中，对于组成环数少而装配精度要求高的部件，常采用这种装配法。

例 7-3 图 7-9 所示为活塞销与活塞销孔的装配简图。活塞销直径 d 与活塞销孔直径 D 的基本尺寸为ϕ28mm，按装配要求，在冷态装配时应有 0.0025～0.0075mm 的过盈量。如果活塞销和活塞销孔的经济加工精度(活塞销用无心磨加工，活塞销孔用金刚镗加工)为 0.01mm，拟采用分组装配法装配，试确定活塞销和销孔直径的分组数和分组尺寸。

解 封闭环的公差为

$$TA_0=0.0075-0.0025=0.0050(\text{mm})$$

对于销、孔仅有 0.0025mm 的公差，如果采用互换法装配，加工精度要求如此之高是既

困难又不经济。采用分组装配法，可将销轴与销孔的公差在相同方向上放大 4 倍，于是可得到如图 7-9 所示的装配关系。

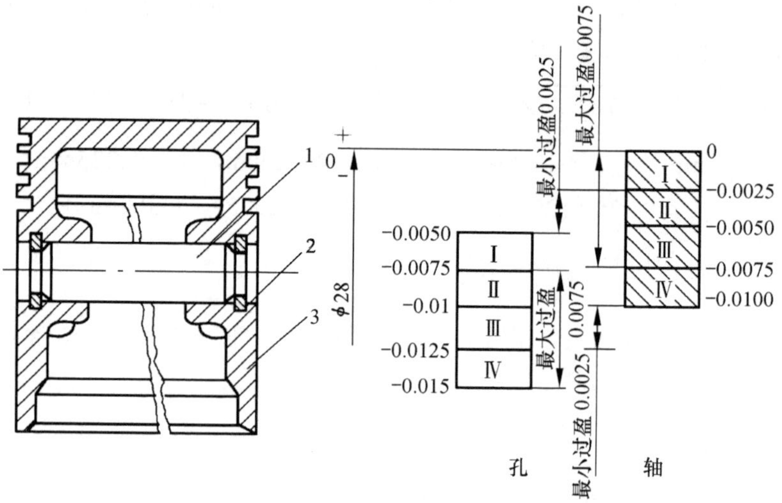

（a）　　　　（b）

图 7-9　活塞销与活塞销孔的装配关系

如果活塞销直径定为$\phi 28_{-0.010}^{\ 0}$mm，将其分为 4 组，则对应销孔的直径也可一一求出。这样，活塞销可用无心磨加工，活塞销孔用金刚镗加工，然后用精密量具测量其尺寸，并按实测尺寸大小分成 4 组，分别涂上不同颜色加以区别，然后装入不同容器内，以便进行分组装配。具体分组情况列于表 7-1 中。

表 7-1　活塞销与活塞销孔直径分组

组别	标志颜色	活塞销直径/mm	活塞销孔直径/mm	配合情况	
				最小过盈/mm	最大过盈/mm
Ⅰ	红	$\phi 28_{-0.0025}^{\ 0}$	$\phi 28_{-0.0075}^{-0.0050}$	0.0025	0.0075
Ⅱ	白	$\phi 28_{-0.0050}^{-0.0025}$	$\phi 28_{-0.0100}^{-0.0075}$		
Ⅲ	黄	$\phi 28_{-0.0075}^{-0.0050}$	$\phi 28_{-0.0125}^{-0.0100}$		
Ⅳ	绿	$\phi 28_{-0.0100}^{-0.0075}$	$\phi 28_{-0.0150}^{-0.0125}$		

采用分组装配时应注意以下几点：

(1) 为保证分组后各组的配合性质及配合精度与原装配要求相同，应使配合件的公差相等；公差应同方向增大，且增大的倍数应等于分组数。

(2) 为保证零件分组装配中都能配套，应使配合件的尺寸分布为相同的对称分布。

(3) 配合件的表面粗糙度、形位公差不能随尺寸公差的放大而放大，应保持原设计要求。

(4) 分组数不宜过多，否则就会因零件的测量、分类、保管工作量的增加导致组织工作复杂。

3. *复合选配法*

该方法是上述两种方法的复合。先将零件预先测量分组，装配时再在各对应组内凭工人的经验直接选择装配。该方法的特点是配合件的公差可以不等，装配速度较快，能满足一定生产节拍的要求。活塞与汽缸缸套的装配多采用这种方法。

7.2.4 修配装配法

在单件小批生产中，对于那些装配精度要求高、组成环数又多的产品结构，常用修配法装配。修配装配法是将各组成环按经济精度制造，装配时通过手工挫、刮、研等方法修配尺寸链中某一组成环(称为修配环)的尺寸，使封闭环达到规定的装配精度要求。

1. 修配环的选择

修配环的选择主要涉及修配的难易程度和修配工作量。因此，修配环要易于修配且便于装拆；修配环最好不要是公共环，以免引起不必要的麻烦。另外，修配环是不要求进行表面处理的零件。

2. 修配环极限尺寸的确定

由于修配法中各组成环是按经济精度制造，这样装配时就有可能会使得各组成环的公差之和超过规定的封闭环公差。为了达到规定的装配精度要求，就需要对修配环进行修配。为了使修配环有足够而又不至于过大的修配量，就要确定修配环的极限尺寸。

修配环修配后对封闭环的影响不外乎有两种情况：修配环越修使封闭环越大；修配环越修使封闭环越小。明确修配环被修配后使封闭环变大还是变小，是确定修配环极限尺寸的关键。因此必须根据不同的情况分别进行分析计算。

1) 修配环越修使封闭环越大的情况

在这种情况下，为使修配时能通过修配环来满足装配精度，就必须使修配前封闭环的最大尺寸 $A'_{0\max}$ 在任何情况下都不能大于封闭环规定的最大尺寸 $A_{0\max}$，即

$$A'_{0\max} \leqslant A_{0\max} \tag{7-10}$$

式(7-10)可用公差带图来描述，如图 7-10 所示。

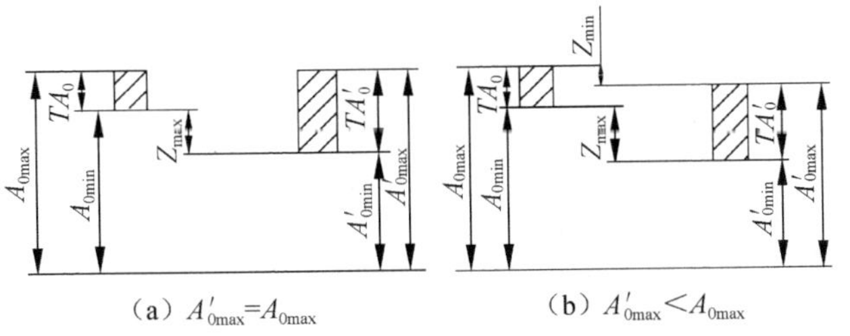

图 7-10 封闭环实际值 A'_0 与规定值 A_0 的相对位置

为使修配的劳动量最小，应使 $A'_{0\max} = A_{0\max}$。此时，修配环无须修配，就能达到 $A_{0\max}$ 的要求，即最小修配量 $Z_{\min}=0$。由极值法解尺寸链计算公式得

$$A'_{0\max} = \sum_{p=1}^{m} A_{p\max} - \sum_{q=m+1}^{n-1} A_{q\min} \tag{7-11}$$

由式(7-11)可求出修配环的一个极限尺寸。再根据修配环的经济加工精度，另一个极限尺寸也可方便地求出。

例 7-4 图 7-11 所示为机床溜板与导轨装配简图，要求保证间隙 A_0=0～0.06mm。现采用修配法来保证装配精度，选择压板 3 为修配环。已知：$A_1= 30_{-0.15}^{\ 0}$ mm，$A_2= 20_{\ 0}^{+0.25}$ mm，

TA_3=0.10mm。试求在最小修配量 Z_{min}=0.1mm 情况下，修配 M 面时 A_3 的尺寸及其极限偏差，并计算最大修配量 Z_{max}。

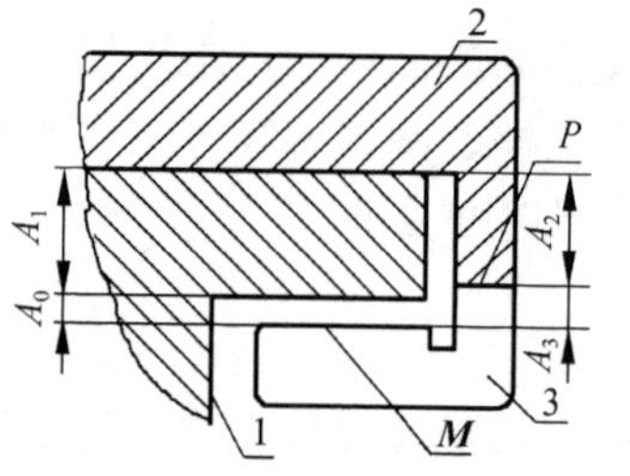

图 7-11　机床溜板与导轨装配简图

解　(1)画出尺寸链图(图 7-11)。

(2)计算修配环的极限尺寸。

由式(7-11)得

$$A_{3\max} = 0.06 + 29.85 - 20.25 = 9.66(\text{mm})$$

$$A_{3\min} = A_{3\max} - TA_3 = 9.66 - 0.1 = 9.56(\text{mm})$$

即

$$A_3 = 10^{-0.34}_{-0.44}\,\text{mm}$$

此时的最小修配量 Z_{min} 为零。当然不希望出现这种情况，如果取 Z_{min}=0.1mm，则

$$A_3 = 10^{-0.34}_{-0.44} - 0.1 = 10^{-0.44}_{-0.54}\,\text{mm}$$

(3)计算最大修配量 Z_{max}

由图 7-10(b)所示的公差带关系图，可以得出

$$Z_{\max} = TA_0' - TA_0 + Z_{\min} = 0.15 + 0.25 + 0.1 - 0.06 + 0.1 = 0.54(\text{mm})$$

2)修配环越修使封闭环越小的情况

在这种情况下，为保证装配要求，必须使装配后封闭环的实际尺寸 $A'_{0\min}$ 在任何情况下不小于封闭环规定的最小尺寸 $A_{0\min}$，即

$$A'_{0\min} \geqslant A_{0\min} \tag{7-12}$$

式(7-12)也可用公差带图来描述，如图 7-12 所示。显然，当 $A'_{0\min} = A_{0\min}$ 时，如图 7-12(a)所示，修配量 Z_{min}=0，于是有

$$A'_{0\min} = \sum_{p=1}^{m} A_{p\min} - \sum_{q=m+1}^{n-1} A_{q\max} \tag{7-13}$$

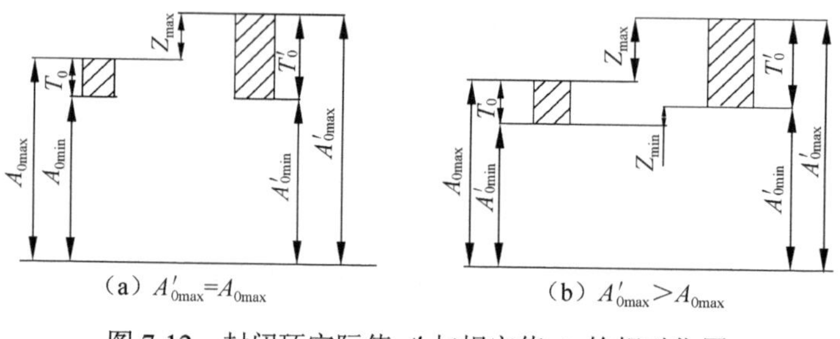

图 7-12　封闭环实际值 A_0' 与规定值 A_0 的相对位置

同理，利用式(7-13)可求出修配环的一个极限尺寸，再根据给定的经济加工精度确定修配环的另一极限尺寸。

例 7-5　在例 7-4 中，将修配 M 面改为修配 P 面(图 7-11)，其他条件不变，求修配环 A_3 的尺寸及其偏差以及最大修配量 Z_{max}(此例留给读者自行完成)。

7.2.5　调整装配法

调整装配法是在装配时用改变可调整件在机器结构中的相对位置或选用合适的调整件以

达到装配精度的方法。这两种零件都起到补偿装配累积误差的作用，故称为补偿件。调整法与修配法的实质相同，只是他们的具体做法不同。常见的调整方法有以下三种。

1. 固定调整法

在装配尺寸链中，选择某一零件为调整件，该零件是按一定尺寸间隔分级制造的一套专用件(如轴套、垫片、垫圈等)。根据各组成环形成的累积误差的大小来更换不同尺寸的调整件，以达到装配精度要求的方法称为固定调整法。该方法的关键是确定调整件的分组数和各组调整件的尺寸。

例 7-6 以图 7-8(a)所示装配结构为例，已知条件与例 7-1 相同。现采用固定调整法确定各组成环的尺寸偏差，并求调整件的分组数以及各组调整件的尺寸。

解 (1)建立装配尺寸链(同例 7-1)。

(2)选择调整件。因 A_5 为一垫圈，加工容易，装拆方便，故选其为调整件。

(3)确定组成环的公差。A_4 为标准件，其余各组成环均按经济精度制造。取 $TA_1=TA_3=0.20\text{mm}$，$TA_2=TA_5=0.10\text{mm}$。各环按入体原则标注，则 $A_1=30_{-0.20}^{\ 0}\text{mm}$，$A_2=5_{-0.10}^{\ 0}\text{mm}$，$A_3=43_{\ 0}^{+0.20}\text{mm}$。

将这些数值连同 A_4 一并代入尺寸链计算公式，可得 A_5 的极限尺寸为

$$A_{5\max}=5.10\text{mm},\quad A_{5\min}=5\text{mm}$$

即

$$A_5=5_{\ 0}^{+0.10}\text{mm}$$

(4)计算调整环 A_5 的调整范围 R。由于各组成环均按经济精度制造，其实际累积公差值 $TA_{0\Sigma}$ 必然大于规定的公差值 TA_0。这二者之差即为调整环的调整范围。因为

$$TA_{0\Sigma}=T_1+T_2+T_3+T_4+T_5=0.20+0.10+0.20+0.05+0.10=0.65(\text{mm})$$

则调整范围 R 为

$$R=TA_{0\Sigma}-TA_0=0.65-0.25=0.40(\text{mm})$$

(5)确定调整环的分组数 N。取调整封闭环公差与调整环制造公差之差，作为调整环尺寸分组间隔$\varDelta$，即

$$\varDelta=TA_0-TA_5=0.25-0.10=0.15(\text{mm})$$

那么调整环的分组数 N 为

$$N=R/\varDelta+1=0.40/0.15+1=3.66\approx 4$$

需要指出的是：①分组数不能为小数。当计算的值和圆整后的值相差较大时，可以通过改变各组成环的公差或调整环公差的方法，使 N 值近似为整数；②分组数不能过多，一般以 3～4 组为宜。调整件公差的减小有助于减少分组数。

(6)确定各组调整件的尺寸。确定各组调整件尺寸的方法有多种，这里介绍一种确定原则：

① 当 N 为奇数时，首先确定中间一组的尺寸，其余各组尺寸相应的加上或减去一个$\varDelta$值。

② 当 N 为偶数时，以预先确定的调整件尺寸为对称中心，再根据尺寸差$\varDelta$确定各组尺寸。

本例中 N=4 为偶数，故以 $A_5=5_{\ 0}^{+0.10}\text{mm}$ 为对称中心，并以尺寸差$\varDelta$=0.15mm 的间隔确定各组尺寸，即：$5_{-0.225}^{-0.125}\text{mm}$，$5_{-0.075}^{+0.025}\text{mm}$，$5_{+0.075}^{+0.175}\text{mm}$，$5_{+0.225}^{+0.325}\text{mm}$。

待把 A_1、A_2、A_3、A_4 这四个零件装入后，测量其轴向间隙值，然后取下 A_4，从一组调整件中选择一个适当厚度的 A_5 装入，再重新装上 A_4，即可保证所需的装配精度。

2. 可动调整法

用改变调整件在机器结构中的相对位置来保证装配精度的方法称为可动调整法。图 7-13 所示为可动调整的图例。图 7-13(a)是用螺钉来调整主轴箱端盖的轴向位置，最后达到调整轴承间隙的目的；图 7-13(b)表示通过调整螺钉调节小刀架上镶条的位置来保证导轨副的配合间隙。

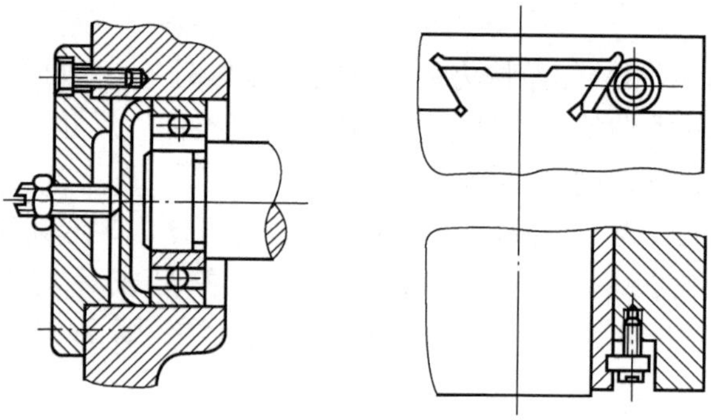

（a）　　（b）

图 7-13　可动调整应用

由此可见，可动调整法不仅装配方便，而且可以获得较高的装配精度。在机器的使用中，可以随时通过调节调整件在结构中的相对位置来补偿由于磨损、热变形等原因引起的误差，使之恢复到原来的装配精度。但美中不足的是需要增加一套调整机构，从而会增加结构的复杂性。可动调整法在实际生产中应用广泛。

3. 误差抵消调整法

在装配机器时，通过调整有关零件的相互位置，使其加工误差相互抵消一部分，以提高装配的精度，这种方法称为误差抵消调整法。这种方法在机床装配中应用较多。如在车床主轴装配中，通过调整前后轴承的径向跳动方向来控制主轴的径向跳动；在滚齿机工作台分度蜗轮装配中，常采用调整蜗轮和轴承的偏心方向来抵消误差，以提高分度蜗轮的工作精度。

上述各种装配方法各有其特点。一种产品究竟采用何种装配方法来保证装配精度，通常在产品设计阶段就应确定下来。只有这样，才能通过尺寸链计算，合理确定各个零部件在加工和装配中的技术要求。但是，同一产品往往会在不同的生产类型和生产条件下生产，因而就可能采用不同的装配方法。选择装配方法的一般原则是：优先选择完全互换法；在生产批量较大，组成环数又较多时，应考虑采用不完全互换法；大量生产中，在封闭环精度较高，组成环数较少时可考虑采用分组装配法，环数较多时采用调整法；在装配精度要求很高，又不宜选择其他方法，或在单件小批生产中，可采用修配法。

7.3　装配工艺规程的制订

将合理的装配工艺过程用文件的形式规定下来就是装配工艺规程。它是指导装配生产的主要技术文件，对保证装配质量、提高装配生产效率、缩短装配周期、减轻工人劳动强度、缩小装配占地面积、降低生产成本等都有重要影响。制订装配工艺规程是生产技术准备工作的主要内容之一。

7.3.1 装配工艺规程的主要内容

(1) 分析产品装配和装配技术条件，确定装配方法与组织形式，划分装配单元；
(2) 拟定装配顺序，划分装配工序，绘制装配工艺系统图，编制装配工艺规程；
(3) 选择和设计产品装配过程中要使用的工具、夹具和设备；
(4) 确定各工序装配技术要求、质量检查方法和检查工具；
(5) 确定合理的运输方法和运输工具；
(6) 计算装配时间定额。

7.3.2 制订装配工艺规程的基本原则及所需要的原始资料

1. 装配工艺规程设计的基本原则

(1) 保证产品装配质量，力求提高质量，以延长产品的使用寿命；
(2) 合理安排装配工序，尽量减少钳工手工劳动量，缩短装配周期，提高装配效率；
(3) 尽量减少装配占地面积，提高单位面积的生产率；
(4) 要尽量减少装配工作所占用的成本；

2. 制订装配工艺规程所需的原始资料

(1) 产品的总装图和部件装配图。装配图应清楚地表示出零、部件间相互连接情况及其联系尺寸，装配的技术要求，零件的明细表等。

(2) 产品验收的技术标准。

(3) 产品的生产纲领。生产纲领决定了产品的生产类型。生产类型不同，致使装配的生产组织形式、装配方法、工艺过程的划分、设备与工艺装备的专业化水平、手工作业量的比例均有很大不同。

(4) 现有的生产条件。包括现有装配设备和工艺装备、车间面积和工人技术水平等。

7.3.3 制订装配工艺规程的方法与步骤

1. 研究产品的装配图及验收技术条件

了解产品及部件的具体结构；分析产品的结构工艺性；审核产品装配的技术要求和验收标准；分析与计算产品装配尺寸链。如发现问题，应及时提出，以便会同相关技术人员商讨产品修改方案。

2. 确定装配方法与组织形式

装配的方法和组织形式主要取决于产品的结构特点和生产纲领，并考虑现有的生产技术条件和设备。选择合理的装配方法是保证装配精度的关键。应结合具体的生产条件，从机械加工和装配的角度出发应用尺寸链理论，确定装配方法。

装配的组织形式主要分为固定式和移动式两种。固定式装配是全部装配工作在固定的地点完成。固定式装配又有集中式和分散式之分。所谓集中式是指整台机器的所有装配工作都由一个或一组工人在一个工作地完成，而分散式是把整台机器分为部装和总装，分别由几个或几组工人同时在不同的工作地分散完成。固定式装配多用于单件小批生产，或重量大、体积大的批量生产中。移动式装配是将零、部件用输送带或输送小车按装配顺序从一个装配地点有节奏地运送到另一个装配地点，各个装配地点分别完成一部分装配工作。移动式装配分为自由移动式和强制移动式两种。自由移动式装配适合于在大批量生产中装配那些尺寸和重量都不大的产品或部件，而强制移动式装配又有连续移动和间歇移动两种形式。对于装配精度要求高的产品，建议采用间歇式移动式装配。移动式装配常用于产品的大批大量生产中，以组成流水作业线和自动作业线。

3. 划分装配单元，确定装配顺序，绘制装配工艺系统图

划分装配单元是制定装配工艺规程中最重要的一个步骤。这对大批大量生产结构复杂的产品尤为重要。在确定装配顺序时，首先选择装配的基准件。装配基准件通常应是产品的基体或主干零、部件。基准件应有较大的体积和重量，有足够的支承面，以满足陆续装入零、部件时的作业需求。例如，床身零件是床身组件的装配基准零件，床身组件是床身部件的装配基准组件，床身部件是机床产品的装配基准部件。

确定装配顺序的一般原则是先难后易、先内后外、先下后上、先重大后轻小、先精密后一般。另外还应注意：处于同一基准件方位的装配工作尽可能集中安排；使用相同安装设备的装配应集中安排；电线、气路和油路的安装应和相应的工序同时进行；具有危险性的零部件安装应放在最后。

为了清晰地表示装配顺序，常用装配工艺系统图(图 7-1)来表示。它是表示产品零、部件间相互装配关系及装配流程的示意图。每一个装配单元(零件、合件、组件、部件)可用一个长方格来表示，在表格上方标明装配单元的名称，左下方是装配单元的编号，右下方添入装配单元的数量。有时在图上还要加注一些工艺说明，如焊接、配钻、冷压和检验等内容。

4. 划分装配工序，进行装配工序设计

主要内容有：①划分装配工序，确定工序内容；②确定各工序所需的设备和工具；③制定各工序装配操作规范，如过盈配合压入力大小、装配温度以及紧固螺栓连接的额定力矩等；④制定各工序装配质量要求与检测方法；⑤确定工序时间定额，平衡各工序节拍。在安排装配工序时，相邻前、后两道工序不得相互影响；关键工序之后应安排检验工序；流水线装配时应注意节拍平衡。

5. 编制装配工艺文件

其编写方法与机械加工工艺文件基本相同。对单件小批生产一般只编制装配工艺过程卡；对成批生产，通常还要编制部件装配和总装配的工艺卡，并表明各工序内容、设备名称、时间定额等；对大批量生产，不仅要编制装配工艺卡，还要编制装配工序卡。

案 例 研 究

图 7-4 所示普通车床装配时，要求尾架锥孔中心线比头架锥孔中心线高 0～0.06mm。已知 $A_1=160\pm0.05\text{mm}$， $A_3=130\pm0.05\text{mm}$， $A_2=30\text{mm}$，$TA_2=0.15\text{mm}$。拟采用修配装配法。

为保证在极端条件下仍有一定的修配量，取最小修配量 $Z_{min} = 0.10$mm，结果发现最大修配量 Z_{max} 高达 0.39mm，这无形中增大了修配的劳动强度。在如何减小最大修配量问题上，有如下建议：

(1) 取最小修配量 $Z_{min} = 0$mm；

(2) 建议(1)不可取，应从压缩 A_1、A_2、A_3 的公差着手；

(3) 上述两个建议都不好，去掉尾架下面的底板可以彻底解决问题。

上述建议是否可行？您是否还有更好的办法？

习题与思考题

7-1　什么叫装配？装配精度有哪几类?零件精度与装配精度之间的关系如何?

7-2　保证装配精度的方法有哪些？各有何特点？

7-3　装配尺寸链和工艺尺寸链有何区别?

7-4　试说明建立装配尺寸链的方法、步骤和原则。

7-5　装配的组织形式有哪几种？各适用于什么场合？

7-6　为什么要划分装配单元？如何绘制装配工艺系统图？

7-7　图 7-14 所示为双联转子泵结构简图，要求冷态下的装配间隙 A_0 = 0.05～0.15mm。各组成环的基本尺寸为：$A_1 = 41$mm，$A_2 = A_4 = 17$mm，$A_3 = 7$mm。

(1) 试用完全互换法求各组成环尺寸及其偏差(选 A_1 为相依尺寸)。

(2) 试用概率法求各组成环尺寸及其偏差(选 A_1 为相依尺寸)。

7-8　某轴与孔的尺寸和公差配合为ϕ50H3/h3mm。为降低加工成本，现将两零件按 IT7 公差制造，试用分组装配法计算：

(1) 分组数和每一组的极限偏差。

(2) 若加工 1 万套，且孔和轴的实际分布都服从正态分布，问每一组孔与轴的零件数各为多少？

7-9　图 7-15 为镗孔夹具简图，要求定位面到孔轴线的距离为 $A_0 = 155 \pm 0.015$mm，单件小批生产用修配法保证该装配精度，并选取定位板 A_1 = 20mm 为修配件。根据生产条件，在定位板上最大修配量以不超过 0.3mm 为宜，试确定各组成环尺寸及其偏差。

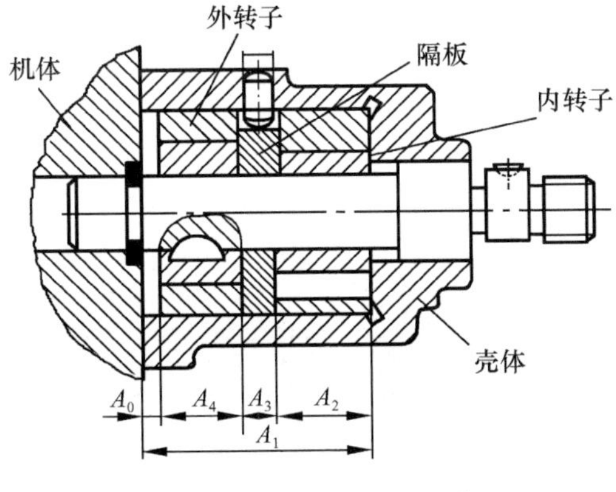

图 7-14　双联转子泵结构简图

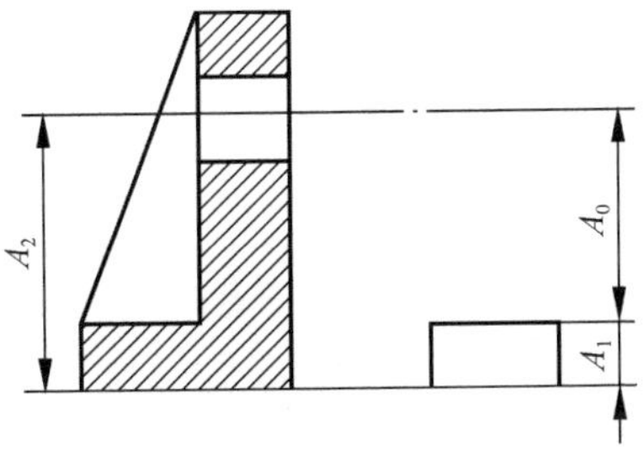

图 7-15　镗孔夹具简图

7-10　如图 7-16 所示车床尾座套筒装配图，试分别按完全互换法和概率法计算螺母在顶尖套筒内的端面跳动量。

7-11　现有一活塞部件，其各组成零件有关尺寸如图 7-17 所示，试分别用极值法公式和概率法公式计算活塞行程的极限尺寸。

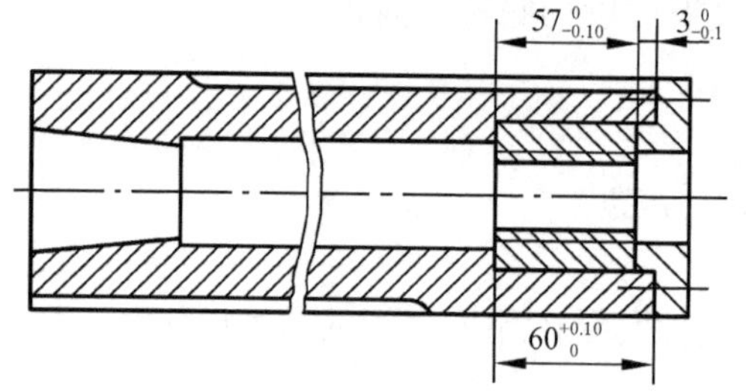

图 7-16　车床尾座套筒装配图

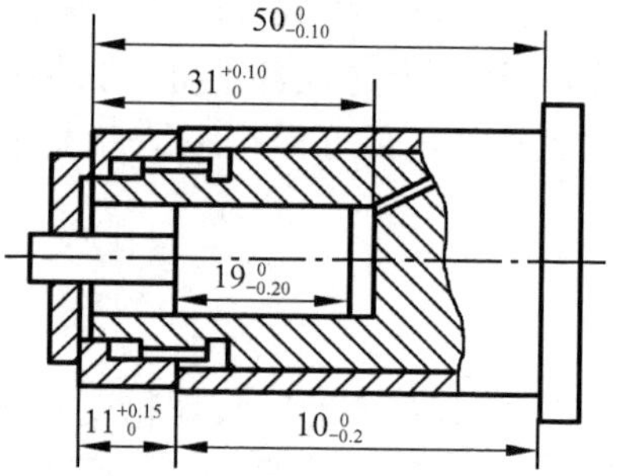

图 7-17　活塞部件装配图

7-12　如图 7-18 所示减速器中某轴上零件的尺寸为 $A_1 = 40\text{mm}$，$A_2 = 36\text{mm}$，$A_3 = 4\text{mm}$，要求装配后齿轮轴向间隙 $A_0 = 0.10$～0.25mm。试用极值法和概率法分别确定 A_1、A_2、A_3 的公差及其偏差。

7-13　如图 7-19 所示轴与齿轮的装配件，为保证弹性挡圈的顺利装入，要求保证轴向间隙 0.05～0.41mm。已知各组成环的基本尺寸 $A_1 = 32.5\text{mm}$，$A_2 = 35\text{mm}$，$A_3 = 2.5\text{mm}$。试用极值法和概率法分别确定各组成零件的偏差。

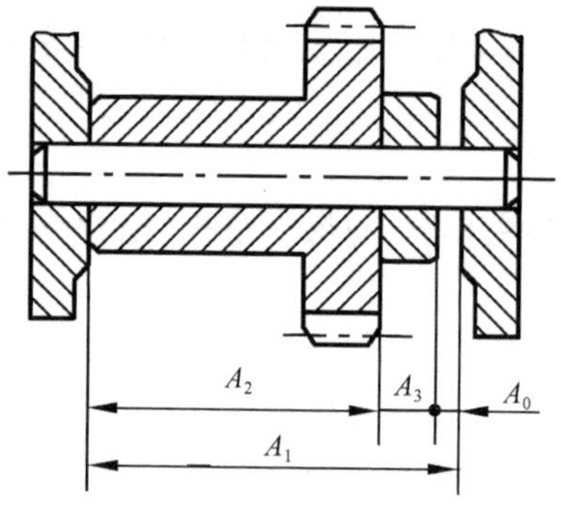

图 7-18　轴装配图

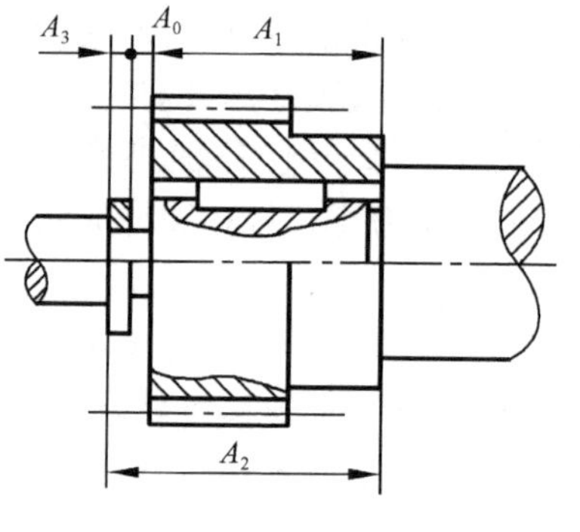

图 7-19　轴与齿轮的装配

第 8 章　制造模式与制造技术的发展

随着计算机技术、微电子技术、信息技术和自动化技术的迅速发展，20 世纪末制造业开始了一场新技术革命。面对复杂多变的外部环境，世界各国政府和企业界都在寻找对策以获得全球范围内的竞争优势。由此产生了许多先进的制造模式与先进制造技术。

8.1　现代制造技术概述

8.1.1　现代制造技术及其特点

近年来，消费者需求日趋主题化、个性化和多样化，市场变化周期越来越短，而且具有不确定性。这就要求制造企业不仅要降低生产成本、提高产品质量、及时响应市场变化，还要追求创新和新颖。面对越来越激烈的市场竞争，制造业的经营策略不断发生变化。机械制造技术必须适应这种变化，大力发展和采用优质、高效、低耗、洁净、灵活的现代制造技术。

现代制造技术正是制造业为了提高竞争力以适应时代的要求，对传统制造技术不断优化并不断吸收科学技术的最新成果而逐渐发展起来的一个新兴技术群。与传统制造技术相比，现代制造技术具有以下特点：

(1) 现代制造技术是一项综合性技术，它将各种与制造相关的技术集合成一体，并贯穿到从市场分析、产品设计、加工制造、生产管理、市场营销、维修服务直至产品报废处理、回收再生的生产全过程。

(2) 现代制造技术是一个动态技术，它不断地吸收和利用各种高新技术成果，并将其渗透到制造系统的各个部分和制造活动的整个过程，使其不断趋于完善。

(3) 现代制造技术特别强调计算机技术、信息技术和现代管理技术在制造中的综合应用，特别强调人的主体作用，强调人、技术、管理三者的有机结合。

(4) 现代制造技术是多学科、多种技术交叉的产物，专业界限逐渐淡化甚至消失。

(5) 现代制造技术向超精密、微细加工领域以及综合自动化方向发展，其目标是实现产品的优质、高效、低耗、清洁及灵活生产，取得理想的经济效果，提高企业的竞争力。

8.1.2　现代制造技术的发展趋势

当前的机械制造技术比以往任何时候都更紧密地依赖于诸如数学、物理学、化学、微电子技术、计算机技术、信息论、控制论等多门学科的基本理论和最新成果。机械制造技术的发展主要沿着以下三条主线：

(1) 进一步完善和开拓机械制造工艺。除了不断发展和完善传统的切削和磨削工艺外，各种新的特种加工方法也在不断涌现和快速发展。

(2) 发展高精度的加工技术，实现微纳米制造。

(3) 发展数字化、柔性化、集成化、网络化、虚拟化、智能化、清洁化的制造技术。

具体表现如下。

1. 精密化

精密化是指对产品、零件的加工精度要求越来越高，加工的极限精度正向纳米级、亚纳米级精度发展。精密加工与超精密加工技术是一个国家制造业水平的重要标志，它不仅为其他高新技术产业提供精密装备，同时它本身也是高新技术的一个重要生长点。因而各工业发达国家均投入巨大资金发展该项技术。目前超精密加工的尺寸误差已达到 0.025μm，表面粗糙度 Ra 达到 0.005μm，所用机床定位精度达到 0.01μm，纳米级加工技术已接近实现。进一步的发展趋势是：向更高精度、更高效率方向发展；向大型化、微型化方向发展；向加工检测一体化方向发展；超精密加工机理与应用的研究向更广泛、更深入的方向发展。

2. 集成化

集成是综合自动化的一个重要特征。目前已从企业内部的信息集成、功能集成发展到实现产品整个寿命周期的过程集成。集成化的发展将使制造企业各部门之间以及制造活动各阶段之间的界限逐渐淡化，并最终向一体化的目标迈进。CAD/CAPP/CAM 系统的出现，使设计、制造不再是截然分开的两个阶段；FMC、FMS 的发展，使加工过程、检测过程、控制过程、物流过程融为一体；而计算机集成制造(CIM)的核心更是通过信息集成，使一个个自动化孤岛有机地联系在一起，以发挥更大的效益；并行工程(CE)则强调产品及其相关过程设计的集成，这实际上是在一个更深层次上的集成。企业间的动态集成通过敏捷制造模式建立动态联盟，从而迅速开发出新产品，达到提升市场竞争力的目的。

3. 柔性化

制造柔性化是制造企业对市场需求多样化的快速响应能力，也即制造系统能够根据顾客的需求快速生产多样化新产品的能力。制造自动化系统从刚性自动化发展到可编程自动化，再发展到综合自动化，系统的柔性越来越大。模块化技术是提高制造自动化系统柔性的重要策略和方法。硬件和软件的模块化设计，不仅可以有效地降低生产成本，而且可以大大提高自动化系统的柔性。模块化产品设计可以有效改善设计工作的柔性，从而可以显著缩短新产品研制与开发周期；模块化制造系统可以极大提高制造系统的柔性，并可根据需要迅速实现制造系统的重组。随着并行工程(CE)和大规模定制生产(Mass Customization，MC)的出现，为制造系统柔性化提供了新的发展空间。

4. 网络化

制造网络化包括以下几个方面：①制造环境内部的网络化，实现制造过程的集成；②整个制造企业的网络化，实现企业中工程设计、制造过程、经营管理的网络化及其之间的集成；③企业与企业间的网络化，实现企业间的资源共享、组合与优化利用；④通过网络，实现异地制造；⑤网络化市场系统，包括网络广告、网络销售、网络服务等。Internet 和 Intranet 的出现，使企业之间的信息传输与信息集成以及异地制造成为可能。

5. 虚拟化

虚拟制造(VM)以系统建模技术和计算机仿真技术为基础，集现代制造工艺、计算机图形学、信息技术、并行工程、人工智能、多媒体技术等高新技术为一体，是一项由多学科知识形成的综合系统技术。虚拟制造将现实制造环境及制造过程，通过建立系统模型映射到计算机及相关技术所支持的虚拟环境中，在虚拟环境中模拟现实制造环境及制造过程的一切活动及产品制造全过程，从而对产品设计、制造过程及制造系统进行预测和评价。虚拟制造技术可以缩短产品设计与制造周期，提高产品设计成功率，降低产品开发成本，提高系统快速响应市场变化的能力。虚拟制造技术在制造自动化中将获得越来越多的应用。

6. 智能化

计算机技术的广泛应用，取代、加强和延伸了人的部分脑力劳动。智能制造技术是指在制造系统和制造过程的各个环节，通过计算机来实现人类专家的制造智能活动的各种制造技术的总称。智能制造系统要求在整个制造过程中贯彻智力活动，使系统以柔性的方式集成起来，以在多品种、中小批量生产条件下，实现“完善生产”。当前的研究和应用进展集中在基于神经网络的智能检测、故障诊断、设计和优化；基于遗产算法的优化设计；基于框架的专家系统；基于 Agent 技术的智能制造系统等方面。由于在知识的表达与获取、人类学习、进化、自组织与创新机制等方面的研究还有待于深入，目前智能制造的应用水平距人们的期望还相差甚远。

7. 绿色化

绿色制造指在保证产品的功能、质量、成本的前提下，综合考虑环境影响和资源效率的一种现代制造模式。其目标是使产品从设计、制造、包装、运输、使用到报废的整个寿命周期内对环境的负面影响最小，资源综合利用率最高。对于制造过程而言，绿色制造要求渗透到从原材料投入到产出成品的全过程，包括节约原材料和能源，替代有毒原材料，将一切排放物的数量与毒性削减在离开生产过程之前。对于产品而言，绿色制造覆盖构成产品整个生命周期的各个阶段，及从原材料提取到产品的最终处置，包括产品的设计、生产、包装、运输、流通、消费及报废等，减少对人类和环境的不利影响。绿色制造的实施将带来 21 世纪制造技术的一系列重要变革。

8. 管理技术现代化

随着新型生产模式，如并行工程(CE)、精益生产(LP)、敏捷制造(AM)、虚拟制造(VM)等的出现，管理模式也必将发生重大变革。主要表现为：管理技术从以技术为中心向以人为中心转变；管理的价值观从注重资金、生产设备、能源和原材料等物力资本，向注重教育、培训等人力资本建设转变；企业的组织架构从金字塔式的多层结构向扁平的网络结构转变，从分工严密的固定组织形式向动态的、自主管理的小组工作组织形式转变；管理权限从传统的中央集权模式向分权管理模式转变；管理活动空间从传统的顺序工作方式向并行工作方式转变，强化快速响应的竞争战略。

8.2 现代制造工艺技术

8.2.1 超精密加工技术

1. 概述

超精密加工是指加工精度和表面质量达到极高程度的精密加工工艺。精密与超精密加工是相对于普通加工精度而言的。目前，加工精度级别的界定如表 8-1 所列。随着加工技术的不断发展，超精密加工的技术指标也在不断地变化。

表 8-1 加工精度的划分

级别	普通加工	精密加工	高精密加工	超精密加工	极超精密加工
加工误差/μm	100～10	10～3	3～0.1	0.1～0.005	≤ 0.005

2. 超精密加工关键技术

影响超精密加工的因素很多，以超精密切削为例，不仅需要超精密的机床和刀具，也需要超稳定的环境条件，还需要运用计算机技术进行实时检测，反馈补偿。只有将各个领域的技术有机集成，才有可能实现超精密加工。

1）超精密加工机床技术

（1）精密主轴。机床主轴的回转精度直接影响到工件的加工精度。目前，超精密加工机床中使用的回转精度最高的主轴是空气静压轴承主轴，其回转精度受轴承部件圆度和供气条件的影响很大，由于压力膜的匀化作用，轴承的回转精度可以达到轴承部件圆度的 1/20～1/15，因此要得到 10nm 的回转精度，轴和轴套的圆度要达到 0.15～0.20μm。

（2）超精密导轨。超精密加工机床常用的导轨形式有 V-V 型滑动导轨和滚动导轨、液体静压导轨和气体静压导轨。传统的 V-V 型滑动导轨和滚动导轨在美国和德国的应用都取得了良好的效果。气体静压导轨由于支承都是平面，可获得较大的支承刚度，它几乎不存在发热问题，在维修保养方面则要注意导轨面的防尘。

在精度方面，空气导轨是目前最好的导轨。国际上空气导轨的直线度可达 0.1μm/250mm～0.2μm/250mm，国内可达到 0.1μm/200mm，通过补偿技术还可进一步提高导轨的直线度。

（3）传动系统。目前用于精密加工和超精密加工的传动系统主要有：滚珠丝杠传动、静压丝杠传动、摩擦驱动和直线电机驱动。

精密滚珠丝杠是超精密加工机床常采用的驱动方法，超精密加工机床一般采用 C_0 级滚珠丝杠，利用闭环控制最高可达 0.01μm 的定位精度。但丝杠的安装误差、丝杆本身的弯曲、滚珠的跳动及制造上的误差、螺母的预紧程度等都会给导轨运动精度带来影响。

摩擦驱动是通过摩擦把伺服电机的回转运动直接转换成直线运动，实现无间隙传动。由于结构上比较简单，因而弹性变形因素大为减少，是一种非常适合超精密加工的传动系统。英国 Rank Tailor Hobson 公司开发的 Nanoform600 超精密镜面加工机床的进给机构采用了这种装置，在 300mm 的行程上可获得 1.255nm 分辨率、±0.1μm 的定位精度。

直线电机是一种将电能直接转变成直线机械运动的动力装置。直线电机适合于高速和高精度的场合，通常高速滚珠丝杠可在 40m/min 的速度和 0.5g 加速度情况下工作，而直线电机加速度可达 5g，其速度和刚度都分别大于滚珠丝杠的 30 倍和 7 倍。目前直线电机传动定位精密度可达到 0.04μm，分辨率为 0.01μm，速度可达 200m/s。

2）超精密刀具

在精密切削加工中常用的刀具材料有：硬质合金、立方氮化硼（CBN）和人造聚晶金刚石。生产实践表明，这三种刀具材料由于不能磨出极锋利的刃口，不能胜任超精密切削。天然或人造单晶金刚石刀具是目前最主要的超精密切削工具。由于它的刃口形状直接反映到被加工材料的表面上，因此金刚石刀具刃磨技术是超精密切削中的一个重要问题。刃磨技术包括晶面的选择、刃口刃磨工艺以及刃磨后刃口半径的测量三个方面。其中刀具的刃口钝圆半径是一个关键参数，若极薄切削厚度欲达 10nm，则刃口钝圆半径应为 2nm。现在由于研磨技术的进步，国外报道研磨质量最好的金刚石刀具的刃口圆弧半径可以小到数纳米，我国现在研磨的金刚石刀具刃口圆弧半径只能达到 0.1～0.3μm。

3) 超精密测量技术

目前，在超精密加工中使用的测量技术有激光干涉技术和光栅技术。激光干涉仪分辨率高，测量范围大，测量精度高，但这种测量方法对环境要求很高。

近年来超精密加工领域越来越多地选用光栅作为测量工具。从分辨率上看，光栅系统分辨率可达 0.1nm，测量范围 100mm，精度±0.1μm。而且光栅对环境的要求相对较低，可以满足超精密加工的使用要求，是很有前途的超精密测量工具。

4) 环境控制技术

超精密加工要求在一定的环境下工作。超精密加工实验室要求恒温，目前已达 (20 ± 0.5) ℃，而切削部件在恒温液的喷淋下最高可达 (20 ± 0.05) ℃。美国 LLNL 实验室的油喷淋温控系统可将温度变化控制在 0.005℃范围内。精密和超精密加工设备必须安放在带防振沟和隔振器的防振地基上，并可使用空气弹簧（垫）来隔离低频振动。高精密车床还采用对旋转部件动平衡方法来减小振动。超精密加工还必须有净化的环境，其最高要求为 1m^3 空气内大于 0.01μm 的尘埃数目小于 10 个。

3. 金刚石超精密车削

金刚石超精密车削是为适应计算机用的磁盘、录像机中的磁鼓、各种精密光学反射镜、射电望远镜主镜面、照相机塑料镜片、树脂隐形眼镜镜片等精密零件的加工而发展起来的一种精密加工方法。它主要用于加工铝、铜等非铁系金属及其合金，以及光学玻璃、大理石和碳素纤维等非金属材料。金刚石超精密车削的关键技术主要有：

(1) 金刚石刀具及其刃磨。超精密车削刀具应具备的主要条件如表 8-2 所示。单晶金刚石刀具的锋利程度一般以刃口圆弧半径 r_n 的大小来表示。r_n 越小，刀具越锋利，切除微小余量就越顺利。最小的刃口圆弧半径取决于刀具材料晶体的微观结构和刀具的刃磨情况。天然单晶金刚石虽然价格昂贵，但由于质地细密，被公认为是最理想、不能替代的超精密切削的刀具材料。金刚石刀具通常是在铸铁研磨盘上进行研磨，研磨时应使金刚石的晶向与主切削刃平行，并使刃口圆弧半径尽可能小。据报道，国外研磨质量最好的金刚石刀具，刃口圆弧半径可以小到几纳米的水平，而国内使用的金刚石刀具，其刃圆弧口半径为 0.2～0.5μm，特殊精心研磨可达到 0.1μm。

表 8-2　超精密车削刀具应具备的主要条件

分　类	主 要 要 求
刀具切削部分的几何形状	① 刃口能磨得极其锋利，刃口圆弧半径 r_n 值极小，能实现超薄切削厚度； ② 具有不产生走刀痕迹、强度高、切削力非常小的刀具切削部分几何形状； ③ 刀刃无缺陷，切削时刃形将复印在加工表面上，能得到超光滑的镜面
物理及化学性能	① 与工件材料的抗黏结性好，化学亲和力小，摩擦系数低，能得到极好的加工表面完整性； ② 极高的硬度、耐磨性和弹性模量，以保证刀具具有很长的寿命和很高的尺寸耐用度

(2) 金刚石车床。金刚石车床是金刚石车削工艺的关键设备。它应具有高精度、高刚度和高稳定性，还要求抗振性好、热变性小、控制性能好，并具有可靠的微量进给机构和误差补偿装置。如美国 Moore 公司生产的 M-18G 金刚石车床，主轴采用空气静压轴承，转速 5000r/min，径向跳动小于 0.1μm；采用液体静压导轨，直线度达 0.05μm/100mm；数控系统分辨率 0.01μm。

4. 超精密磨削加工

超精密磨削技术是在一般精密磨削基础上发展起来的一种亚微米级加工技术。它的加工精度达到或高于 0.1μm，表面粗糙度 Ra 低于 0.025μm，并正在向纳米级加工方向发展。镜面磨削一般是指加工表面粗糙度达到 Ra0.01～0.02μm、表面光泽如镜的磨削方法，在加工精度的含义上不够明确，比较强调表面粗糙度，它也属于超精密磨削加工范畴。

1) 超硬磨料微粉砂轮磨削技术

金刚石砂轮磨削脆硬材料是一种有效的超精密加工方法，它的磨削能力强，耐磨性好，使用寿命长，磨削力小，磨削温度低，表面无烧伤，无裂纹和组织变化，加工表面质量好，且磨削效率高，应用广泛，但在几何形状精度和表面粗糙度上很难满足超精密加工的更高要求，因此出现了金刚石微粉砂轮超精密磨削加工方法。

金刚石微粉砂轮超精密磨削时，主要是微切削作用，在切削过程中有切屑形成、耕犁、滑擦等现象产生，这是由于磨粒具有很大的负前角和切削刃钝圆半径；又由于是微粉磨粒，因此具有微刃性；同时，又由于砂轮经过精细修整，磨粒在砂轮表面上具有很好的等高性，因此其切削机理比较复杂。

2) 超精密砂带磨削技术

超精密砂带磨削是一种高效高精度的加工方法，它可以补充和部分代替砂轮磨削，是一种具有宽广应用前景和潜力的精密和超精密加工方法。砂带磨削时，砂带经接触轮与工件被加工表面接触，由于接触轮的外缘材料一般是一定硬度的橡胶或塑料，是弹性体，同时砂带的基底材料也有一定的弹性，因此在砂带磨削时，弹性变形区的面积较大，使磨粒承受的载荷大大减小，载荷值也较均匀，且有减振作用。砂带磨削时，除有砂轮磨削的滑擦、耕犁和切削作用外，还有磨粒的挤压使加工表面产生的塑性变形、磨粒的压力使加工表面产生加工硬化和断裂以及因摩擦升温引起的加工表面热塑性流动等。因此从加工机理来看，砂带磨削兼有磨削、研磨和抛光的综合作用，是一种复合加工。

与砂轮磨削相比，砂带磨削时材料的塑性变形和摩擦力减小，力和热的作用降低，工件温度降低。由于砂带粒度均匀、等高性好，磨粒尖刃向上，有方向性，且切削刃间隔长，切屑不易塞，有较好的切削性，使加工表面能得到很高的表面质量，但难以提高工件的几何精度。

砂带磨削方式一般可以分为闭式和开式两大类。闭式砂带磨削采用无接头或有接头的环形砂带，通过接触轮和张紧轮撑紧，由电动机通过接触轮带动砂带高速旋转，砂带头架做纵向及横向进给，从而对工件进行磨削。这种磨削方式效率高，但噪声大，易发热，可用于粗、半精和精加工。开式砂带磨削采用成卷的砂带，由电动机经减速机构通过卷带轮带动砂带做极缓慢的移动，砂带绕过接触轮并以一定的工作压力与工件被加工表面接触，工件高速回转，砂带头架或工作台做纵向与横向进给，从而对工件进行磨削。这种磨削方式磨削质量高且稳定，磨削效果好，但效率不如闭式砂带磨削，多用于精密和超精密磨削中。

8.2.2 微细/纳米加工技术

1. 微细/纳米加工技术的概念与特点

微细加工是指加工尺度为微米级范围的加工方式。微细加工起源于半导体制造工艺，加工方式十分丰富，包含了微细机械加工、各种现代特种加工、高能束加工等方式。

纳米技术(Nanotechnology，NT)是在纳米尺度范围(0.1～100nm)内对原子、分子等进行操纵和加工的技术。它是一门多学科交叉的学科，是在现代物理学、化学和先进工程技术相结合的基础上诞生的，是一门与高技术紧密结合的新型科学技术。纳米级加工包括机械加工、化学腐蚀、能量束加工、扫描隧道加工等多种方法。

微细加工与一般尺度加工有许多不同，主要体现在以下几个方面：

(1)精度表示方法不同。在一般尺度加工中，加工精度是用其加工误差与加工尺寸的比值(即相对精度)来表示的。而在微细加工时，由于加工尺寸很小，精度就必须用尺寸的绝对值来表示，即用去除(或添加)的一块材料(如切屑)的大小来表示，从而引入加工单位的概念，即一次能够去除(或添加)的一块材料的大小。

(2)加工机理存在很大的差异。由于在微细加工中加工单位的急剧减小，此时必须考虑晶粒在加工中的作用。如果吃刀深度小于晶粒直径时，那么，切削就不得不在晶粒内进行，这时就要把晶粒作为一个个的不连续体来进行切削。相比之下，如果是加工较大尺度的零件，由于吃刀深度可以大于晶粒尺寸，切削不必在晶粒中进行，就可以把被加工体看成是连续体。这就导致了加工尺度在亚毫米、加工单位在数微米的加工方法与常规加工方法的微观机理的不同。另外，当切削单位从数微米缩小到1μm以下时，刀具的尖端要承受很大的应力作用，使得单位面积上会产生很大的热量，导致刀具的尖端局部区域上升到极高的温度。这就要求采用耐热性好、耐磨性强、高温硬度和高温强度都高的刀具。

(3)加工特征明显不同。一般加工以尺寸、形状、位置精度为特征；微细加工则由于其加工对象的微小型化，目前多以分离或结合原子、分子为特征。例如，要进行1nm的精度和微细度的加工，就需要用比它小一个数量级的尺寸作为加工单位，即要用0.1nm的加工方法进行加工。这就明确告诉我们必须把原子、分子作为加工单位。扫描隧道显微镜和原子力显微镜的出现，实现了以单个原子作为加工单位的加工。

2. 微细加工技术

微细加工技术是由微电子技术、传统机械加工技术和特种加工技术衍生而成的。按其衍生源的不同，微细加工可分为为微细蚀刻加工、微细切削加工和微细特种加工。下面介绍几种有代表性的微细加工方法。

1)微细切削加工

这种方法适合所有金属、塑料和工程陶瓷材料，主要采用车削、铣削、钻削等切削方式，刀具一般为金刚石刀(刃口半径为100nm)。这种工艺的主要困难在于微型刀具的制造、安装以及加工基准的转换定位。

2)微细特种加工

(1)微细电火花加工。电火花加工是利用工件和工具电极之间的脉冲性火化放电，产生瞬

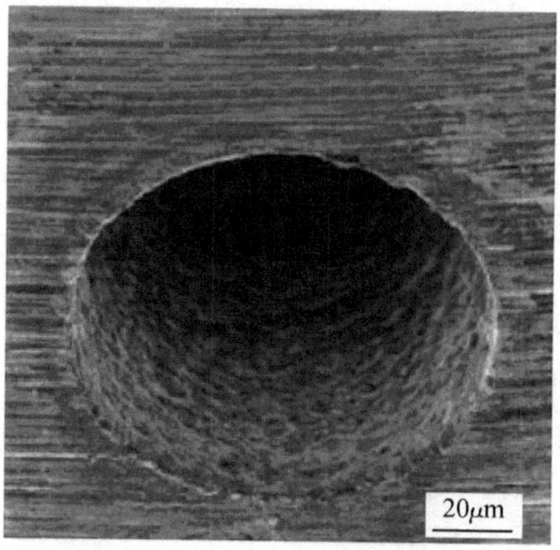

图 8-1 微细电火花加工出的微孔

间高温使工件材料局部熔化或汽化，从而达到蚀除材料的目的。微小工具电极的制作是关键技术之一。利用微小圆轴电极，在厚度为 0.2mm 的不锈钢片上可加工出直径为 40μm 的微孔，如图 8-1 所示。

当机床系统定位控制分辨率为 0.1μm 时，最小可实现孔径为 5μm 的微细加工，表面粗糙度可达 0.1μm，这种方法的缺点是电极的定位安装较为困难。为此常将切削刀具或电极在加工机床中制作，以避免装夹误差。

(2) 复合加工。复合加工是指电火花与激光复合精密微细加工。针对市场上急需的精密电子零件模具与高压喷嘴等使用的超微硬质合金和聚晶金刚石烧结体的加工要求，特别是长径比很大的深孔加工要求，开发出一种高效率的微细加工系统，它采用了电火花加工与激光加工的复合工艺。首先利用激光在工件上预加工出贯穿的通孔，以便为电火花加工提供良好的排屑条件，然后再进行电火花精加工。

3) 光刻加工

光刻加工是利用光致抗蚀剂(感光胶)的光化学反应特点，在紫外线照射下，将照相制版上的图形精确地印制在有光致抗蚀剂的工件表面，再利用光致抗蚀剂的耐腐蚀特性，对工件表面进行腐蚀，从而获得极为复杂的精细图形。

目前，光刻加工中主要采用的曝光技术有：电子束曝光技术、离子束曝光技术、X 射线曝光技术和紫外准分子曝光技术，其中离子束曝光技术具有最高的分辨率，电子束曝光代表了最成熟的亚微米级曝光技术，紫外准分子激光曝光技术则具有最高的经济性，是近年来发展速度极快且实用性较强的曝光技术，在大批量生产中保持主导地位。

典型的光刻工艺过程为：①氧化，使硅晶片表面形成一层 SiO_2 氧化层；②涂胶，在 SiO_2 氧化层表面涂布一层光致抗蚀剂，即光刻胶，厚度为 1～5μm；③曝光，在光刻胶层面上加掩模，然后用紫外线等方法曝光；④显影，曝光部分通过显影而被溶解除去；⑤腐蚀，将加工对象浸入氢氟酸腐蚀液，使未被光刻胶覆盖的 SiO_2 部分被腐蚀掉；⑥去胶，腐蚀结束后，光致抗蚀剂就完成了它的作用，此时要设法将这层无用的胶膜去除；⑦扩散，即向需要杂质的部分扩散杂质，以完成整个光刻加工过程。图 8-2 为半导体光刻加工过程示意图。

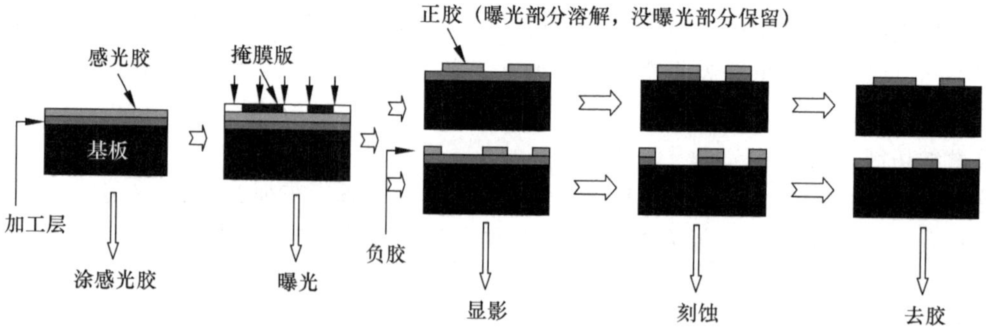

图 8-2 半导体光刻加工过程示意图

3. 纳米加工技术

纳米加工采用自下而上和自上而下两种方法的结合。“自下而上”的方法，即从单个分子甚至原子开始，一个原子一个原子地进行物质的组装和制备。这个过程没有原材料的去除和浪费。由于传统的“自上而下”的微电子工艺受经典物理学理论的限制，依靠这一工艺来减小电子器件尺寸将变得越来越困难。

传统微纳器件的加工是以金属或者无机物的体相材料为原料。通过光刻蚀、化学刻蚀或两种方法结合使用的“自上而下”的方式进行加工，在刻蚀加工前必须先制作“模具”。长期以来推动电子领域发展的以曝光技术为代表的自上而下方式的加工技术即将面临发展极限。如果使用蛋白质和DNA(脱氧核糖核酸)等纳米生物材料，将有可能形成运用材料自身具有的“自组装”和相同图案“复制与生长”等特性的自下而上方式的元件。图8-3所示为采用自下而上方法加工出的纳米碳管和量子栅栏。

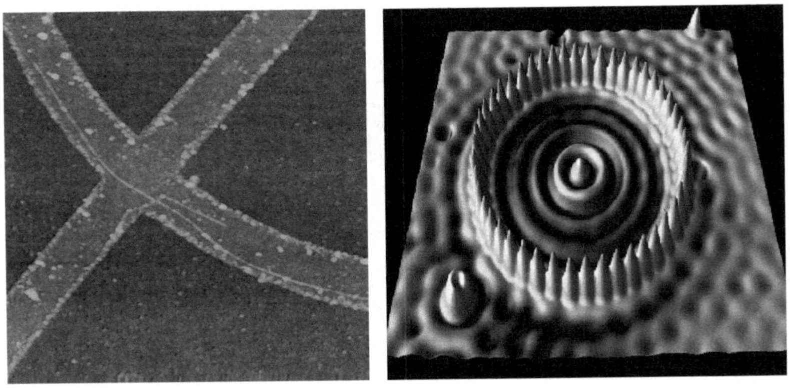

图8-3　自下而上方法加工出的纳米碳管和量子栅栏

下面介绍两种纳米加工工艺。

(1) LIGA技术(X射线刻蚀电铸模法)。LIGA(Lithographic Galvanoformung Abformung)加工工艺是由德国科学家开发的集光刻、电铸和模铸于一体的复合微细加工新技术，是三维立体微细加工最有前景的加工技术，尤其对于微机电系统的发展有很大的促进作用。

20世纪80年代中期，德国W.Ehrfeld教授等发明了LIGA加工工艺，这种工艺包括三个主要步骤：深度同步辐射X射线光刻(Lithography)、电铸成形(Galvanoformung)和注塑成形(Abformung)。其最基本和最核心的工艺是深度同步辐射X射线光刻，而电铸成形和注塑成形工艺是LIGA产品实用化的关键。LIGA适合用多种金属、非金属材料制造微型机械构件。采用LIGA技术已研制成功或正在研制的产品有微传感器、微电机、微执行器、微机械零件等。

(2) 扫描隧道显微加工技术。扫描隧道显微镜(Scanning Tunneling Microscope，STM)是1981年由在IBM瑞士苏黎世实验室工作的G.Binning和H.Rohrer发明，可用于观察物体Å级的表面形貌。被列为20世纪80年代世界十大科技成果之一，1986年因此获诺贝尔物理学奖。通过STM的探针来操纵试件表面的单个原子，实现单个原子和分子的搬迁、去除、增添和原子排列重组，实现极限的精加工。目前，原子级加工技术正在研究对大分子中的原子搬迁、增加原子、去除原子和原子排列的重组。

8.2.3 高速加工技术

1. 高速加工技术的概念

高速加工技术是指采用超硬材料刀具和磨具，利用高速、高精度、高自动化和高柔性的制造设备，以提高切削速度来达到提高材料切除率、加工质量的先进加工技术。高速加工目前尚没有统一的定义。ISO1940 标准规定，主轴转速高于 8000r/min 为高速切削；德国 Darmstadt 工业大学提出以高于 5～10 倍普通切削速度的切削定义为高速切削；还有学者认为主轴轴承孔直径与主轴最大转速乘积达(5～2000)×105mm·r/min 时为高速切削。事实上，由于不同的工件材料、不同的加工方式有着不同的切削速度范围，高速加工的切削速度很难给出一个确定的数值。

1931 年，德国 Carl Salomon 博士首次提出超高速切削理论。Salomon 认为，在常规切削速度范围内，切削温度随切削速度的增大而急剧升高，但当切削速度增大到某一数值后，切削温度反而会随切削速度的增大而降低。速度的这一临界值与工件材料种类有关，对每一种材料，存在一个速度范围，在这范围内，由于切削温度高于任何刀具的熔点，从而切削加工不能进行，这个速度范围称为“死谷”。如果切削速度超过这个死谷，在超高速区域内进行切削，则有可能用现有的刀具进行高速切削，从而大大减少切削工时，成倍提高机床的生产率。

2. 高速切削加工的关键技术

随着近几年高速切削技术的迅速发展，各项关键技术也正在不断地跃上新水平，包括高速主轴系统、快速进给系统、高性能 CNC 控制系统、先进机床结构、高速加工刀具等。

1) 高速主轴系统

高速主轴单元是高速加工机床最关键的部件。目前高速主轴的转速范围为 10000～25000r/min，加工进给速度在 10m/min 以上。为适应这种切削加工，高速主轴应具有先进的主轴结构，优良的主轴轴承，良好的润滑和散热等新技术。

(1) 电主轴。在超高速数控机床中，几乎无一例外地采用“电主轴”，如图 8-4 所示。由于电主轴取消了从主电动机到机床主轴之间的一切中间传动环节，主传动链的长度缩短为零，故把这种新型的驱动与传动方式称为“零传动”。

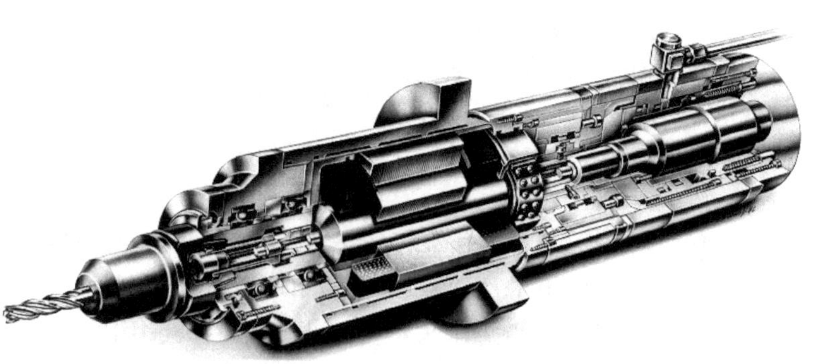

图 8-4 电主轴结构

(2) 静压轴承高速主轴。目前，在高速主轴系统中广泛采用液体静压轴承和空气静压轴承。

液体静压轴承高速主轴的最大特点是运动精度很高，回转误差一般在 0.2μm 以下。因而不但可以提高刀具的使用寿命，而且可以达到很高的加工精度和低的表面粗糙度。

采用空气静压轴承可以进一步提高主轴的转速和回转精度，其最高转速可达 100000r/min，转速特征值可达 2.7×10^6mm·r/min，回转误差在 50nm 以下。由于静压轴承为非接触式，具有磨损小、寿命长、旋转精度高、阻尼特性好的特点，另外其结构紧凑，动、静态刚度较高。但静压轴承价格较高，使用维护较为复杂。气体静压轴承刚度差、承载能力低，主要用于高精度、高转速、轻载荷的场合；液体静压轴承刚度高、承载能力强，但结构复杂、使用条件苛刻、消耗功率大、温升较高。

(3) 磁浮轴承高速主轴。磁浮轴承高速主轴结构如图 8-5 所示。其优点是高精度、高转速和高刚度；缺点是机械结构复杂，而且需要一整套的传感器系统和控制电路，所以磁浮主轴的造价较高。另外，主轴部件内除了驱动电机外，还有轴向和径向轴承的线圈，每个线圈都是一个附加的热源，因此，磁浮主轴必须有很好的冷却系统。

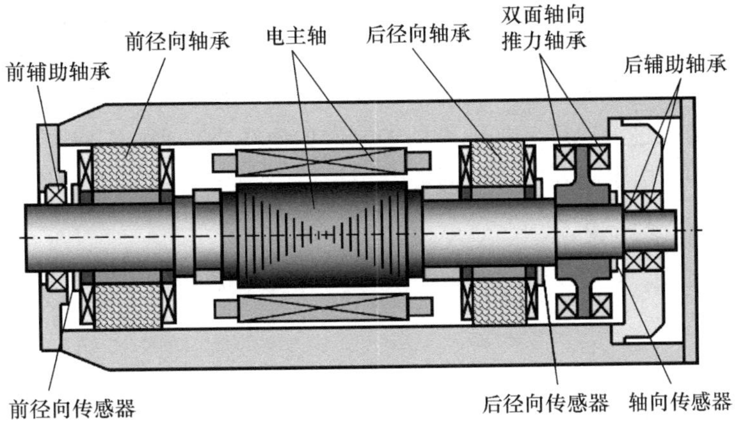

图 8-5　磁浮轴承高速主轴

2) 超高速切削机床的进给系统

超高速切削进给系统是超高速加工机床的重要组成部分，是评价超高速机床性能的重要指标之一，是维持超高速切削中刀具正常工作的必要条件。

超高速切削在提高主轴速度的同时必须提高进给速度，并且要求进给运动能在瞬时达到高速和瞬时准停等，否则，不但无法发挥超高速切削的优势，而且会使刀具处于恶劣的工作条件下，还会因为进给系统的跟踪误差影响加工精度。当采用直线电机进给驱动系统时，使用直线电机作为进给伺服系统的执行元件，电动机直接驱动机床工作台，传动链长度为零。并且不受离心力的影响，结构简单、重量轻，容易实现很高的进给速度（80～180m/min）和加速度（2～10g）；动态性能好、运动精度高（0.1～0.01μm）、运动行程不影响系统的刚度，无机械磨损。

3) 超高速轴承技术

超高速主轴系统的核心是高速精密轴承。因滚动轴承有很多优点，故目前国外多数超高速磨床采用的是滚动轴承。为提高其极限转速，主要采取如下措施：①提高制造精度等级，但这样会使轴承价格成倍增长。②合理选择材料，陶瓷球轴承具有重量轻、热膨胀系数小、硬度高、耐高温、超高温时尺寸稳定、耐腐蚀、弹性模量比钢高、非磁性等优点。③改进轴承结构，德国 FAG 轴承公司开发了 HS70 和 HS719 系列的新型高速主轴轴承，它将球直径缩小至原来的 70%，增加了球数，从而提高了轴承结构的刚性。

4) 高性能的 CNC 控制系统

围绕着高速和高精度，高速加工数控系统须满足以下条件：

(1) 数字主轴控制系统和数字伺服轴驱动系统应该具有高速响应特性；采用气浮、液压或磁悬浮轴承时，要求主轴支撑系统能根据不同的加工材料、不同的刀具材料以及加工过程中的动态变化自动调整相关参数；工件加工的精度检测装置应选用具有高跟踪特性和分辨率的检测元件(双频激光干涉仪)。

(2) 进给驱动的控制系统应具有很高的控制精度和动态响应特性，以满足高进给速度和高进给加速度。

(3) 为适应高速切削，要求单个程序段处理时间短；为保证高速下的加工精度，要有前馈和大量的超前程序段处理功能；要求快速行程刀具路径，刀具路径尽可能圆滑，走样条曲线而不是逐点跟踪，少转折点、无尖转点；程序算法应保证高精度；遇到干扰能迅速调整，保持合理的进给速度，避免刀具振动。

此外，如何选择新型高速刀具、切削参数以及优化切削参数；刀具切削运动轨迹的优化；曲线轮廓拐点、拐角处进给速度和加速度的控制；如何解决高速加工时 CAD/CAM 高速通信时的可靠性等都是 NC 程序需要解决的问题。

8.2.4 现代特种加工技术

1. 激光加工

1) 激光加工技术及其特点

激光加工是利用激光束对材料的光热效应来进行加工的一门加工技术。激光加工原理图如图 8-6 所示。由于激光具有高亮度、高方向性、高单色性和高相干性的特性，激光加工具有如下一些可贵特点：

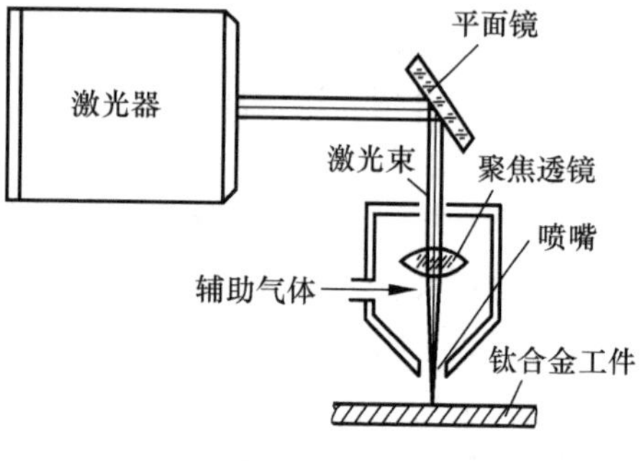

图 8-6 激光加工原理图

(1) 几乎可以加工任何材料。

(2) 可用于精密微细加工。

(3) 没有明显的机械力，没有工具损耗问题。加工速度快、热影响区小，容易实现加工过程自动化。能在常温、常压下于空气中加工，还能通过透明体进行加工，如对真空管内部进行焊接加工等。

(4) 与电子束加工等相比，激光加工装置比较简单，不要求复杂的抽真空装置。

激光加工的不足之处在于激光加工设备目前还比较昂贵。

2) 激光加工技术及其在工业中的应用

(1) 激光打孔。激光打孔是利用高能激光束照射在工件表面，表面材料所产生的一系列热物理现象综合的结果。它与激光束的特性和材料的热物理性质有关。激光打孔加工是非接触式的，对工件本身无机械冲压力。热影响极小，从而对精密配件的加工更具优势。激光束的能量和轨迹易于实现精密控制，因而可完成精密复杂的加工。激光几乎可在任何材料上打微型小孔，目前已应用于火箭发动机和柴油机的燃料喷嘴加工、化学纤维喷丝板打孔、钟表及仪表中的宝石轴承打孔、金刚石拉丝模加工等方面。

(2)激光切割。激光切割是利用高功率密度的激光束扫描材料表面，在极短时间内将材料加热到几千至上万摄氏度，使材料熔化或气化，再用高压气体将熔化或气化物质从切缝中吹走，达到切割材料的目的。激光切割的特点是速度快，切口光滑平整，一般无需后续加工；切割热影响区小，板材变形小，切缝窄(0.1～0.3mm)；切口没有机械应力，无剪切毛刺；加工精度高，重复性好，不损伤材料表面；激光切割适于自动控制，宜于对细小部件进行各种精密切割。激光切割可以用于切割各种材料。

(3)激光焊接。激光焊接是以高功率聚焦的激光束为热源，熔化材料形成焊接接头的。其特点：激光焊接具有溶池净化效应，能纯净焊缝金属，适用于相同或不同材质、不同厚度的金属间的焊接，对高熔点、高反射率、高导热率和物理特性相差很大的金属焊接特别有利。激光焊接一般无需焊料和焊剂，只需将工件的加工区域“热熔”在一起就可以。激光功率可控，易于实现自动化；激光束功率密度很高，焊缝熔深大，速度快，效率高；激光焊缝窄，热影响区很小，工件变形很小，可实现精密焊接；激光焊缝组织均匀，晶粒很小，气孔少，夹杂缺陷少，在机械性能、抗蚀性能和电磁学性能上优于常规焊接方法。

(4)激光表面热处理技术。激光的穿透能力极强，当把金属表面加热到仅低于熔点的临界转变温度时，其表面迅速奥氏体化，然后急速自冷淬火，金属表面迅速被强化，即激光相变硬化。激光表面热处理就是利用高功率密度的激光束对金属进行表面处理的方法，可对材料实现相变硬化、快速溶凝、合金化、溶覆等表面处理，产生用其他表面淬火达不到的表面成分、组织、性能的改变。其中相变硬化和溶凝处理技术已趋于成熟并产业化，而合金化和熔覆工艺，对基体材料的适应范围和性能改善的幅度较前两种好，发展前景广阔。

2. 超声波加工

1)超声波加工基本原理

超声波加工(Ultrasonic Machining，UM)是利用工具端面做超声频振动，通过磨料悬浮液加工脆性材料的一种加工方法。超声波加工原理如图 8-7 所示。加工时在工具 1 与工件 2 之间加入工作液与磨料混合的悬浮液 3，并使工具以很小的力 F 轻轻压在工件上。高频电源 7 作用于磁致伸缩换能器 6 产生 16000Hz 以上的超声频纵向振动，并借助于变幅杆 4、5 把振幅放大到 0.05～0.1mm，驱动工具端面做超声振动，迫使悬浮液中的磨料以很大的速度和加速度不断地撞击、抛磨被加工表面，把被加工表面的材料粉碎成很细的微粒，从工件上被打落下来。虽然每次打击下来的材料很少，但由于每秒钟打击次数多达 16000 次以上。所以仍有一定的加工速度。

与此同时，工作液受工具端面超声振动作用而产生的高频、交变的液压正负冲击波和“空化”作用，促使工作液钻入被加工材料的微裂缝处，加剧了机械破坏作用。所谓空化作用，是指当工具端面以很大的加速度离开工件表面时，加工间隙内形成负压和局部真空，在工作液体内形成很多微空腔。当工具端面以很大的加速度接近工件表面时，空腔闭合，引起极强的液压冲击波，可以强化加工过程。此外，正负交变的液压冲击也使悬浮液在加工间隙中强迫循环，使变钝了的磨粒及时得到更新。工具逐渐伸入到被加工材料中，工具形状便复现在工件上，直至达到所要求的尺寸。

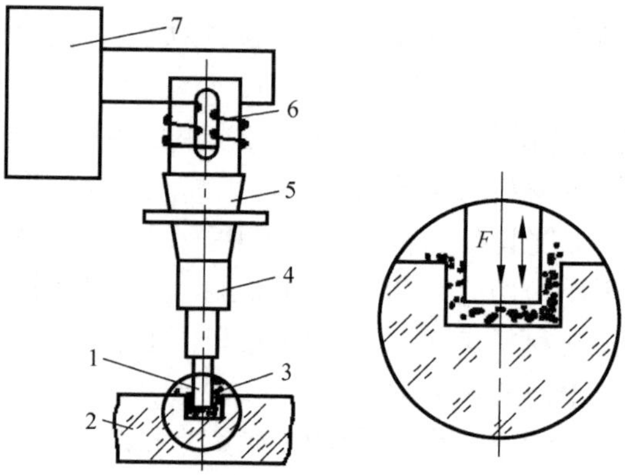

图 8-7　超声波加工原理图

1—工具；2—工件；3—磨料悬浮液；4、5—变幅杆；6—换能器；7—高频电源

由此可见，超声波加工是磨粒在超声振动作用下的机械撞击和抛磨作用以及超声空化作用的综合结果，且主要是磨粒的冲击作用。越是脆性材料，受冲击作用遭受的破坏越大，越易于超声加工。超声波适合于加工各种硬脆材料，特别是不导电的非金属材料。

2)超声波加工装置组成

超声波加工装置一般包括高频电源、超声振动系统、机床本体和磨料工作液循环系统等几个部分。

(1)高频电源。也叫超声波发生器，其作用是将工频交流电转变为有一定功率输出的超声频电振荡，以提供工具端面往复振动和去除被加工材料的能量。

(2)超声振动系统。该系统由磁致伸缩换能器、变幅杆及工具组成。换能器是将高频电振荡转换成机械振动。由于磁致伸缩的变形量很小，其振幅不超过 0.005～0.01mm，不足以直接用来加工，因此必须通过一个上粗下细的振幅扩大棒(变幅杆)将振幅扩大至 0.01～0.15mm。超声波的机械振动经变幅杆放大后即传给工具，使悬浮液以一定的能量冲击工件。

(3)机床。超声波加工机床的结构比较简单，包括机架和移动工作台。机架支撑振动系统等部件，移动工作台维持加工过程的进行。

(4)磨料工作液及其循环系统。工作液常用的有水、煤油、机油等，将碳化硼、碳化硅、氧化铝等磨料通过离心泵搅拌悬浮后注入工作区，以保证磨料的悬浮和更新。

3)超声波加工的特点及应用

超声波加工具有以下特点：

(1)适合于加工各种硬脆材料，特别是不导电的非金属材料，例如玻璃、陶瓷(氧化铝、氮化硅等)、石英、锗、硅、玛瑙、宝石、金刚石等。对于导电的硬质金属材料如淬火钢、硬质合金等，也能进行加工、但加工生产率较低。

(2)由于工具可用较软的材料、做成较复杂的形状，故不需要使工具和工件做比较复杂的相对运动，因此超声加工机床的结构比较简单，只需一个方向轻压进给，操作、维修方便。

(3)由于去除加工材料是靠极小磨料瞬时局部的撞击作用，故工件表面的宏观切削力很小，切削应力、切削热很小，不会引起变形及烧伤，表面粗糙度也较好，可达 $Ra0.1$～1μm，而且可以加工薄壁、窄缝、低刚度零件。

超声波加工在工业生产中的应用越来越广泛，常用于型孔与型腔的超声加工、一些淬火钢、硬质合金冲模，拉丝模，塑料模具型腔的最终抛磨光整加工、超声清洗、超声切割，以及超声波复合加工，如超声电火花加工、超声电解、超声振动切削等。

8.2.5 快速原型制造技术

1. 快速原型制造原理及其特点

快速原型制造技术是由 CAD 模型直接驱动的快速制造任意复杂形状三维实体和技术总称。它彻底摆脱了传统的“去除”加工法，而基于“材料逐层堆积”的制造理念，将复杂的三维加工分解为简单的材料二维添加的组合。其基本原理是：先由三维 CAD 软件设计出所需要零件的计算机三维曲面或实体模型；然后根据工艺要求，将计算机内的三维数据模型进行分层切片得到各层截面的轮廓数据，计算机据此信息控制激光束有选择性地切割一层一层的纸，或烧结一层接一层的粉末材料，或固化一层又一层的液态光敏树脂，或用喷嘴喷射一层又一层的热熔材料或黏合剂，形成一系列具有一个微小厚度的片状实体；再采用熔结、聚合、黏结等手段使其逐层堆积成一体，便可以制造出所设计的新产品样件、模型或模具。

与传统的加工方法比较，快速原型制造具有以下特点：

(1) 制造过程柔性化。成形过程无需专用工、模具，使得产品的制造过程几乎与零件的复杂程度无关，这是传统的制造方法无法比拟的。

(2) 产品开发快速化。从 CAD 设计到产品的成形完成只需几小时或几十小时，即便是大型的较复杂的零件只需要上百小时即可完成。RP 技术与其他制造技术集成后，新产品开发的时间和费用将节约 10%～50%。产品的单价几乎与批量无关，特别适合于新产品的开发和单件小批量生产。

(3) 快速原型制造改变了传统制造加工采用的“去除”原理，而是采用了离散-堆积原理，可以制造任意复杂的三维几何实体。

(4) 制造过程可实现完全数字化。以计算机软件和数控技术为基础，实现了 CAD、CAM 的高度集成和真正的无图样加工。成形过程中无须或少需人工干预。

(5) 材料来源广泛。由于各种快速原型制造工艺的成形方式不同，因而使用的材料也不相同，如金属、纸、塑料、树脂、石蜡、陶瓷等都得到了很好的应用。

(6) 发展的可持续性。快速原型制造中剩余的材料可继续使用，有些使用过的材料经过处理后还可继续使用，大大提高了材料的利用率。

2. 典型的快速原型制造方法

(1) 立体光刻。立体光刻又称光敏液相固化成形。该技术以光敏树脂为原料，采用计算机控制下的紫外激光以各分层截面的轮廓为轨迹逐点扫描，使被扫描区的树脂薄层产生光聚合反应后固化，从而形成的一个薄层截面。当一层固化后，向上(或下)移动工作台，在刚刚固化的树脂表面布放一层新的液态树脂。再进行新一层扫描、固化，新固化的一层牢固地黏合在前一层上，如此重复直至整个成形制造完毕。制造过程依赖于激光束有选择性地固化连续薄层的光敏聚合物，通过分层固化，最终构造出三维物体。

立体光刻的工艺原理如图 8-8 所示。立体光刻成形精度较高，制件结构清晰且表面光滑，适合制作结构复杂和精细的制件。但制件韧性较差，设备投资较大，需要支撑，液态树脂有一定的毒性。

(2) 分层实体制造。分层实体制造是美国 Helisys 公司的 Michael Feygin 于 1987 年研制成功的，1988 年获得美国专利。层合实体制造工艺原理如图 8-9 所示，它以单面事先涂有热溶胶的纸、金属箔、塑料膜、陶瓷膜等片材为原料，激光按切片软件截取的分层轮廓信息切割工作台上的片材，热压辊热压片材，使之与下面已成形的工件粘接；激光在刚粘接的新层上切割出零件截面轮廓和工件外框，并在截面轮廓与外框之间多余的区域内切割出后处理时便于剥离的网格；激光切割完成一层的截面后，工作台带动已成形的工件下降一个片材厚度，与带状片材分离；送料机构转动收料辊和送料辊，带动料带移动，使新层移到加工区域，热压辊热压，工件的层数增加一层，高度增加一个料厚；再在新层上进行激光切割。如此反复直至零件的所有截面粘接、切割完，得到分层制造的实体零件。

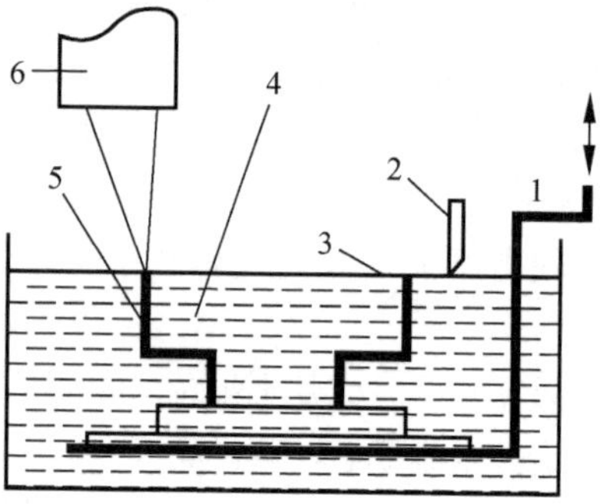

图 8-8　立体光刻原理图

1—升降台；2—刮平器；3—液面；4—光敏树脂；5—成形零件；6—激光器

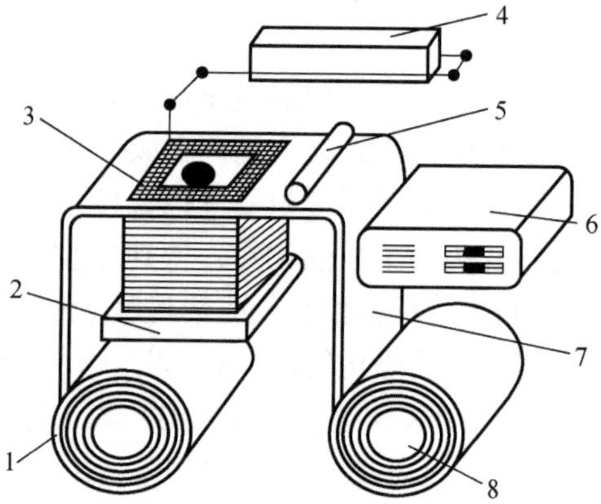

图 8-9　分层实体制造原理图

1—收料器；2—升降台；3—加工平面；4—CO_2 激光器；5—热压辊；6—控制计算机；7—料带；8—供料轴

制造过程完成后，通常还要进行后处理。从工作台上取下被边框所包围的长方体，用工具轻轻敲打使大部分由小网络构成的小立方块废料与制品分离，再用小刀从制品上剔除残余的小立方块，得到三维成形制品，再经过打磨、抛光等处理就可获得完整的零件。

分层实体制造的优点是：材料适应性强；只需切割零件轮廓线，成形厚壁零件的速度较快，易于制造大型零件；不需要支撑；工艺过程中不存在材料相变，成形后的成品无内应力，因此不易引起翘曲变形。缺点是层间结合紧密性差。

(3) 选择性激光烧结。选择性激光烧结方法是美国得克萨斯大学奥斯汀分校的 C.R. Dechard 于 1989 年首先研制出来的，同年获美国专利。选择性激光烧结的工艺原理如图 8-10 所示，它与立体光刻的工艺原理十分相像，主要区别在于所使用的材料及其状态。选择性激光烧结采用 CO_2 激光束对粉末状的成形材料进行分层扫描，受到激光束照射的粉末被烧结，而未扫描的区域仍是可对后一层进行支撑的松散粉末。当一层被扫描烧结完毕后，工作台下移一个片层厚度，而供粉活塞则相应上移，铺粉滚筒再次将加工平面上的粉末铺平，激光束再烧结出新一层轮廓并黏结于前一层上，如此反复便堆积出三维实体制件。全部烧结后去掉多余的粉末，再进行修光、烘干等后便可获得所要求的制件。成形过程中，未经烧结的粉末对模型的空腔和悬臂部分起着支撑作用，故不必像立体光刻那样另行生成支撑结构。

选择性激光烧结工艺的优点是：可以采用金属、陶瓷、塑料、复合材料等多种材料，且材料利用率高；不需要支撑，故可制作形状复杂的零件。其缺点是成形速度较慢，成形精度和表面质量较差。

(4) 熔融沉积成形。熔融沉积成形工艺由美国的 Scott Crump 博士于 1988 年研制成功，并于 1991 年由美国的 Stratasys 公司率先推出商品化设备 FDM-1000。熔融沉积成形系统主要由喷头、供丝机构、运动机构、加热成形室和工作台等五个部分组成，而喷头是结构最复杂的部分。其工作原理如图 8-11 所示。它是将热熔性丝材由供丝机构送至喷头，并在喷头中被加热至临界半流动状态，喷头底部有一喷嘴供熔融的材料以一定的压力挤出，喷头按零件截面轮廓信息移动，在移动过程中所喷出的半流动材料沉积固化为一个薄层。其后工作台下降一个切片厚度再沉积固化出另一新的薄层，如此一层层成形且相互黏结便堆积出三维实体制件。

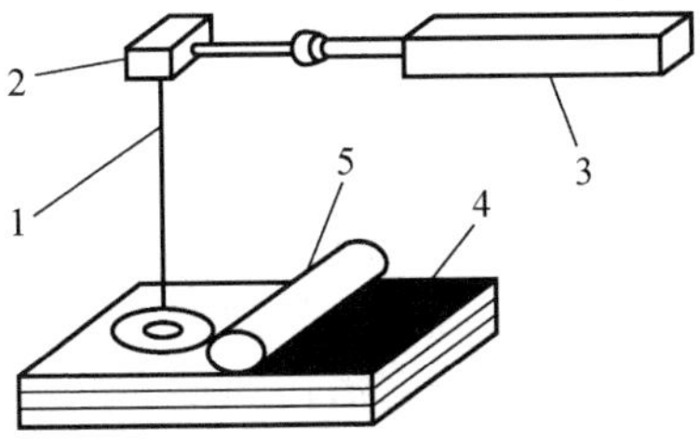

图 8-10　选择性激光烧结原理图

1—CO_2 激光束；2—扫描镜；3—CO_2 激光器；4—粉末；5—平整滚筒

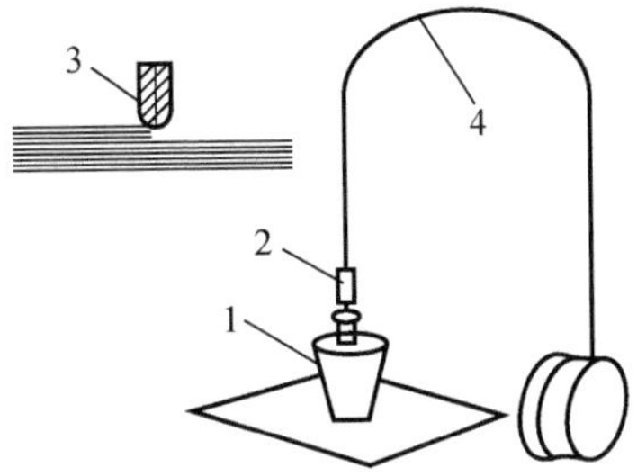

图 8-11　熔融沉积成形原理图

1—成形工件；2、3—喷头；4—料丝

熔融沉积成形可加工材料范围广，而且不用激光器件，故使用、维护简单，成本较低，成形速度快。当采用水溶性支撑材料时，支撑去除方便快捷，整个成形过程在 60～300℃，并且不会产生粉尘，也不存在前几种工艺方法出现的有毒化学气体、激光和液态聚合物的泄漏。

熔融沉积成形技术已被广泛应用于汽车、机械、航空航天、家电、通信、电子、建筑、医学、玩具等产品的设计开发过程，如产品外观评估、方案选择、装配检查、功能测试、用户看样订货、塑料件开模前校验设计以及少量产品制造等，该类工艺发展极为迅速。

8.3　先进制造模式

先进制造模式是从传统的制造模式中发展、深化和逐步创新的过程中形成的。工业化时代的福特大批量生产模式是以提供廉价的产品为主要目的；信息化时代的柔性生产模式、精益生产模式、敏捷制造模式等是以快速满足顾客的多样化需求为主要目的；未来发展趋势是知识化时代的绿色制造生产模式，它是以产品的整个生命周期中有利于环境保护减少能源消耗为主要目的。在传统制造技术逐步向现代高新技术发展、渗透、交汇和演变，形成先进制造技术的同时，出现了一系列先进制造模式，如柔性制造、计算机集成制造、并行工程、精益生产、敏捷制造、虚拟制造、绿色制造等制造模式。广义上讲，先进制造模式是指作用于制造系统的具有相似特点的一类先进方式方法的总称。它以获取生产有效性为首要目标，以制造资源快速有效集成为基本原则，以人—组织—技术相互结合为实施途径，使制造系统获得精益、敏捷、优质与高效的特征，以适应市场变化对时间、质量、成本、服务和环境的新要求。

8.3.1 并行工程

1. 并行工程的概念

由于制造业商品市场发生了根本性变化，长期的卖方市场变成了买方市场。顾客对产品质量、成本和种类要求越来越高，产品的生命周期越来越短。因此，企业为了赢得市场竞争，就不得不解决加速新产品开发、提高产品质量、降低成本和提供优质服务等一连串的问题。其中，迅速开发出新产品，使其尽早进入市场成为赢得竞争胜利的关键。

1988 年，美国国防部防御分析研究所(The Institute for Defense Analyses，IDA)在一份报告中提出了“并行工程”(Concurrent Engineering，CE)的概念，并在美国西弗吉尼亚大学投资 4 亿～5 亿美元建立了并行工程研究中心。进入 90 年代后，美国许多大公司开始了并行工程实践的尝试，取得了实效。并行工程开始成为全球制造业关注的热点问题。

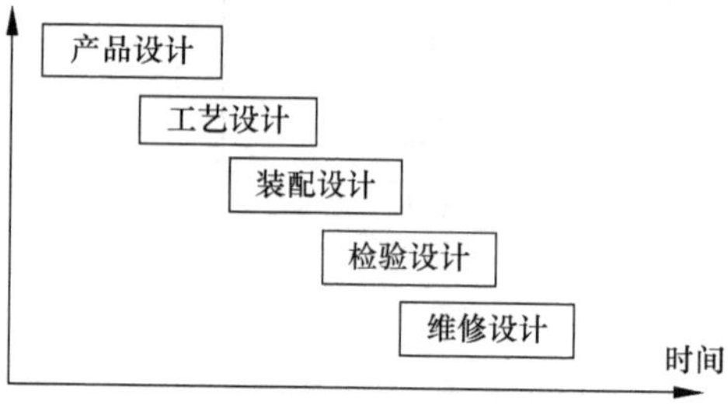

图 8-12　并行工程示意图

并行工程是一种对产品及其相关过程(包括制造过程和支持过程)进行并行的、一体化设计的工作模式。这种工作模式可使产品开发人员一开始就能考虑到从产品概念设计到消亡的整个产品寿命周期中的所有因素，包括质量、成本、进度和用户要求。并行工程的核心是实现产品及其相关过程设计的集成。图 8-12 所示为并行工程示意图。由图可见，并行工程不可能实现完全并行，只能是在一定程度上的并行，但这足以使新产品开发时间大大缩短。

2. 并行工程的特性

(1)并行特性。把时间上有先后的作业活动转变为同时考虑和尽可能同时处理和并行处理的活动。图 8-13(a)所示为串行产品开发过程，图 8-13(b)为并行产品开发过程。由于在产品的设计阶段就并行地考虑了产品整个寿命周期中的所有因素，研制周期将明显地缩短。

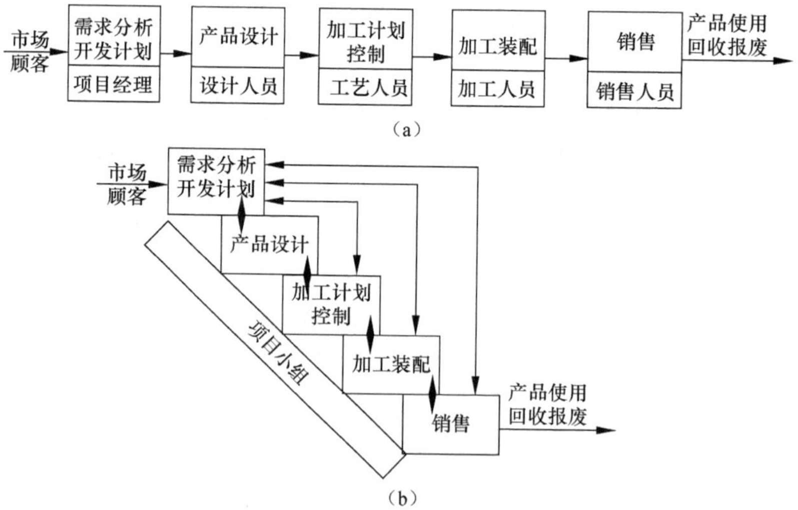

图 8-13　串、并行设计方法示意图

(2) 整体特性。并行工程理论认为，制造系统(包括制造过程)是一个有机的整体，在空间中似乎互相独立的各个制造过程和知识处理单元之间，实质上都存在不可分割的内在联系，特别是丰富的双向信息联系。图 8-14 反映了产品开发过程中的主要作业环节之间的内在联系。

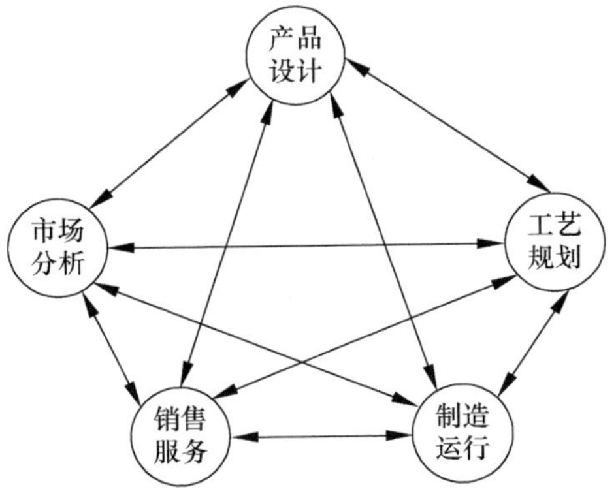

图 8-14　制造系统各环节的内在联系

(3) 协同特性。并行工程特别强调设计群体的协同工作(Team Work)。现代产品的功能和特性越来越复杂，产品开发过程涉及的学科门类和专业人员也越来越多，要取得产品开发过程的整体最优，其关键是如何很好地发挥人们的群体作用。组织一个由设计、工艺、制造和支持(质量、销售、采购服务等)的不同部门、不同学科的代表组成的多功能工作小组，小组成员之间用相同的术语和共同的信息资源工具，并行地进行产品及其相关过程的协同设计，完成共同的任务。

(4) 集成特性。并行工程是一种系统集成方法，主要表现为：①管理者、设计者、制造者、支持者以至用户集成为一个协调的整体；②产品全寿命周期中的各类信息的获取、表示、表现和操作工具的集成和统一管理；③产品全寿命周期中企业内各部门功能集成，以及产品开发企业与外部协作企业间功能的集成。

8.3.2　精益生产

1. 精益生产的提出背景

20 世纪 50 年代初，数控技术、机器人技术、可编程序控制器、自动物料搬运器、基于成组技术的柔性制造系统等先进制造技术开始迅速发展，但都只是着眼于提高生产效率，减少生产准备时间，忽视了可能增加的库存而带来的成本的增加。当时汽车年产量还不足福特汽车公司日产量的日本丰田汽车公司的总裁及其一行人，在考察福特公司的过程中，注意到制造过程中的浪费现象，因此，他们并没有盲目崇拜福特公司的辉煌成就，而是结合自己的实际，提出了一套生产管理体制——准时生产制(Just In Time，JIT)。该体制先在公司范围内实施，然后又推广到其协作厂、供应商、代理商以及汽车以外的各个行业。经过 20 多年的完善，该体制已成为行之有效的丰田生产模式。到 20 世纪 80 年代初，日本的小汽车、计算机、照相机、电视机以及各种机电产品自然而然地占领了英国和西方发达国家的市场，从而引起了美国为首的西方发达国家的惊恐和思考。

为了揭示日本经济腾飞的奥秘，1985 年，美国麻省理工学院(MIT)负责实施了一项重要的国际汽车计划(International Motor Vehicle Program，IMVP)，整个计划耗资500万美元、历时 5 年对美国、日本以及西欧近百家汽车制造厂进行了全面、深刻的对比分析与研究。1990年，该项目的主要负责人詹姆斯等编著了 *The Machine That Changed the World* 一书。该书深入系统地分析了造成日本和美国汽车工业差距的主要原因，将丰田生产方式定义为精益生产方式(Lean Production，LP)，并对其管理思想的特点和内涵进行了详细的描述。他们认为，大量生产是旧时代工业化的象征——高效率、低成本、高质量；而精益生产是新时代工业化的标志，它只需要“一半人的努力，一般的生产空间，一半的投资，一半的设计、工艺编制时间，一半的新产品开发时间和少得多的库存”，同样能够实现大量生产的目标。

2. 精益生产的内涵与特征

1)精益生产的内涵

精益生产的“精”，即少而精，不投入多余的生产要素，只是在适当的时间生产出必要数量的市场急需产品；“益”指所有的生产活动都要有效有益。为此，可把精益生产定义为：精益生产是通过系统结构、人员组织、运行方式和市场供求关系等方面的变革使生产系统能快速适应用户需求的不断变化，并能使生产过程中一切无用的、多余的或不增加附加值的环节被精简，以达到产品寿命周期内的各方面最佳效果。

2)精益生产的特征

在 *The Machine That Changed the World* 一书中，作者从工厂组织、产品设计、供货环节、顾客和企业管理这五个方面论述了精益生产企业的特征。归纳起来，精益生产的主要特征为：

(1)以用户为“上帝”。产品面向用户，不仅要向用户提供周到的服务，而且要熟悉用户的思想和要求，生产出适销对路的产品。产品的适销性、适宜的价格、优良的质量、快的交货速度、优质的服务是面向用户的基本内容。

(2)以“人”为中心。企业对职工进行爱厂如家的教育，并从制度上保证职工的利益与企业的利益挂钩。应下放部分权力，使人人有权、有责任、有义务随时解决碰到的问题。还要满足人们学习新知识和实现自我价值的愿望，形成独特的、具有竞争意识的企业文化。

(3)以“精简”为手段。在组织机构方面实行精简化，去掉一切多余的环节和人员。在生产过程中，采用先进的柔性加工设备，减少非直接生产工人的数量，使每个工人都真正对产品实现增值。另外，采用 JIT 和 Kanban 方式管理物流，大幅度减少甚至实现零库存。

(4)Team Work 和并行设计。Team Work 是指由企业各部门专业人员组成的多功能设计组，对产品的开发和生产具有很强的指导和集成能力。该设计组全面负责一个产品型号的开发和生产，包括产品设计、工艺设计、编制预算、材料购置、生产准备及投产等工作。并根据实际情况调整原有的设计和计划。

(5)JIT 供货方式。JIT 工作方式可以保证最小的库存和最少在制品数。为了实现这种供货方式，应与供货商建立起良好的合作关系，实现共赢。

(6)“零缺陷”工作目标。精益生产所追求的目标不是“尽可能好一些”，而是“零缺陷”。当然，这样的境界只是一种理想境界，但应无止境地去追求这一目标，才会使企业永远保持进步，永远走在他人的前头。

3. 精益生产的体系结构

精益生产的核心内容是准时制生产方式(Just In Time，JIT)。该种方式通过看板管理，成功地制止了过量生产，实现了“在必要的时刻生产必要数量的必要产品”，从而彻底消除产品制造过程中的浪费，以及由之衍生出来的种种间接浪费，实现生产过程的合理性、高效性和灵活性。

精益生产是在 JIT 生产方式、成组技术 GT 以及全面质量管理 TQC 的基础上逐步完善的，构造了一幅以 LP 为屋顶，以 JIT、GT、TQC 为三根支柱，以 CE 和小组化工作方式为基础的建筑画面，如图 8-15 所示。它强调以社会需求为驱动，以人为中心，以简化为手段，以技术为支撑，以“尽善尽美”为目标。主张消除一切不产生附加价值的活动和资源，从系统观点出发将企业中所有的功能合理地加以组合，以利用最少的资源、最低的成本向顾客提供高质量的产品服务，使企业获得最大利润和最佳应变能力。

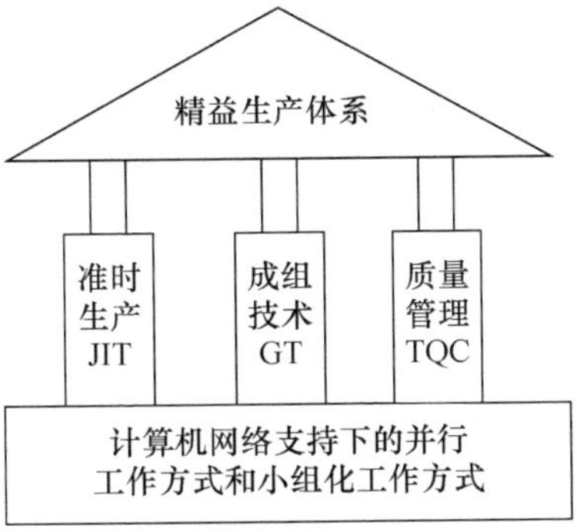

图 8-15 精益生产的体系结构

8.3.3 敏捷制造

1. 敏捷制造产生的背景

20 世纪 70 年代，西欧发达国家和日本的制造业不仅可以满足本国的需求，甚至可以生产廉价的产品打入美国市场，致使美国的制造商们将策略重点由规模转向成本。到了 80 年代，原西德和日本已经可以生产高质量的工业品和高档的消费品与美国的产品竞争，并源源不断地推向美国市场，又一次迫使美国的制造商将制造策略的重心转向产品质量。进入 90 年代，美国人又认识到只降低成本、提高质量还不足以保证赢得竞争，还必须缩短产品开发周期，加速产品的更新换代，因此速度又成为美国制造商们关注的重心。

1991 年，美国里海大学(Lehigh University)在研究和总结美国制造业的情况后，发表了具有划时代意义的《21 世纪制造企业发展战略》报告，对敏捷制造(Agile Maufacturing，AM)的概念、方法及相关技术作了全面的描述。敏捷制造这一新的制造哲理在全世界产生了巨大的反响，并且已经取得引人瞩目的实际效果。

2. 敏捷制造的内涵

敏捷性是指企业快速调整自己以适应当今市场持续多变的能力。敏捷制造就是以“竞争—合作(协同)”的方式，提高企业竞争能力，实现对市场需求做出灵活快速反应的一种新的制造模式。它要求企业采用现代通信技术，以敏捷动态优化的形式组织新产品开发，通过动态联盟、先进柔性生产技术和高素质人员的全面集成，迅速响应客户需求，及时交付新产品并投入市场，从而赢得竞争优势。下面从市场、企业能力和合作伙伴三个方面理解敏捷制造的内涵，如图 8-16 所示。

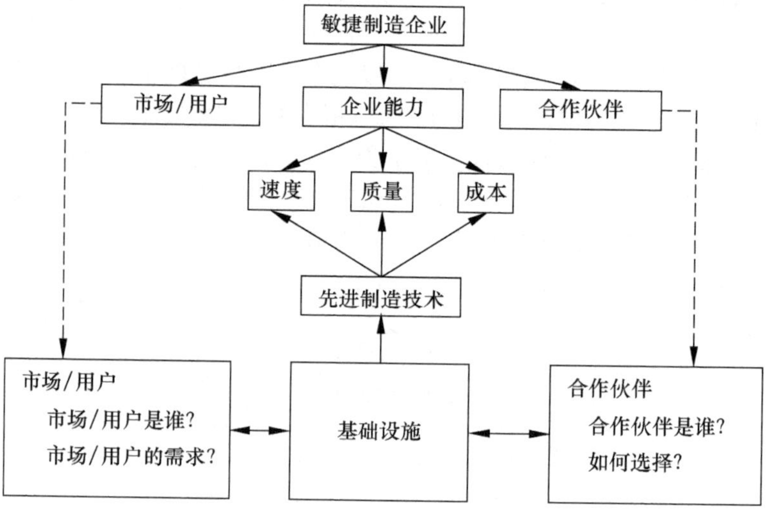

图 8-16　敏捷制造概念示意图

(1)敏捷制造的着眼点是快速响应市场/用户的需求。未来产品市场总的发展趋势是多样化和个性化，传统的大批量生产方式已不能满足瞬息万变的市场需求。敏捷制造思想的出发点是在对产品和市场进行综合分析时，首先明确用户是谁？用户的需求是什么？企业对市场做出快速响应是否值得？只有这样，企业才能对市场/用户的需求做出响应，迅速设计和制造高质量的新产品，以满足用户的要求。

(2)敏捷制造的关键因素是企业的应变能力。企业要在激烈的市场竞争中生存和发展，必须具有“敏捷性”，即能够适时抓住各种机遇，把握各种变化的挑战，以及不断通过技术创新来领导市场潮流。企业实施敏捷制造必须不断提高自身能力，其中最关键的因素是企业的应变能力。在纷繁复杂的商务环境中，敏捷企业能够以最快的速度、最好的质量和最低的成本，迅速、灵活地响应市场和用户需求，从而赢得竞争。

(3)敏捷制造强调“竞争—合作(协同)”，采用灵活多变的动态组织结构。瞬息万变的竞争环境要求企业作出快速反应，为了赢得竞争优势，必须改变过去以固定的专业部门为基础的、静态不变的组织结构，以最快的速度从企业内部某些部门和企业外部不同公司中选出设计、制造该产品的优势部分，组成一个单一的经营实体。在这种竞争—合作(协同)的前提下，企业需要考虑的问题包括：①有哪些企业能成为合作伙伴？②怎样选择合作伙伴？③选择一家还是多家合作伙伴？④采取何种合作方式？⑤合作伙伴是否愿意共享数据和信息？⑥合作伙伴是否愿意持续不断地改进？

3. 敏捷制造的组成

敏捷制造主要由两个部分组成：敏捷制造的基础结构和敏捷的虚拟企业。基础结构为虚拟企业提供环境和条件，敏捷的虚拟企业可实现对市场不可预期变化的响应。

1) 敏捷制造的基础结构

敏捷制造需要有基础结构的支持。物理基础、法律保障、社会环境和信息支持技术构成了敏捷制造的四个基础结构。

(1) 物理基础结构。它是指虚拟企业运行所必需的厂房、设施、资源等必要的物理条件，是指一个国家乃至全球范围内的物理设施。这样考虑的目的是当一个机会出现时，为了抓住机会，尽快占领市场，只需要添置少量必需的设备，集中优势开发关键部分，而多数的物理设施可以通过选择合作伙伴得到，以实现敏捷制造。

(2) 法律基础结构。它也称为规则基础结构，主要是指国家关于虚拟企业的法律、合同和政策。具体来说，它应规定出如何组成一个法律上承认的虚拟企业，这涉及如何交易、利益如何分享、资本如何流动和获得、如何纳税、虚拟企业破产后如何还债、虚拟企业解散后如何保证产品质量的全程服务及人员如何流动等问题。由于虚拟企业是一种新的概念，它给法律界带来了许多新的研究课题。

(3) 社会基础结构。虚拟企业要能生存和发展，还需要社会环境的支持。例如，虚拟企业经常会解散和重组，人员的流动是一个非常自然的事。人员需要不断地接受职业培训，不断地更换工作环境，这些都需要社会来提供职业培训、职业介绍的服务环境。

(4) 信息基础结构。这是指敏捷制造的信息支持环境，包括能提供各种服务的网点、中介机构等一切为虚拟企业服务的信息手段。

2) 虚拟企业

虚拟企业(Virtual Enterprises，VE)，又称动态联盟(Virtual Organization，VO)，是面向产品经营过程的一种动态组织结构和企业群体集成方式。它是依靠电子信息手段联系的一个动态组成的合作竞争组织结构，它将分布在不同地区的不同公司的人力资源和物质资源组织起来，实现快速响应某一市场需求。只要市场机会存在，虚拟企业就会继续存在，市场机会消失，虚拟企业就将解体。参加虚拟制造环境的企业将在通信网络上提供标准的、模块化的和柔性的设计与制造服务。各类服务经过资格认证就可以入网。另外，在虚拟制造环境中，若干企业可以提供相同或类似服务，系统可以从最优的目标出发，在竞争的基础上择优录用。敏捷制造主要采用合作竞争的策略，分布在网络上的每个企业都缺乏足够的资源和能力来单独满足用户需求，各企业之间必须进行合作，各自求解一定的子问题，每个企业所得出的相应子问题解的集合构成原问题的解。敏捷制造可以连接各种规模的生产资源，根据用户需求和虚拟制造环境中各企业现有能力，在合作竞争的基础上组成面向任务的虚拟企业。

案例研究

超精密加工技术是现代高技术战争的重要支撑技术，是现代高科技产业和科学技术的发展基础与使能技术。美国 LLL 实验室早在 1986 年就研制出两台大型超精密金刚石车床。其中加工直径为 1.65m 的 LODTM 立式大型光学金刚石车床被公认为世界上精度最高的超精密机床。为了使该机床达到极高的加工精度，该机床都采用了哪些尖端技术，甚至可以说是极限技术？

习题与思考题

8-1 现代制造技术包括哪些主要内容？其特征是什么？

8-2 现代制造工艺包括哪些主要内容？

8-3 超精密加工对机床设备和环境有何要求？

8-4 高速切削加工技术的关键技术有哪些？

8-5 特种加工主要包括哪些方法？有何特点？各适应什么场合？

8-6 快速原型制造的技术原理是什么？有何工艺特点？适用于何种场合？

8-7 目前有哪些微细加工方法?

8-8 并行工程的实质是什么？其特点主要体现在哪些方面？

8-9 精益生产有哪些特点？阐述精益生产的主要内容和体系构成。

8-10 试述敏捷制造的内涵和构成。

参考文献

陈宏钧. 2005. 实用机械加工工艺手册[M]. 北京: 机械工业出版社

陈立德, 李晓晖. 2004. 机械制造技术[M]. 上海: 上海交通大学出版社

韩秋实. 2005. 机械制造技术基础[M]. 北京: 机械工业出版社

吉卫喜. 2004. 机械制造技术[M]. 北京: 机械工业出版社

李伟. 2005. 先进制造技术[M]. 北京: 机械工业出版社

卢秉恒. 2005. 机械制造技术基础[M]. 2 版. 北京: 机械工业出版社

任小中. 2009. 先进制造技术[M]. 武汉: 华中科技大学出版社

盛晓敏. 2002. 先进制造技术[M]. 北京: 机械工业出版社

唐一平. 2007. 先进制造技术(英文版)[M]. 2 版. 北京: 科学出版社

王伟麟. 2001. 机械制造技术[M]. 南京: 东南大学出版社

吴圣庄. 1985. 金属切削机床概论[M]. 北京: 机械工业出版社

肖继德, 陈宁平. 2000. 机床夹具设计[M]. 北京: 机械工业出版社

熊良山, 严晓光, 张福润. 2007. 机械制造技术基础[M]. 武汉: 华中科技大学出版社

杨继全. 2004. 先进制造技术[M]. 北京: 化学工业出版社

于骏一, 邹青. 2009. 机械制造技术基础[M]. 2 版. 北京: 机械工业出版社

曾志新, 吕明. 2001. 机械制造技术基础[M]. 武汉: 武汉理工大学出版社

张福润, 徐鸿本, 刘延林. 2000. 机械制造技术基础[M]. 2 版. 武汉: 华中科技大学出版社

张世昌, 李旦, 高航. 2003. 机械制造技术基础[M]. 北京: 高等教育出版社

赵雪松, 任小中, 于华. 2009. 机械制造装备设计[M]. 武汉: 华中科技大学出版社

赵雪松, 任小中, 赵晓芬. 2010. 机械制造技术基础[M]. 武汉: 华中科技大学出版社

郑修本. 2001. 机械制造工艺学[M]. 2 版. 北京: 机械工业出版社

周宏甫. 2004. 机械制造技术基础[M]. 北京: 高等教育出版社

Kalpakjian S, Schmid S R. 2001. Manufacturing Engineering and Technology[M]. Upper Saddle River: Prentice Hall

Nelson D H, Schneider G Jr. 2001. Applied Manufacturing Process Planning with Emphasis on Metal Forming and Machining[M]. Upper Saddle River: Prentice Hall

Rao P N. 2003. 制造技术——铸造、成形和焊接[M]. 北京: 机械工业出版社

Tlusty G. 2000. Manufacturing Processes and Equipment[M]. Upper Saddle River: Prentice Hall

Wright P K. 2002. 21 Century Manufacturing[M]. 北京: 清华大学出版社